U0891562

过 程 控 制

（第三版）

林锦国　张　利　李丽娟　编著

东 南 大 学 出 版 社
·南京·

内 容 提 要

全书由三篇组成，第一篇是控制系统，包括控制系统概述、控制系统分析、简单控制系统、复杂控制系统、先进控制系统和典型过程单元控制系统等六章；第二篇是过程控制仪表，包括检测元件及变送器、调节器和执行器等三章；第三篇是计算机控制，包括过程计算机控制系统、集散控制系统、可编程控制器和现场总线控制技术与工业以太网等四章，各部分均附有例题与习题，最后还附有综合测试卷。

本教材适用于石油、化工、制药、冶金、电力、材料、食品和轻工等工艺类和设备制造类本专科专业学生，电气信息类非过程自动化方向学生，自学考试同类专业学生，也可以供各类工程技术人员作为参考资料。

图书在版编目(CIP)数据

过程控制/林锦国，张利，李丽娟编著. —3 版. —南京：东南大学出版社，2009.8（2019.3 重印）
ISBN 978-7-5641-1806-8

Ⅰ. 过… Ⅱ. ①林…②张…③李… Ⅲ. 过程控制 Ⅳ. TP273

中国版本图书馆 CIP 数据核字(2009)第 135062 号

过程控制（第三版）

出版发行：东南大学出版社
社　　址：南京四牌楼 2 号　邮编：210096
出 版 人：江建中
网　　址：http://press.seu.edu.cn
电子邮件：press@seu.edu.cn
经　　销：江苏省新华书店
印　　刷：虎彩印艺股份有限公司
开　　本：787mm×1092mm　1/16
印　　张：20.75
字　　数：531 千字
版　　次：2009 年 9 月第 3 版
印　　次：2019 年 3 月第 6 次印刷
书　　号：ISBN 978-7-5641-1806-8
印　　数：8501—9000 册
定　　价：43.00 元

本社图书若有印装质量问题，请直接与读者服务部联系。电话(传真)：025-83792328

前　言

南京工业大学(原南京化工大学与南京建筑工程学院)自1960年起开始编写“化工仪表及自动化”课程讲义并开课,是国内最早开设该课程的高校之一;中国药科大学自20世纪80年代起开设该门课程。几十年来,为适应自动化技术的发展,我们多次修订教材和实验指导书。1980年南京化工大学与北京化工大学等高校联合编写了全国通用教材《化工仪表及自动化》,该教材由化学工业出版社出版,在近20年中被全国许多高校广泛采用。2001年我们编写出版了《过程控制:系统·仪表·装置》,2006年,又重新修订该教材,以《过程控制》书名出版。九年来,该教材为许多学校所采用,受到好评,同时大家也提出很多宝贵的改进意见。因此,根据教学需要我们决定修订再版本教材。

21世纪,自动化与信息技术的日新月异使得过程自动化领域已经发生了重大变革。与此同时,我国高等教育正开始从精英教育向大众教育过渡,高校学生人数迅猛增加,高校各类专业需要开设该课程的学生人数大增,对教材的期望与要求各有不同,需要有多种风格与特色的教材供老师与学生选择。多种教材的出现,也有利于教学经验的交流和教学水平的提高。本教材在编写中考虑到两类学生的需要:① 工科非自动化专业学生。目前各行各业的自动化程度越来越高,它已经成为工科各专业必须面对的重要课题。② 电气信息类各专业中非过程自动化方向的学生。自动化学科类课程众多,由于总学时所限,这部分学生只能选修过程控制课程。

在石油、化工、制药、冶金、电力、材料、食品、轻工和建筑楼宇等行业领域中,以温度、流量、物位、压力和成分为主要被控变量的控制系统都归类为“过程控制”;大学里原来的“热工自动化”、“化工自动化”和“轻工自动化”等同类专业也在多年前合并为“生产过程自动化”专业。本教材第一版取名为《过程控制:系统、仪表及装置》,第二版简化为《过程控制》。由于生产工艺和设备越来越复杂，自动化程度越来越高，非自动化专业的工程技术人员需要了解和掌握更多的自动化技术，以利于他们对控制系统的设计能提出更好的建议，对系统的运行与优化能更好地把握；对系统的维护与故障分析能有更多的发言权。因此，本教材把控制系统部分的介绍作为重中之重，力求把控制系统的基本概念和基本原理讲清楚并贯穿于全书。相对而言，我们认为，如果学时少，仪表部分的介绍可以简单些。实际上，在本教材中，已经将原教材里气动仪表的大部分内容删去，仅保留气动执行器。另外，为适应当前大中型企业已基本实现计算机控制的现状，增加了"生产过程计算机控制"、"集散控制系统"、"可编程控制器"和"现场总线技术"等四个部分的内容。

为了便于老师组织教学和学生的学习，本书每篇后面都有配套的案例与习题，包括各主要章节的例题、习题，并提供多套适应不同教学要求的综合测试卷。

本教材的编排顺序与许多老教材也有显著的不同，将控制系统集中在第一部分讲，而不是像以前那样先讲控制系统概论，紧接着讲控制仪表与装置，然后再回过去讲控制系统。这样安排，有利于把控制系统的基本概念和基本原理讲得比较清楚，有利于在后续章节中应用自动控制思想与方法分析问题和解决问题。因此，建议基本按照本书章节顺序讲解，如果学时少，可不讲第5、6章，第10、11、12和13章也可简要介绍。第4章的内容很有意义，尽量不要压缩。如果希望基本按照传统的顺序讲，将各章的讲课顺序调整为1—7—8—9—2—3—4—10—11—12—13即可。

本教材适用于各类工科学生，重点是石油、化工、制药、热工、材料、冶金、食品和轻工等工艺类和设备制造类本专科专业，以及电气信息类非过程自动化方向的学生，还可以作为自学考试相关专业的教材，也可以作为工程技术人员的参考资料。

本书第一版共16章，其中，第1—4章由南京化工大学林锦国编写，第5章由南京化工大学张斌、林锦国编写，第6、7章由中国药科大学方醉敏编写，第8、10、11、12、13章由南京化工大学李丽娟编写，第9章由南京化工大学易飞编写，第14章由中国药科大学张利编写，第15章由南京化工大学李丽娟、丁瑶君编写，第16章由南京化工大学丁瑶君编写。刘莎、陈凤馨、胡波、刘定球、侯萍和刘学军等同志为书稿绘图和文字编排做了大量工作。袁启昌教授审阅了全书，提出了许多重要的意见；何叔余先生为书稿提供了许多建设性意见及有价值的资料。对他们所作的贡献和辛勤的劳动，在此表示深深的谢意。

第二版全书共13章，其中，第1—6章由南京工业大学林锦国修订编写，第7—9章由中国药科大学张利修订编写，第10—13章由南京工业大学李丽娟修订编写，例题、习题与综合测试卷由李丽娟、张利修订编写。

第三版全书仍为13章，其中，第1—6章由南京工业大学林锦国修订编写；第7—9章由中国药科大学张利修订编写，增加了分析仪器部分和变频器部分；第10—13章由南京工业大学李丽娟修订编写，例题、习题与综合测试卷由李丽娟、张利修订编写。

在书稿的形成过程中，融入了作者在相关领域的教学与科研成果，还参考了大量的文献，对这些参考文献的作者，在此表示感谢。另外，由于编者水平等原因，教材中肯定仍然存在疏漏及不足之处，欢迎老师和同学与我们交流，提出批评改进意见。

编著者

2009年9月于南京

目　录

第二篇　过程控制仪表

第三篇 计算机控制

第一篇　控制系统

自动化是信息化的主要目的与功能，信息化是自动化的必要条件与基础。因此，自动化在当今世界的各个领域正发挥着越来越重要的作用。在过程控制等工程领域，自动控制的理论基础是工程控制论，其奠基性著作是钱学森先生于 1954 年发表的《工程控制论》。工程控制是控制论的应用领域之一，控制论的另外三个重要应用领域分别是生物系统控制、经济系统控制和社会系统控制。它们共同的理论基础是控制论，其奠基性著作是 N. 维纳于 1948 年发表的《控制论》。维纳认为"一切有目的的行为都是需要负反馈的行为"，即机器、生物、社会和经济系统都是通过负反馈来达到控制目的的。因此，控制论、控制理论和控制系统的学习对于人们从事任何领域的工作都具有不同程度的指导意义。

在本篇共六章的内容中，在第 1 章首先用人们在日常生活中常见的自动控制系统实例引入控制系统的基本概念，然后介绍反馈原理等内容。掌握好这些内容将为后续的学习打下良好的基础。第 2 章是控制系统分析方法，这些方法在后续的各章中都有应用，而且每一块仪表，每一个元部件都可以应用这些方法。第 3 章是简单控制系统，这是工厂中应用最多的控制系统。能够进行简单控制系统的设计与分析，表明已具备基本的自动化知识和能力。第 4 章是复杂控制系统，介绍了目前工厂中常见的用常规仪表就能实现的复杂控制系统，如串级控制、比值控制、前馈控制、分程控制、选择性控制、均匀控制等。各种各样的复杂控制系统原理引人入胜。在工厂里，这类控制系统数量较少，但往往是一些重要工段或关键岗位。能够进行复杂控制系统的设计与分析，表明已具备较高的自动化知识水平和应用能力。

第 5 章先进控制系统，分别介绍了解耦控制、时滞补偿控制、推断控制、自适应控制、预测控制和智能控制等控制方法，可以解决工厂中遇到的特殊控制难题，进一步提高控制水平和生产水平。

第 6 章典型过程单元控制系统，介绍了流体输送设备、精馏塔、化学反应器和传热设备的自动控制。

第1章　控制系统概述

1.1　自动控制基本概念

生产与生活等各类社会经济活动的自动化是人类长久以来所梦寐以求的目标。然而，直到18世纪，人类的自动化技术仍处于工匠技巧阶段。1788年，自动控制系统在作为工业革命标志的蒸汽机的诞生过程中发挥了无可替代的作用，因此它同时也标志着自动化技术工程化时代的开始。

经过20世纪后半叶的快速发展，特别是计算机技术的广泛应用，进入21世纪的今天，自动控制的应用已相当普遍，人们正在追求更广泛领域和更高层次的自动化。本节通过介绍几个工业生产和日常生活中常见的自动控制系统，引入自动控制的基本概念。

1.1.1　生活环境中的自动控制系统

今天，在人们的日常生活中几乎处处都可见到自动控制系统的存在。如房间温度调节、湿度调节、自动洗衣机、汽车、自动售货机、自动车库、电梯、安防监控、自动门等。它们都在一定程度上代替或增强了人类身体器官的功能。但人们对生产与生活环境自动化的追求是无止境的，这仍然是一个初步自动化阶段。

1. 空气调节器

空调是一个典型的温度控制系统。夏天，当室温高于用户所设定或期望的温度时，空调就启动制冷装置，使室内温度下降；当室温低于用户所设定或期望的温度时，空调就关闭制冷装置。冬天，当室内温度低于用户所设定或期望的温度时，空调就启动加热装置，使室内温度上升；当室温高于用户所设定或期望的温度时，空调就关闭加热装置。如此，使室温保持恒定。室温采用空气调节器进行控制时，温度变化曲线如图1-1所示。图中，26℃是人们所期望的室内温度，可通过调节空调上相应的按钮来设定。实际的室温，在进入稳态后，围绕期望温度，在一定范围内来回波动。实现这种温度调节功能的是空调中的温度控制系统。首先，它需要有一个温度计，用来测量室

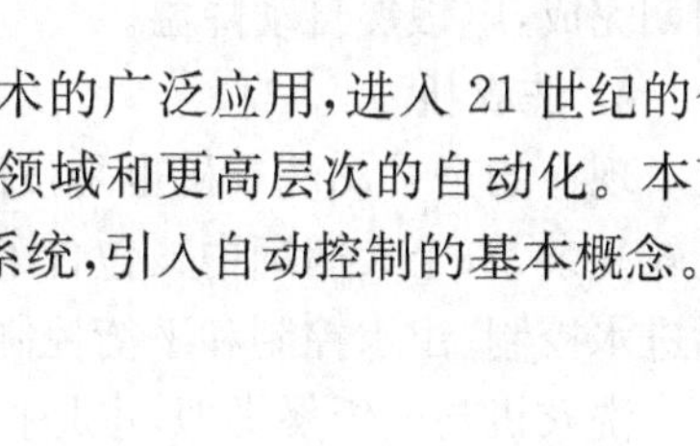

图1-1　室温调节过程温度变化曲线

温；其次，需要一个控制器，判断室温是否高于或低于用户设定的温度；还需要一个切换开关和控制作用的实施装置，这里是加热装置和制冷装置；最后，是被控制的装置或对象，这里就是装了空调的房间。上述就是一个完整的自动控制系统的四个基本组成部分。

2. 电冰箱

电冰箱相当于一个"小房间"的温度控制系统，但它仅有制冷装置而没有加热装置。

空调和电冰箱的设定温度一旦调整好，在相当长的一段时间里不需要再调整，这是该类控制系统的一个重要特征。

3. 电饭煲

电饭煲也是一个温度控制系统，高级电饭煲的设定温度是可以按人工设定的程序自动变化的。例如可将它的温度设定为如图1-2所示曲线。

电饭煲一切准备就绪后，启动，开始加热，达到约100℃后，进入恒温蒸煮阶段，恒温蒸煮阶段结束后进入保温段，保温段结束后，电饭煲关闭，整个温度控制周期完成，电饭煲自动降温。

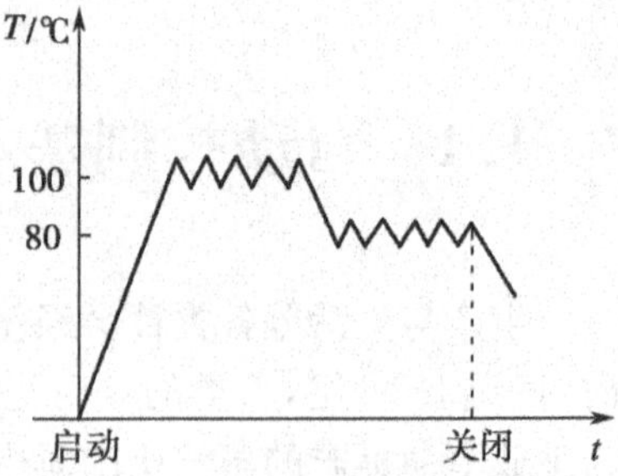

图1-2　电饭煲温度控制

4. 洗衣机

现在的全自动洗衣机也是按照事先设定好的几个步骤进行工作的，但它的控制过程比较复杂，一个大周期中又包含了几个基本相同的小周期。完整的洗衣机控制系统还包括进水控制、出水控制和平衡控制等等。

洗衣机与电饭煲类似，也是按照事先设定好的几个步骤来进行控制的，这是此类控制系统的一个重要特征。

5. 其他

应该说随着生活水平的提高，人们投入到自动化上的费用越来越多，自动化系统也日益随处可见。如电梯、自动门、自动路灯、自动洁具、保安系统等等。

1.1.2　工业生产中的自动控制系统

现代工业按所加工的物品对象可划分为两大类。一类是气体、液体或粉体，这是石油、化工、制药、冶金、轻工、食品、建材、楼宇和农业等行业的主要工况，主要控制温度、压力、物位、流量、成分等参数，这是本课程的主要内容；另一类是对成型材料的进一步加工、对多种成型材料（各种元器件）的装配或对整机系统的控制，这是机械、电子、冶金、轻工、制药、交通和楼宇等行业的主要工况，主要控制位移、速度、角度等参数。

早期的工业生产中，控制系统较少。随着生产装置的大型化、集中化和生产过程的连续化，自动控制系统越来越多，越来越重要。

1. 液位控制

工业生产中有许多贮罐和容器（如油罐、水箱、锅炉气包等）需要控制液位。

如图1-3是一个水槽的人工液位控制系统。假设工人可以看到液位的高低变化，那么，根据液位的高低变化，工人手动操作阀门，可以使槽中液位保持基本恒定。

如果用一个浮球代替人的眼睛"观测"液位，用一个杠杆系统代替人的手臂和大脑，则可构成一个液位自动调节系统，如图1-4所示。其工作原理是，当液位受干扰上升时，浮球上升，杠杆a端上升，b端下降，阀门的阀芯下降，使水槽的进水量Q_i减少，Q_i的减少使液位下降，最终达到一个稳定的平衡点，实现控制的目的。当液位受干扰下降时，调节过程相反，同样能使液位稳定在平衡点。

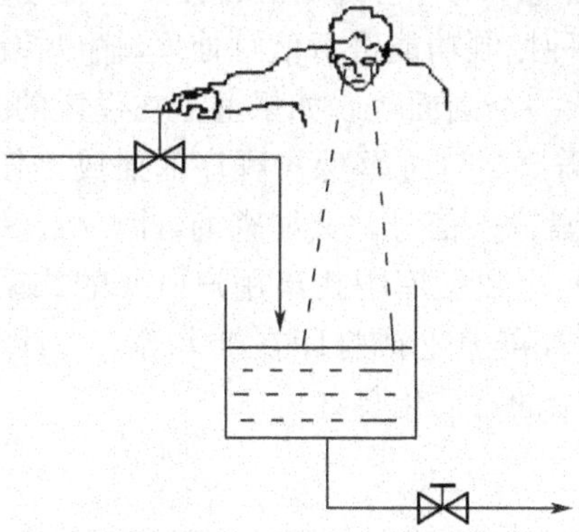

图1-3　人工液位控制

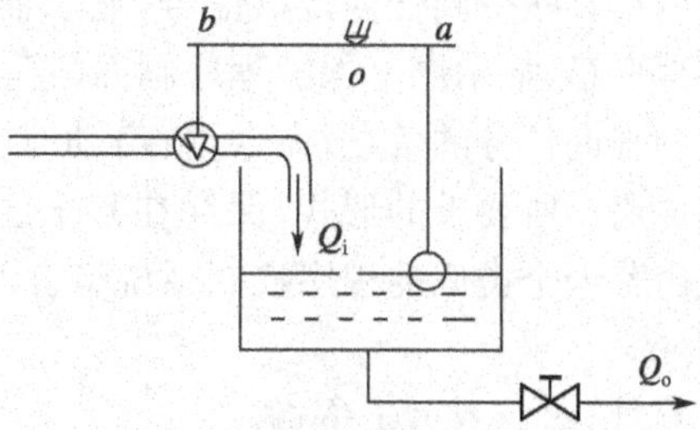

图1-4　机械式液位控制

图1-4已经是一个实用的液位控制系统，但当需要将液位信号传送到远方的控制室或经理室时，就需要改为电动式的。用一个能送出电信号的液位测量仪表代替浮球，用一个电动调节器代替杠杆，阀门也换成可接受电信号的阀门，就构成了一个目前常见的液位控制系统。如图1-5所示，LT表示液位测量及信号变换装置，LC表示液位控制器。

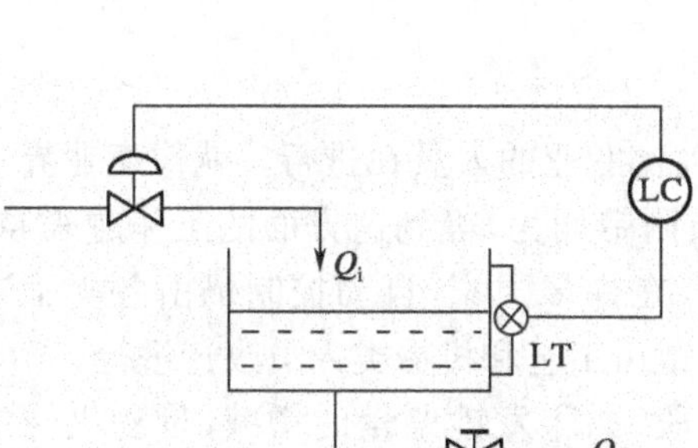

图1-5　液位控制系统

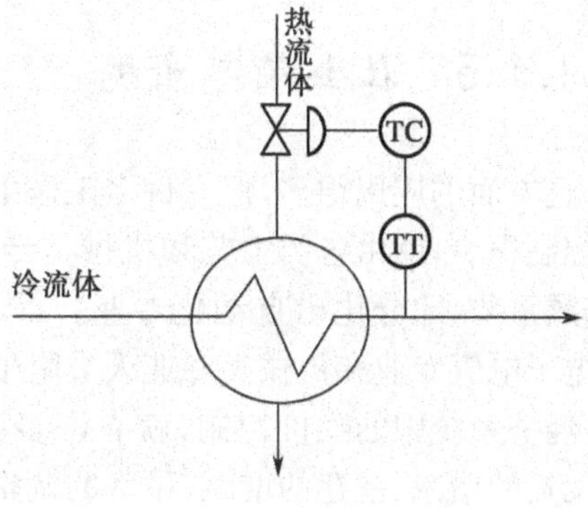

图1-6　换热器温度控制系统

2. 温度控制

工业生产中存在大量的加热炉，一般是通过控制燃料的量来保证被加热物料达到或保持在所需要的温度。换热器是常见的工业设备，它通过冷热流体的热量交换实现对冷流体加热的目的，控制手段通常是调节热流体的流量，如图1-6所示。图中，TT表示温度测量仪表，TC表示温度调节器。另外，化学反应器中化学反应的温度，也要求进行温度控制。

1.1.3 信息处理

信息化时代最常用的也是最基本的工具就是计算机,而计算机本身就是一台进行信息处理的具有一定智能的复杂自动化设备。计算机接通电源后,它的各种内部程序就不停地进行工作,实施各种控制工作。键盘相当于测量仪表,它时刻准备接受各种输入信息,一旦接受到信息,计算机就按照事先设定的各种控制功能进行信息处理,输出控制信号或显示控制结果。简单的如打印一份文稿、显示一个画面等。如果键盘在设定的时间区间内没有接受到任何键盘信号,显示器也没有需要封锁屏幕保护程序的播放等任务,则屏幕变暗,显示屏幕保护程序画面,直至又有键盘输入信号。又如查询,计算机从键盘接收到查询任务的信息/命令,就启动有关的程序,到数据库中找出用户所要的数据,再表达成用户所要求的形式,保存在某个区域,显示在屏幕上或打印在纸上等等。计算机就是由若干个类似的程序控制系统组合而成的复杂的自动化装置。

1.1.4 生物系统

生物个体特别是高级生物中存在着许多比目前人类可以实现的自动控制系统还要复杂得多的综合智能自动化系统。以人为例,人体的体温就被比较精确地控制在37℃左右;人体运动时保持平衡;语言表达;文字书写;可以认为人体的所有活动都存在着相应的自动控制系统。人类目前对生物控制机理了解的很有限,能够施加影响的更少。这是一个很有前景的领域,医学上已经有一些自动控制应用的实例。

生物群体内部和群体之间的许多关系也可以用控制理论加以描述和施加控制。

1.1.5 社会经济系统

这方面的应用很多,但有许多工作由非自动化专业的人员在进行。就像工业界的早期,控制很少,就由各类工艺和机械类专业人员附带而为,等到这方面的工作越来越多,越来越重要,才分化出自动化专业。尽管如此,在许多国家,自动控制仍由各类工艺专业、电子电气专业和机械类专业人员附带进行,或由工艺和机械类人员改行进行。

经济系统中的物价控制,就有许多调节手段,如印发钞票量的增减,货物供应的增减、工资的增减、基建的增减、税率的调整、银行利率的调整等等,其控制过程与工业过程控制运用的是基本类似的理论和方法。当然,每一种类型的控制系统都有其自身的特点。社会经济控制系统最鲜明的特点就是被控制系统中包含了人这个高级生物,由此带来许多复杂性和特殊性。

证券市场、人口控制、军事武器、环境保护和市场调控等都是便于运用控制理论来加以分析和控制的领域。

1.2　反馈原理

上一节中列举了若干个自动控制系统的案例，它们应用于非常广泛的且性质截然不同的领域。那么，它们有什么共同的基础和原理呢？这就是负反馈原理。

1.2.1　反馈

反馈分为正反馈和负反馈两种类型。反馈就是把系统的输出信号回送到系统的输入端并送加到输入信号中，如图 1-7 所示。如果由于反馈的存在，使得系统的输出信号单调地朝着某一个方向变化，这样的反馈称为**正反馈**，这样的系统称为**正反馈系统**。如炸药的爆炸、军备竞赛、电子振荡过程等。如果由于反馈的存在，使得系统的输出信号趋于稳定在原来的水平上，或者更严格地说，使输出信号与输入信号（给定值）的差趋于减小，这样的反馈称为**负反馈**，这样的系统称为**负反馈系统**。几乎所有的自动控制系统都是一个负反馈控制系统。

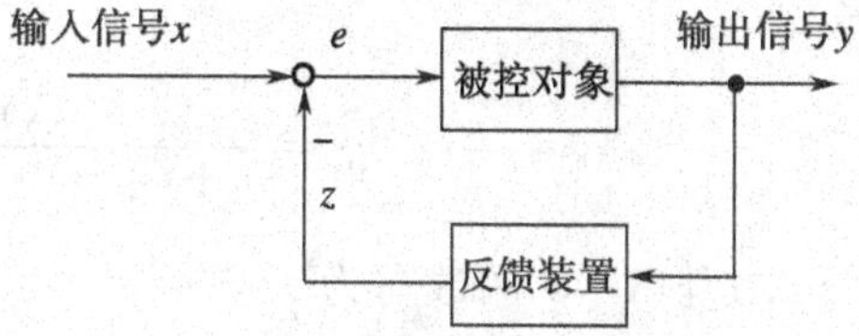

图 1-7　反馈原理示意图

1.2.2　负反馈系统

以图 1-5 所示液位控制系统为例，画出它的原理示意图如图 1-8 所示。这是水槽液位控制系统的方块图，较为完整的方块图知识见第二章。

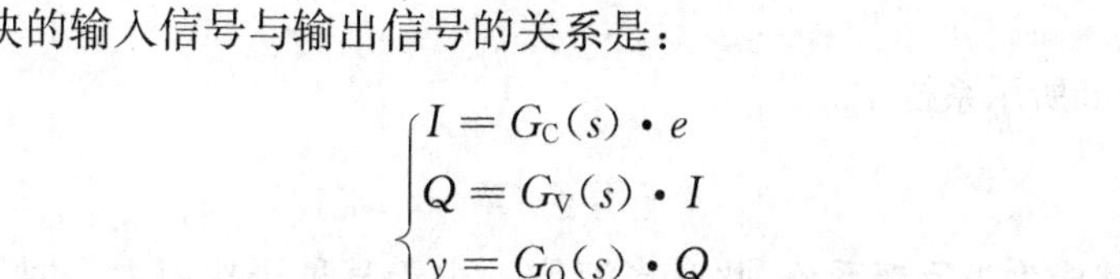

图 1-8　水槽液位负反馈控制系统

图中各方块的输入信号与输出信号的关系是：

$$\begin{cases} I = G_C(s) \cdot e \\ Q = G_V(s) \cdot I \\ y = G_O(s) \cdot Q \\ z = G_T(s) \cdot y \end{cases} \tag{1-1}$$

可推得，$y = G_C(s) \cdot G_V(s) \cdot G_O(s) \cdot e$

图中， 表示比较器，每个信号线旁标明相应的符号＋/－，未标的是＋，本例中：

$$e = x - z \tag{1-2}$$

根据上述约定，分析如下的系统的控制过程：

当液位 y 由于某种干扰而上升时，导致液位测量值 z 上升，由于 $e=x-z$，z 上升则 e 下降，继而 I 下降，Q 下降，最后使 y 下降，抑制了干扰引起的 y 波动。这就是负反馈的作用。

从方程(1－1)和(1－2)，还可推导出控制系统输出量 y 和输入量 x 之间的定量关系为：

$$y = \frac{G_C(s) \cdot G_V(s) \cdot G_O(s)}{1 + G_C(s) \cdot G_V(s) \cdot G_O(s) \cdot G_T(s)} x \tag{1-3}$$

方程(1－3)可改写为

$$\frac{y}{x} = G(s) = \frac{G_C(s) \cdot G_V(s) \cdot G_O(s)}{1 + G_C(s) \cdot G_V(s) \cdot G_O(s) \cdot G_T(s)} \tag{1-4}$$

从方程(1－4)可推出负反馈原理的一个有趣而又非常重要的结论，即当下式成立时

$$G_C(s) \cdot G_V(s) \cdot G_O(s) \cdot G_T(s) \gg 1 \tag{1-5}$$

方程(1－4)可简化为

$$\frac{y}{x} = G(s) \doteq \frac{1}{G_T(s)} \tag{1-6}$$

这个结果有两个方面的意义，一是此时系统输出与输入信号之间的关系仅取决于 $G_T(s)$，而与 $G_C(s) \cdot G_V(s) \cdot G_O(s)$ 几乎无关；二是说明，只要满足式(1－5)的条件，那么构成 $G_C(s) \cdot G_V(s) \cdot G_O(s)$ 的可选择元器件采用可靠性略差的产品也影响不大，关键是要选择好构成 $G_T(s)$ 的元器件。

对于所有的负反馈控制系统，上述分析及其结论都成立，它是自动控制原理的核心和基础。

1.2.3 正反馈系统

如果图 1－8 所示系统中，

$$e = x + z \tag{1-7}$$

则该系统通常就成为正反馈系统，此时当液位 y 由于某种干扰而上升时，导致液位测量值 z 上升，由于方程(1－7)成立，e 也上升，进一步导致 I 上升，Q 上升，最后使液位 y 进一步上升，增强了受干扰后的变化趋势。如此，y 继续上升，直至系统崩溃或达到极限值。这就是正反馈系统。

由此可见，正反馈不能使系统稳定，因此，通常的控制系统都必须避免出现正反馈。

但正反馈并不是一无是处，炸弹的爆炸以及电子振荡器中振荡过程的产生等都是正反馈的作用。

1.3 基本概念及术语

1. 控制系统常用术语

图 1-5 所示的水槽液位负反馈控制系统可以进一步抽象为一般的控制系统方块图，如图 1-9 所示。

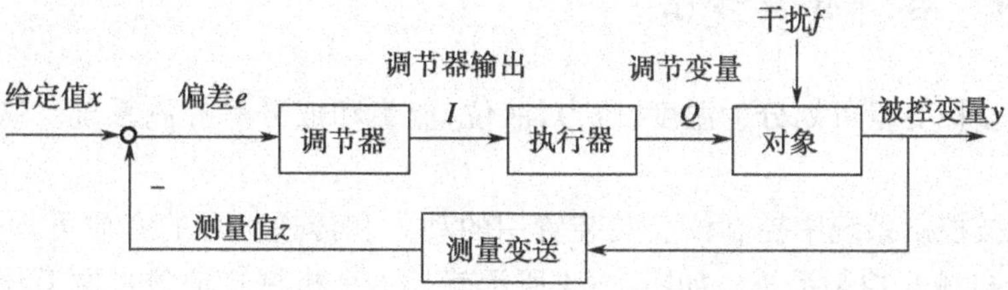

图 1-9 反馈控制系统方块图

从图中可看到控制系统若干术语的含义及信号的位置，在第三章还将详细阐述这些术语，下面仅做简介：

对象——是被控制的物理装置。

被控变量——是对象的某个变量，控制系统的目的通常就是要使该变量与设定值或给定值相符。控制系统也从该变量的名称来称呼，如温度控制系统、压力控制系统等等。

调节变量——对被控装置的被控变量具有较强的直接影响且便于调节的变量。

干扰——是对象中除了调节变量以外，能对被控变量具有影响作用的所有变量。

给定值——也称为设定值或期望值，是人们希望控制系统实现的目标，即被控变量的期望值。它可以是恒定值，也可能按程序变化。

偏差——是设定值或给定值与测量值之差。

2. 基本概念

系统——是按照某种划分得到的若干元素的集合。

反馈——将系统输出信号引回并加入到输入信号的系统结构和工作方式。

负反馈——使系统输出信号趋于稳定或者说使系统的被控变量与给定值之差减小的反馈。

正反馈——使系统输出变量单调变化趋于极限或者说使系统的被控变量与给定值之差不断增大的反馈。

负反馈控制系统——具有负反馈作用的控制系统。

信息——系统功能与属性的某种表达。如控制系统中，各环节的输入输出信号。

控制——为实现目的而施加的作用。一切控制都是有目的的行为。

开环控制——没有反馈的简单控制。如通常的照明中调光控制，电风扇的多级速度调节等。

闭环控制——具有负反馈的控制。

过程——一种自然的逐渐进行的运转或发展。如化学过程，生物过程和经济学过程。石油化工生产过程的特征是，被处理介质通常为流体，包括液体、气体和粉体。

1.4 控制系统分类

1.4.1 各种分类方法

(1) 按被控变量可划分为温度、压力、液位、流量和成分等控制系统。这是一种常见的分类。

(2) 按被控制系统中控制仪表及装置用的动力和传递信号的介质可划分为：气动、电动、液动、机械式控制系统。如图 1-4 所示就是一个机械式液位控制系统；图 1-5 所示是一个电动式液位控制系统；图 1-5 中的 LT 和 LC 用气动仪表代替，阀门也采用接受气信号的，就成为气动式控制系统。

(3) 按被控制对象划分为流体输送、设备传热设备、精馏塔和化学反应器控制系统等等。

(4) 按调节器的控制规律划分为比例控制、积分控制、微分控制、比例积分控制、比例微分控制、比例积分微分控制等等。

(5) 按系统功能与结构可划分为单回路简单控制系统；串级、比值、选择性、分程、前馈和均匀等常规复杂控制系统；解耦、预测、推断和自适应等先进控制系统和程序控制系统等等。

(6) 按给定值的变化情况可划分为定值控制系统、随动控制系统和程序控制系统。

1.4.2 按给定值分类

1. 定值控制系统

定值控制系统是一类给定值保持不变或很少调整的控制系统。这类控制系统的给定值一经确定后就保持不变直至外界再次调整它。化工、医药、冶金、轻工等生产过程中有大量的温度、压力、液位和流量需要恒定，是采用定值控制最多的领域，也是本课程的重点内容。图 1-1、图 1-5 都是定值控制系统的例子。

2. 随动控制系统

如果控制系统的给定值不断随机地发生变化，或者跟随该系统之外的某个变量而变化，则称该系统为随动控制系统。由于系统中一般都存在负反馈作用，系统的被控变量就随着给定值变化而变化。

随动控制的应用有雷达系统、火炮系统等。化工医药生产中串级控制系统的副回路、比值控制系统中的副流量回路也是随动控制系统。对于图 1-1 的室温控制系统，如要求室温在夏天始终比室外温度低 10℃，则加一个室外温度仪表，测得的值用于原控制系统的给定值，即为一个随动控制系统。

3. 程序控制系统

如果给定值按事先设定好的程序变化，就是程序控制系统。如图 1-2 所示的温度控制系统，即为一个温度程序控制系统，生物反应和金属处理加热炉采用程序控制的很多。由于采用计算机的温度控制系统，实现程序控制特别方便，因此，随着计算机应用的日益普及，程序控制的应用也日益增多。

1.5　自动化技术简要发展史

广义的自动化，是指在人类的生产、生活和管理的一切过程中，通过采用一定的技术装置和策略，使得仅用较少的人工干预甚至做到没有人工干预，就能使系统达到预期目的的过程，从而减少和减轻了人的体力和脑力劳动，提高了工作效率、效益和效果。由此可见，自动化涉及人类活动的几乎所有领域，因此，自动化是人类自古以来永无止境的梦想和追求目标。

自动化技术的发展大致可分为工匠、技术化、理论化、系统化与智能化等几个阶段。

1.5.1　工匠技巧阶段

人类很早就进行了简陋自动化装置的探索，留下了许多记载与传说，但由于技术与理论都没有真正地发展起来，直至 1788 年之前，都未能有重大的突破。这里列举几个较为著名的古代自动化装置。中国的指南车是广为传说与记载的古代发明，它始于西汉甚至更早，现已有复制品，但可能由于其自身的固有缺陷或是有了更为方便的指南工具，指南车没有真正得到使用。除了指南车外，还有记里鼓车，著名科学家张衡(公元 78—139 年)发明的浑天仪、水运气象台等。公元 3 世纪，希腊人发明了水钟。另外，古代传说中的在重要位置安放的各种暗算机关，也是早期的自动化装置的尝试。据说，达·芬奇为路易十二制造过供玩赏用的机器狮，这可以说是最简单的机器人。

1.5.2　技术化和理论化阶段

标志着人类社会工业革命开始的是瓦特于 1788 年发明的蒸汽机，同样也标志着自动化技术化和理论化阶段(或工程化阶段)的开始。具有良好的自动控制系统也是蒸汽机得以成功的必要条件之一。

在瓦特之前，已有人发明过各种各样的蒸汽机及相关控制装置，但没有真正地解决问题，主要原因有蒸汽的进气和排气是手动操纵的，转速不稳定等等。瓦特的发明解决了这些问题，其蒸汽机的转速调节系统原理如图 1－10 所示。

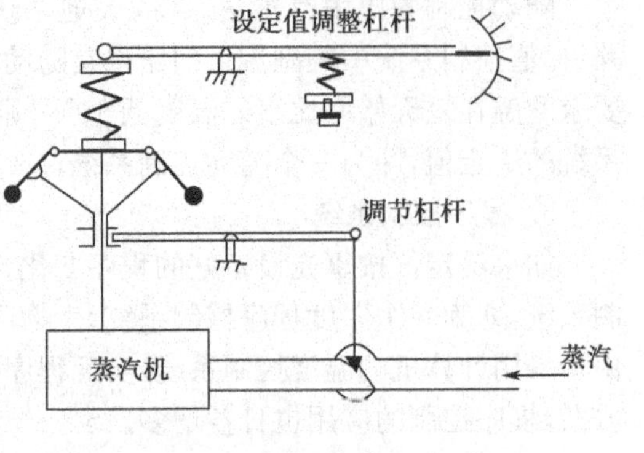

图 1－10　蒸汽机速度调节系统

如果转速由于蒸汽机负荷波动而下降，与蒸汽机连接的飞球系统的转动速度也下降，离心力减小，飞球相对位置下移，调节杠杆左端下降，使得杠杆右端上升，阀门开度增加，送入蒸汽机的蒸汽量增加，转速回升。反之亦然，可使系统的速度得以稳定。这是一个典型的具有负反馈的速度调节系统。

1868 年，J. C. 麦克思威尔发表了著名的关于调节器的论文，对于反馈理论进行了深入的研究。同年，法国工程师 J. 法尔科发明了反馈调节器。至 1920 年代，反馈理论已广泛的地应用于电子放大器中，使其性能有了较大的改善。1920 年，美国出现了 PID(比例积分微分)调节器，并应用到化工和炼油过程。

到 1948 年，控制理论的经典部分都已基本提出，如，多种控制系统的稳定性分析方法、根轨迹法、频率分析法等。除了工业革命使自动化获得较为广泛的应用外，特别要提及的是第一和第二次世界大战极大地激发了自动控制在军事和军工领域的应用。

1.5.3　系统化和智能化方法

1946 年，第一台电子计算机 ENIAC 问世。1948 年，N. 维纳发表了《控制论》一书，标志着自动化的理论基础——控制论正式诞生。同年，C. E. 香农发表了《通讯的数字原理》，标志着信息论的诞生。它们标志着自动化技术进入了系统化与智能化的阶段，计算机技术的飞速发展大大推动了计算机控制系统的应用。同时，这些科技成果也标志着人类社会继农业革命、工业革命之后又一个伟大的变革——信息革命的开始。

控制论并不仅仅是工业和工程领域的科学，也是一种思想，一种方法，也是普遍适用于几乎所有领域的科学思维和方法。哲学家、数学家、军事家、政治家、工程师等都对它感兴趣，它的应用可分为四大领域：工程控制论、生物控制论、经济控制论、社会控制论。

这四大领域中，生物控制和社会控制非常复杂或敏感，目前发展不够深入，应用也不够。经济控制论，研究得很多，应用也不少，有些是经济学家渗透到控制学科，有的是控制论专家渗透进经济领域。工程控制论则是其中发展最完善、应用最广泛的分支。

1954 年，钱学森发表了《工程控制论》，标志着工程控制学科的正式诞生。工程控制包括各种工程领域，从被控制对象的性质来划分，可分为过程自动化和电气自动化两大类，但这种约定俗成的称呼并不贴切。过程自动化的特征是被控对象中所加工的材料主要是液体、气体和粉体等流体，或许称为流体处理过程控制或自动化更合适。电气自动化的特征是被控对象所处理的是元件、部件的加工和装配，或许叫做元部件处理过程控制或自动化更贴切。

随着计算机的功能日益强大与完善，体积越来越微型化，用计算机代替调节器已成为发展趋势，目前正朝着一切需要智能化处理的场所都用计算机的方向发展。

20世纪末，随着计算机和网络逐步普及，管理自动化开始发挥越来越大的作用。在企业界，生产装置的控制与管理的自动化正融为一体。在信息处理技术的核心——计算机技术没有充分发展之前，人类关于人工智能、机器人等领域的研究，许多只能是美好的梦想。在今天，它们正逐步成为现实。大系统的优化和最优控制、机器人、航天技术等都预示着一个智能化和系统化的自动化技术时代已经开始。

第 2 章　控制系统分析

用于分析自动控制系统的方法很多，如最基本的模型法、传递函数、方块图；经典控制方法的频率特性法、根轨迹法等；现代控制方法中的最优化、状态空间法等等，但限于篇幅无法一一详细介绍。本章仅介绍最基本的方法特别是后续各章中需要用到的部分。

2.1　传递函数

2.1.1　传递函数概念

为了描述控制系统中每一个部分或整个系统的输入变量与输出变量之间的关系，最常用的就是传递函数。对于控制系统中的任意一个部分，理论上讲都可以有多个输入变量和多个输出变量，如图 2-1 所示。

图 2-1　系统的输入输出关系

当只考虑一个输入量与一个输出量之间的关系时，就简化为图 2-2。

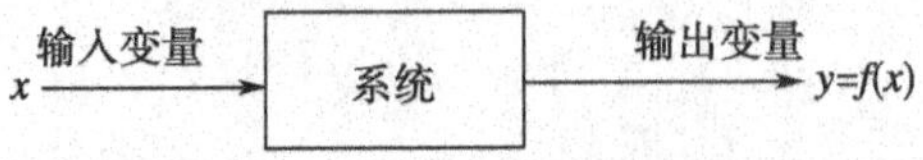

图 2-2　单输入单输出系统

如果描述该系统的微分方程已知为：

$$a_0\ddot{y}+a_1\dot{y}+a_2y=b_0\dot{x}+b_1x \tag{2-1}$$

对方程(2-1)进行拉普拉斯变换(设初始条件为零)，得

$$a_0s^2Y(s)+a_1sY(s)+a_2Y(s)=b_0sX(s)+b_1X(s)$$

整理得

$$\frac{Y(s)}{X(s)}=G(s)=\frac{b_0s+b_1}{a_0s^2+a_1s+a_2} \tag{2-2}$$

方程(2-2)中的 $G(s)$ 就叫做方程(2-1)描述的系统的输入量 x 与输出量 y 之间的

传递函数。

传递函数的使用，使得控制系统的分析非常方便。这里暂不详述，先介绍一下拉普拉斯变换。

2.1.2 拉普拉斯变换

拉普拉斯变换将时域（t 域）的函数变换为复域（s 域）的函数，以带来运算和分析的方便。这里不做严格的数学方法介绍，完全从实用的角度介绍一些结论和常用函数在 t 域和 s 域之间的对应关系。幸运的是，能在实际中产生的信号总有相对应的拉普拉斯函数。

设① $f(t)$ 为时域函数，且当 $t<0$ 时 $f(t)=0$；

② s 为复变量，$F(s)$ 为复域函数；

③ $\mathscr{L}$ 为拉普拉斯变换的运算符号。

定义 $f(t)$ 的拉普拉斯变换为

$$\mathscr{L}[f(t)] = F(s) = \int_0^{\infty} f(t)\mathrm{e}^{-st}\,\mathrm{d}t \tag{2-3}$$

1. 常用函数的拉普拉斯变换

(1) 阶跃函数

设函数 $f(t)$ 为符合如下条件的阶跃函数：

$$\begin{aligned} f(t) &= 0 \quad && (t<0) \\ f(t) &= A = \text{常数} \quad && (t\geqslant 0) \end{aligned} \tag{2-4}$$

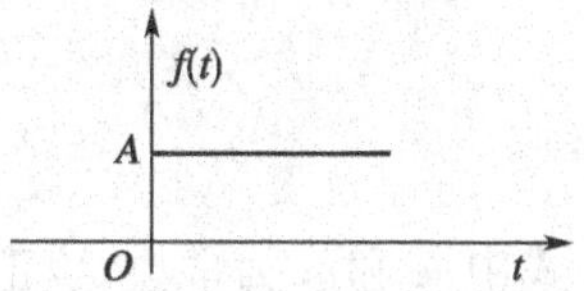

图 2-3 阶跃函数

该函数的拉普拉斯变换用 $\mathscr{L}[f(t)]$ 表示，得

$$\mathscr{L}[f(t)] = F(s) = \frac{A}{s} \tag{2-5}$$

当 $A=1$ 时，称阶跃函数为**单位阶跃函数**，记为 $u(t)$，此时的拉普拉斯变换为

$$\mathscr{L}[u(t)] = U(s) = \frac{1}{s} \tag{2-6}$$

(2) 斜坡函数

设函数 $f(t)$ 为符合下列条件的斜坡函数：

$$\begin{aligned} f(t) &= 0 \quad && (t<0) \\ f(t) &= At \quad && (t\geqslant 0) \end{aligned} \tag{2-7}$$

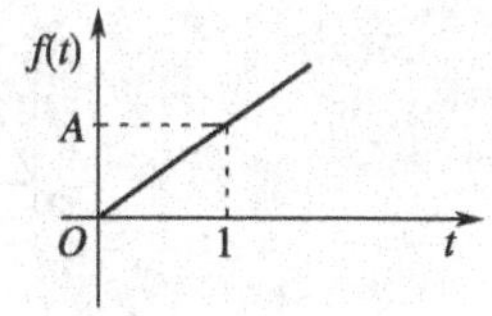

图 2-4 斜坡函数

斜坡函数的拉普拉斯变换是

$$\mathscr{L}[f(t)] = F(s) = \frac{A}{s^2} \tag{2-8}$$

(3) 指数函数

设有符合如下条件的指数函数：

$$f(t)=0 \qquad (t<0)$$
$$f(t)=Ae^{-\alpha t} \qquad (t\geqslant 0) \tag{2-9}$$

式中 A 和 α 为常数，指数函数的拉普拉斯变换为

$$\mathscr{L}[f(t)]=F(s)=\frac{A}{s+\alpha} \tag{2-10}$$

(4) 脉冲函数

设有符合如下条件的脉冲函数

$$f(t)=\lim_{t_0\to 0}\frac{A}{t_0} \qquad (0<t<t_0)$$
$$f(t)=0 \qquad (t<0,t>t_0) \tag{2-11}$$

如图 2-5 所示，该脉冲函数的拉普拉斯变换为

$$\mathscr{L}[f(t)]=F(s)=A \tag{2-12}$$

A 等于 1 时的脉冲函数称为**单位脉冲函数**，记为 $\delta(t)$，此时

$$\mathscr{L}[\delta(t)]=F(s)=1 \tag{2-13}$$

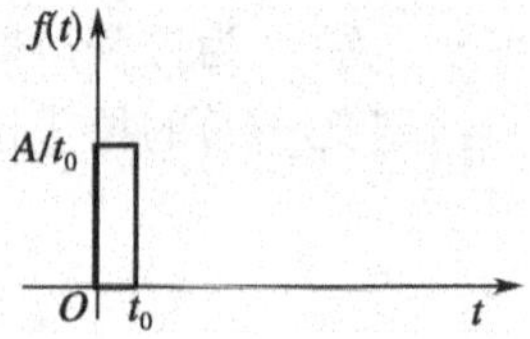

图 2-5　脉冲函数

(5) 正弦函数

设正弦函数为

$$f(t)=0 \qquad (t<0)$$
$$f(t)=A\sin(\omega t) \qquad (t\geqslant 0) \tag{2-14}$$

式中 A 和 ω 为常数，该正弦函数的拉普拉斯变换为

$$\mathscr{L}[f(t)]=F(s)=\frac{A\omega}{s^2+\omega^2} \tag{2-15}$$

2. 拉普拉斯变换定理

(1) 平移定理

设函数 $f(t)$ 及平移后的 $f(t-\alpha)$ 如图 2-6 所示。

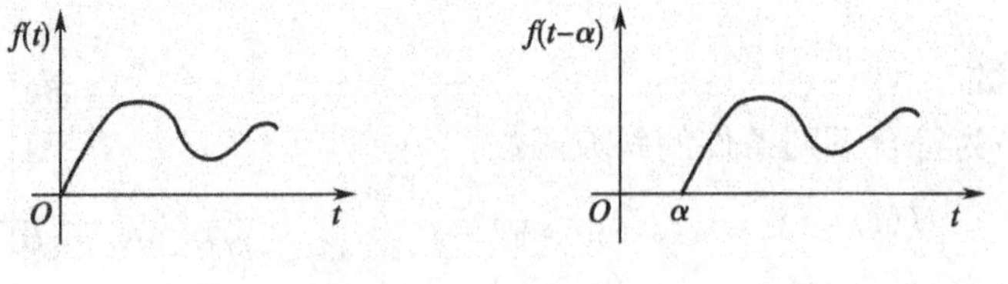

图 2-6　$f(t)$ 和 $f(t-\alpha)$

则
$$\mathscr{L}[f(t)]=F(s),\ \mathscr{L}[f(t-\alpha)]=e^{-\alpha s}F(s) \tag{2-16}$$

(2) 微分定理

$$\mathscr{L}\left[\frac{d}{dt}f(t)\right]=sF(s)-f(0) \tag{2-17}$$

如果 $f(0)=0$，则

$$\mathscr{L}\left[\frac{\mathrm{d}}{\mathrm{d}t}f(t)\right]=sF(s) \tag{2-18}$$

如果 $f(t)$及其各阶导数的所有初始值都为 0,则

$$\mathscr{L}\left[\frac{\mathrm{d}^n}{\mathrm{d}t^n}f(t)\right]=s^nF(s) \tag{2-19}$$

(3) 积分定理

$$\mathscr{L}\left[\int f(t)\mathrm{d}t\right]=\frac{1}{s}F(s)+\frac{1}{s}f^{-1}(0) \tag{2-20}$$

其中,$f^{-1}(0)$是$\int f(t)\,\mathrm{d}t$ 在 $t=0$ 时的值,如 $f^{-1}(0)$为 0,则

$$\mathscr{L}\left[\int f(t)\mathrm{d}t\right]=\frac{1}{s}F(s) \tag{2-21}$$

(4) 线性定理

$$\mathscr{L}[Af(t)]=AF(s) \tag{2-22}$$

$$\mathscr{L}[f_1(t)\pm f_2(t)]=F_1(s)\pm F_2(s) \tag{2-23}$$

(5) 终值定理

表明可以根据 $F(s)$表达式,求取 $f(t)$在 $t=\infty$处的值。

$$f(\infty)=\lim_{t\to\infty}f(t)=\lim_{s\to 0}sF(s) \tag{2-24}$$

(6) 初值定理

$$f(0^+)=\lim_{s\to\infty}sF(s) \tag{2-25}$$

2.2　方块图

2.2.1　方块图的基本单元

1. 方块

任何被研究的对象,可以抽象地用输入该对象的信号或变量和从该对象输出的信号或变量表达时,就可以运用方块图方法中的方块来加以描述。

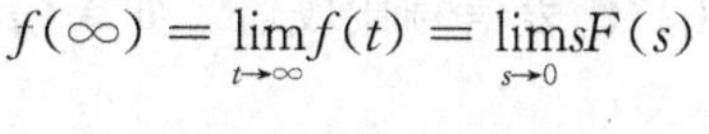

图 2-7　方块图的基本单元

图 2-7 中的被研究对象可以是一个电阻或电容,也可以是一个集成电路、一块仪表、一个反应器或一个控制系统等等。如果可以用一个微分方程描述这个对象,再对该微分方程进行拉普拉斯变换,则得

$$Y(s) = G(s) \cdot X(s) \tag{2-26}$$

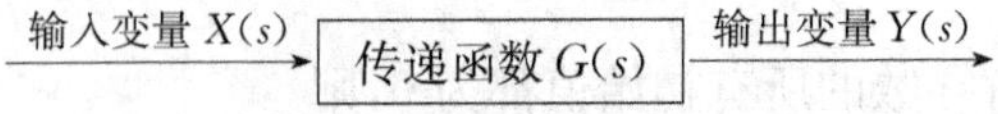

图 2-8　方块的传递函数

人们有时为了说明和分析问题的需要，画一个方块，有多个输入或输出信号。事实上，任何一个用方块来描述的系统都可能有不止一个输入变量或输出变量。但是，当我们用规范的方块图方法时，原则上，一个方块只能有一个输入信号和一个输出信号，如果有一个以上的输入或输出信号线，其中只能有一个用来与其他方块相连接，其他的信号线只是起辅助性作用。

2. 信号比较器

图 2-9 中的两种表示方式表示的是同样的关系式(2-27)。

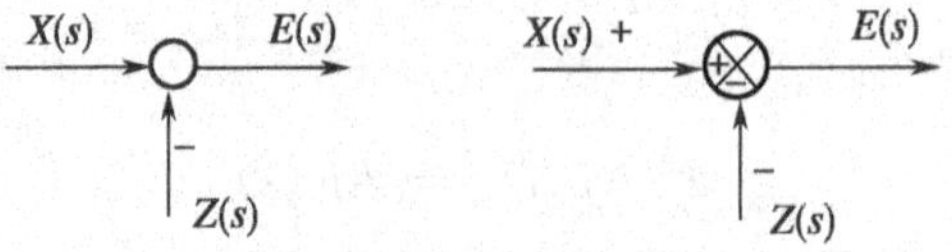

图 2-9　信号比较器

$$E(s) = X(s) - Z(s) \tag{2-27}$$

本教材中统一采用符号“○”代表信号比较器。如果信号线旁不带运算符号“＋”或“－”，则默认为“＋”。

注意，在自动控制系统方块图里，比较器中 $Z(s)$ 信号线旁的运算符号“－”非常重要，通常以此表示该系统是负反馈系统。

3. 信号分支点

方块图中的信号分支，只要在信号线上任意点引出即可，分支点上的信号与原来的信号完全相同，如图 2-10所示。

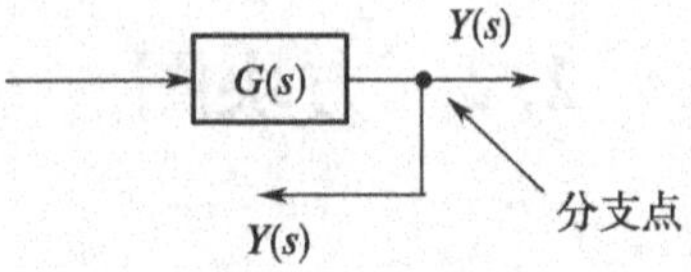

图 2-10　信号比较器

有了以上三种方块图基本单元，就可以画出系统的方块图。

2.2.2　方块图的应用

根据前述定义和规则，方块图可以应用于控制系统的各个部分和整个系统，也可以应用于每一块仪表的整机分析和仪表各个组成部分的分析。

在控制系统分析的应用中，首先建立系统各个组成部分的数学表达式，进行拉普拉斯变换，获得各组成部分的方块图及传递函数，然后将各个部分的方块根据系统的组成原理连接起来，就得到了整个系统的方块图。典型的简单反馈控制系统方块图如图 2-11 所示。

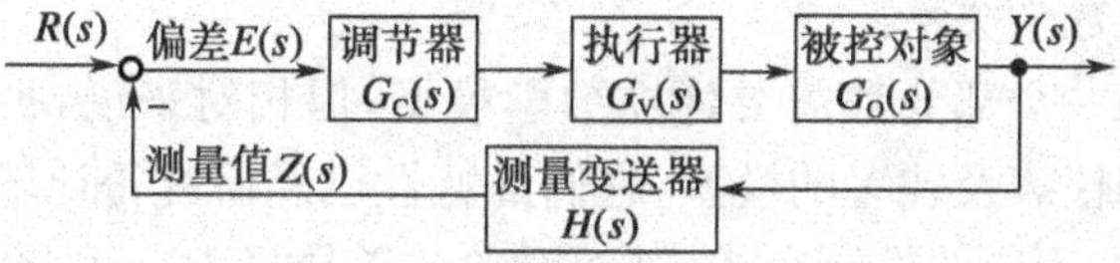

图 2－11　反馈控制系统方块图

由方块图定义及运算规则，可求得该系统的被控变量与设定值之间的关系，即传递函数为

$$\frac{Y(s)}{R(s)}=W(s)=\frac{G(s)}{1+G(s)H(s)}=\frac{G_C(s)G_V(s)G_O(s)}{1+G_C(s)G_V(s)G_O(s)H(s)} \quad (2-28)$$

式中，$G(s)=G_C(s)\cdot G_V(s)\cdot G_O(s)=\dfrac{Y(s)}{E(s)}$ **为系统的前向传递函数**；

$G(s)\cdot H(s)=\dfrac{Z(s)}{E(s)}$，称为**系统的开环传递函数**；

$W(s)=\dfrac{Y(s)}{R(s)}$，称为**系统的闭环传递函数**。

图 2－11 的方块图也可等效为为图 2－12 和图 2－13。

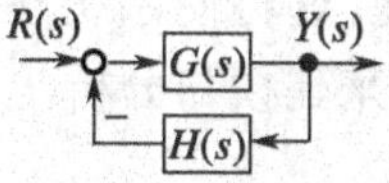

图 2－12　系统等效方块图 1

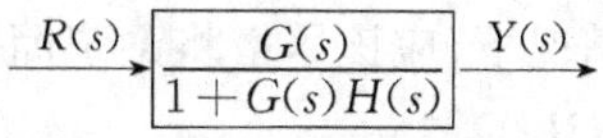

图 2－13　系统等效方块图 2

由图 2－11 到图 2－12，再到图 2－13，可以看到系统整体与部分的相对关系。一个完整的控制系统可等效为一个单独的方块，这样的方块可作为更大系统的一个部分。反之，一个图 2－13 这样单个方块又隐含着反馈机制于其中，可以分解为一个完整的反馈控制系统。

最后，谈一谈方块图的简化运算。

对于最常见的如图 2－11 所示的反馈控制系统，简化过程如上，其中的传递函数 $Y(s)/R(s)$ 可以直接写出，即分子为前向传递函数，分母为(1＋开环传递函数)。一般的方块图简化只要运用上述的定义和规则，保持系统输出输入总的传递函数不变即可。

2.3　数学模型

2.3.1　概述

数学模型是所研究系统的动态特性的数学表达式，或者更具体地说，是系统输入作用与输出作用之间的数学关系。

控制系统中的每一个部分都需要建立数学模型，但相对来说，被控对象之外部分的数学模型很多是控制仪表及装置的模型，它们的特性已经研究得比较多，而且变化很少，被控对象则比较复杂，不同的控制系统，被控对象的差异极大。因此，建模的重点是对象的建模。

1. 过程对象的特点

系统相对较大、较为复杂；时间常数大，时间滞后大；具有非线性、分布参数和时变特性。因此，建模比较困难，需要在模型的简化上做工作，更多地需要从实验中建立模型。

2. 简化模型

实际的物理系统是非常复杂的，过程对象也是如此，必须对系统进行适当的简化处理，才能有效地建模。通常，有如下几个方面：

① 从分布到集中

所有系统的模型本质上都是分布参数的，但分布参数模型太复杂，难建立也难于处理。因此，通常都将它简化为集中参数系统来建立模型。当然，这仅仅在一定的范围内是有效的。

② 从非线性到线性

实际的物理系统存在许多非线性，只要系统中任何一个环节是非线性的，系统就是非线性的。线性系统的重要特征是可以运用叠加原理，这将使系统建模分析大大简化。因此，在很多情况下，应该尽量将系统简化为线性系统来建模与分析。

3. 建模方法

系统的建模方法分为两大类：机理建模与实验建模。通常人们倾向于机理建模，认为这样的模型有基本的理论作保证，物理意义明确。对于较复杂的系统，要做许多简化处理，才能建立起机理模型。实验建模似乎是迫不得已的办法，但在数据处理能力大大提高的今天，它也有较强的生命力。机理建模就像是“开环控制”，理论上可以做到很精确，但实际上很难；实验建模就像是“闭环控制”，不管对象有多复杂，都可用这一种综合方法来对付它。

对于一个新的建模问题，可以先建立一个比较简单的机理模型，对之进行一些初步的了解和研究。然后再试图建立一个比较完善的数学模型，进行比较全面和精确的研究。最好是机理建模与实验建模相互印证、相互补充和完善。

2.3.2 机理建模

机理建模就是根据被研究对象的物理化学性质和运动规律来建立系统的数学模型。因此，需要掌握对象的能量平衡关系、物料平衡关系、动量平衡关系、化学反应规律、电路电子原理等等知识，难度相当大。因此，必须作出合理的假设，建模才是可行的。当然，这样建立的模型只能在一定的工作范围内适用。

机理建模时所做的各种假设合理程度如何？简化的方法是否正确？模型的适用工作范围如何？等等一系列问题，最终还是要通过实验来验证和修正。

控制系统中，需要建模的对象包括了各种类型的元器件、仪表与装置（电子的、机械的、气动的和液动的），简单的如杠杆系统，复杂的如化学反应器等等。这里仅着重介绍化工、医药、冶金、轻工等过程设备装置数学模型的基本知识。

1. 一阶系统

当一个对象可以用一阶微分方程描述其特性时，它就是一个一阶对象或一阶系统。设其微分方程表示为

$$T\frac{\mathrm{d}y(t)}{\mathrm{d}t}+Y=Kx(t) \tag{2-29}$$

式中，x——对象的输入变量；

y——对象的输出变量。

对上式进行拉普拉斯变换（设初始值为零），得

$$TsY(s)+Y(s)=KX(s)$$

整理得：

$$\frac{Y(s)}{X(s)}=\frac{K}{1+Ts} \tag{2-30}$$

用方块图表示为

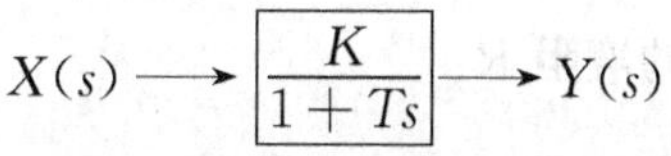

图 2-14　一阶系统方块图

很多实际的物理对象，其数学模型是一阶系统或可以近似地用一阶系统来描述。R-C电路和水槽等是最常见的一阶系统。

(1) R-C 电路

在图 2-15 所示电路中，设 u_i 为输入电压，是该系统的输入变量；电容两端的电压 u_o 为输出电压，是该系统的输出变量；i 是流过电阻 R 的电流。根据电路原理中的基尔霍夫定律，有

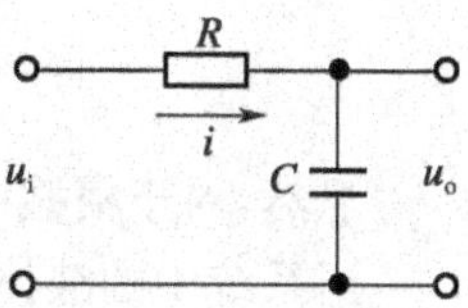

图 2-15　R-C 电路

$$u_i=iR+u_o$$

$$i=C\frac{\mathrm{d}u_o}{\mathrm{d}t}$$

消去中间变量 i，得到 u_i 与 u_o 之间的关系式：

$$RC\frac{du_o}{dt}+u_o=u_i \tag{2-31}$$

上式是一阶微分方程，说明水槽是一阶系统。进行拉普拉斯变换，并假设初始条件为零，得

$$RCsU_o(s)+U_o(s)=U_i(s)$$

整理得水槽系统的传递函数为

$$\frac{U_o(s)}{U_i(s)} = \frac{1}{1+RCs} \tag{2-32}$$

$R-C$ 电路很直观，很简单，电阻和电容的概念比较清晰。许多物理系统如液位系统、热力学系统和气动系统有类似的概念。

(2) 水槽

如图 2-16 所示，水槽的液面高度为 h，通常，希望这个液位能比较稳定，这里将它定为该系统的输出变量或被控变量。输入流量 Q_i 由阀门 1 加以调节，从而保持液位 h 的稳定，Q_i 是系统的输入变量。

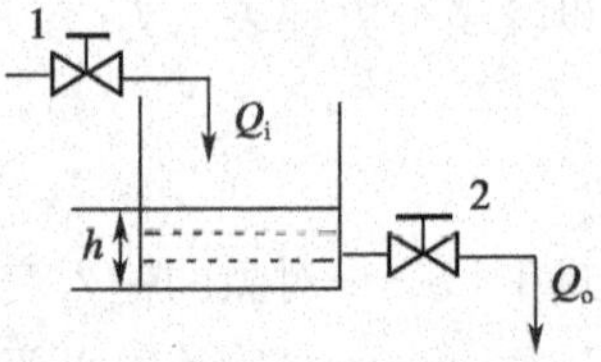

图 2-16 水槽系统

对水槽的流出量 Q_o，阀门 2 不加以控制，是系统的中间变量。阀门 2 相当于一个负载，或者是类似于 $R-C$ 电路中的电阻 R，可称为液阻。

$$R = \frac{\text{液位变化量}}{\text{流量变化量}} = \frac{dh}{dQ_o} \tag{2-33}$$

当流过阀门 2 中的流体状态为层流时，有

$$Q_o = Kh \tag{2-34}$$

由以上两式，可求得此时的液阻 R：

$$R = \frac{dh}{dQ_o} = \frac{1}{K} = \frac{h}{Q_o}$$

由于 K 是一个常数，故 R 也是一个常数，这与电阻很相似。

对于水槽系统，还可以定义类似于电容的液容 C：

$$C = \frac{\text{被贮存液体的变化量}}{\text{液位的变化量}} \tag{2-35}$$

显然，对于横截面积保持不变的容器，液容等于横截面积 A。

当系统中的液体流动为层流时，系统是线性的；当液体流动状态为紊流时，系统是非线性的，但在变量很小的变化范围内，可以线性化。因此，在很小的时间 dt 之内，水槽的液体体积变化量等于

$$Cdh = (q_i - q_o)dt \tag{2-36}$$

q_i 和 q_o 是相对于稳定值 Q_i 和 Q_o 的微小变化量。将中间变量 q_o 消去，得

$$RC\frac{dh}{dt} + h = Rq_i$$

对上式进行拉普拉斯变换，并设初始条件为零，得

$$RCsH(s) + H(s) = RQ_i(s)$$

整理得

$$\frac{H(s)}{Q_i(s)}=\frac{R}{1+RCs} \qquad (2-37)$$

从上面两例，可以看到它们的微分方程和传递函数都很相似，与方程(2－29)和(2－30)对照，定义 K 为一阶系统的放大系数：$K=1$($R-C$ 电路)，$K=R$(水槽系统)。

定义 T 为时间常数，在 $R-C$ 电路和水槽系统中，时间常数 T 均等于 $R-C$。

K 和 T 的物理意义将在后续章节中介绍。

2. 非自衡系统

前面分析的水槽系统，当液位升高时，出口流量 Q_o 会自动增加，使液位下降，在一定的工作范围内，系统能自动达到一个平衡状态，这样的系统称为有自衡系统，在控制系统中是最常见的，也是比较易于控制的系统。

如图 2－17 所示的系统，是没有自衡能力的。其输出流量由一个正位移泵抽出，保持恒定，与液位无关。因此，当 Q_i 发生变化，使液位 h 偏离平衡值后，系统不会自动到达平衡状态。如果 Q_i 有一个增量且保持不变，则液位将持续上升，直至溢出。这样的系统称为**非自衡或无自衡系统**。这样的系统相对于自衡系统比较难于控制。

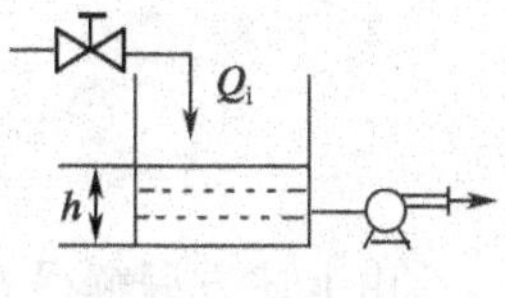

图 2－17　非自衡系统

由方程(2－36)，且此时 $q_o=0$，得，

$$h=\frac{1}{A}\int q_i\mathrm{d}t \qquad (2-38)$$

由于有方程(2－38)这样的表达式，该系统也常称为**积分对象**。

该系统的传递函数为

$$\frac{H(s)}{Q_i(s)}=\frac{1}{As} \qquad (2-39)$$

3. 二阶系统

当一个对象可以用二阶微分方程描述其特性时，它就是一个二阶系统或二阶对象，设其微分方程表示为

$$a_0\frac{\mathrm{d}y^2(t)}{\mathrm{d}t^2}+a_1\frac{\mathrm{d}y(t)}{\mathrm{d}t}+a_2y(t)=Kx(t) \qquad (2-40)$$

对上式两边进行拉普拉斯变换，并设各阶初始值均为零，得

$$a_0s^2Y(s)+a_1sY(s)+a_2Y(s)=KX(s)$$

整理得：

$$\frac{Y(s)}{X(s)}=\frac{K}{a_0s^2+a_1s+a_2} \qquad (2-41)$$

很多物理系统的数学模型可用二阶系统来描述，如 $R-C$ 串联电路和串联水槽等等。

(1) $R-C$ 串联电路

图 2－18 是一个 $R-C$ 串联电路。设 u_i 为系统的输入变量，u_o 为系统的输出变量，由

希尔霍夫定律，得

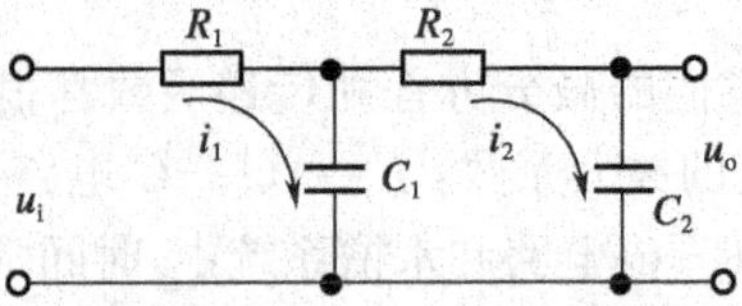

图 2-18　R-C 串联电路

$$u_i = \frac{1}{C_1}\int (i_1 - i_2)\mathrm{d}t + R_1 i_1 \qquad (2-42)$$

$$u_o = \frac{1}{C_2}\int i_2 \mathrm{d}t \qquad (2-43)$$

$$u_o + R_2 i_2 = \frac{1}{C_1}\int (i_1 - i_2)\mathrm{d}t \qquad (2-44)$$

由上述方程解得 $R-C$ 串联电路的微分方程表达式为

$$R_1C_1R_2C_2\frac{\mathrm{d}^2u_o}{\mathrm{d}t^2} + (R_1C_1 + R_2C_2 + R_1C_2)\frac{\mathrm{d}u_o}{\mathrm{d}t} + u_o = u_i \qquad (2-45)$$

对方程(2-45)两边进行拉普拉斯变换，并设初始值均为零，得

$$R_1C_1R_2C_2s^2U_o(s) + (R_1C_1 + R_2C_2 + R_1C_2)sU_o(s) + U_o(s) = U_i(s)$$

整理得，该二阶系统的传递函数为：

$$\frac{U_o(s)}{U_i(s)} = \frac{1}{R_1C_1R_2C_2s^2 + (R_1C_1 + R_2C_2 + R_1C_2)s + 1} \qquad (2-46)$$

(2) 串联水槽

对于串联水槽，设 Q_i 为系统的输入变量，Q 是中间变量，h_1 和 Q_o 也是中间变量，h_2 是输出变量。另外，还假设两只水槽具有同样的横截面积 A，液位与流出量具有线性关系，则

$$R_1(\text{液阻}) = \frac{h_1}{Q}$$

$$R_2(\text{液阻}) = \frac{h_2}{Q_o}$$

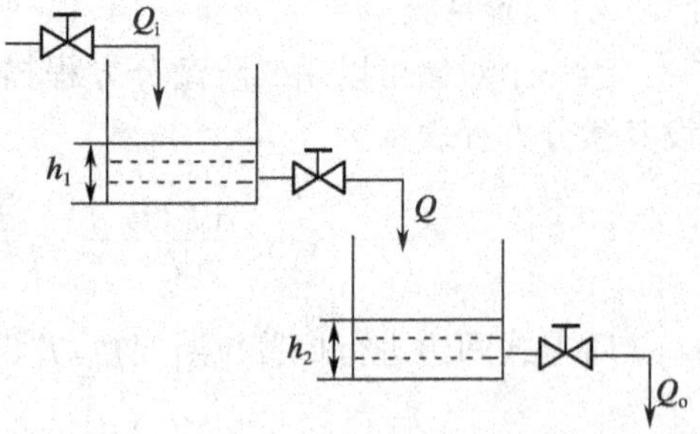

图 2-19　串联水槽系统

分别列写两个水槽的物料平衡方程为

$$A\mathrm{d}h_1 = (q_i - q)\mathrm{d}t$$

$$A\mathrm{d}h_2 = (q - q_o)\mathrm{d}t$$

式中，q_i、q、q_o 均为相应的 Q_i、Q 和 Q_o 的微小变化量。

由上述四个方程，消去中间变量 h_1、q 和 q_o，解得输入变量 q_i 与输出变量 h_2 之间的微分方程为：

$$AR_1AR_2\frac{d^2h_2}{dt^2}+(AR_1+AR_2)\frac{dh_2}{dt}+h_2=R_2q_i \tag{2-47}$$

对上式两边进行拉普拉斯变换，并设初始条件均为零，得到 Q_i 到 H_2 之间的传递函数为：

$$\frac{H_2(s)}{Q_i(s)}=\frac{R_2}{AR_1AR_2s^2+(AR_1+AR_2)s+1} \tag{2-48}$$

设 $AR_1=T_1$，$AR_2=T_2$，$R_2=K$，则有

$$\frac{H_2(s)}{Q_i(s)}=\frac{K}{T_1T_2s^2+(T_1+T_2)s+1} \tag{2-49}$$

高于二阶的对象，研究起来比较复杂，甚至无法进行研究，通常都是将它们近似为一阶和二阶系统。

2.3.3 实验建模

实验建模原则上是把被研究对象看作为一个黑箱，通过施加不同的输入信号，研究对象的输出响应信号与输入激励信号之间的关系，估计出系统的数学模型，如图 2-20 所示。这种方法也可称为**系统辨识方法**或**黑箱方法**。

图 2-20 实验建模方法

显然，任何一个对象都可能有多个输入变量和输出变量，当我们要研究的是 x_1 与 y_1 之间的关系时，就应该将施加的输入信号加在 x_1 输入端上，并记录相应的 y_1 的变化。

这种方法对于复杂对象更为有效。对于已知的一阶或二阶系统，通过实验方法测取其特性参数也很方便、实用。常用的方法有三种。

1. 阶跃扰动法

当对象处于稳定状态时，施加一个阶跃信号到输入端，记录输出端的变化曲线即可。

阶跃信号容易获得。当对象的输入量是流量时，只要将阀门开度突然变化一定幅度并保持不变即可，不需要另外的信号发生器。

对于水槽对象，阶跃扰动和相应的反应曲线如图 2-21 所示。由反应曲线可推得对象的数学模型及相关的参数。

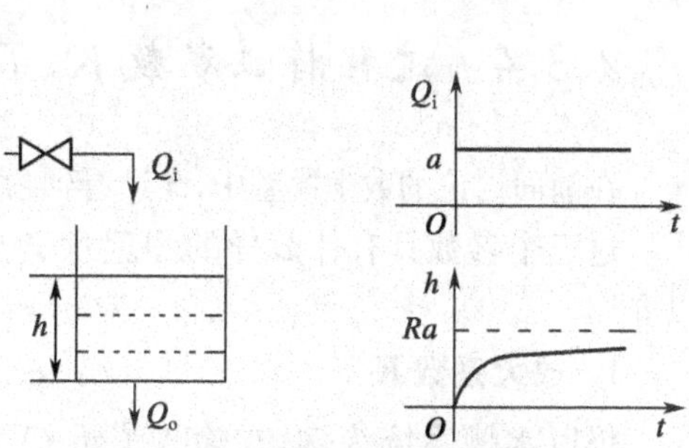

图 2-21 水槽对象阶跃扰动法

前已求得，如图水槽系统是一阶系统，Q_i 到 h 的传递函数为

$$\frac{H(s)}{Q_i(s)}=\frac{R}{RCs+1}=G(s)$$

由方程(2-24)可得

$$h(\infty)=\lim_{t\to\infty}h(t)=\lim_{s\to 0}sH(s)$$

由方程(2-5)得

$$Q_i(s)=\frac{a}{s}$$

则

$$h(\infty)=\lim_{s\to 0}s\cdot\frac{R}{RCs+1}\cdot\frac{a}{s}=\lim_{s\to 0}\frac{Ra}{RCs+1}=Ra \tag{2-50}$$

因此,由输入输出曲线测得 a 和 Ra 的数值,即可得到 R。

上面介绍的这种在已知系统的数学模型结构的基础上,再通过实验来确定数学模型中的参数的方法,又称为**系统的参数估计**。

2. 矩形脉冲法

这时所施加的输入信号如图 2-22 所示,相当于在 t_1 时刻施加了一个阶跃扰动之后,在 t_2 时刻再施加一个幅度相同但方向相反的阶跃扰动。

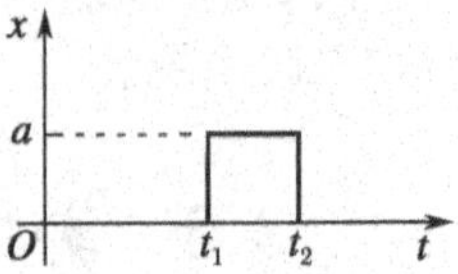

图 2-22　矩形脉冲法

与阶跃扰动方法相比,干扰仅施加较短的时间。因此,幅度可以相对大一些,以提高实验精度。

3. 周期扰动法

所谓周期扰动法就是施加周期信号作为扰动。常用的周期信号有矩形脉冲波和正弦波。周期信号围绕平均值上下波动,对系统的影响很小。当输入为一系列不同频率的正弦波时,可直接获得系统的频率特性。这是周期扰动法的主要优点之一。

除了上面介绍的几种方法之外,还可以直接从正常生产过程的记录数据中分析过程特性,建立数学模型。这种方法称为**在线辨识**。但它需要大量的数据、较长时间、较多的数据处理技术水平,而且精确度也不够高。为了提高所得模型的可信度和精度,有时采用多种方法相互验证,相互补充。

2.3.4 过程特性参数 K、T、τ

在前面讨论的数学模型中,已经看到参数 K 和 T,实际的过程特性参数中,常见的还有 τ。这三个参数具有什么样的物理意义?在系统中的作用如何?下面结合实例分别加以介绍。

1. 放大系数 K

仍以水槽系统为例,在输入流量 Q_i 等于输出流量 Q_o,液位 h 处于某个稳定状态时,使 Q_i 突然有一个阶跃变化,阶跃幅度为 a,并保持不变。由阶跃扰动法知道,此时,水槽的液位也有一个相应的变化,经过一段时间后,逐步趋于一个新的稳态值,如图 2-23 所示。

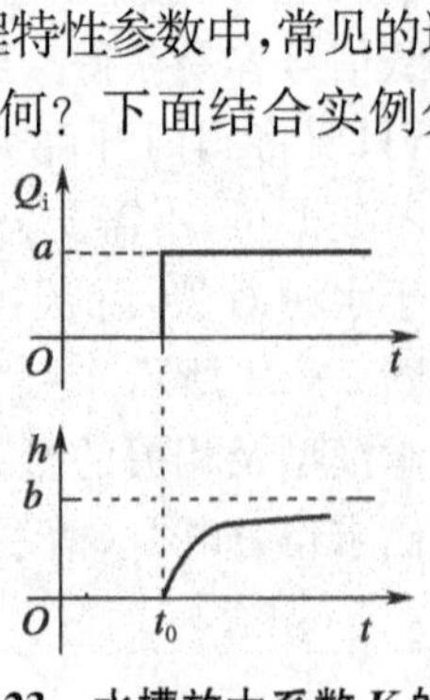

图 2-23　水槽放大系数 K 的计算

图 2－23 中，a 是输入流量的变化量，即阶跃扰动的幅值；b 是液面最终稳态值与原稳态值之差。定义 K 为该系统的放大系数：

$$K=\frac{b}{a}=\frac{\Delta h}{\Delta Q_{\mathrm{i}}} \tag{2-51}$$

可见，放大系数 K 的物理意义就是把系统的输入变化量放大 K 倍，$K\Delta Q_{\mathrm{i}}$ 称为**系统的稳态输出量**。注意，由于 b 是系统经过很长时间进入稳态后的数值，因此，放大系数 K 是系统的静态特性参数。

放大系数 K 是非常重要的特性参数。K 越大，表明输入信号对输出的控制作用越强。如截面积很小的水槽，较小的输入流量变化可能产生较大的输出量液位的变化。而截面积很大的水槽，输入流量的变化对输出量的影响很小。

对于一个被控变量，可能同时有几个输入变量对之产生影响，这时，应该尽量选择放大系数 K 较大的变量作为调节变量，其他输入变量作为系统的干扰量。如图 2－24 所示，该系统共有 3 个输入变量，选择 x_3 作为调节变量后，x_1 和 x_2 就被认为是该系统的干扰变量。从调节变量 x_3 到输出变量 y 之间的关系叫做**调节通道**，x_1 到 y 之间的关系叫做**干扰通道 1**，x_2 到 y 之间的关系叫做**干扰通道 2**。每个通道都有相应的数学模型及相应的放大倍数 K。K 越大，表明该通道的调节能力越强；对于干扰通道，K 越大，表明该扰动对输出变量的影响越大。

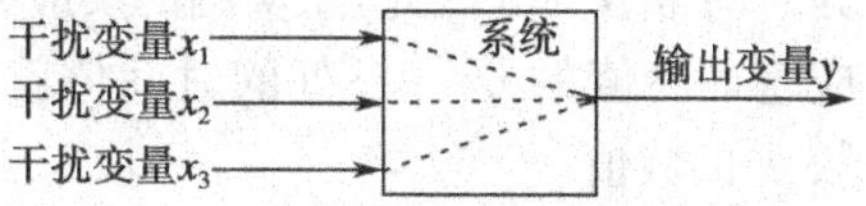

图 2－24 调节通道与干扰通道

2. 时间常数 T

$R-C$ 电路的数学模型为

$$\frac{U_{\mathrm{o}}(s)}{U_{\mathrm{i}}(s)}=\frac{1}{1+RCs}=\frac{1}{1+Ts}$$

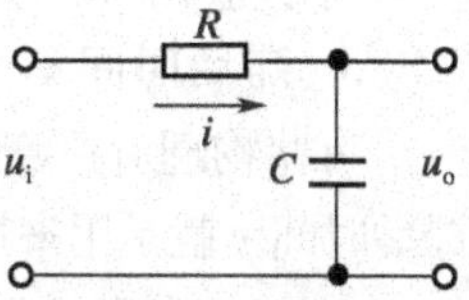

图 2－25 $R-C$ 电路

从电路图 2－25 中可知，当电容充电结束后，电流 i 等于 0，$u_{\mathrm{o}}=u_{\mathrm{i}}$，即该电路 u_{i} 到 u_{o} 的调节通道放大系数 K 等于 1。但 u_{i} 是逐步达到最终值 u_{o} 的，它的快慢取决于 $T=RC$ 的数值。T 越大，表明电容 C 充满电需要的时间越长。这就是时间常数的物理意义。

同样，在水槽系统中，对于相同的输入流量变化量，截面积大的水槽要花更多的时间才能达到稳态液位值。如图 2－26 所示，一个水槽的截面积为 A_1，另一个的截面积为 A_2，$A_2>A_1$，故在相同的输入流量变化量 a 的作用下，表现了不同的反应曲线。

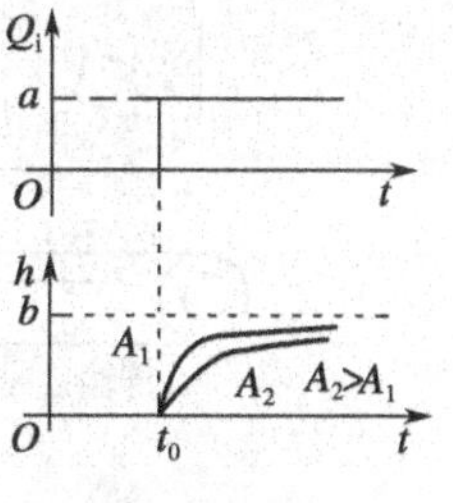

图 2－26 不同横截面积水槽的反应曲线

时间常数 T 可以用实验方法测得。一阶系统的微分方程，当输入为单位阶跃信号时，求得

$$y(t)=1-\mathrm{e}^{-\frac{t}{T}} \tag{2-52}$$

当 $t=T$ 时，代入公式(2－52)得

$$y(T)=1-\mathrm{e}^{-1}=0.632 \tag{2-53}$$

依次还可求得 $t=2T$、$3T$、$4T$、$5T$ 等特殊点处的 y 值。

对 $y(t)$ 求导数得

$$\frac{\mathrm{d}y(t)}{\mathrm{d}t}=\frac{1}{T}\mathrm{e}^{-\frac{t}{T}}$$

可求得反应曲线起始点的切线的斜率为

$$\left.\frac{\mathrm{d}y(t)}{\mathrm{d}t}\right|_{t=0}=\frac{1}{T} \tag{2-54}$$

将以上计算结果绘于图 2-27 中。

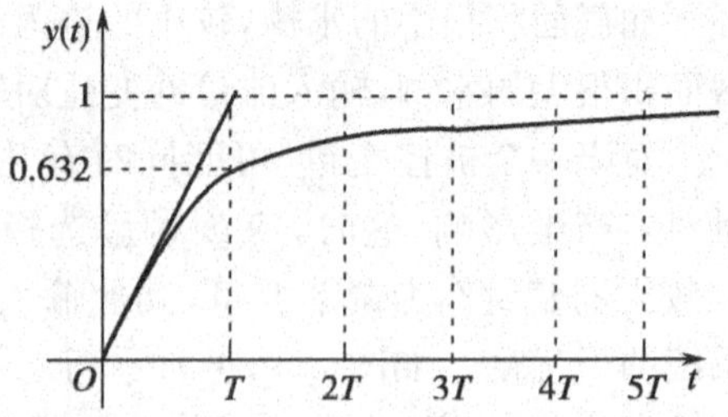

图 2-27　一阶系统单位阶跃反应曲线

由公式(2-53)和图 2-27 可见，当反应曲线上升到最终值的 63.2%时，所用的时间正好为时间常数 T。因此，从实测的反应曲线上，相应于最终值的 63.2%处的时间值就是时间常数 T 的数值。

从图中还看到，当时间 $t=3T$ 时，曲线已经很接近最终值，此时计算值为最终值的 95%；当时间 $t=5T$ 时，曲线已几乎与最终值重合，此时的计算值为最终值的 99.3%。可见，时间常数 T 也是标志系统动态过程何时基本结束的重要参数。因此，时间常数 T 是系统的动态参数。

另外，对于调节通道，时间常数 T 大，表明系统响应较平稳，系统较稳定，通常比较容易控制，但调节时间较长。时间常数 T 小些，系统相对比较难于控制。实际应用中有一个适中的时间常数较好。

对于干扰通道，时间常数越大，对调节越有利。

3. 滞后时间 τ

有些物理对象，当输入信号发生变化后，输出信号不会立即出现响应，出现了滞后现象。滞后时间 τ 就是用来描述系统滞后现象的特性参数。滞后现象有两类，纯滞后和容量滞后。

(1) 纯滞后 τ_0

纯滞后又叫做传递滞后，用 τ_0 表示。产生纯滞后的原因通常是由于物料的传输需要一定的时间，例如有如图 2-28 所示的溶解槽浓度系统。

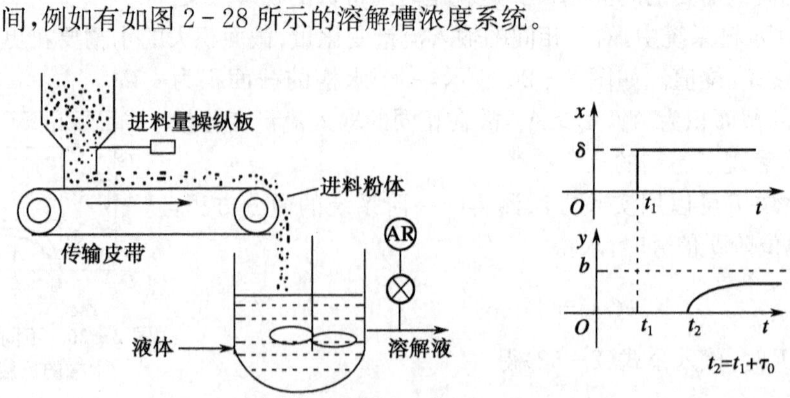

图 2-28　溶解槽浓度系统及其反应曲线

当浓度 y 在 t_1 时刻需要增加一定幅值时，操作进料量操纵板，使料体进料量 x 增加。但是，由于粉体进料量的增加量 a 要经过输送皮带的传送，滞后一定的时间 τ_0，才能进入溶解槽，系统的输出量浓度 y 才会响应。也就是说，从输入信号料体进料量有了变化，到输出信号浓度开始变化的这段时间里，溶解槽无法感受到进料的变化。这段时间的长短取决于粉体传送距离 L 和皮带机的输送速度 v。可表达为

$$\tau_0 = \frac{L}{v} \tag{2-55}$$

在反应曲线图形上，带有纯滞后的一阶系统的响应曲线与无纯滞后的一阶系统的响应曲线比较，形状完全一致，只是右移了滞后时间 τ_0 而已。

(2) 容量滞后 τ_c

所谓容量滞后，是系统的输入变量变化后，输出变量的变化相当缓慢，在一段时间内几乎观察不到，然后，才逐渐显著地开始变化。这是由于系统中物料或能量的传递需要克服一定的阻力而产生的，称为**容量滞后现象**，定义这段时间为 τ_c。

串联水槽、列管换热器和热电偶等多容系统中，都存在容量滞后。如图 2-29 所示串联水槽中，当输入量 Q_i 有了一个增量 q_i 后，中间变量 h_1 按指数规律上升，最后趋于一个稳定值；中间变量 q 也按相应的规律增长，然后趋于稳态值。由于 q 同时也是第二个水槽的输入变量，它起初的变化量较小，因而引起的 h_2 的变化量就更小。待 q 有了显著的变化，h_2 才跟着有明显的变化。

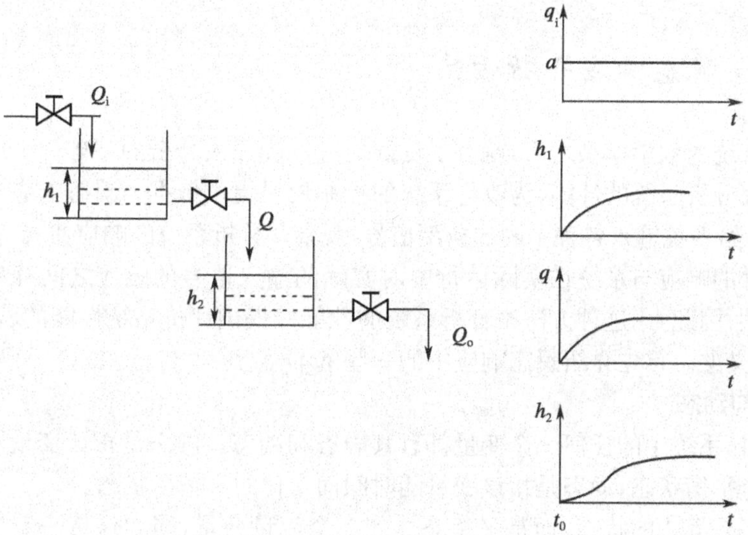

图 2-29 串联水槽的容量滞后特性

实际上，当输入量 Q_i 在 t_0 时刻有了突变后，输出量 h_2 也是很快就有响应的，只是起初一段时间的响应幅度太小，难于观测。

将 h_2 的响应曲线放大，并经过拐点作一切线交于时间轴于 t_1 点，如图 2-30 所示。从输入信号 q_i 变化开始到交点 t_1 的这段时间就定义为该系统的容量滞后时间

τ_c，$\tau_c = t_1 - t_0$。

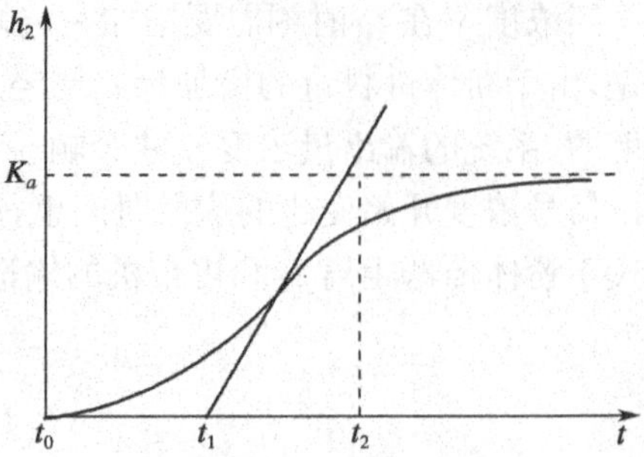

图 2－30 容量滞后 τ_c 的定义

对于具有类似图 2－30 响应曲线的系统，可以用一个纯滞后环节和一个一阶环节来近似。纯滞后的 τ_0 就等于图 2－30 的 τ_c，一阶环节的时间常数 $T = t_2 - t_1$，放大系数

$$K = \frac{K_a}{a} \tag{2-56}$$

需要指出的是，有一些系统可能同时存在纯滞后和容量滞后，另外，有时很难区分系统的纯滞后和容量滞后。因此，常常将纯滞后和容量滞后统称为**时间滞后**，滞后时间记为 $\tau = \tau_0 + \tau_c$。

显然，时滞对控制是不利的，给运算也带来麻烦。存在于测量仪表中的时滞导致被控变量的变化不能及时地反映出来，会延误控制与决策；存在于执行器和被控制对象调节通道中的时滞，导致调节器的控制作用不能及时到位，加大系统的振荡，甚至使系统失控。只有存在于干扰通道的时滞，仅仅将干扰作用的出现推迟一段时间，对系统没有实质性的影响。

2.4 瞬态响应法

2.4.1 瞬态响应分析方法

建立了系统的数学模型之后，就有了良好的进一步深入分析的基础。可以运用多种不同的方法来分析系统的性能，为改进系统的控制质量提供依据。瞬态响应分析方法的基本做法是：给系统输入各种不同的典型信号，观察并分析系统的响应曲线，由于系统对典型输入信号的响应与系统在实际运行中对实际的输入信号的响应之间存在着一些明显的相关特性，因此，用这种方法来分析系统的性能并提供评价系统性能的若干指标，是合理的、有意义的。首先介绍瞬态响应中的一些基本概念。

1. 静态与动态

理论上讲，系统中的任何一个变量都有其静态和动态。静态是指该变量不再随时间而变化的某个平衡状态，动态是指该变量随时间而变化的不平衡状态。

静态并不是静止的状态，而是平衡态。如一个流量变量，当它保持一定的流量值而不随时间变化时，就称该变量处于静态。一个水槽，进水流量等于出水流量且不随时间变化，液位也保持在一定的数值不随时间变化，则称该系统处于平衡状态，进水流量，出水流量和液位等变量均处于静态。

动态是指系统的变量会随时间而变化。如水槽系统，当进水流量与出水流量不等时，液位会随时间而变化，就称该变量处于动态。又如换热器的温度，当进入换热器的热量与送出换热器的热量相等时，称该温度变量处于静态；当进出换热器的热量不等时，温度就会随时间发生变化，则称该变量处于动态。

2. 瞬态响应、稳态响应

给系统输入端施加一个输入信号，就会在输出端产生一个输出响应信号，输出响应信号由瞬态响应和稳态响应两个部分组成。瞬态响应是指系统输出变量从初始平衡状态到最终平衡状态之间的响应过程；稳态响应是当时间趋于无穷大时，输出变量的状态，通常是最终平衡状态。

3. 系统的稳定性

系统没有受到干扰信号和调节信号的作用时，系统的输出变量保持不变，处于平衡状态；如果系统受到干扰信号作用后，输出变量最终能返回到原平衡状态或其附近，那么该系统是稳定的。否则，就是不稳定的。

4. 过渡过程

由于干扰作用和控制作用等种种因素的影响，系统经常处于变动中。系统的变量会不时地从一个静态开始，进入动态，最终进入另一个静态。系统受输入信号的作用从一个静态到另一个静态之间的变化过程，就是过渡过程，也是系统的瞬态响应。

2.4.2　控制系统的过渡过程

根据前面的讨论，过渡过程是指处于平衡状态系统的输入端受到干扰信号或控制信号的作用后，系统的输出端，通常是指被控变量，产生的瞬态响应。为了便于分析比较，一般采用阶跃函数作为输入信号。采用阶跃函数的原因是这个信号简单，便于计算与生成；另外，该信号作用强，危险程度高，控制系统如能承受这种信号的干扰，也就不怕其他比较缓和的干扰了。

如图 2-31 所示控制系统，在系统中各信号处于静态时，通常在信号 P 处施加阶跃干扰，如图 2-32 所示。Z 是被控变量 Y 的测量值，记录 Z 的数值。于是在阶跃信号的作用下，控制系统的输出变量的过渡过程有可能出现如图 2-33 所示的几种形式。

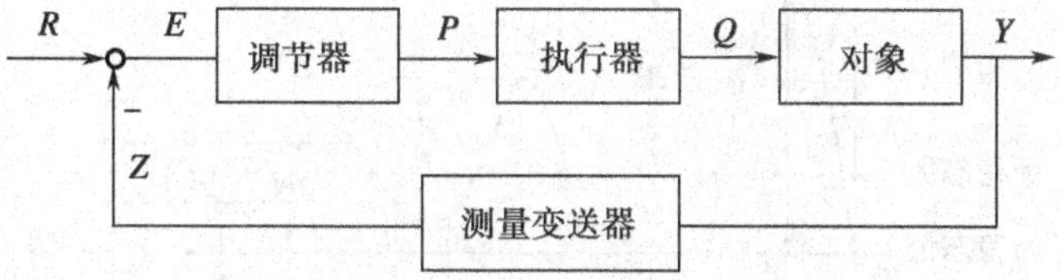

图 2-31　控制系统方块图

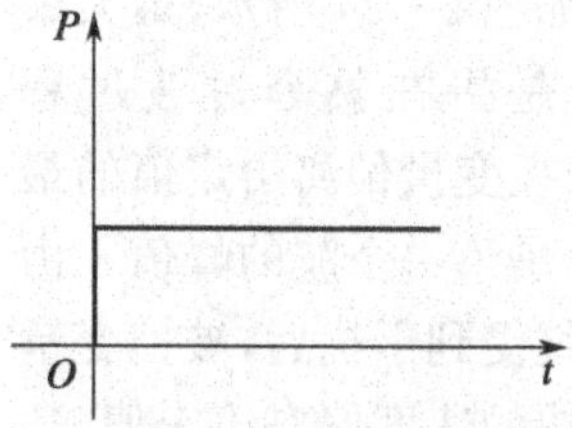

图 2-32　阶跃干扰

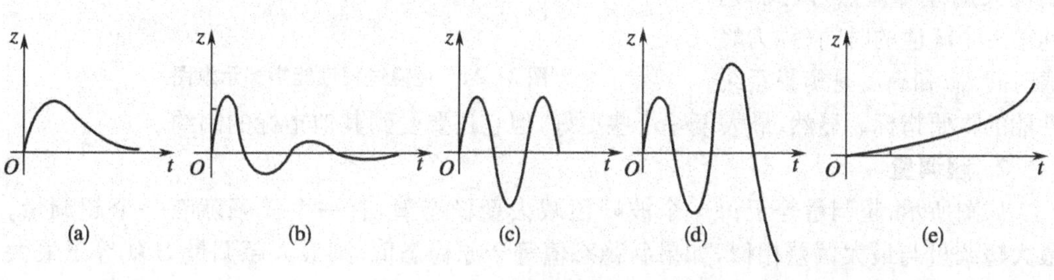

图 2-33　过渡过程的基本形式

(1) 非振荡衰减过程

如图 2-33(a)所示,被控变量达最大之后,缓慢地到达某一稳定状态。系统是稳定的,但该过程由于变化缓慢,一般不采用。

(2) 衰减振荡过程

如图 2-33(b)所示,被控变量较快地达到最大值,然后衰减振荡,最终输出也达到某一稳定状态。系统是稳定的,通常都要求系统的被控变量呈现这样的过渡过程。

(3) 等幅振荡过程

如图 2-33(c)所示,被控变量在某稳态值附近以恒定的幅度来回振荡。一般认为该系统也是不稳定的,不予采用。但在位式控制中,可以采用这种过渡过程。

(4) 发散振荡过程

如图 2-33(d)所示,被控变量振幅越来越大,是不稳定系统,不能采用。

(5) 非振荡发散过程

如图 2-33(e)所示,被控变量单调地增加或减小,越来越偏离给定值,最终到达系统的物理极限状态,是不稳定过程,不能采用。

2.4.3 过渡过程的品质指标

除了一些不允许产生振荡的系统之外,通常都希望系统既有充分的快速性,又有足够的稳定性和准确性。这需要合理设计控制系统,使其具有衰减振荡过程,为了合理地评价衰减振荡型过渡过程的性能,人们设计并提出了如下一系列控制系统过渡过程的品质指标。

设控制系统最初处于平衡状态,且被控变量等于给定值。此时,施加一个单位阶跃干扰,系统的被控变量开始衰减振荡过渡过程。如图 2-34 所示。

1. 最大偏差 A

如图 2-34 所示,最大偏差 A 是指在整个过渡过程中,被控变量偏离给定值的最大量,是第一个波的峰值。由于系统受到干扰后,被控变量以较快的速度偏离给定值,达到最大偏差峰值点,因此,达到第一个峰值的时间(称为峰值时间 t_p)和高度是衡量系统性能的重要指标。显然,最大偏差小些更好,但它还要受到其他指标的制约。

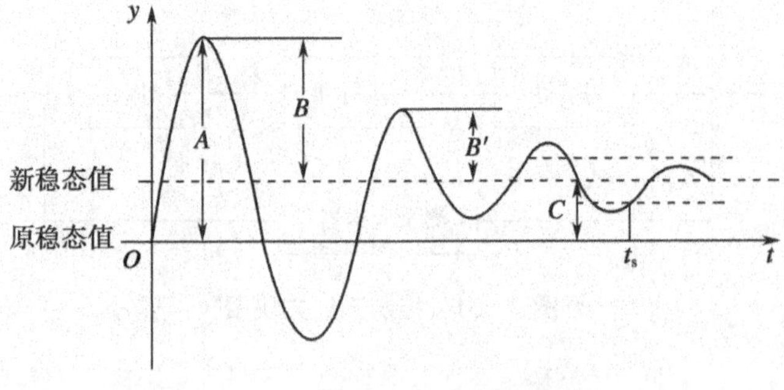

图 2-34 过渡过程性能指标示意图

2. 超调量

如图所示,超调量等于每一个波峰值减去新稳态值,有一个波峰就有一个超调量。最大超调量与最大偏差相似,如果新稳态值等于原稳态值,则最大超调量 B 就等于最大偏差 A。这时系统的余差为零。

3. 衰减比 n

如图 2-34 所示,第一个超调量与第二个超调量的比值体现了过渡过程的衰减程度。$n=B/B'$称为衰减比。

显然,衰减振荡过渡过程的衰减比总是大于 1 的。n 接近于 1,过渡过程的衰减速度太慢。n 越接近 1,过渡过程就越接近于等幅振荡过程。由于这样的系统振荡频繁,难于稳定,不应该采用。另一方面,n 越大,过渡过程衰减越快,当 n 很大时,接近非振荡衰减过程,也不宜采用。

控制过程实践表明,通常 n 取值在 4—10 之间较好。这时,系统具有较好的快速性,第一个波峰出现较快;同时又有较好的稳定性,第二个波峰显著低于第一个波峰。由此,控制室操作人员就比较放心,不至于像 n 过小时,担心系统会不断的振荡,会否演变为等幅甚至发散振荡;也不至像 n 过大时,被控变量长时间地单调变化,担心被控变量不回头。

4. 余差 c

如图 2-34 所示,余差是过渡过程最终的新稳态值与过渡过程开始之前的原稳态值之差。它表明了系统克服干扰回到原来给定值的能力大小,是反映系统准确性的重要指标。显然,人们希望余差越小越好。有余差的系统叫做有差系统,反之称为无差系统。余差的幅值与系统的放大倍数及输入信号的幅值有关。工程实际中,有些被控变量的控制精度要求较高,应尽量减小余差。由于物理极限的限制,理论上,余差不可能为零;实际上,当余差很小时,可以认为是一个无差系统。

5. 过渡时间 t_s

如图 2-34 所示,过渡时间 t_s定义为当过渡过程曲线进入最终稳态值附近的一定范围内,就不再超出这个范围的时刻。一般可以认为到了这个时刻,过渡过程就基本结束了。这个一定的范围一般定为新稳态值的 5%或 3%。过渡时间 t_s是衡量过渡过程快速性的重要指标。t_s越小,快速性越好,能够适应干扰频繁出现的场合;如 t_s较大,有可能第一个过渡过程尚未结束,第二个干扰又出现了,多个干扰的作用叠加,有可能使系统的控制不能满足生产的要求。

6. 其他指标

衡量控制系统过渡过程性能的还有其他一些指标。如振荡周期,它是同方向两个波峰或波谷之间的时间间隔;振荡周期的倒数就是振荡频率;峰值时间,指过渡过程达到第一个波峰所花费的时间,也叫做上升时间。前面所述都是单项考核评价指标,还有一些综合评价指标,如对偏差的平方进行积分的 ISE 指标等等。但工程上很少采用,本书不作介绍。

上述各个控制系统过渡过程的性能指标,其重要程度各有不同,且相互之间既有矛盾又有联系。在实际使用中,要综合考虑过程的快速性、稳定性和准确性。这主要取决于被控对象工艺上的要求,要一切从实际出发,不要过分追求高性能指标。

对于一个控制系统而言,被控对象通常是难以改变的,因此被控变量也是固定的。可以改变或加以调整,来改善过渡过程性能指标的通常是控制系统中对象以外的其他部分。对于采用常规自动化仪表并且已经合理设计的控制系统而言,检测点、测量仪表、执行器和调节器都已选定,可以用来改善过渡过程性能指标的就只有调节器的比例度、积分时间和微分时间等参数了。

第 3 章 简单控制系统

当前，随着生产过程及装备的现代化和计算机应用技术的日益普及，各方面对自动控制的要求越来越多、越来越高，但占控制系统总数绝大部分的仍然是简单控制系统，通常达 80%以上。另外，掌握好简单控制系统也是进一步学习复杂控制系统的必要基础。

3.1 系统组成原理及分析

3.1.1 系统组成原理

简单控制系统是由一个调节器、一个变送器(测量仪表)、一个执行器(调节阀)和一个被控制物理对象所组成的控制系统。如图 3-1 所示，是一个典型的简单控制系统，图 3-2 是该系统的方块图。由于控制系统信号流只有一个回路，因此也称为单回路控制系统。

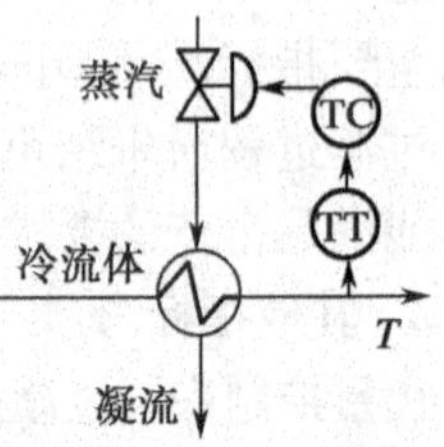

图 3-1 换热器温度控制系统

在图 3-1 中，蒸汽是热载体，用来加热冷流体，改变蒸汽流量用来调节被加热物料的出口温度是最为常见的换热器控制方案。T 表示被加热介质的出口温度，是该控制系统的被控参数。该控制系统的目的就是使 T 被控制在工艺条件所要求的某个固定的数值上；TT 表示温度测量并将其变换为 TC 可接受信号的仪表；TC 表示用来控制温度的调节器，气动调节阀是执行器；换热器是被控物理对象；它们一起组成了换热器温度控制系统。下面简要介绍控制系统的各个组成部分。

1. 被控对象

从图 3-2 看到，该控制系统由一个被控变量，即换热器中被加热介质的出口温度 T，有时也称为被调变量或受控变量；一个被控对象，即换热器；一个调节变量，即热载体蒸汽的流量，有时也称为控制变量或操纵变量。调节变量是被控对象的输入信号，被控变量是被控对象的输出信号。从控制方块图的角度看，被控对象换热器只有一个输入信号和一个输出信号。换热器中其他对被控变量 T 具有影响作用的因素都看作为干扰，干扰有时在方块图上不标出。

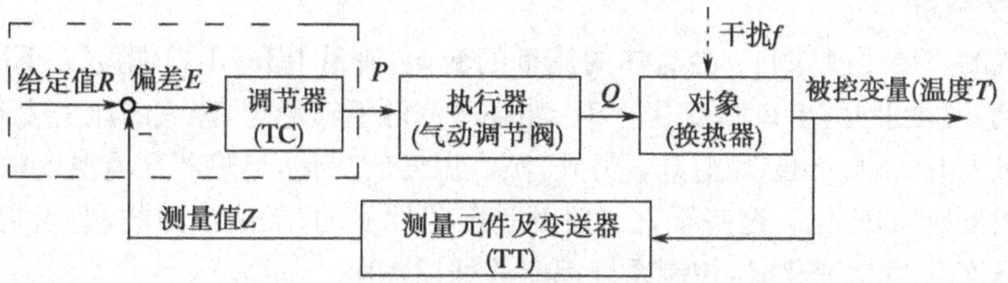

图 3-2　换热器温度控制系统方块图

2. 调节器

实际的调节器包括方块图中的比较部分和调节器方块两个部分，即用虚线框起来的部分。调节器可以是电动Ⅱ型、Ⅲ型或 S 型调节器，甚至是工控计算机。它们的输出信号都是电信号，可通过电/气转换器将信号送至气动调节阀，也可以直接将电信号送至带电气阀门定位器的气动调节阀。调节器的输入信号是由测量及变送单元送来的被控变量温度 T 的测量值信号，给定值与测量值的偏差送给调节器方块作为输入信号。

调节器方块实现各种调节规律，调节规律是调节器输入信号与输出信号之间的数学关系。常规的非数字式调节器有比例(P)、微分(D)和积分(I)三种基本调节规律，实际使用的是比例(P)、比例积分(PI)、比例微分(PD)和比例积分微分(PID)四种调节规律。

本例中该单元为一电动调节器，且设置为 E 上升，P 也上升，E 下降，P 也下降。

3. 测量变送单元

由于要面对各种被测量信号及其环境，所以，构成该单元的仪表比较复杂多样。但从控制系统功能分析角度看，这一部分又最简单，就是把被控变量测量出来并转换为调节器可以接受的信号。方块图中所标的被控温度 T 是真实值，但这个真实值是无法确知的。我们所看到的仅仅是被控变量 T 的测量值 Z。本例中该单元由一个热电阻和一个温度变送器组成，且 T 上升，Z 上升；T 下降，Z 亦下降。

4. 执行器

过程控制中，执行器以气动执行器居多，电动执行器的用量在增加，但总量仍较少。气动执行器接受调节器发出的控制信号，使阀门处于一个相应的开度，调节变量也就有一个相应的流量作用于被控对象上，执行器还可以根据控制系统的要求改变特性和作用方向。本例中该单元为一台带电气阀门定位器的气动调节阀，设置为 P 上升，Q 上升；P 下降，Q 亦下降。

3.1.2　调节过程分析

1. 平衡状态

当流入系统的蒸汽传递给冷流体的热量，使被加热物料出口温度维持在所要求温度上时，设蒸汽的量及品质保持不变，冷流体的量及品质也保持不变，则控制系统处于平衡状态，并将保持这个动态平衡，直至有新的扰动量发生，或人们对被加热物料出口温度 T 有新的要求。

2. 干扰分析

该系统的主要干扰来自：冷流体的流量的变化，流量上升，出口温度 T 下降；冷流体的温度变化，温度上升，出口温度 T 上升；如果蒸汽源不够稳定，蒸汽的压力变化，压力上升导致流量上升，出口温度 T 上升。另外，蒸汽温度的变化，换热器环境温度的变化也会影响出口温度 T 的变化。这些干扰一般都是随机性质的，无法预知的，但当它们最终影响到出口温度 T 发生变化时，控制系统都能够加以克服。

3. 调节过程

无论是由于何种原因，何种干扰，只要它的作用使出口温度 T 有了变化，控制系统就能通过调节器来克服它，使出口温度 T 回到原来的平衡状态。

当温度 T 偏离平衡状态而上升时，热电阻测出这个变化，将温度的变化转换为电阻的变化，温度变送器再将电阻变化量转换为电流变化量的上升，作为测量值 Z 送给调节器；调节器将 Z 与给定值比较，由于 R 保持不变，Z 上升，由 $R-Z=E$，E 将下降，由所设置调节器性质，此时 p 下降；再由所设置执行器性质，此时送进换热器的蒸汽流量 Q 将下降；显然，Q 下降将使出口温度 T 也下降。如此使 T 回归给定值，如果调节器参数设置恰当，可获得较满意的调节效果。这个调节过程可用符号简洁地表达为：

$$\text{干扰}\to T\uparrow\to Z\uparrow\to E\downarrow\to p\downarrow\to Q\downarrow\to T\downarrow$$

类似的，当干扰使出口温度 T 下降时有：

$$\text{干扰}\to T\downarrow\to Z\downarrow\to E\uparrow\to p\uparrow\to Q\uparrow\to T\uparrow$$

这就是在第一章中所介绍的反馈原理在起作用，当然这是一个负反馈控制。因此，方块图中 Z 信号旁的“－”号很重要，如果把这个“－”号去掉，E 就等于 $R+Z$，系统就成为正反馈，就不能克服干扰，此时，

$$\text{干扰}\to T\uparrow\to Z\uparrow\to E\uparrow\to p\uparrow\to Q\uparrow\to T\uparrow$$

可见，系统的控制作用不能使被控变量回归给定值。

另外，如果调节器和执行器的作用方向选错了，系统也不能克服干扰。这些将在系统设计中介绍。

3.2 简单控制系统的设计

3.2.1 控制系统设计概述

由于在其他章节不再讨论控制系统的设计问题，因此，这里的概述是针对一般情况

而言的。

1. 基本要求

首先,要求设计人员掌握较为全面的自动化专业知识,同时也要尽可能多的熟悉所要控制的工艺装置。其次,要求自动化专业技术人员与工艺专业技术人员进行必要的交流,共同商量确定自动化方案。第三,自动化技术人员要切忌盲目追求控制系统和所用仪表装置的先进性;工艺人员要进一步建立对自动化技术的信心,特别是一些复杂对象和大系统的综合自动化,要注意倾听控制工程技术人员的建议。第四,设计要遵守有关的标准、行规,按科学合理的程序进行。

2. 基本内容

(1) 确定控制方案

对于比较大的控制工程,更要从实际情况出发,首先确定总体的自动化水平,然后才能进行各个具体控制系统的方案确定。控制系统的方案设计是整个设计的核心,是关键的第一步。要通过广泛的调研,反复的论证确定方案,包括被控变量的选择与确认、调节变量的选择与确认、检测点的初步选择等等。绘制出带控制点的工艺流程图和编写初步控制方案设计说明书。

(2) 仪表及装置的选型

根据已确定的控制方案进行选型,要考虑到供货方的信誉、产品的质量、价格、可靠性、精度、供货方便程度、技术支持、维护等因素。绘制相关的图表。

(3) 相关工程内容的设计

包括控制室设计、供电和供气系统设计、仪表配管和配线设计和联锁保护系统设计等等,提供相关的图表。

3. 基本程序

(1) 初步设计

初步设计的主要目的是上报审批,并为订货做准备。

(2) 施工图设计

是在项目和方案获批后,为工程施工提供有关内容详细的设计资料。

(3) 设计文件和责任签字

包括设计、校核、审核、审定、各相关专业的会签等,以严格把关,明确责任,保持协调。

(4) 参与施工和试车

设计代表应该到现场配合施工,并参加试车和考核。

(5) 设计回访

在生产装置正常运行一段时间后,应去现场了解情况,听取意见,总结经验。

3.2.2 被控变量的选择

被控变量的选择是控制系统设计中的关键问题,实践中,该变量的选择以工艺人员为主,自控人员为辅,因为控制的要求是从工艺角度提出的,但自控人员也应多了解工艺，与工艺人员沟通，从控制的角度提建议。工艺人员与自控人员相互交流与合作，有助于选择好被控变量。

过程工业装置中往往有多个变量可以选择作为被控变量，也只有在这种情况下，被控变量的选择才是重要的问题。在多个变量中选择被控变量应遵循下列原则：

(1) 尽量选择能直接反映产品质量的变量作为被控变量；

(2) 所选被控变量能满足生产工艺稳定、安全、高效的要求；

(3) 必须考虑自动化仪表及装置的现状。

也可以将被控变量的选择归纳为三个方面问题的考虑：

(1) 合理性与独立性；

(2) 直接指标与间接指标；

(3) 可测与可控。

1. 合理性与独立性

大多数情况下，对于从生产工艺提出的以温度、压力、流量和液位等变量本身为操作指标的被控变量，要着重查看所选变量是否工艺上特别是调节操作上较优的变量，有没有控制要求相互矛盾的变量，也就是合理性与独立性问题。

例如，精馏塔的塔顶温度和塔底温度都需要控制，但如果设置两个简单调节系统，它们相互之间就会产生矛盾。当塔顶温度处于所需要的平衡状态时，由于塔底温度的调整，势必导致塔顶温度的波动；同样，当塔底温度处于所满意的平衡状态时，由于塔顶温度的调整，也必然会影响塔底的温度。因此，这种方案是不合理的，相互干扰的。此时，只能保证一个温度作为被控变量，通常是塔顶温度。另一个温度，如塔底只能放松控制要求。当然，在先进控制系统中，可以有更好的方案。

再例如，一个塔的液位和出料流量都希望被控制的情况。如图 3-3 所示，为了维持塔的正常工作希望液位稳定，如图中控制系统，改变出料流量来维持液位。另一方面，出料作为下一塔的进料，也希望稳定，也加上一个流量控制系统。这样的两个简单控制系统是相互矛盾的，无法正常工作，必须放弃一个控制系统，或者增加中间贮罐。当然，在一定条件下，可采用复杂控制系统来解决这个问题。

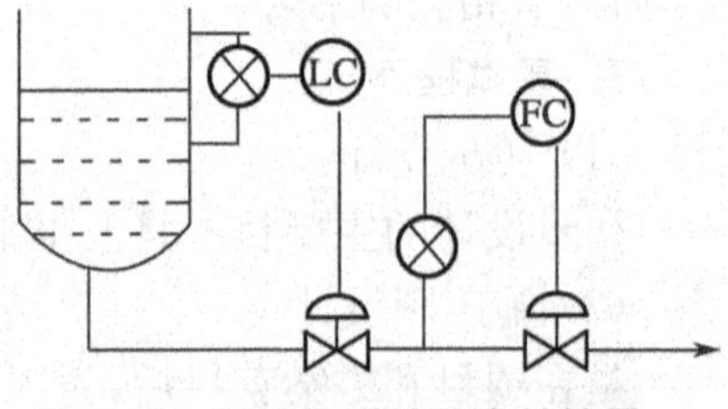

图 3-3　相互矛盾的两个被控量

2. 直接指标与间接指标

严格地讲，只有质量指标才是化工过程真正的直接被控指标，如浓度等。实际上，也把为了稳定、安全和高效地生产而需要进行控制的变量作为直接指标，如温度、压力、流量、液位等等。对于这些直接指标，凡是可测的都可以作为被控变量。

但是，浓度等质量指标往往是难于测量或快捷经济地测量的。因此，很多情况下不得不采用间接指标来作为被控变量。通常选取与质量变量关系密切，对应关系好的又易于测量的变量，如温度和压力等，作为间接指标，以间接指标为被控变量。

例如，对于一个精馏塔，通常塔顶温度 T，塔压 P 和塔顶易挥发组分的浓度 X 之间有着一定的函数关系。如果浓度易于测出，当然以浓度为被控变量。在浓度不易测出，且浓度是塔压和塔顶温度的函数时，选择塔压和塔顶温度同时作为浓度的间接被控变量，理论上是可行的，但从提高控制的稳定性和降低系统的复杂性来看，是不合适的。应该将其中一个固定为常数，用另一个来代表浓度的间接控制指标。实践中，为了使精馏塔工况良好，往往是固定塔压(用另外一个控制系统)，以塔顶温度为间接控制指标，即以塔顶温度为被控变量。

随着成分分析仪表的发展和数字化技术的突飞猛进，质量指标将会更多地被选为被控变量。

3. 可测与可控

显然，被控变量一定要可测，不能被测量的或不能经济快捷地被测量的变量不能作为被控变量。如很多成分的浓度尚无法在线测量；有些成分的在线测量仪表价格昂贵。

虽然从工艺角度提出的被控变量通常都是可被控制的量，但还是要认真地分析一下控制过程是如何工作的。特别是要结合调节变量的选择综合考虑。

图 3-1 中的换热器，出口温度 T 本身就是生产指标，选为被控变量。

3.2.3 调节变量的选择

在选定被控变量之后，要进一步确定控制系统的调节变量或操纵变量，实际上，被控变量与调节变量是放在一起综合考虑的。调节变量的选取应遵循下列原则：

(1) 调节变量必须是工艺上允许调节的变量；

(2) 调节变量应该是系统中被控变量的所有输入变量中的对被控变量影响最大的一个。调节通道的放大系数 K 要尽量大一些，时间常数 T 适当小些，滞后时间尽量小；

(3) 不宜选择代表生产负荷的变量作为调节变量，以免产量受到波动。如图 3-1 中的换热器，选择蒸汽流量作为调节变量。如果不调节蒸汽流量，而是调节冷流体的流量，理论上也可以使出口温度稳定。但冷流体流量是生产负荷，不宜进行调节。

3.2.4 被控变量的测量

被控变量选择好之后，被控变量如何测量仍然有诸多因素需要考虑，以便更灵敏、更快速、更及时和更经济地测得被控变量。

1. 灵敏性

对于已经确定的被控变量，在一定的范围内，由于检测点位置的不同，灵敏程度也会不同。

如精馏塔中的灵敏板问题，当物料组分有了一个变化时，多个塔板上的温度都能在一定程度上反映物料组分的变化，温度变化最大的塔板叫做灵敏板。温度的测量就应选择在最灵敏的灵敏板处。

2. 快速性

流量、压力和液位的测量是很快的。温度的测量则由于能量的传递需要时间而较慢。或者说温度测量过程的时间常数 T 较大。对于要求较高的场合，宜采用快速热电偶，另外，还可以采用微分环节在一定程度上进行弥补。

在温度测量的动态过程中，由于测量元件的时间常数 T 较大，测得的温度总是滞后于实际温度的变化。三种典型的情况如图 3－4 所示。图中，设 y 是实际的温度，z 为测量元件测得的温度，y 发生变化前，z 等于 y。图(a)是 y 发生阶跃性升高，z 像一阶系统响应曲线一样发生变化；图(b)是 y 线性增长，z 滞后于 y 缓慢上升，一段时间后，z 保持与 y 平行上升；图(c)是 y 以正弦波变化，z 先缓慢上升，一段时间后保持滞后于 y 一个相位跟随变化。前两种情况下，z 的数值基本上都是低于 y 值；图(c)中 z 的峰值低于 y 的峰值。

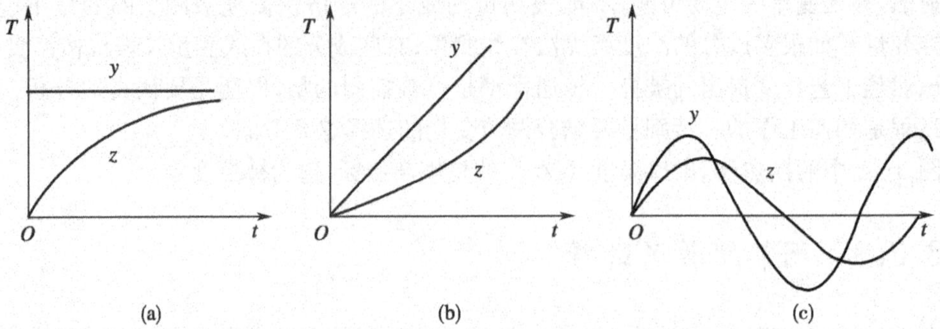

图 3－4　测量滞后的三种情况

3. 及时性

当测量过程存在纯滞后和传输滞后时，测量值 Z 不能及时的反映被控变量 Y 的变化，需要想办法尽量减小 τ_0 和 τ_c。

(1) 检测点的选择要适当。这方面的问题存在于成分测量的取样上，要尽量缩短取样的距离。

(2) 减小信号传输中的滞后。测量信号送至控制室由于都已采用电信号，没有问题；控制信号送至调节阀之前，多已采用电信号也没有问题。但气动薄膜调节阀的膜头气室较大，有一定的滞后，可以采用阀门定位器来克服信号的传递滞后。

3.2.5　调节器及调节规律的选择

在控制系统中，仪表选型确定以后，对象的特性是固定的，不好改变的；测量元件及变送器的特性比较简单，一般也是不可以改变的；执行器加上阀门定位器可有一定程度的调整，但灵活性不大；主要可以改变参数的就是调节器。系统设置调节器的目的，也是通过它改变整个控制系统的动态特性，以达到控制的目的。

1. 调节器简介

调节器的详细构成原理将在第二篇中介绍。这里从它在控制系统中的功能角度做一简介。

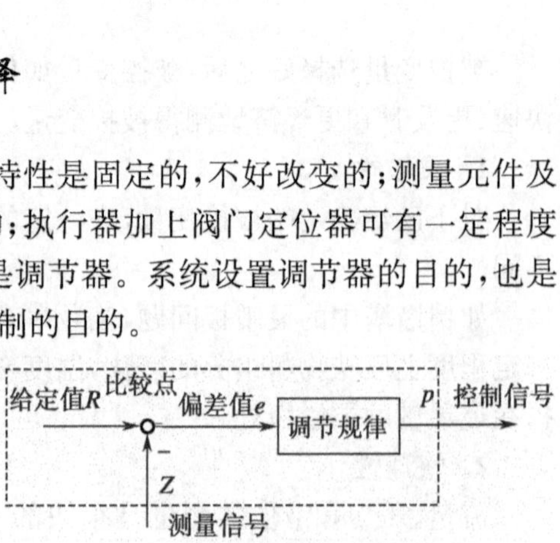

图 3－5　调节器功能示意图

如图 3－5 所示，调节器由两大部分构成：

比较点和调节规律方块。在控制系统方块图中，调节规律方块通常就标为调节器。这一点很容易让初学者不解，但已成习惯。

一般情况下，给定值是调节器内部产生的，如此，调节器就只有一个输入变量，即测量值信号；一个输出变量，即控制信号。

调节规律方块中的调节规律有3个基本作用，它们分别是：比例作用、积分作用、微分作用。可组合成比例调节、比例积分调节、比例微分调节和比例积分微分调节的四种实用的调节规律。通过调整相应的开关，可实现四种调节规律的选择。

2. 比例调节规律

即调节规律方块的输入信号 e 与输出信号 p 之间具有比例关系，如下式所示：

$$p = K_p e \tag{3-1}$$

式中，K_p是比例放大系数。

调节仪表中还有一个常用的术语叫比例度 δ。调节器上比例的刻度值是 δ。比例度与比例放大系数 K_p之间的关系为：

$$\delta = \frac{1}{K_p} \times 100\%$$

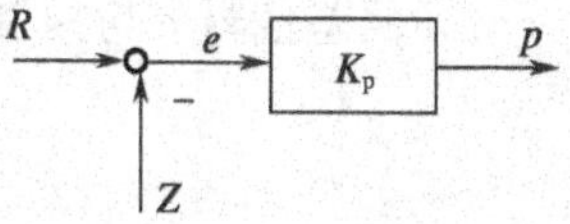

图 3-6 比例调节器方块图

比例调节是最简单的一种调节规律，如选用比例调节，此时，方块图的调节规律方块就可写入 K_P，如图 3-6 所示。

比例调节的调节作用比较及时，过渡时间短，克服干扰能力强。几乎所有的调节规律都包括比例作用。但最大的缺点是调节过渡过程存在余差。因此，比例调节适用于一些允许有余差存在的液位调节等不太重要的场所。

3. 比例积分调节规律

即调节规律方块的输入信号 e 与输出信号 p 之间具有比例关系和积分关系，如下式所示：

$$p = K_p\left(e + \frac{1}{T_I}\int e\mathrm{d}t\right) = K_p e + \frac{K_p}{T_I}\int e\mathrm{d}t \tag{3-2}$$

式中，K_p——比例放大系数，

T_I——积分时间。

对上式进行拉普拉斯变换得

$$P(s) = K_p\left(1 + \frac{1}{T_I s}\right)E(s) \tag{3-3}$$

其方块图表达如图 3-7 所示。

图 3-7 比例积分调节器方块图

可见，比例积分调节器比比例调节器多了一项积分项。由于这个积分项的存在，只要偏差 e 不为零，调节器的输出就不断地增加或减小，直至偏差为零。因此，调节器带有积分作用的控制系统，其过渡过程余差为零。这是积分控制作用的最突出的优点。但加上积分作用后，系统的稳定性有所下降,这是精确性与稳定性之间的矛盾。

由于比例作用调节及时、反应快,积分作用可克服余差,这两者的结合就是当前使用最普遍的调节规律。它适合于调节通道滞后小,负荷变化小,不允许有余差的场合,如流量和压力等。

4. 比例微分调节规律

即偏差信号 e 与控制信号 p 之间的具有比例关系和微分关系,如下式表示:

$$p = K_{\mathrm{p}}\left(e + T_{\mathrm{D}}\frac{\mathrm{d}e}{\mathrm{d}t}\right) \tag{3-4}$$

引入微分作用后,当 e 有变化时,微分项 $K_{\mathrm{p}}T_{\mathrm{D}}\frac{\mathrm{d}e}{\mathrm{d}t}$有作用;当 e 保持不变时,微分项为零,对系统没作用。这可以克服过程的容量滞后,加快控制作用,增加系统的稳定性,减小余差。可用于容量滞后较大的场合。

5. 比例积分微分调节规律

即偏差信号 e 与控制信号 p 之间同时具有比例、积分和微分关系。如下式表示:

$$p = K_{\mathrm{p}}\left(e + \frac{1}{T_{\mathrm{I}}}\int e\mathrm{d}t + T_{\mathrm{D}}\frac{\mathrm{d}e}{\mathrm{d}t}\right) \tag{3-5}$$

对上式进行拉普拉斯变换,得到

$$P(s) = K_{\mathrm{p}}\left(1 + \frac{1}{T_{\mathrm{I}}s} + T_{\mathrm{D}}s\right)E(s) \tag{3-6}$$

同时,也可表示为图 3-8 的方块图。

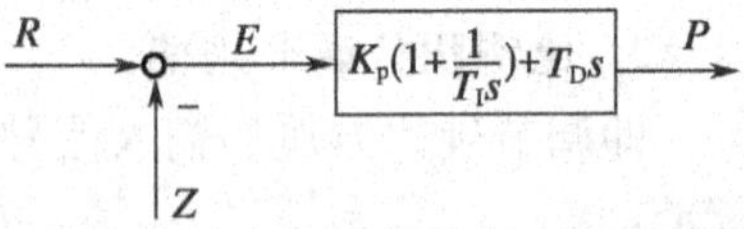

图 3-8 比例积分微分调节器方块图

比例积分微分规律综合了三种基本调节规律的优点,适当调整 K_{p}、T_{I}和 T_{D},可以获得相当好的控制系统过渡过程。

比例积分微分调节器适用于容量滞后大,负荷变化大且控制质量要求高的温度控制等场合。

3.2.6 调节器作用方向的选择

1. 方块的正反作用方向

在控制系统方块图中,每一个方块都有一个作用方向问题。如作用方向为正,可在方块上标“+”;如作用方向为负,可在方块上标“−”。

方块的正作用方向,是指该方块的输入信号增加,输出信号增加;输入信号减小,输出信号亦减小。

方块的反作用方向,是指该方块的输入信号增加,输出信号减小;输入信号减小,输出信号增加。

对于测量仪表方块,由于测量值 Z 总是随着被控变量而增加或减小,它们的变化是同方向的,因此,该方块的作用方向通常总是正作用方向,可标为“+”。

对于被控对象模块,则可能为正作用方向,也可能为反作用方向。如图 3-9 所示,液位槽系统及相应方块图,输入量 Q_i 增加,输出变量 h 亦增加,是正作用方向,方块上标"+"。

又如图 3-10 所示水槽系统及方块图,实际上该被控对象与图 3-9 完全一样,只是调节变量改为 Q_o。这时,Q_o 增加,水位 h 减小,是反作用方向,方块上标"-"。

对于执行器,由于执行器中有改变作用方向的装置,可为正作用,也可为反作用方向,它的选择取决于系统安全性考虑。

因此,在一个控制系统中,只剩下调节器的正反作用可以改变,以保证整个控制系统的是负反馈控制系统。

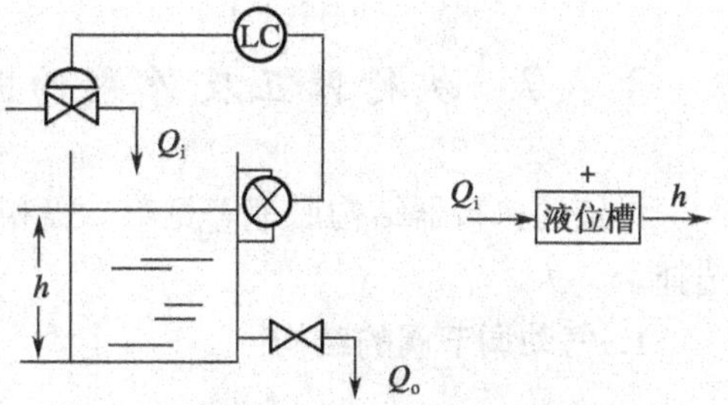

图 3-9　液位控制系统(Q_i 为调节变量)

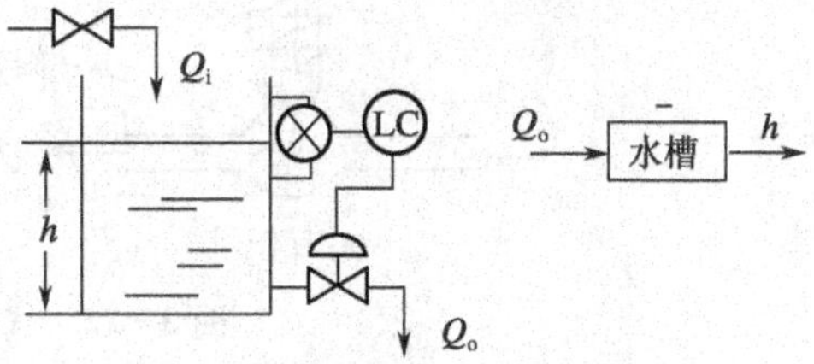

图 3-10　液位控制系统(Q_o 为调节变量)

2. 调节规律方块的作用方向

方块图中,调节规律方块的正反作用方向的选择依据是使控制系统为负反馈。如图 3-9 所示控制系统的方块图。

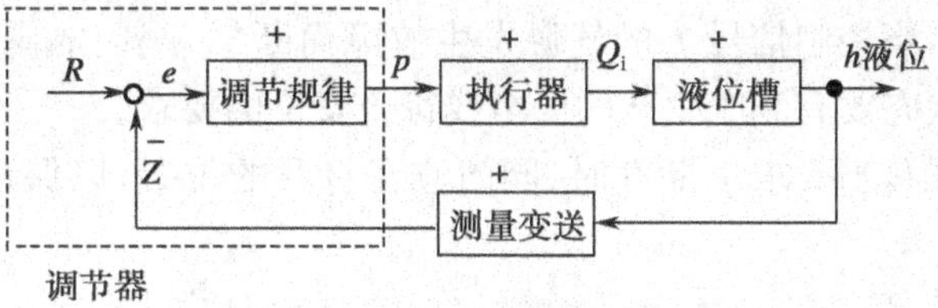

图 3-11　图 3-9 控制系统的方块图

根据前面讨论,已知对象方块标为"+",测量变送方块也标为"+"。假定执行器也标为"+",即表明是 P 增加,Q_i 也增加。下面推导调节规律方块的正反作用方向。

此时,如果 h 受干扰而增加,则有,

$$\text{干扰} \to h\uparrow \to z\uparrow \to e\downarrow$$

另一方面,由于 h 增加了,要使 $h\downarrow$ 需要 $Q_i\downarrow$,$Q_i\downarrow$ 要求 $p\downarrow$。因此,调节规律方块应该是正作用方向,标为"+"。

3. 正作用调节器和反作用调节器

由于调节器是由比较点和调节规律方块两部分所组成,所以它的作用方向也应该由两个部分综合而确定。比较点中测量信号线前总有一个"-"。将这个符号与调节规律方块的作用方向符号相乘,就是调节器整机的作用方向。如上例中,相乘后为"-"。该调节器就称为"反作用"调节器。如果两部分的符号相乘为"+",则调节器称为"正作用"调节器。

3.2.7 执行器正反作用的选择

详细的执行器结构原理等见第二篇相关章节，这里仅讨论气动调节阀的正反作用的选择。

1. 气动调节阀的结构

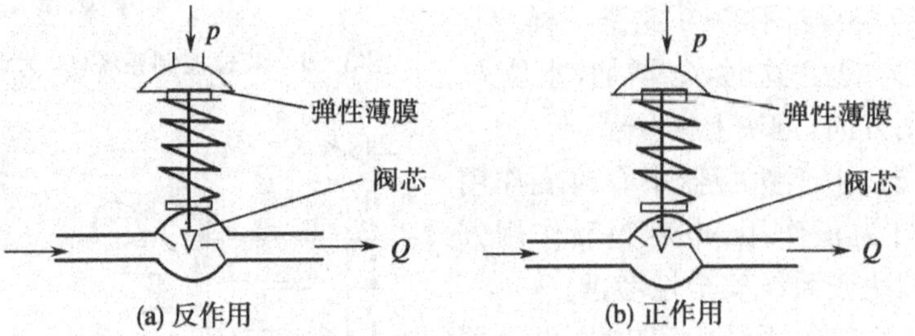

图 3-12　气动调节阀结构示意图

图 3-12(a)是反作用调节阀，因为控制信号 p 增加，弹性薄膜向下移动，带动阀杆使阀芯下移，阀门的开度减小，最终使流量 Q 减小，所以是反作用，这样的阀门也叫做气关阀。图 3-12(b)是正作用调节阀，因为 p 增加，最终导致 Q 增加，这样的阀门也叫做气开阀。

2. 气开、气关的选择

选取的原则是，当控制信号 p 的气源发生故障而断气，阀门的阀芯都恢复到初始位置时，阀门的开闭状态要有利于生产的安全或符合安全的要求。

如锅炉进水阀门，当要求 p 断气时，阀门应在打开的位置，以保证锅炉气包不烧干，则选气关阀。

3.3 控制系统的投运与参数整定

至此，我们已经讨论了简单控制系统设计中几乎所有的问题。尚未解决的问题有调节器中比例放大系数 K_p、积分时间 T_I 和微分时间 T_D 如何选择及控制系统如何投入运行。

3.3.1 投运步骤

1. 投运前的准备

(1) 熟悉被控对象和整个控制系统，检查所有仪表及连接管线、电源、气源等等，以保证投运时能及时正确的操作，故障能及时查找到位；

(2) 现场校验所有的仪表，保证仪表能正常的使用；

(3) 根据经验或估算，设置 K_p、T_I 和 T_D，或者先将调节器设置为纯比例作用，比例度放较大的位置；

(4) 确认调节阀的气开、气关作用；

(5) 确认调节器的正、反作用；

(6) 根据前述所有选择，假设被控变量受干扰而增加，看控制系统能否克服干扰的影响。

2. 现场的人工操作

实际系统中，调节阀与 3 个手动阀门构成阀门组，如图 3-13 所示。投运前先将阀门 1 和 2 关闭，打开阀门 3，观察测量仪表能否正常工作，待工况稳定。

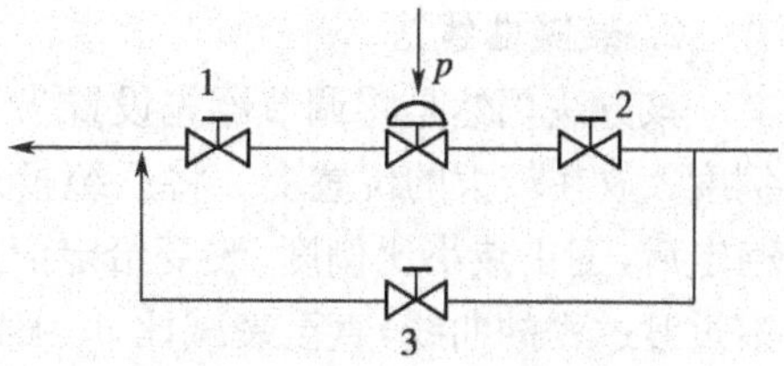

图 3-13　调节阀安装示意图

3. 手动遥控

用手动定值器或手操器调整作用于调节阀上的信号 p 至一个适当数值，然后，打开上游阀门 2，再逐步打开下游阀门 1，过渡到遥控，待工况稳定。

4. 投入自动

手动遥控使被控变量接近或等于给定值，观察仪表测量值，待工况稳定后，调节器切换到“自动”状态。至此，初步投运过程结束。但控制系统的过渡过程不一定满足要求，还需要进一步调整 K_p、T_I和 T_D三个参数。

3.3.2　调节器参数整定

调节器参数整定有两大类方法：理论计算法和工程整定法。理论计算法，需要较多的控制理论知识，由于实际的情况，理论计算不可能考虑周到，因此，没有得到应用，只能依据理论和工程经验估计一组参数，再在运行过程中优化参数，这和经验法相似。

工程整定法有三种：经验法、临界比例度法和衰减曲线法。

1. 临界比例度法

该方法是先将调节器设置为纯比例作用(即把积分时间 T_I 放在“∞”的位置，微分时间 T_D放在“0”位置，就消除了积分和微分作用)，且比例度 δ 放在较大位置，将系统投入闭环控制，然后逐步减小比例度 δ(即增加放大系数 K_p)并施加干扰作用，直至控制系统出现等幅振荡的过渡过程，如图 3-14 所示。这时的比例度就叫做临界比例度 δ_k，振荡周期就叫做临界振荡周期 T_k。根据 δ_k和 T_k从表 3-1 中查找调节器应该采用的参数值。

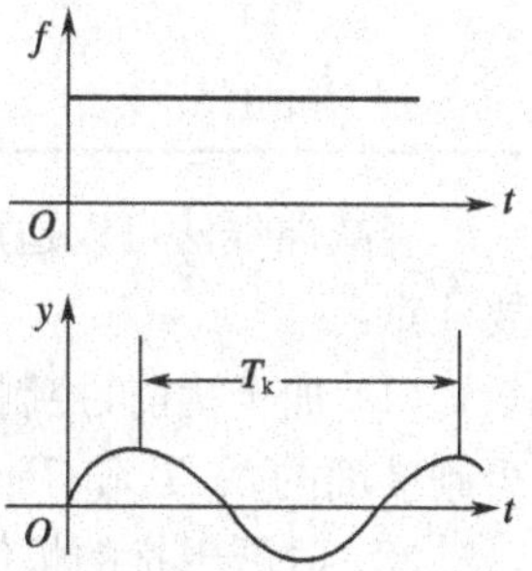

图 3-14　临界比例度法

表 3-1　临界比例度法调节器参数表

应采用的控制规律	δ(%)	T_I(min)	T_D(min)
P	$2\delta_k$		
PI	$2.2\delta_k$	$0.85\ T_k$	
PID	$1.7\delta_k$	$0.5\ T_k$	$0.125\ T_k$

临界比例度法目前使用的比较多，它简单易用，适用面较广。但要注意的是：

（1）对于工艺上不允许有等幅振荡的，不能使用；

（2）如 δ_k 很小，不适用。因为 δ_k 很小，即 K_p 很大，容易使被控变量超出允许范围。

2. 衰减曲线法

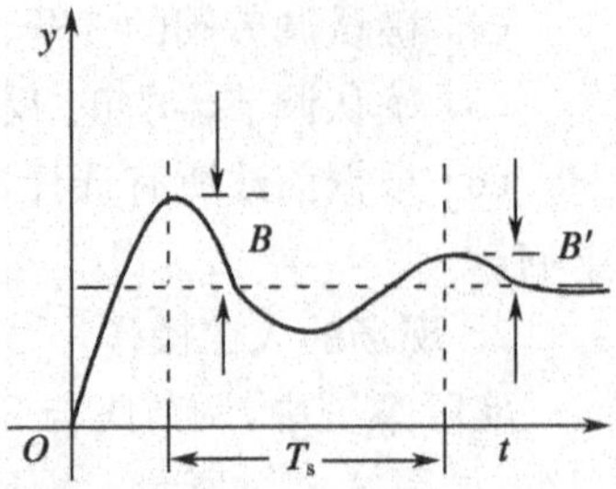

图 3-15　4∶1 衰减曲线法

该方法仍然是将调节器先设置为纯比例作用，并将比例度 δ 放在较大的位置上。将系统投入闭环控制，在系统稳定后，逐步减小比例度，改变给定值以加入阶跃干扰，观察过渡过程的曲线，直至衰减比 n 为 4，见图 3-15。这时的比例度为 δ_s，衰减周期为 T_s，最后，由表 3-2 查出调节器应该采用的参数值。

表 3-2　4∶1 衰减曲线法调节器参数表

应采用的控制规律	δ(%)	T_I(min)	T_D(min)
P	δ_s		
PI	$1.2\delta_s$	$0.5\ T_s$	
PID	$0.8\delta_s$	$0.3\ T_s$	$0.1\ T_s$

有时，希望衰减比 n 大于 4，即要求过渡过程更稳定些，振荡减弱些。这时仍先按上述方法找 δ_s，只是衰减比 n 取 10。但此时，T_s 不容易测准，改为测上升时间 T_T，如图 3-16 所示。查表 3-3 得到调节器应该采用的参数值。

表 3-3　10∶1 衰减曲线法调节器参数表

应采用的控制规律	δ(%)	T_I(min)	T_D(min)
P	δ_s		
PI	$1.2\delta_s$	$0.2\ T_T$	
PID	$0.8\delta_s$	$1.2\ T_T$	$0.4\ T_T$

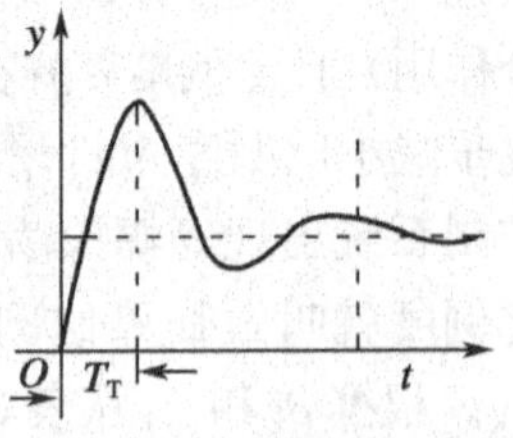

图 3-16　10∶1 衰减曲线法

衰减曲线法可以适用于几乎各种应用场合。但在应用中要注意：

（1）加干扰前，控制系统必须处于稳定的状态，否则不能得到准确的 δ_s、T_s 和 T_T 值；

（2）阶跃干扰的幅值不能大，一般为给定值的 5%左右，必须与工艺人员共同商定；

（3）如果过渡过程波动频繁，难于记录下准确的比例度、衰减周期或上升时间，则改用其他方法。

3. 经验法

实际上，前面所述的临界比例度法和衰减曲线法也是经验法，其表中提供的数据也是根据经验总结出来的。有经验的技术人员不必拘泥于表中的数据。

经验方法是根据实际经验，先将调节器参数 δ、T_I和 T_D预先设置为一定的数值，控制系统投入自动后，改变给定值施加阶跃干扰，即观察记录仪曲线，如过渡过程在满意的范围即可。如不满意，依据 δ、T_I、T_D对过渡过程的作用方向，调整这些参数，直至满意。

由于各种被控对象、变送器和执行器的特性差异很大，经验值可能相差较大。因此，一次调整到位的可能性很小。

表 3-4 中数据提供采用经验法参考成功使用经验法整定调节器参数的关键是"看曲线，调参数"。因此，必须依据曲线正确判断，正确调整。经验法能适用于各种控制系统，但经验不足者会花费很长的时间。另外，同一系统，出现不同组参数的可能性增大。

表 3-4　经验法调节器参数值

		δ(%)	T_I(min)	T_D(min)
P		20—80		
PI	流量对象	40—100	0.3—1	
	压力对象	30—70	0.4—3	
PID		20—60	3—10	0.5—3

4. δ、T_I、T_D对过渡过程曲线的影响

正确判断过渡过程曲线，不仅是经验法需要，临界比例度法和衰减曲线法中，也经常需要根据曲线是否达到临界状态和 4∶1 状态，调整 δ、T_I、T_D。这实际上就是要弄清 δ、T_I和 T_D分别对过渡过程产生什么样的影响。

(1) 比例度 δ

比例度越大(放大倍数 K_p越小)，过渡过程越平缓，余差越大；

比例度越小(放大倍数 K_p越大)，过渡过程振荡越激烈，余差越小，δ 过小，甚至成为发散振荡的不稳定系统。

(2) 积分时间 T_I

积分时间越大(积分作用越弱)，过渡过程越平缓，消除余差越慢；

积分时间越大(积分作用越强)，过渡过程振荡越激烈，消除余差快。

(3) 微分时间 T_D

微分时间增大(微分作用越强)，过渡过程趋于稳定，最大偏差越小；但微分时间太大(微分作用太强)，又会增加过渡过程的波动。

5. 看曲线调参数

一般情况下，按照上述规律即可调整调节器的参数。但有时仅从作用方向还难以判断应调节哪一个参数，这时，需要根据曲线形状进一步的判断。

如过渡过程曲线过度震荡，可能的原因有：比例度过小、积分时间过小和微分时间过大等。这时，优先调整哪一个参数就是一个问题。图 3-17 表示了这三种原因引起的振荡的区别：由积分时间过小引起的振荡，周期较长，如图中 a 所示；由比例度过小引起的振荡，周期较短，如图中 b 所示；由微分时间过大引起的振荡周期最短，如图中 c 所示。判明原因后，做相应的调整即可。

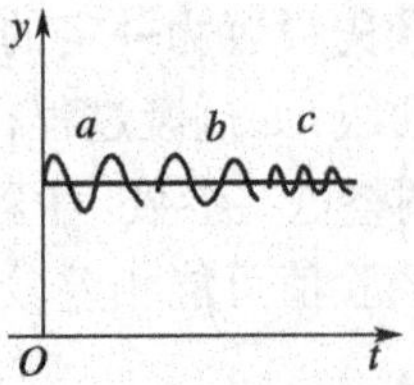

图 3-17　三种振荡曲线比较

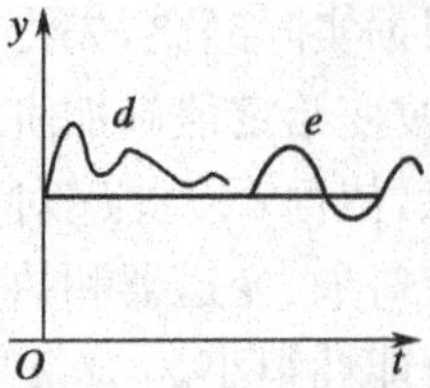

图 3-18　比例度过大、积分时间过大时的曲线

再如比例度过大或积分时间过大，都可使过渡过程变化较缓慢，也须正确判断再做调整。图 3-18 表示了这两种原因引起的波动曲线。通常，积分时间过大时，曲线呈非周期变化，缓慢地回到给定值，如图中 d 所示；如为比例度过大时，曲线虽不很规则，但波浪的周期性较为明显，如图中 e 所示。

第4章 复杂控制系统

虽然简单控制系统占所有控制系统总数的80%以上，但随着科学技术的发展，现代过程工业装置规模越来越大，系统复杂程度越来越高，产品的质量要求越来越严格，以及相应的系统安全问题，管理与控制一体化问题等等，也越来越突出。要满足这些要求，解决这些问题，仅靠简单控制系统是不行的，需要引入更为复杂、更为先进的控制系统。本章介绍一类应用非常广泛的、运用常规仪表也可实现的复杂控制系统。在目前的过程控制应用中，除了简单控制系统之外，几乎都是这类复杂控制系统。由于采用复杂控制系统的装置或对象都是工厂中的重要装置或关键岗位，因此需要予以特别的重视。

本章介绍的复杂控制系统包括串级、均匀、比值、选择性、分程、前馈和多冲量等控制系统。

4.1 串级控制系统

串级控制系统是所有复杂控制系统中应用最多的一种，当要求被控变量的误差范围很小，如纯度99.98%±0.01%，温度10.00℃±2℃等，简单控制系统不能满足要求时，可考虑采用串级控制系统。

4.1.1 组成原理

如图4-1所示是一个加热炉温度控制系统。被加热原料的出口温度 T 是该控制系统的被控变量，燃料量是该系统的调节变量，这是一个简单控制系统。如果对出口温度 T 的误差范围要求不高，这个控制方案是可行的。如果出口温度 T 的误差范围要求很小，则简单控制系统难以胜任。分析如下：

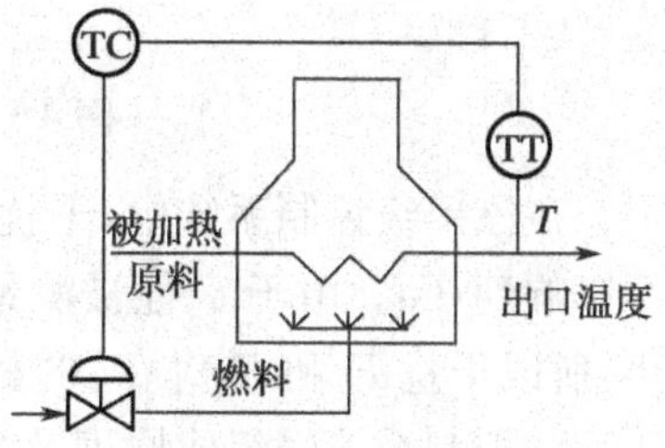

图4-1 加热炉温度控制系统

该系统的调节通道为，调节器TC发出的信号送给调节阀，调节阀改变阀门开度，送入加热炉的燃料流量改变，燃料在炉膛里燃烧，炉膛温度改变，传热给管道，最终使原料温度得到调整，稳定在所希望的温度附近。由于传热过程的时间常数大，可达到15分钟左右，等到出口温度发生偏差后再进行调节，显然经过这个调节通道的调节很不及时，导致偏差在较长的时间内不能被克服。误差太大，不符合工艺要求。如何解决这个问题呢？根据反馈原理，被控变量的任何偏差，都是由于种种干扰引起的，如果能把这些干扰抑制住，则被控变量的波动将会减小许多。

在控制系统中，每一个干扰到被控变量之间都是一条干扰通道。对于该加热炉，主要的干扰有：燃料压力的波动、燃料热值的波动、原料流量的调整或波动、原料入口温度的波动等等。如果对每一个主要干扰都用一个控制系统来克服波动，则整个系统的主要目标(原料的出口温度)，肯定能被控制得很好。但实际上，有些量的控制很不方便，而且，这样做，整个控制工程的投资将是很大的。实践中，人们探索出一种复杂控制系统，不需要增加太多的仪表即可使被控制量达到较高的控制精度。这就是串级控制系统。

从前面分析可知，该系统的主要问题在于传热过程时间常数很大。串级控制的思想是把时间常数较大的被控对象分解为二个时间常数较小的被控对象，如从燃料量到炉膛温度 T_s 的设备可作为第一个被控对象，炉膛温度到被控变量 T_M 的设备作为第二个对象，也就是在原被控制对象中找出一个中间变量——炉膛温度 T_s，它能提前反映干扰的作用，增加对这个中间变量的有效控制，可使整个系统的被控制变量得到较精确的控制。如此构成的串级控制系统及方块图如图 4-2 和图 4-3 所示。

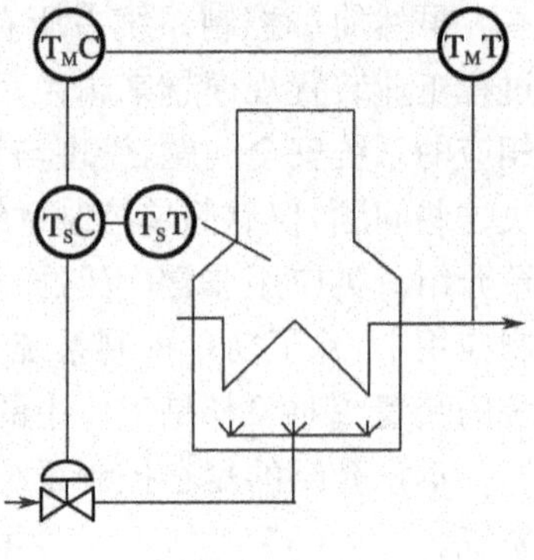

图 4-2　加热炉温度串级控制系统

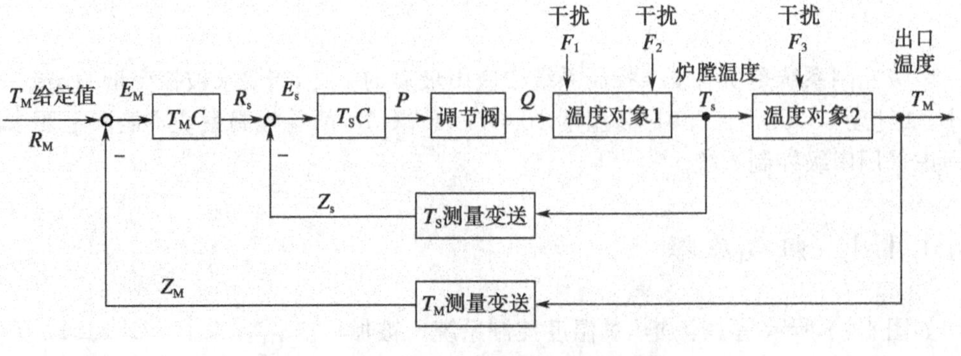

图 4-3　加热炉温度串级控制系统方块图

在该串级控制系统中，干扰 F_1 和 F_2 作用在温度对象 1 上，它们首先影响到 T_s，然后再影响到 T_M。由于 T_s 能被测量并加以控制，因此，它的波动范围比未加以控制前大大减小，所以干扰 F_1 和 F_2 对 T_M 的影响也大大减少。详细的工作过程分析见后。这里先介绍一下该控制系统的组成原理及术语。

1. 组成原理

(1) 将原被控对象分解为两个串联的被控对象，如图 4-4 所示；

(2) 以连接分解后的两个被控对象的中间变量为副被控变量，构成一个简单控制系统，称为副调节系统或副环；

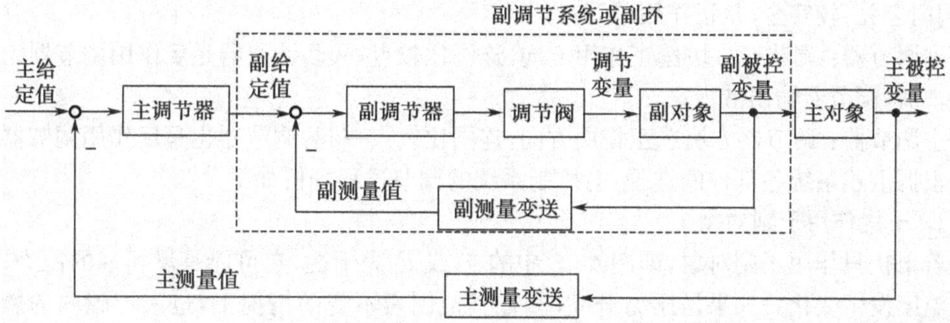

图 4-4　串级控制系统组成原理及术语示意图

(3) 以原对象的输出信号为主被控变量，即分解后的第二个被控对象的输出信号，构成一个调节系统，称为主调节系统或主环；

(4)主调节系统中调节器的输出信号作为副调节系统调节器的给定值，副调节系统的输出信号作为主被控对象的输入信号。

2. 串级控制系统术语

(1) 主对象、副对象：也称主被控对象、副被控对象，如图 4-4 所示，主对象与副对象是由原被控对象分解而得到的。

(2) 主变量、副变量：也称为主被控变量、副被控变量。主变量是主被控对象的输出信号，副变量是副被控对象的输出信号，是原被控对象的某个中间变量，同时也是主被控对象的输入信号。

(3) 主测量值、副测量值：是相应被控制变量的测量值。

(4) 主调节器、副调节器：副调节器负责虚线框中副环被控对象的调节任务，使副变量符合副给定值的要求；主调节器负责整个系统的调节任务。

(5) 主给定值、副给定值：主给定值是主变量的期望值。由主调节器内部设定，副给定值是副变量的期望值，由主调节器的输出信号提供。

(6) 主环、副环：也称为主回路、副回路。副环为图 4-4 中虚线框内部分；主环为包括副环的整个控制系统。

4.1.2　调节过程

为了便于分析调节过程，首先对图 4-3 加热炉温度串级控制系统方块图中各方块的性能进行分析和选择。

主对象：输入信号为炉膛温度，输出信号为原料出口温度，故输入信号增加，输出信号亦增加，是正作用单元；

副对象：输入信号为燃料流量，输出信号是炉膛温度，故输入信号增加，输出信号亦增加，是正作用单元；

主测量变送方块与副测量变送方块：均为输入信号增加，输出信号增加，是正作用单元；

调节阀：为防止调节阀气信号中断时烧坏炉管，选气开阀。即当调节阀气信号中断时，阀门全关，较安全，是正作用单元；

副调节器：调节器方块选正作用方向，连同比较点一起，调节器是反作用调节器。即测量增加，调节器输出减少；

主调节器：调节器方块选正作用方向，连同比较点一起，调节器也是反作用调节器。

根据上述系统各部件的选择，对控制系统的调节过程分析如下：

1. 干扰作用于副对象

若干扰只作用于副对象，即图 4-3 中的 F_1或 F_2为干扰，它可能是燃料油的压力、组分和温度发生变化。如果是压力升高，则在其他因素不变的情况下，进入炉膛内的燃油量增加，炉膛温度 T_s升高。此后，一方面 T_s升高，导致 Z_s升高，使 E_s下降，副调节器输出 P 下降，燃料油流量 Q 下降，最终使 T_s回降，从而达到调节的目的；另一方面，炉温 T_s上升，又直接地导致 T_M上升，Z_M上升，E_M下降，使得 R_s下降。R_s是副环的给定值，R_s下降，副环的输出 T_s 亦下降，进一步抑制了干扰压力的变化所引起的炉膛温度 T_s的变化。可见，由于副环的出现，使调节作用变得更快、更强。

2. 干扰作用于主对象

如果干扰作用于主对象，如图 4-3 中的 F_3所示，它可能是原料油的流量波动，入口温度波动等。当原料流量增加时，炉膛温度 T_s几乎不受影响，但原料出口温度 T_M下降，使 Z_M下降，E_M上升，R_s上升，R_s是副环的给定值，R_s上升，副环的输出 T_s一定上升，最终使 T_M回升，克服干扰。这时，炉膛温度 T_s值比原来的要高，这是被加热原料油流量增加所需要的，副环不会把 T_s调整到原来的 T_s值，因为副环的给定值 R_s已经调高。这些表明干扰作用于主对象时，串级控制也能有效地去克服干扰。

3. 干扰同时作用于主、副对象

这时分为两种情况来讨论。

(1) 受干扰作用，主、副变量变化方向相同

如燃料压力升高，使炉膛温度 T_s上升；同时原料油流量下降，使原料出口温度 T_M上升，这时，克服作用于副对象干扰的过程与前述类同。克服作用于主对象干扰的过程亦与前述类同。可见，为了稳定 T_s，需要把阀门关小一些；为了稳定 T_M，也需要把阀门关小一些。这两个要求加在一起，阀门的开度大大减小。由于有副回路的存在，系统能更早、更快、更强地克服干扰。当干扰使 T_s和 T_M同时下降时，调节过程类同，方向相反。

(2) 受干扰作用，主、副变量变化方向相反

如燃料压力升高，使炉膛温度 T_s上升，同时原料油流量增加，使原料油出口温度 T_M下降。这时，为了克服 T_s的波动，将关小阀门；为了克服 T_M的波动，将开大阀门，这两个作用抵消，实际上阀门开度变化较小，如完全抵消，阀门开度不变。所以，在被控对象受干扰作用后，主、副变量变化方向相反的情况下，串级系统比较稳定。

综上所述，在串级控制系统中，由于从对象提取出副变量并增加一个副环，整个系统克服干扰的能力更强，克服干扰的作用更及时，控制性能明显提高。

4.1.3 系统特点

串级控制系统由于其独特的系统结构，而具有如下特点：

1. 分级控制

分级控制思想是将一个调节通道较长的对象分为两级，把许多干扰在第一级副环就基本克服掉，剩余的影响及其他各方面干扰的综合影响再由主环加以克服。这种控制思想在许多非工程非自然学科领域应用也非常普遍。

2. 串级系统结构组成

与简单控制系统明显不同，有两个对象，即主、副对象；两个调节器，即主、副调节器；两个测量变送器，即主、副测量变送器；一个执行器，组成如图 4－4 所示的系统结构。

3. 系统工作方式

副环工作于随动控制方式，因为其给定值是不确定的，随时变化的，由主调节器的输出信号提供。

主环则工作于定值控制方式，如果把副环看作为一个整体方块，主环就相当于一个简单控制系统。

由于主环工作于定值方式，因此，也可以认为串级控制系统是定值控制系统。

4. 控制性能

由于引入副环构成串级控制，与简单控制系统相比，系统对于干扰反应更及时，克服干扰的速度更快，能有效地克服系统滞后，改善控制精度和提高控制质量。

4.1.4 系统设计

1. 主、副被控变量的选择

主变量的选择与简单控制系统相同。副变量的选择必须保证它是调节变量到主被控变量这个调节通道中的一个适当的中间变量。这是串级控制系统设计的关键问题。副变量的选择还要考虑以下几个因素：

(1) 使主要干扰作用在副对象上，这样副环能更快更好地克服干扰，副环的作用才能得以发挥。如在加热炉温度—温度串级控制系统中，炉膛温度作为副变量，就能较好地克服燃料热值等干扰的影响。但如果燃料油压力是主要干扰，则应采用燃料油压力作为副变量，可以更及时地克服干扰，如图 4－5 所示。这时副对象仅仅是一段管道，时间常数很小，控制作用很及时。

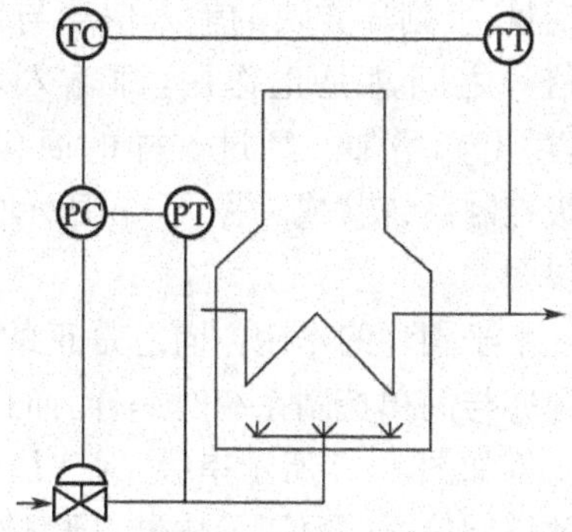

图 4－5 加热炉温度-压力串级控制系统

(2) 使副对象包含适当多的干扰，这实际上是副变量选择的问题。副变量越靠近主变量，它包含的干扰量越多，但同时通道变长，滞后增加；副变量越靠近调节变量，它包含的干扰越少，通道越短。因此，要选择一个适当位置，使副对象在包含主要干扰的同时，能包含适当多的干扰，从而使副环的调节作用得以更好地发挥。

(3) 主、副对象的时间常数不能太接近

通常,副对象的时间常数 T_s小于主对象的时间常数 T_M。分析如下:

如果 T_s很大,说明副变量的位置很靠近主变量。两个变量几乎同时变化,失去设置副环的意义。

如果 T_s与 T_M基本相等,由于主、副回路是密切相关的,系统可能出现“共振”,使系统控制质量下降甚至出现不稳定的问题。

因此,通常使副对象的时间常数 T_s明显小于主对象的时间常数 T_M。

2. 调节器控制规律的选择

主环是一个定值调节系统,主调节器控制规律的选择与简单调节系统类似。但采用串级控制系统的主变量往往是比较重要的参数,工艺要求较严格,一般不允许有余差。因此,通常都采用比例积分(PI)调节规律,滞后较大时也采用比例积分微分(PID)调节规律。

副环是一个随动控制系统,副变量的调节可以有余差。因此,副调节器一般采用比例(P)调节规律即可,而且比例度通常取得比较小,这样,比例增益大,控制作用强,余差也不大。如果引入积分作用,会使控制作用趋缓,并可能带来积分饱和现象。但当流量为副变量时,由于对象的时间常数和时滞都很小,为使副环在需要时可以单独使用,需要引入积分作用,使得在单独使用时,系统也能稳定工作。这时副调节器采用比例积分(PI)调节规律,比例度取较大数值且带积分作用。

3. 调节器作用方向的选择

调节器作用方向选择的依据是使系统为负反馈控制系统。

副调节器处于副环中,这时副调节器作用方向的选择与简单控制系统的情况一样,使副环为一个负反馈控制系统即可。

主调节器处于主环中,无论副调节器的作用方向选择好与否,主调节器的作用方向都可以单独选择,而与副调节器无关。选择时,把整个副环简化为一个方块,输入信号是主调节器的输出信号,输出信号就是副变量,且副环方块的输入信号与输出信号之间总是正作用,即输入增加,输出亦增加。经过这样的简化,串级控制系统就成为图 4-6 所示的方块图。

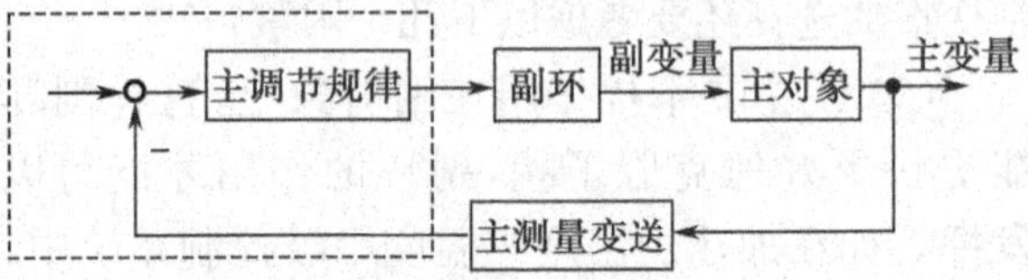

图 4-6 简化的串级控制系统方块图

由于副环的作用方向总是正的,为使主环是负反馈控制系统,选择主调节器的作用方向亦与简单控制系统时一样,而且更简单些,因为这时不用管调节阀的正反作用。

例如图 4-5 所示串级系统,从加热炉安全角度考虑,调节阀选气开阀,即如果调节阀上的控制信号(气信号)中断,阀门处于关闭状态,控制信号上升,阀门开大,流量上升,故为正作用方向。副对象的输入信号是燃料流量 Q,输出信号是阀后燃料压力 p,Q 上升,p 亦上升,也是正作用方向。主对象的输入信号是阀后燃料压力 p,输出信号是主变量,即被加热物料出口温度 T_M,p 上升,T_M亦上升,主对象作用方向为正。测量变送单元作用方向均为正。标注于图 4-7 中。接下来就可以选择调节器的作用方向了。

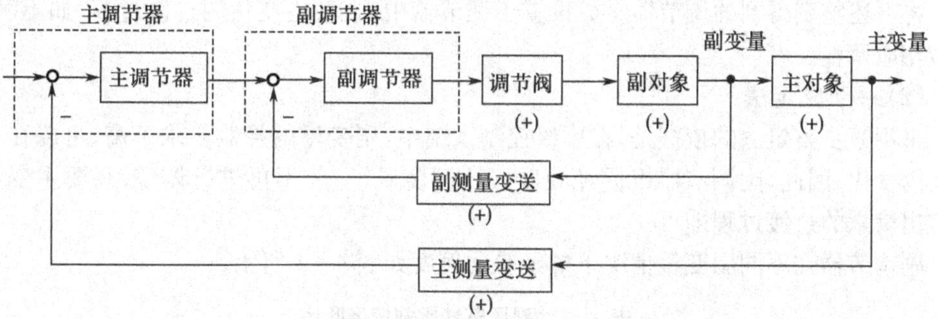

图 4－7 加热炉温度-压力串级控制系统方块图

首先看主调节器，由于副环可以简化为一个正作用方向方块，主对象作用方向为正，主测量变送作用方向亦为正，根据简单控制系统中所介绍的原则，四个方块所标符号的乘积应为正，故主调节器方块的作用方向应为正，如此，整个环路中所有符号相乘为负，系统是负反馈。故选反作用调节器。

副调节器作用方向的选择，与简单控制系统一样，这里，副调节器方块的作用方向亦应为正，结合调节器比较点的符号"－"，调节器整体应选反作用调节器。如此，整个副环是负反馈控制系统。

4. 系统投运

实际的串级控制系统设计还要考虑系统是否有"主控"要求等因素。"主控"就是在设计好的串级控制系统中暂时不用副调节器，由主调节器的输出直接控制调节阀。设计中要考虑切换及切换后的"主控"系统为负反馈等问题。

串级控制系统的投运，依据所选用的仪表而有所不同。总的来说，在采用 DDZ－Ⅲ型仪表和计算机控制时较易进行，在采用 DDZ－Ⅱ型仪表时比较麻烦。当前，DDZ－Ⅱ型仪表已基本淘汰，在许多大型企业中 DDZ－Ⅲ仪表的调节器也已经淘汰，代之以计算机控制系统。

在采用 DDZ－Ⅲ型仪表时，投运步骤如下：① 将主调节器的给定值设定为内给定方式，副调节器为外给定方式；② 在副调节器处于软手动状态下进行遥控操作，使主变量逐步在主给定值附近稳定下来；③ 将副调节器切入自动；④ 最后将主调节器切入自动。这样就完成了串级控制系统的整个投运工作。

5. 系统整定

串级控制系统调节器参数的整定都是先整定副环，然后再整定主环，主要有两步整定法和一步整定法。

(1) 两步整定法

在系统投运并稳定后，将主调节器设置为纯比例方式，比例度放在 100%，按 4∶1 的衰减比整定副环，找出相应的副调节器比例度 δ_{SS} 和振荡周期 T_{SS}；然后在副调节器的比例度为 δ_{SS} 的情况下整定主环，使主变量过渡过程的衰减比为 4∶1，得到主调节器的比例度 δ_{MS}；最后，按照简单控制系统整定时介绍的衰减曲线法的经验公式，由 δ_{SS}、δ_{MS}、T_{MS}、T_{SS}，查找主调节器的 δ_M、T_I 和 T_D，副调节器的 δ_S 和 T_I。

将上述整定得到的调节器参数设置于调节器中，观察主变量的过渡过程，如不满意，再做相应调整。

(2) 一步整定法

采用一步整定法的依据是，在串级控制系统中，副变量的控制要求不高，可以在一定范围内变化，因此，副调节器根据经验取好比例度后，一般不再进行调整，只要主变量能整定出满意的过渡过程即可。

副调节器在不同副变量情况下的经验比例度如表 4-1 所示。

表 4-1　副调节器比例度经验值

副变量类型	温度	压力	流量	液位
比例度	20—60	30—70	40—80	20—80

将副调节器设置为纯比例控制规律，比例度为上表中的经验值，然后整定主环的主调节器参数，使主变量的过渡过程为满意的状况即可。整定主调节器参数的方法与简单控制系统时一样。

4.2　均匀控制系统

均匀控制系统从系统结构上无法看出它与简单控制系统和串级控制系统的区别。其控制思想体现在调节器的参数整定中。

4.2.1　均匀控制原理

在如图 4-8 所示的双塔系统中，甲塔的液位需要稳定，乙塔的进料亦需要稳定，这两个要求是相互矛盾的。甲塔的液位控制系统，用来稳定甲塔的液位，其调节参数是甲塔的底部出料流量，显然，稳定了甲塔液位，甲塔底部出料流量必然要波动。但甲塔底部出料又是乙塔的进料。乙塔进料流量的控制系统，为了稳定进料流量，需要经常改变阀门的开度，使流量保持不变。因此，要使这两个控制系统正常工作是不可能的。

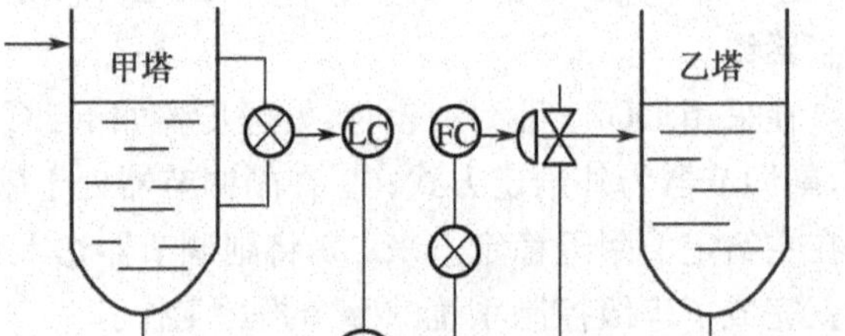

图 4-8　相互冲突的控制系统

要彻底解决这个矛盾，只有在甲、乙两个塔之间增加一个中间储罐。但增加设备就增加了流程的复杂性，加大了投资。另外，有些生产过程连续性要求高，不宜增设中间储罐。在理想状态不能实现的情况下，只有冲突的双方各自降低要求，以求共存。均匀控制思想就是在这样的应用背景下提出来的。

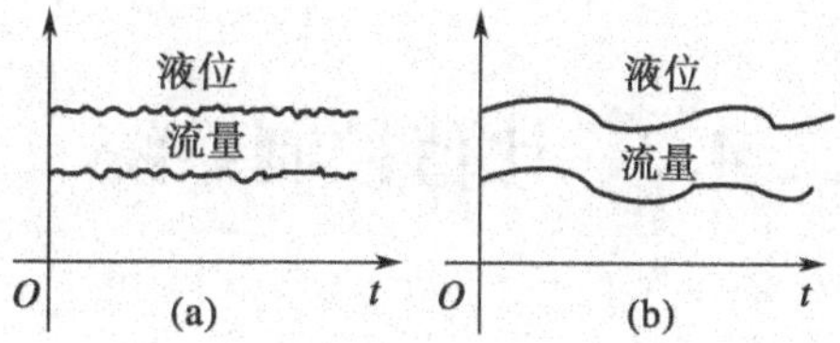

图 4－9　控制目标的调整

通过分析，可以看到这类系统的液位和流量都不是要求很高的被控变量，可以在一定范围内波动，这也是可以采用均匀控制的前提条件。图 4－9 中(a)为冲突的无法实现的两个控制目标，(b)为调整后体现均匀控制思想的可实现的控制目标。在图 4－9(b)中，由于干扰使液位升高时，不是迅速有力地调整，使液位几乎不变，而是允许有一定幅度的上升。同时，流量也适应地增加一些，分担液位受到的干扰；同理，流量受到干扰而变化时，液位也分担流量受到的干扰。如此"均匀"地互帮互助，相互共存。

4.2.2　均匀控制的实现方案

1. 简单均匀控制系统

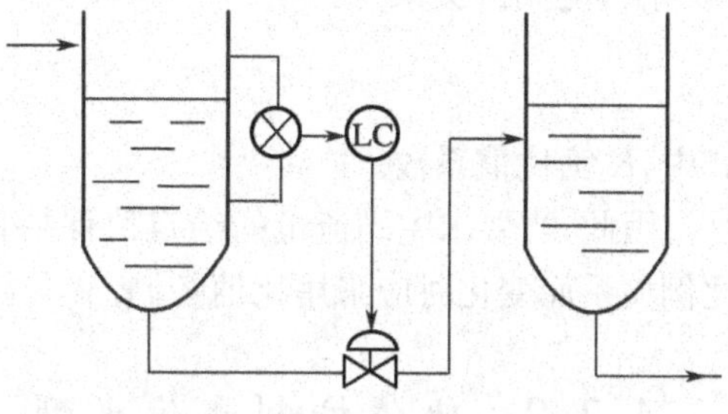

图 4－10　简单均匀控制系统

图 4－10 是一个简单均匀控制系统，可以实现基本满足甲塔液位和乙塔进料流量的控制要求。从系统结构上看，它与简单液位控制系统一样。为了实现"均匀"控制，在整定调节器参数时，要按均匀控制思想进行。通常采用纯比例调节器，且比例度放在较大的数值上，整定参数时要同时观察两个被控变量的过渡过程来调整比例度，以达到满意地"均匀"。有时为了防止液位超限，也引入较弱的积分作用。微分作用与均匀思想矛盾，不能采用。

2. 串级均匀控制系统

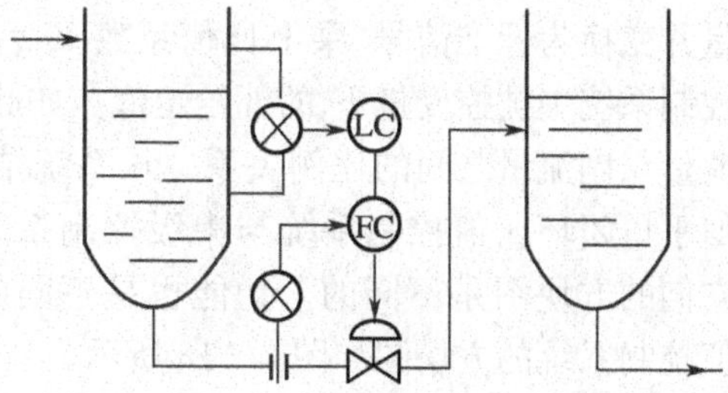

图 4－11　串级均匀控制系统

简单均匀控制系统，结构简单，实现方便。但对于压力干扰反应不及时，另外，当系统自衡能力较强时，控制效果也较差。为了克服这两个缺点或这两个方面的干扰，引入流量副环构成串级均匀控制系统，如图 4－11 所示。

图 4－11 是一个串级均匀控制系统，从结构上看，它与液位-流量串级控制系统完全一样。串级控制中副变量的控制要求不高，这一点与均匀控制的要求类似。在这里的串级均匀中，副环用来克服塔压变化；主环中，不对主变量提出严格的控制要求，采用纯比例，一般不用积分。整定调节器参数时，主副调节器都采用纯比例控制规律，比例度一般都较大。整定时不是要求主、副变量的过渡过程呈某个衰减比的变化，而是要看主、副变量能否"均匀"地得到控制。

4.3 比值控制系统

4.3.1 比值控制原理

在炼油、化工、制药等诸多生产过程中，经常需要两种物料或两种以上的物料保持一定的比例关系。最常见的是燃烧过程，燃料与空气要保持一定的比例关系，才能满足生产和环保的要求；造纸过程中，浓纸浆与水要以一定的比例混合，才能制造出合格的纸浆；许多化学反应的诸个进料要保持一定的比例。

通常，在两个需要保持一定比例关系的物料中，一个是主动量或关键量，另一个是从动量或辅助量。由于物料通常是液体，因此称主动量为主流量 F_M，从动量为副流量 F_S。F_M与 F_S之间的关系为：

$$F_S = KF_M \tag{4-1}$$

式中，K 为比值系数。

因此，当要求主副流量的给定值保持比值关系，或者副流量给定值随主流量按一定比例关系而变化时应采用比值控制。

4.3.2 比值控制系统类型

1. 单闭环比值控制系统

如图 4－12 所示，是一个燃烧过程单闭环比值控制系统，主流量是燃料，副流量是空气。F_MT 测量出主流量并变换为标准信号，乘上比值系数 K 后，作为副流量控制系统中被控变量 F_S的外给定值。如此，可以保持主流量与副流量之间的比例关系。从系统结构外观上看，似乎单闭环比值控制系统与串级控制系统很相似。但它们的方块图是不同的。功能也是不同的。单闭环比值控制系统的方块图如图 4－13 所示。

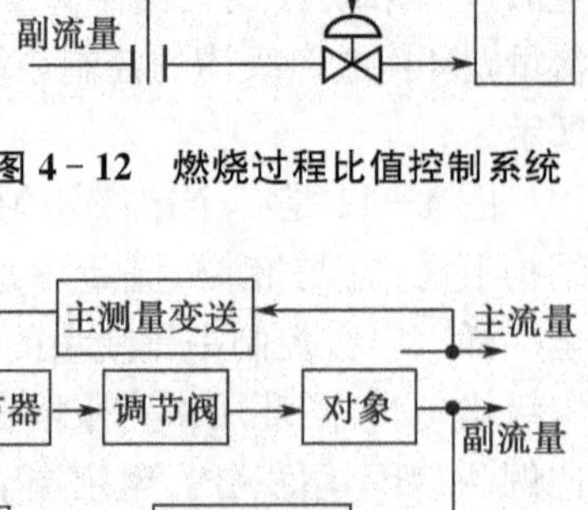

图 4－12　燃烧过程比值控制系统

从图 4－13 中可以看到，没有主对象和主调节器是单闭环比值控制系统在结构上与串级控制不同的地方，串级控制中的副变量是调节变量到被控变量之间总对象的一个中间变量，而比值控制系统中，副流量不会影响主流量，这是两者之间本质上的区别。

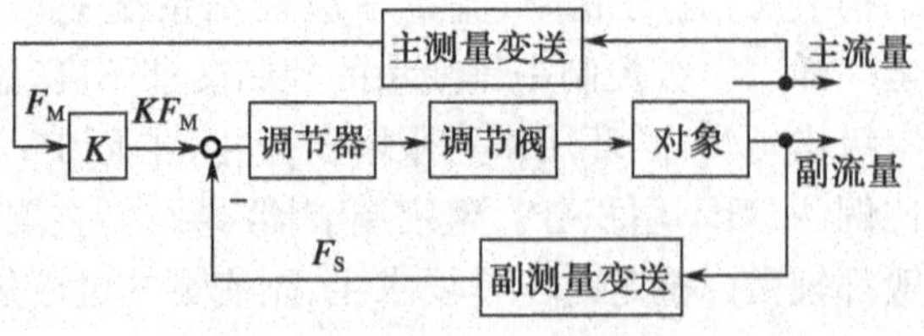

图 4－13　单闭环比值控制系统方块图

副流量控制系统是一个随动控制系统，它的给定值由系统外部的 KF_M 提供，它的任务就是使副流量 F_S 尽可能地保持与 KF_M 相等，随着 F_M 的变化而变化，始终保持 F_M 与 F_S 的比值关系。当系统处于稳态时，比值关系是比较精确的；在动态过程中，比值关系相对而言不够精确。另外，当主流量处于不变的状态时，副流量控制系统又相当于一个定值控制系统。

总之，单闭环比值控制系统能克服副流量的波动；能随着主流量的变化而变化，使 F_M 与 F_S 保持比值关系。但是单闭环比值控制系统不能克服主流量的变化，当希望主流量也较稳定时，单闭环比值控制系统就无法胜任了。因此，它应用于主流量不允许被控制的场合和主流量没有必要进行控制的场合。

2. 双闭环比值控制系统

在主流量也需要控制的情况下，增加一个主流量闭环控制系统，单闭环比值控制系统就成为双闭环比值控制系统，见图 4-14。

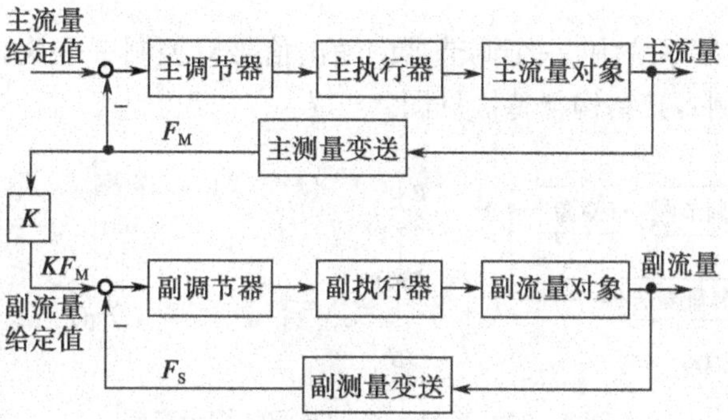

图 4-14　双闭环比值控制系统方块图

由于增加了主流量闭环控制系统，主流量得以稳定，从而使得总流量能保持稳定。

双闭环比值控制系统主要应用于总流量需要经常调整（即工艺负荷的提降）的场合。如果没有这个要求，两个单独的闭环控制系统也能使两个流量保持比例关系，仅仅在动态过程中，比例关系不能保证。

3. 变比值控制系统

如果工艺上要求两种流量的比值要依据其他条件进行调整，则可构建变比值控制系统。图 4-15 是加热炉变比值控制系统，进料的燃料和空气要保持一定的比值关系，以维持正常的燃烧，而燃烧的实际状况又要从加热炉出烟的氧含量来加以判断。因此，由 AT 测出烟气中的氧含量，送给 AC，AC 是调节器，其输出作为单闭环比值控制系统的比值的给定值，画出该系统的方块如图 4-16 所示。

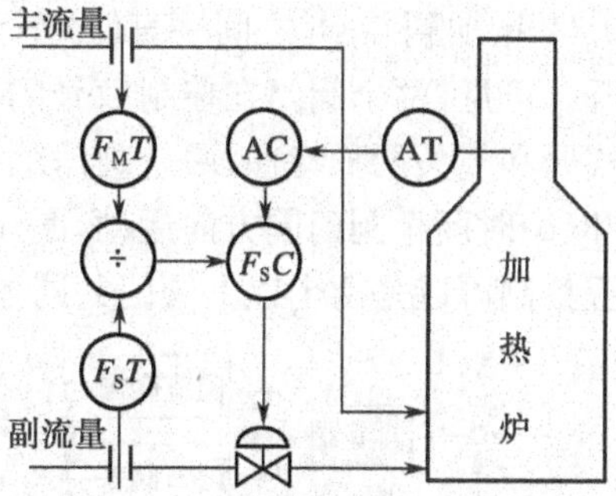

图 4-15　加热炉变比值控制系统

图 4-16 中单闭环比值系统采用的是相除方案，双闭环比值系统一样可以构成变比值系统。另外，该系统又是一个串级控制系统，是氧含量—流量比值串级控制系统。

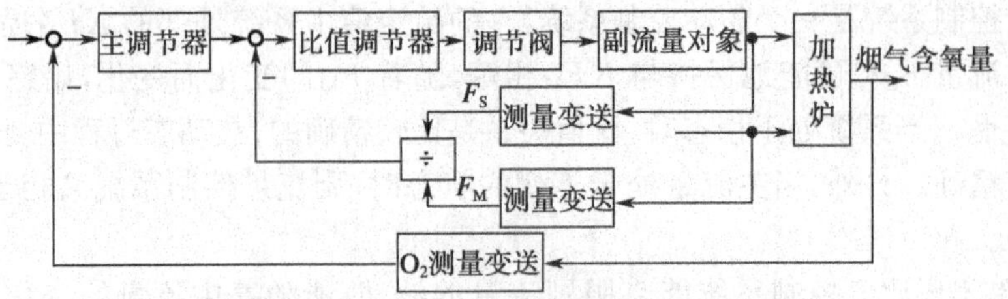

图 4－16　加热炉变比值控制系统方块图

4.4　分程控制系统

4.4.1　分程控制原理

通常，在一个控制系统中，一个调节器的输出信号只控制一个执行器或调节阀（以下均以气动执行器为例），其结构与特性见图 4－17。

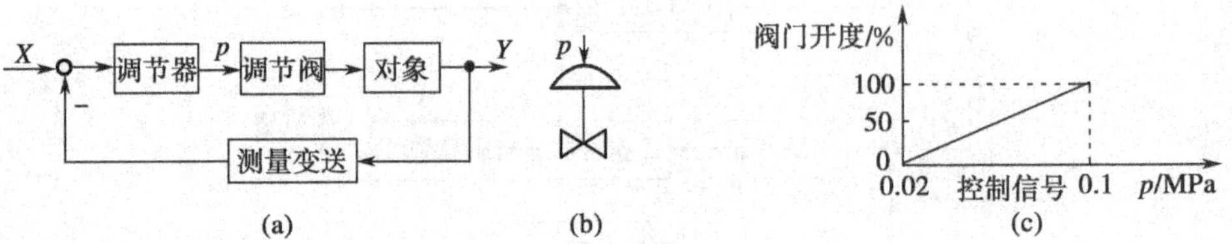

图 4－17　采用一个调节阀特性示意图

图 4－17 中的阀门为气开阀，即控制信号 p 为最小 0.02 MPa 时，阀门全关闭；p 为最大 0.1 MPa 时，阀门全打开。图中(b)是阀门结构图，(c)是调节阀的特性图。

如果一个调节器的输出信号同时送给两个调节阀，构成如图 4－18 所示的系统，这就是一种分程控制系统。这里两个阀门并联使用，它们都是气开阀，其工作特性如图 4－18(b)所示。阀门 A，控制信号 p 为 0.02 时，全关；随着 p 增加，开度增加，当 p 增至 0.06 时，阀门全部打开；p 继续增加，阀门保持全开状态，直至 p 达最大。阀门 B，在控制信号 p 从 0.02 增加到 0.06 之间一直保持全关状态。从 0.06 起，阀门逐步打开；至 0.1 处，阀门全开。可见，两个阀门在控制信号的不同区间从全关到全开，走完整个行程。由于阀门有气开和气关两种特性，两个阀门就有四种组合特性，如图 4－19 所示。其中图 4－19(a)和(b)时两个阀门同方向运动，图(c)和图(d)表明两个阀门作用方向相异。理论上讲，分程控制可以是两个以上阀门共同控制，但实际上，一般采用的都是两个阀门分程。

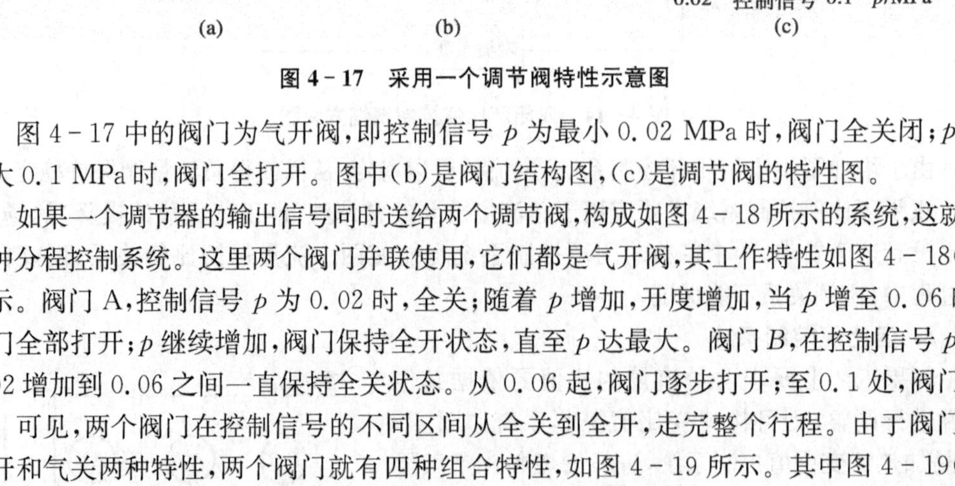

图 4－18　分程控制系统示意图

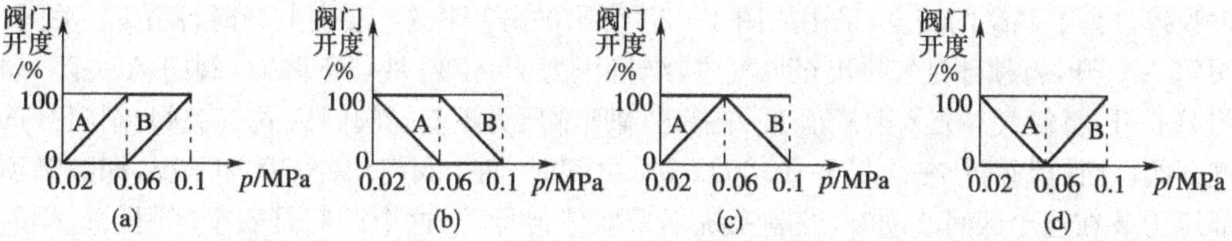

图 4-19 两个阀门的分程控制特性

综上所述,分程控制系统与简单控制系统的区别在于:从结构上看,简单控制系统只有一个调节阀,而分程控制有两个调节阀;从特性上看,分程控制的阀门特性如图 4-19 所示,简单控制的阀门特性如图 4-17 所示。当然,分程控制可以应用于任何类型控制系统之中。

4.4.2 分程控制的应用

1. 提高调节阀的可调性

设调节阀的可控制最小流量为 Q_{min},可控制最大流量为 Q_{max},则定义

$$\frac{Q_{max}}{Q_{min}} = R \tag{4-2}$$

式中,R 称为阀门的可调比或可调范围。

大多数国产阀门的可调比 R 等于 30,在有些场合不能满足需要,希望提高可调比 R,适应负荷的大范围变化,改善控制品质。这时可采用分程控制。图 4-19 中的特性(a)和特性(b)均可。图(a)是气开特性,图(b)是气关特性。以图(a)为例分析如下:

设 A、B 两只阀门均为气开特性,$Q_{Amax}=150$,$Q_{Bmax}=250$,R 均为 30,这时可控制最小流量 $Q_{min}= Q_{Amax}/R=5$。

当两只阀门以分程方式工作时,A 阀工作于控制信号的 0.02—0.06 MPa 段,B 阀工作于控制信号的 0.06—0.1 MPa 段。这时,对于这两只阀门并联而成的起分程控制作用的整体来说,

可控制最小流量 $Q'_{min}= Q_{min}=5$

可控制最大流量 $Q'_{max}= Q_{Amax}+ Q_{Bmax}= 400$

则有

$$R' = \frac{Q'_{max}}{Q'_{min}} = \frac{400}{5} = 80 \tag{4-3}$$

可见,可调比增加了一倍多。

2. 交替使用不同的控制方式

在工业生产中,有时需要交替使用不同的控制方式。如有些油品贮罐的顶部需要充填氮气,以隔绝油品与空气中氧气的氧化作用,称为氮封。如图 4-20 所示,贮罐顶部充填氮气,顶部氮气压力 p 一般为微正压。生产过程中,随着液位的变化,p 会产生波动。液位上升,p 上升,超过一定数值,贮罐会被鼓坏;液位下降,p 下降,降至一定数值贮罐会

被吸瘪。为了贮罐的安全，采用如图 4－20 所示的分程控制，液位上升时，阀门 B 关闭，阀门 A 打开，将顶部氮气排出至大气中，维持压力 P 不变；液位下降时，阀门 A 关闭，阀门 B 打开，将氮气补充入贮罐顶部，维持贮罐顶部压力不变。阀门 A 选气关阀，阀门 B 选气开阀。当控制信号在 0.058—0.062 MPa 之间时，两个阀门均处于关闭状况，即贮罐顶部压力 p 在这个区间波动时，控制系统不采取任何行动，这个区间是安全区间。这样的安全区间可避免阀门频繁转换动作，使系统更加稳定。

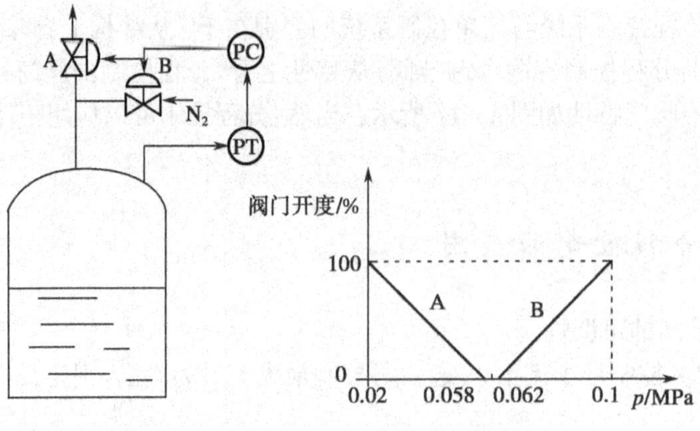

图 4－20　贮罐氮封分程控制方案及特性图

3. 满足生产过程不同阶段的需要

对于放热化学反应过程，在反应的初始阶段，需要对物料加热，使化学反应能够启动；由于是放热反应，反应启动后，容器的热量得以积累，当化学反应放出的热量足以维持化学反应进行时，就不需要外部的加热，如果放出的热量持续增加，反应器的温度可能增加到危险的程度，因此，又反过来需要冷却反应器，也就是将反应放热及时移走。为了适应这种需要，可构成如图 4－21 所示的分程控制系统。

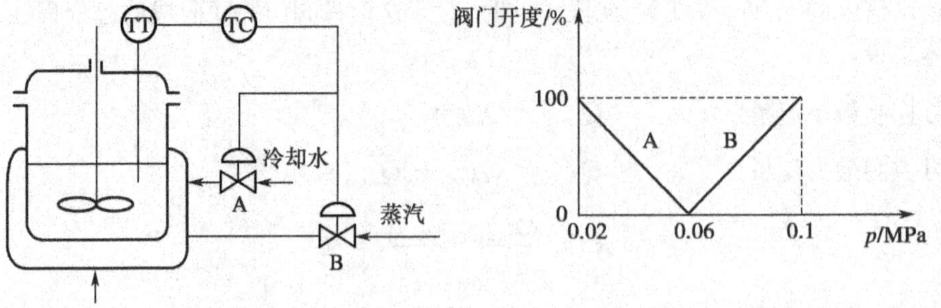

图 4－21　间歇反应器温度分程控制系统

该系统中，选 A 阀为气关阀，B 阀为气开阀，调节器 TC 为反作用调节器。这里一个阀门是气开，一个阀门是气关。能否保证系统始终是负反馈性质呢？画出此时方块图如图 4－22 所示。

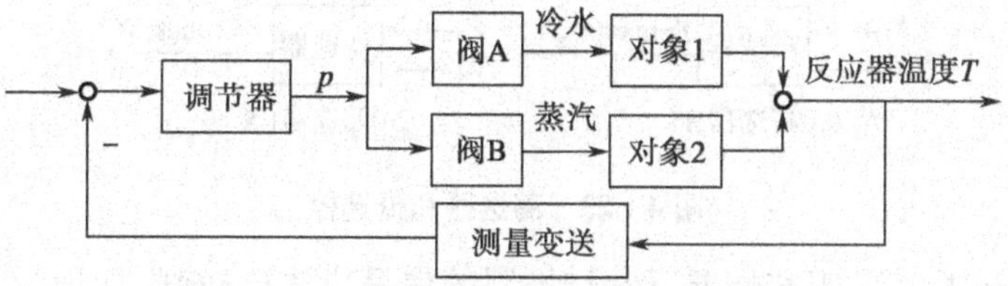

图 4-22 间歇反应器温度分程控制系统方块图

图 4-22 中,阀 A 是气关阀,对象 1 是冷水为输入信号时的对象,这里,冷水流量 Q 增加,反应器温度下降。从控制信号 p 到反应器温度 T 之间是正作用方向,即控制信号 p 上升,冷水流量 Q 下降,于是温度 T 上升。阀 B 是气开阀,对象 2 是蒸汽为输入信号时的对象,这里,蒸汽流量 Q 增加,反应器温度上升。即从控制信号 p 到反应器温度 T 之间也是正作用方向。因此,控制系统在任何一个阀门工作时都为负反馈。

4.5 选择性控制系统

4.5.1 选择性控制原理

通常的自动控制系统都是在生产过程处于正常工况时发挥作用的,如遇到不正常工况,则往往要退出自动控制而切换为手动,待工况基本恢复再投入自动控制状态。

现代石油化工等过程工业中,越来越多的生产装置要求控制系统既能在正常工艺状况下发挥控制作用,又能在非正常工况下仍然起到自动控制作用,使生产过程尽快恢复到正常工况,至少也是有助于或有待于工况恢复正常。这种非正常工况时的控制系统属于安全保护措施,安保措施有两大类,一是硬保护,二是软保护。

硬保护措施就是联锁保护控制系统。当生产过程工况超出一定范围时,联锁保护系统采取一系列相应的措施,如报警、自动到手动、联锁动作等,使生产过程处于相对安全的状态。但这种硬保护措施经常使生产停车,造成较大的经济损失。于是,人们在实践中探索出许多更为安全经济的软保护措施来减少停车造成的损失。

所谓软保护措施,就是当生产工况超出一定范围时,不是消极地联锁保护甚至停车,而是自动地切换到一种新控制系统中,这个新的控制系统取代了原来的控制系统对生产过程进行控制,当工况恢复时,又自动地切换到原来的控制系统中。由于要对工况是否正常进行判断,要在两个控制系统当中选择。因此,称为选择性控制系统,有时也称为取代控制或超驰控制。

选择性控制系统在结构上的最大特点是有一个选择器,通常是两个输入信号,一个输出信号,如图 4-23。对于高选器,输出信号 Y 等于 X_1 和 X_2 中数值较大的一个,如 $X_1=5\ \text{mA}$, $X_2=4\ \text{mA}$,则 $Y=5\ \text{mA}$。对于低选器,输出信号 Y 等于 X_1 和 X_2 中数值较小的一个。

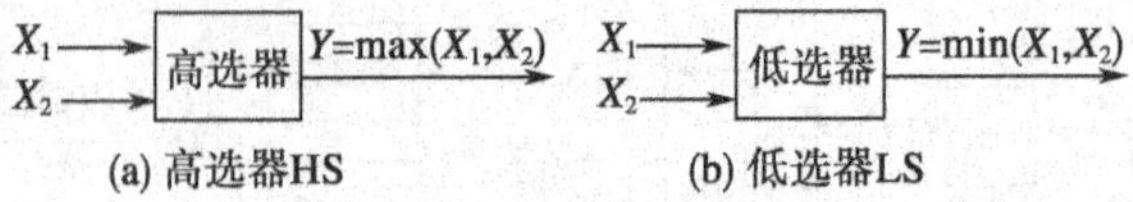

图 4－23　高选器和低选器

采用高选器时，正常工艺情况下参与控制的信号应该比较强，如设为 X_1，则 X_1 应明显大于 X_2。出现不正常工艺时，X_2 变得大于 X_1，高选器输出 Y 转而等于 X_2；待工艺恢复正常后，X_2 又下降到小于 X_1，Y 又恢复为选择 X_1。这就是选择性控制原理。

4.5.2　选择性控制系统的类型

1. 开关型选择性控制系统

如图 4－24 所示是一个丙烯冷却器温度控制系统，目的是使裂解气的温度下降并稳定在一定的温度上。测量裂解气出口温度 T，如 T 偏高，使液丙烯流量加大，冷却器中的液丙烯液面升高，载有裂解气的列管与液丙烯的接触面积增大，换热加快，T 下降，达到控制的目的。这是正常工况时的控制作用。

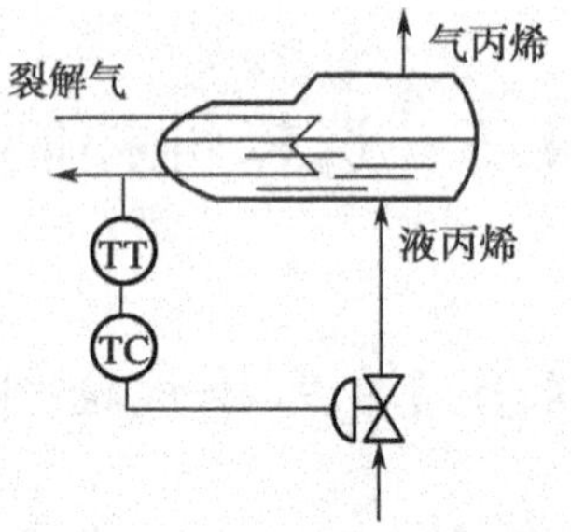

图 4－24　丙烯冷却器温度控制系统

如果干扰很大，裂解气进口温度很高，液面上升到全部列管均已浸在液丙烯中，仍然不能将 T 降下来，控制系统势必要继续加大液丙烯的流量。但这时，继续加大液丙烯流量不能进一步增加列管与液丙烯的换热面积，而且，由于液面很高，液丙烯的蒸发空间太小，使换热效率下降。更为严重的问题是，出口气丙烯中可能带有液体，即带液现象，带液气丙烯送入压缩机会损坏压缩机，这是不允许的。因此，对这样的非正常工况，无法用图 4－24 所示的简单控制系统解决。

根据选择性控制思想，设计一个开关型选择性控制系统如图 4－25 所示。该系统比简单控制系统增加了液位变送器和电磁三通阀。正常工况时，三通阀将温度调节器来的控制信号 p 送至气动调节阀的气室，系统与简单控制系统相同。当液位上升到一定位置时，液位变送器的上限节点接通，电磁阀通电，切断控制信号 p 的通路，将大气（即表压为 0）通入气室，阀门关闭。液位回降至一定位置时，液位变送器上的上限节点断开，电磁三通阀失电，系统恢复为简单温度控制系统。这个系统的方块图如图 4－26 所示。

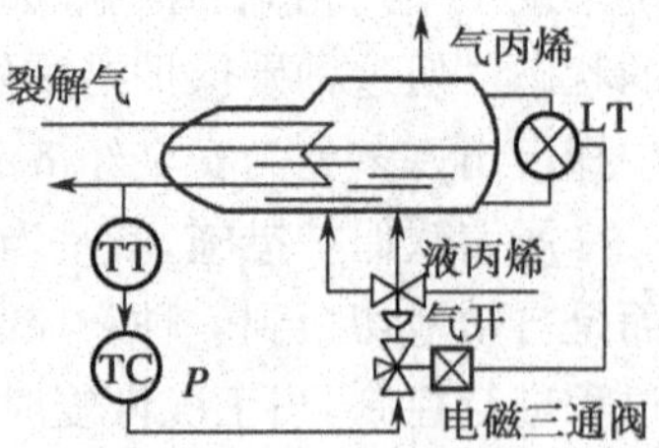

图 4－25　丙烯冷却器开关型选择性控制系统

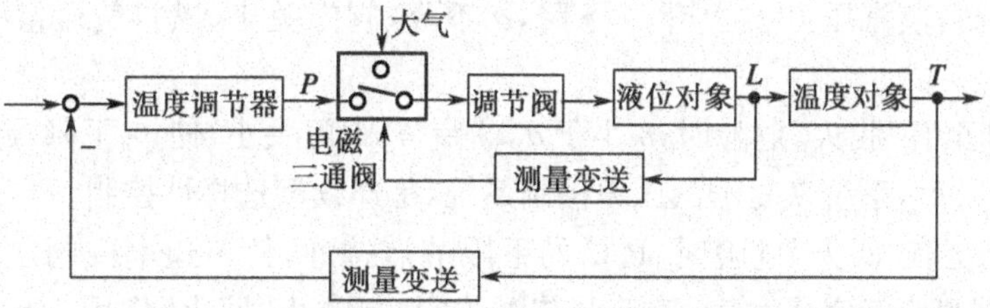

图 4-26　丙烯冷却器开关型选择性控制系统方块图

2. 连续型选择性控制系统

开关型选择性控制系统中的调节阀，在正常工况向非正常工况切换时不是全开就是全关。连续型选择性控制系统则是切换到另一个连续控制系统。如图 4-27 是压缩机的连续型选择性控制系统。

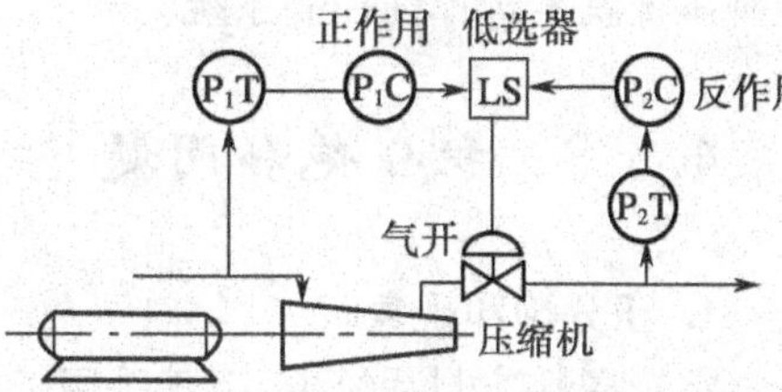

图 4-27　压缩机连续型选择性控制系统

正常工况时，P_2C 的输出信号小于 P_1C 的输出信号，LS 选 P_2C 的输出信号，系统维持压缩机的出口压力 p_2 稳定不变。当压缩机进口压力 p_1 下降至一定程度时，压缩机会产生喘振，这成为主要的问题。由于采用了低选器 LS，当 p_1 降至一定数值时，P_1C 的输出信号会低于 P_2C 的输出信号，LS 选择 P_1C 的输出信号为输出，系统切换成为进口压力控制系统，将阀门关小，以维持 p_1 不低于安全限；当进口压力 p_1 回升，P_1C 使阀门开大，p_2 回升，待 p_2 回升到一定程度时，P_2C 的输出变得小于 P_1C 的输出，低选器动作，系统恢复正常。

3. 混合型选择性控制系统

同时使用开关型与连续型选择性控制在一个控制系统中，就是混合型选择控制系统。在锅炉的燃烧系统中，正常情况下，燃料气量根据蒸汽出口压力来调整。但有两种非正常工况可能出现，一是燃料气压力过高，产生"脱火"现象，燃烧室中火焰熄灭，大量未燃烧的燃料气积存在燃烧室内，烟囱冒黑烟，并有爆炸的危险。因此，应采取措施，使燃料气压力不致过高；二是燃料气压力也不能过低，太低的燃料气压力有"回火"的危险，导致燃料气贮罐燃烧和爆炸，也需要采取措施，使燃料气压力不过低。结合这两种非正常工况的需要，设计混合型选择性控制系统如图 4-28 所示。

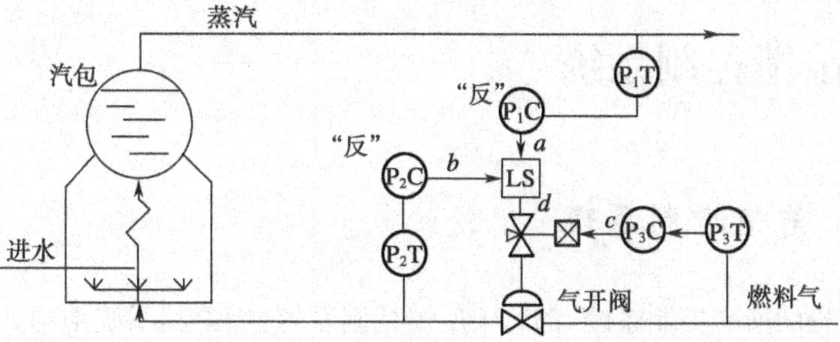

图 4-28　锅炉燃烧系统混合型选择性控制系统

正常工况时，蒸汽压力 p_1 上升，a 下降，d 下降，阀门关小，燃料气流量减小，使 p_1 下降，实现控制。

如 p_2 上升至有“脱火”危险时，b 小于 a，$d = b$，阀门关小，使 p_2 下降，起防“脱火”作用。p_2 降至正常后，系统恢复蒸汽压力控制系统，是连续型选择性控制。

如 p_3 下降至有“回火”危险时，P_3C 的下限节点接通，使三通电磁阀得电，电磁阀动作，气动调节阀膜头气室通大气，气动调节阀关闭，起防止“回火”作用。p_3 回升后，系统恢复为蒸汽压力控制系统，是开关型选择性控制。

选择器的使用，还可以构成其他类型的复杂控制系统，有时也称，凡是应用选择器的控制系统就是选择性控制系统。

4.5.3 积分饱和问题

1. 积分饱和现象

在选择性控制系统中，由于采用了选择器，未被选用的调节器就处于开环状态，如调节器有积分作用，偏差又长期存在，则调节器的输出就会持续地朝一个方向变化，直至极限状态。超出气动调节阀的正常输入信号范围(0.02—0.1 MPa)，这时就进入了积分饱和状态。如果在这种状态下，该调节器重新被选用，它不能迅速地从极限状态(即饱和状态)的0.14 MPa或0 MPa进入气动调节阀的正常输入信号范围0.02—0.1 MPa之内。控制系统不能及时地进行控制，系统质量和安全等性能都受到影响，甚至造成事故。积分饱和现象并不是选择性控制系统所特有的，只要符合产生积分饱和的三个条件，即：① 调节器具有积分作用；② 调节器处于开环状况；③调节器的偏差长期存在，系统都会发生积分饱和现象。

2. 抗积分饱和的措施

(1) 限幅法　采用技术措施，将调节器输出信号限制在工作信号范围之内。DDZ-Ⅲ型调节器系列有限幅型调节器，可以克服积分饱和。

(2) 积分切除法　当调节器处于开环状态时，自动切除其积分作用，就不会出现积分饱和。如DDZ-Ⅲ型调节器系列中有PI-P调节器，它在闭环中是PI作用，处于开环时，调节器为纯比例作用P。

4.6 前馈控制系统

4.6.1 前馈控制原理

前面所讨论的所有控制系统，都属于反馈控制系统，无论其系统结构如何，它们的调节回路的基本工作原理都是一样的。下面要介绍的前馈控制系统则有着截然不同的控制思想。前馈控制理念及应用由来已久，但主要由于技术条件的限制发展较少。随着计算机和现代检测技术的飞速发展,前馈控制正受到更多的重视和应用。

在反馈控制系统中,都是把被控变量测量出来,并与给定值相比较;而在前馈控制系统中,不测量被控变量,而是测量干扰变量,也不与被控变量的给定值进行比较。这是前馈与反馈的主要区别。为了系统地说明前馈控制理念,同时也为了在比较中进一步加深对反馈控制理念的理解,如图 4-29 进行比较分析。

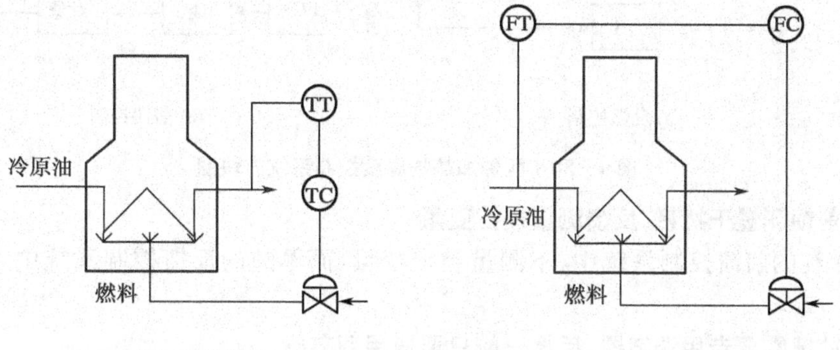

(a) 反馈控制　　(b) 前馈控制

图 4-29　两种加热炉温度控制系统

图 4-29 中的图(a)为反馈控制,图(b)为是前馈控制。在前馈控制中,测量需要被加热的原油的流量,流量偏大就增加燃料量,原油流量偏小就减少燃料量,以达到稳定原油出口温度的目的。从动态过程分析,当原油流量增大时,一段时间后,出口温度会下降;但前馈测量出原油流量的增加量,迅速增加燃料量。如果燃料增加的量和时机都很好,有可能在炉膛中将干扰克服,几乎不影响原油出口温度。

如果该加热炉只存在原油流量这一个干扰,那么理论上讲,前馈控制可以把原油出口温度控制得很精确,甚至被控变量一点也不波动。这就是前馈控制思想,也是前馈控制的生命力所在。

4.6.2　前馈控制与反馈控制的比较

通常认为,前馈控制有如下几个特点:

(1) 是"开环"控制系统;

(2) 对所测干扰反应快,控制及时;

(3) 采用专用调节器;

(4) 只能克服系统中能被测量的干扰。

下面从几个方面比较前馈控制与反馈控制,图 4-29 两个控制系统的方块图如图 4-30 所示。

1. 前馈是"开环",反馈是"闭环"控制系统

从图 4-30 可以看到,表面上,两种控制系统都形成了环路,但反馈控制系统中,在环路上的任一点,沿信号线方向前行,可以回到出发点形成闭合环路,成为"闭环"控制系统。而在前馈控制此系统中,在环路上的任一点,沿信号线方向前行,不能回到出发点,不能形成闭合环路，因此称其为"开环"控制系统。

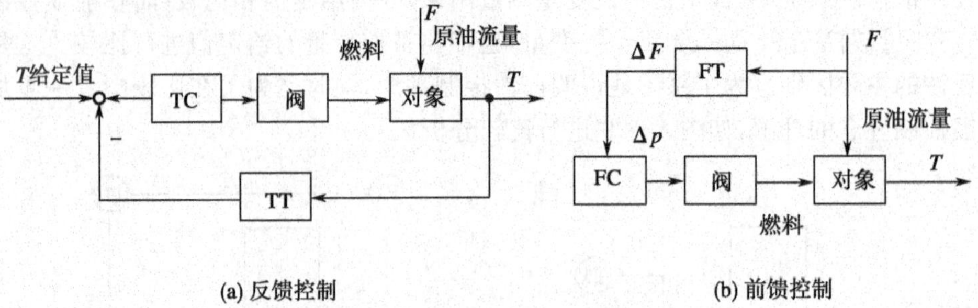

图 4-30　两种加热炉温度控制系统方块图

2. 前馈测量干扰量，反馈测量被控变量

在单纯的前馈控制系统中，不测量被控变量，而单纯的反馈控制系统中不测量干扰量。

3. 前馈需要专用调节器，反馈一般只要通用调节器

由于前馈控制的精确性和及时性取决于干扰通道和调节通道的特性，且要求较高，因此，通常每一种前馈控制都要特殊的专用调节器。而反馈基本上不管干扰通道的特性，且允许被控变量有波动，因此，可采用通用调节器。

4. 前馈只能克服所测量的干扰，反馈可克服所有干扰

前馈控制系统中，若干扰量不可测量，前馈就不可能加以克服。而反馈控制系统中，任何干扰，只要它影响到被控变量，都能在一定程度上加以克服。

5. 前馈理论上可以无差，反馈必定有差

如果系统的干扰数量很少，前馈控制可以逐个测量干扰，加以克服，理论上可以做到被控变量无差。而反馈控制系统，无论干扰的多与少、大与小，只有当干扰影响到被控变量，产生"差"之后，才能知道有了干扰，然后加以克服，因此必定有差。

4.6.3　前馈控制的应用

1. 静态前馈

当干扰通道与调节通道的动态特性相近时，采用静态前馈控制也可收到较满意的控制效果。所谓静态，就是不考虑干扰作用后被控变量的过渡过程，只考虑被控变量稳定后是否符合控制要求。因此，前馈调节器 FC 的输入信号与输出信号只要保持比例关系即可。设泵油流量的干扰量为 ΔF，前馈调节的输出为 Δp，则有

$$\Delta p = K_f \Delta F \tag{4-4}$$

式中 K_f 为前馈调节器的前馈系数。静态前馈是当前应用最多的前馈控制，因为这种前馈实现很方便，用比值器或比例调节器均可。图 4-29 中的图(b)中 FC 采用比值器或比例调节器就是最简单的静态前馈控制系统。实际应用中为了收到更好的控制效果，需要测量更多的干扰量或参考量。在图 4-29(b)的基础上，增加测量燃料量和进料原油的温

度，则可构成一个效果更好的静态前馈控制系统，见图 4－31。

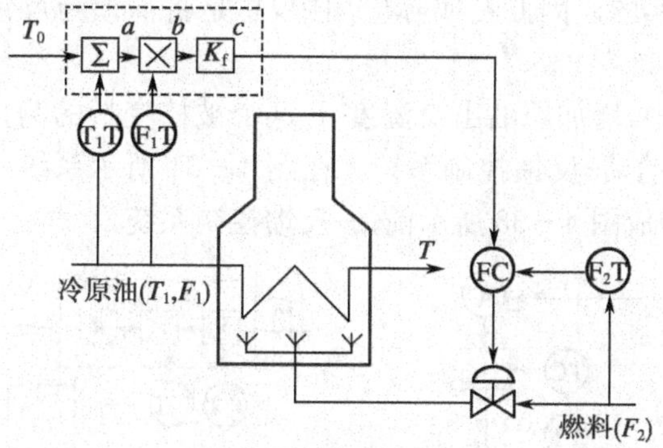

图 4－31　加热炉静态前馈控制系统

图 4－31 中，T 为原油出口温度，是被控变量；T_0 是 T 的给定值。加法器 Σ 的输出 $a = T_0 - T_1$。T_1 是冷原油的温度，F_1 是原油的流量，F_2 是燃料的流量。$C = F_1 K_f (T_0 - T_1)$，c 送给 FC 作为 FC 的给定值。这样，该系统实际上就是保持冷原油流量与燃料流量之间的比值关系。这样的系统中 F_2T 与 FC 及阀门构成了一个反馈副环，整个系统是一个单闭环比值控制系统。但系统的被控变量是 T，整个系统是开环的静态前馈控制系统。

2. 动态前馈

如果要求被控变量在受到干扰后克服干扰的过渡过程中也能使偏差尽量的小，则要采用动态前馈。设前馈调节通道中前馈调节器的传递函数为 $G_C(s)$，FT 的传递函数为 $G_T(s)$，$G_1(s)$ 是调节通道的对象部分的传递函数，$G_2(s)$ 是干扰通道的传递函数。动态前馈示意图见图 4－32。要保证动态前馈的性能良好，就应尽量做到：

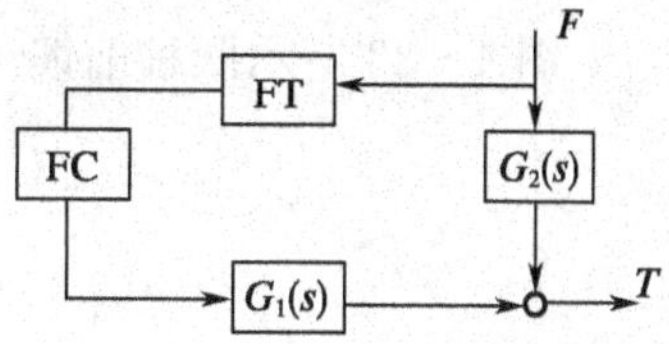

图 4－32　动态前馈

$$G_2(s) = -G_T(s) \cdot G_C(s) \cdot G_I(s) \tag{4-5}$$

这个公式很好理解，就是任何由 F 产生的干扰，经由两条路线产生对被控变量的影响在任何时刻都大小相等，方向相反，这就是理想的动态前馈。

在图 4－31 所示的静态前馈中，在信号 c 之后串一个动态环节就可实现动态前馈。理论上讲，这个动态环节可以是多种形式的，有时候是很复杂的。为了实际应用，适当降低些要求，经常采用一个带有三个可调参数的“前馈调节器”，其传递函数为

$$G_C(s) = K\frac{T_1 s + 1}{T_2 s + 1} \tag{4-6}$$

式中，K——静态前馈系数；

T_1、T_2——时间常数。

在许多情况下，这样的动态前馈调节器可以起到一定的动态前馈效果。

3. 前馈-反馈控制

通过前述的反馈与前馈的比较分析，知道前馈虽然有许多优点，但不测量被控变量，

终究不知道控制的实际效果如何。另外，一个系统的干扰是多种多样的，对每种干扰都施加前馈控制是不现实的。因此在实际应用中，总是将前馈与反馈结合起来使用，可以收到很好的控制效果。

在图 4－31 系统中，增加原油出口温度 T 这个被控变量的测量变送器及调节器，即构成如图 4－33(a)的前馈-反馈控制系统。在图 4－31 所示系统中，再增加燃料的测量变送器及调节器，则构成图 4－33 所示前馈-反馈控制系统。

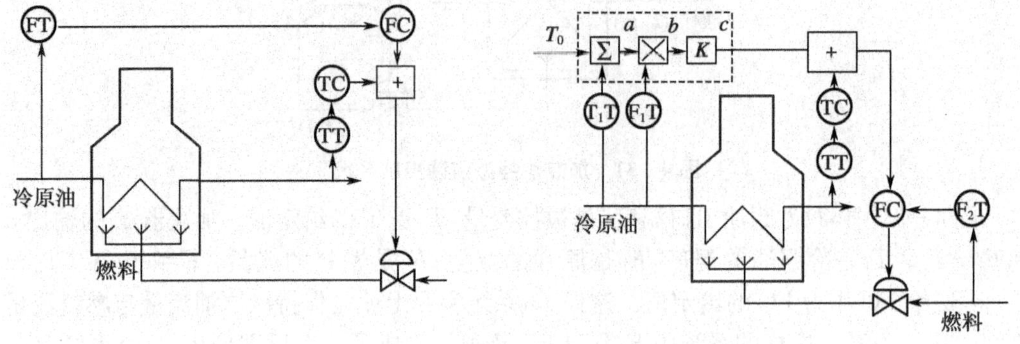

(a) (b)

图 4－33　两种前馈-反馈温度控制系统

在前馈-反馈控制系统中，前馈控制及时准确地克服前馈系统所测量的干扰作用，所有干扰对被控变量的综合影响由反馈控制来克服。

图 4－33 所示两种前馈-反馈控制系统的方块图分别见图 4－34 和图 4－35。

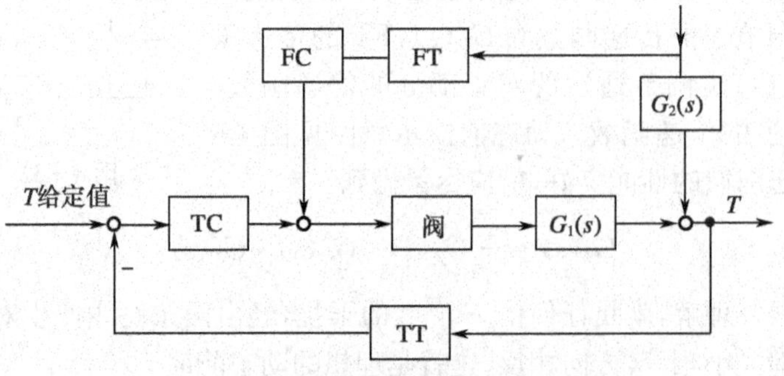

图 4－34　前馈-反馈温度控制系统方块图

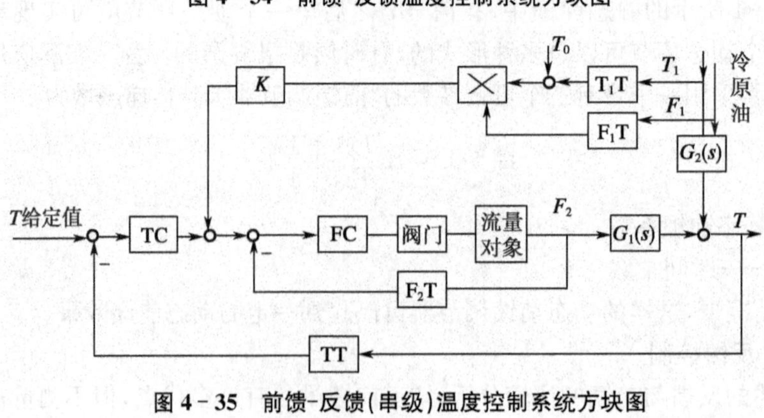

图 4－35　前馈-反馈(串级)温度控制系统方块图

4. 前馈控制的应用场合

前馈控制一般不单独使用，通常是在仅用反馈控制不能满足要求时，增加前馈控制，以提高控制质量。因此：

(1) 当系统控制通道滞后大，反馈控制效果不够好时，增加前馈可以提高控制质量；

(2) 对干扰幅值大而频繁且可测的干扰，增加前馈可以改善控制品质；

(3) 存在多个干扰时，串级的副环不能包括的干扰采用前馈来克服，可以提高控制质量。

另外，在静态前馈还是动态前馈的选择上，当控制通道与干扰通道的动态特性相近时，采用静态前馈；当控制通道的时间常数 T_C 大于干扰通道的时间常数 T_f 时，可选择动态前馈控制。

4.6.4 多冲量控制系统

多冲量控制是在锅炉控制中沿用至今的一个习惯用语，这里的冲量就是指变量，多冲量就是多个变量。实际上在许多复杂控制系统中都涉及多个变量，但均未称为多冲量控制。锅炉控制中所指的多冲量控制系统是特指锅炉汽包的液位控制系统，它实际上就是前馈-反馈控制系统，并不是与串级、分程等类型并列的一种控制系统。但由于锅炉汽包液位控制面广量大，较为重要，在此特别给予介绍。

1. 单冲量控制

如图 4 - 36 所示是一个锅炉汽包液位的单冲量控制系统。显然，这是一个简单控制系统，可以用于蒸汽负荷较稳定，控制品质要求不高的场合。

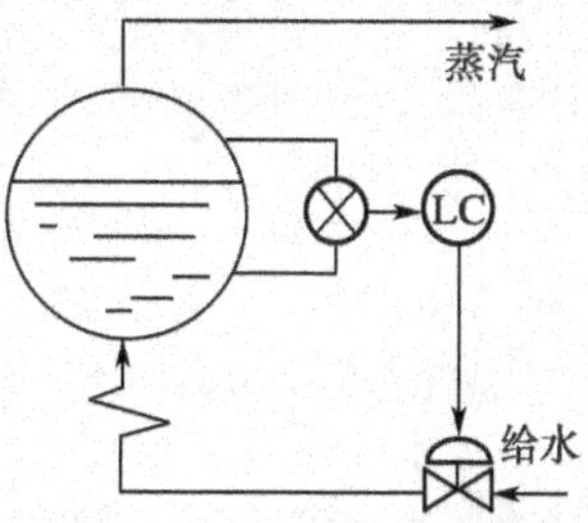

图 4 - 36 单冲量液位控制系统

当蒸汽负荷变化频繁且幅度较大时，单冲量控制不能有效地进行控制。如蒸汽负荷突然增大许多时，汽包内蒸汽压力突然下降，水中的气泡迅速增加，将液位“虚假”提高，造成“假液位”。控制系统按此“假液位”将给水阀门关小，致使汽包液位异常波动，严重时会造成事故。根据实际情况，负荷增加，应该增加供水量。单冲量控制不能很好地做到这一点。

2. 双冲量控制系统

根据前馈控制的思想，把蒸汽作为干扰，以这个干扰量的变化来控制给水量，构成前馈控制。蒸汽前馈与原来的汽包液位反馈控制组成前馈-反馈控制系统，这里也称为双冲量控制系统。如图 4 - 37 所示。

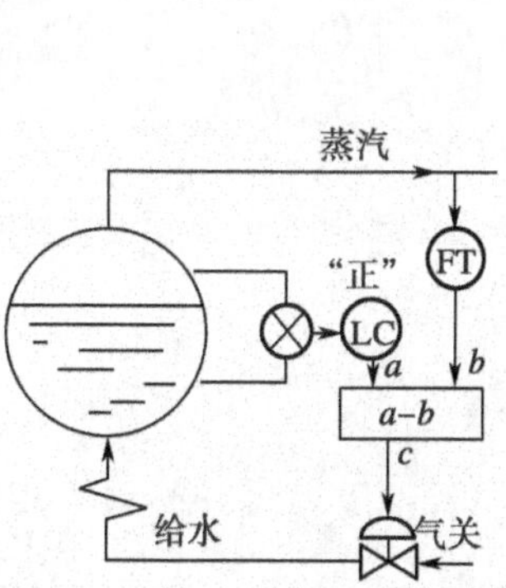

图 4 - 37 双冲量液位控制系统

图中，当蒸汽负荷增大时，F 增加，b 增加，c 减小，阀门开大，给水流量增加，能很好地克服蒸汽负荷这个干扰，是前馈控制。LC 仍然起原来单冲量控制系统的作用，液位增加，调节器输出 a 增加，c 增加，阀门关小，给水流量减小，汽包液位回降。

在实际的锅炉系统中，供水压力也是一个主要的干扰源，供水压力变化时，将引起液位的波动，双冲量控制也不够及时有效。因此，要增加给水流量的测量与控制系统。

3. 三冲量控制

如图 4－38 所示是一种锅炉三冲量液位控制系统，它是一个前馈-反馈控制系统。图 4－39 是另一种结构的锅炉三冲量液位控制系统，它是一个前馈—串级反馈控制系统。

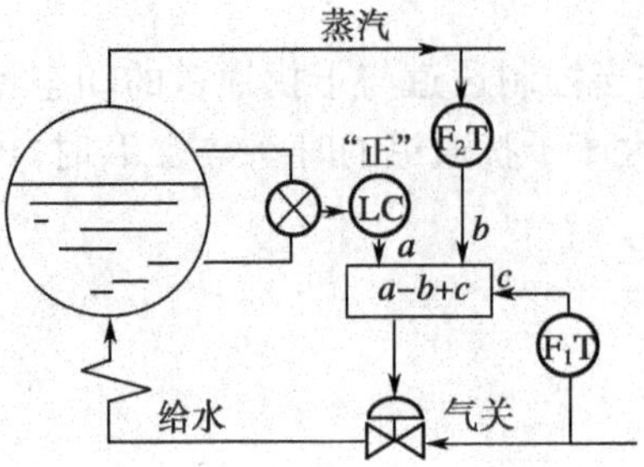

图 4－38　三冲量液位控制系统(一)

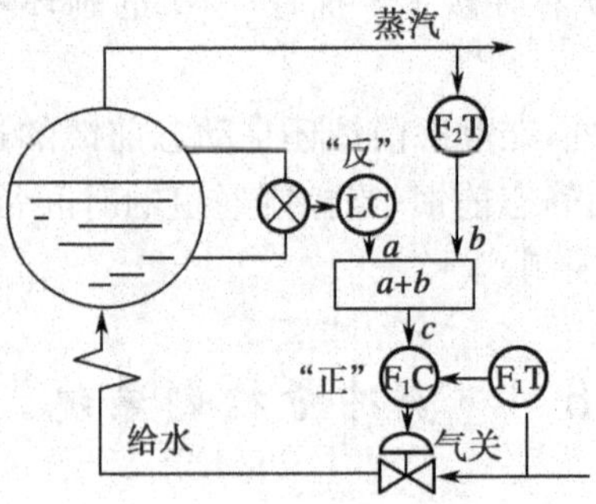

图 4－39　三冲量液位控制系统(二)

第5章　先进控制系统

简单控制系统和常用复杂控制系统的理论基础都是经典控制理论，它们在常规仪表时代得到了广泛的应用，解决了生产过程中大部分的控制问题。但仍有许多控制问题是常规控制系统无法有效解决，甚至无法解决的。因此，从20世纪60年代开始，首先是以状态空间法为理论基础的现代控制理论的诞生，它将传统的单输入-单输出系统发展到多输入-多输出系统领域，对自动控制技术的发展起到了积极的推动作用；与此同时计算机技术也得到了迅猛的发展，特别是微处理器芯片的发明，使得集散控制(DCS)和可编程逻辑控制器(PLC)等计算机控制系统迅速成为了控制装置的主流。由于广泛采用了计算机控制，在常规仪表中难以实现的运算算法等难题能够得到有效的解决，因此，各类型新型控制系统纷纷从理论研究进入实际应用。

随着生产的迅速发展，过程工业装置逐渐趋于大型化和精细化，生产系统本身的复杂性也在不断地增加，这就对自动控制提出了更高的要求。而当前实际应用中计算机控制系统主要实现的是简单控制和常见的复杂控制系统，对于一些过程特性复杂的系统若只采用传统控制往往达不到满意的控制效果，因而对于新型的系统结构和控制算法的需要也就变得尤为迫切。从20世纪70年代以来，广大的科学工作者、工程技术人员不断探索新的理论与方法。除了加强对生产过程建模、系统辨识、自适应控制、鲁棒控制等领域的研究外，人们开始打破传统控制思想的束缚，试图面向工业过程的特点，寻找各种对模型要求低、在线计算方便、控制综合效果好的基于模型的控制算法，并逐步形成了以现代控制理论和人工智能为理论基础的多种新型控制系统。在许多场合这些控制系统也称为先进控制系统。实际上，无论叫新型还是叫先进，都不太合适，但约定俗成，称其为先进控制的越来越多。

本章所介绍的主要内容可分为三大类。一是面向复杂特性系统的几种解决方案，如被控变量和主要扰动不可测量时的推理控制，过程间有较强关联时所采用的解耦控制以及过程有较大时滞时的时滞补偿控制等；二是以现代控制理论为基础的多变量控制系统，它包括了自适应控制和预测控制等；第三是介绍近年来备受关注的几类智能控制系统。这些控制算法在复杂的工业过程控制中都得到了成功的应用，具有较强的实用价值。

5.1 解耦控制

5.1.1 系统间的关联

先来解释一下什么是关联，如图 5-1 所示。在这个两个单回路控制系统中，若是将其中的任何一个单独投运都将不会有问题出现。然而当这两个控制系统同时投运时，就会产生关联问题。控制阀 1 和 2 对系统压力的影响程度都很强，对流量也具有相同的影响程度。那么，当管道压力 P_1 偏低而开大控制阀 1 的时候，流量也会增大，于是流量控制器又将动作而关小控制阀 2，其结果又使管道的压力 P_1 上升。

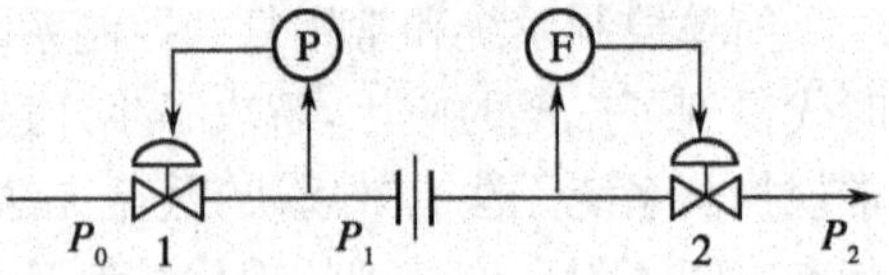

图 5-1　一个关联的系统

可见由关联作用产生了矛盾，并将给系统带来不希望有的影响，当系统中的最后一个控制器投入运行时，系统将会完全失控。减少关联的方法比较多，比如通过正确匹配被控变量与调节变量；或是通过控制器参数的整定以及减少控制回路等。

5.1.2 解耦控制

当关联较为严重时，即使采用最好的回路配对也不会得到满意的控制效果。这时必须引入解耦控制才能使系统达到稳定。解耦控制的本质就是设计一个计算网络，用它去抵消本来就存在于过程中的关联，以便进行独立的单回路控制。

1. 解耦算式的推导

典型的解耦控制系统如图 5-2 所示。图中 F 表示解耦算式。

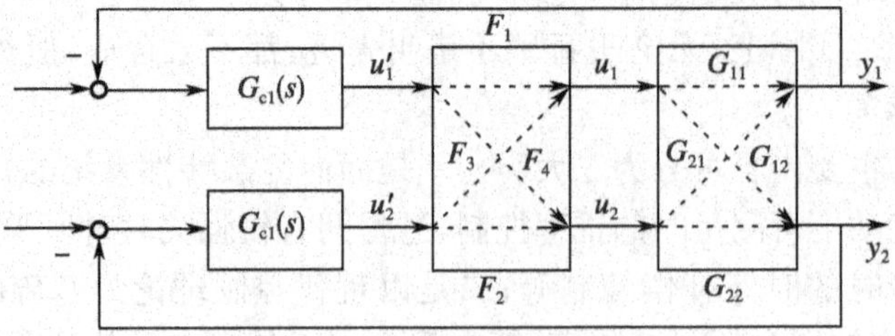

图 5-2　解耦控制系统方块图

下面对一般的多输入-多输出过程的解耦算式进行推导。图 5-3 表示了一个多变量反馈控系统。系统的闭环传递矩阵为：

$$\boldsymbol{G}_0(s)=\frac{\boldsymbol{Y}(s)}{\boldsymbol{R}(s)}=[\boldsymbol{I}+\boldsymbol{G}(s)\boldsymbol{H}(s)]^{-1}\boldsymbol{G}(s) \tag{5-1}$$

其中 $\boldsymbol{H}(s)=\boldsymbol{I}$,故上式为：

$$\boldsymbol{G}_0(s)=[\boldsymbol{I}+\boldsymbol{G}(s)]^{-1}\boldsymbol{G}(s) \tag{5-2}$$

式中,$\boldsymbol{Y}(s)$、$\boldsymbol{R}(s)$——分别为系统输出、输入向量；

$\boldsymbol{G}(s)$、$\boldsymbol{G}_0(s)$——分别为系统控制通道与闭环传递矩阵；

$\boldsymbol{H}(s)$——反馈矩阵；

$\boldsymbol{I}$——单位矩阵。

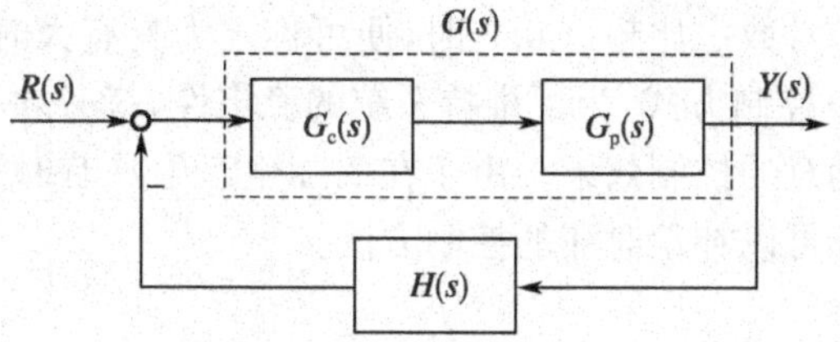

图 5-3 多变量控制系统方块图

解耦条件即各控制回路相互独立的条件为：系统的闭环传递矩阵必须是一个对角线矩阵,可假设为：

$$\boldsymbol{G}_0(s)=\begin{pmatrix} G_{11}(s) & \cdots & 0 \\ \vdots & G_{22}(s) & \vdots \\ 0 & \cdots & G_{m}(s)\end{pmatrix} \text{或表示为 diag}[G_{11}(s)G_{12}(s)\cdots\cdots G_{m}(s)] \tag{5-3}$$

为了要使 $\boldsymbol{G}_0(s)$是一个对角线矩阵,则由于$[\boldsymbol{I}-\boldsymbol{G}(s)]$必为对角线矩阵,所以 $\boldsymbol{G}(s)$也必须是一个对角线矩阵。系统的控制通道矩阵是由控制矩阵 $\boldsymbol{G}_c(s)$和广义对象传递矩阵 $\boldsymbol{G}_p(s)$两部分组成的。因此,解耦控制的设计任务就是由已知的 $\boldsymbol{G}_p(s)$,综合 $\boldsymbol{G}_c(s)$,以满足乘积 $\boldsymbol{G}_p(s)\boldsymbol{G}_c(s)$为一个对角线矩阵。

显然图 5-2 所示系统的解耦条件为：

$$\begin{bmatrix} G_{11} & G_{12} \\ G_{21} & G_{22}\end{bmatrix}\begin{bmatrix} F_1 & F_4 \\ F_3 & F_2\end{bmatrix}=\begin{bmatrix} G_{11} & 0 \\ 0 & G_{22}\end{bmatrix} \tag{5-4}$$

故系统的解耦矩阵为：

$$\begin{bmatrix} F_1 & F_4 \\ F_3 & F_2\end{bmatrix}=\begin{bmatrix} G_{11} & G_{12} \\ G_{21} & G_{22}\end{bmatrix}^{-1}\begin{bmatrix} G_{11} & 0 \\ 0 & G_{22}\end{bmatrix} \tag{5-5}$$

2. 解耦控制实施中需要注意的问题

虽然从理论上看确定解耦控制器的函数似乎十分容易,但实际上不少综合得到的解耦器也具有运行问题及稳定性问题。在综合解耦器算式时,需要考虑到过程模型误差带来的影响。因为实际的化工过程往往是非线性和时变的,而如果解耦器是线性和定常的,那么必将带来不稳定因素。如对于非线性的过程,则要设计非线性的解耦器。这样就可以大大减少解耦误差带来的不利影响。另一种避免解耦系统不稳定的方法是采用部分解耦。

5.2 时滞补偿控制系统

在实际生产中的某些过程在输入量改变后，输出量并不立即改变，而是要经过一段时间后才反映出来。而所谓时间滞后就是指在输入量变化后，看不到系统对应响应输出的这段时间。当系统中附加了时滞之后，会使广义对象可控程度指标明显下降。若过程的滞后时间与主导时间常数之比超过 0.5 时，便可称之为具有大时滞的系统。对于这种过程若采用常规的 PID 控制方式，为了维持系统的稳定性，就必须将控制整定得很弱，导致在很多场合得不到满意的控制效果。由于在实际生产中具有时滞特性的过程很多，这就推动人们积极去研究可以补偿时滞的控制方法。

5.2.1 史密斯(Smith)预估算法

在现有的时滞补偿方法中，史密斯预估算法也许是最为著名的一种方法，在控制界又被称作史密斯预估器。它是一种以模型为基础的方法，可以用来改善大时滞系统的控制品质，下面介绍它的算法。

设一个控制系统，其对象特性为：

$$G_{pc}(s) = G_p(s)e^{-\tau_p s} \qquad (5-6)$$

式中，$G_p(s)$为对象传递函数在除去时间滞后以后的部分；$e^{-\tau_p s}$为 x 延滞函数。

相应的简单反馈系统如图 5 - 4 所示。

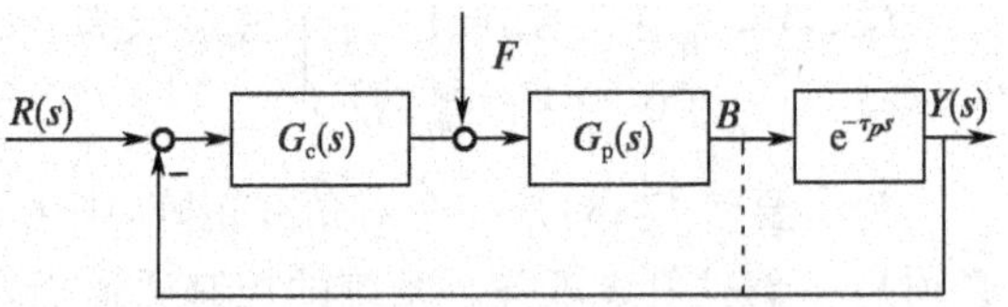

图 5-4 具有时滞的单回路控制

图中是将对象的两部分分开表达的。设这两部分中间有个变量 B。如果能将这个变量 B 检测出来，就可像图中虚线表示的那样将时滞环节置于回路外边。这样由于反馈信号 B 没有滞后，所以系统的响应将会大大地改善。然而在实际条件下 $B(t)$是不能直接测量的，只有用过程模型才能将它推算出来。而史密斯预估器的实质就是借助过程模型推算 $B(t)$，以实现无时滞的反馈控制。具有史密斯预估器的反馈控制系统见图 5 - 5。

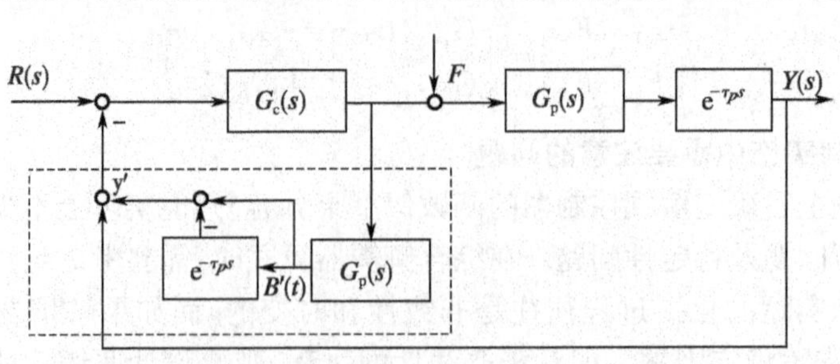

图 5-5 时滞过程的史密斯预估控制

图中的虚线框即表示史密斯预估器，它的传递函数为$(1-e^{-\tau_p s})G_p(s)$。$y(t)$是过程的实际输出，$y'(t)$为模型输出，而$B'(t)$是没有时滞的模型输出。可以看出图 5 - 5 与图 5 - 4中虚线所示部分的传递函数都是：

$$\frac{Y(s)}{R(s)}=\frac{G_c(s)G_p(s)e^{-\tau_p s}}{1+G_c(s)G_p(s)} \tag{5-7}$$

而此时环路的开环传递函数已由$G_c(s)G_p(s)e^{-\tau_p s}$变成了$G_c(s)G_p(s)$。经过了补偿作用，开环传递函数中已不再具有时滞环节，这意味着若要求达到相同的环路稳定性，则控制作用可以大大增强，从而会显著地提高控制品质。

5.2.2　史密斯预估算法的改进

史密斯估计器虽然对大时滞过程仍能提供很好的控制质量，但它仍有不足之处。其控制质量对于模型误差十分的敏感，所以一旦过程具有较为严重的非线性或时变增益的性质，史密斯补偿将由可能导致系统的稳定性变得很差。

改进算法又称为增益自适应时滞补偿器，它能有效地把控制对象和模型之间的所有差别都看作增益的误差来处理，并能利用控制对象和模型输出信号比较来对模型增益作适当的修正。其结构见图 5 - 6。

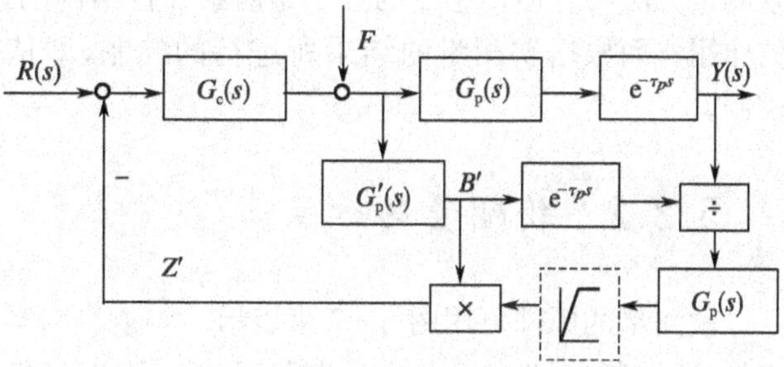

图 5 - 6　时滞过程的史密斯预估控制

采用改进算法的系统结构图与史密斯预估器相似，只是系统的输出减去模型输出的运算，被系统的输出除以模型的输出的运算所代替，而对预估器输出作修正的加法运算改成了乘法运算。除法器还串联了一个超前补偿环节，其超前时间常数等于时滞时间。它用来使 滞后了的输出值有一个超前作用。上述运算综合的结果是使预估器的增益可根据模型和系统的输出的比值有相应的校正值。

由控制仿真表明，改进后的史密斯预估算法的过程响应一般都比普通的史密斯预估器要更好些，尤其是对于那些模型不准确的情况。

5.3　软测量技术和推断控制

5.3.1　软测量技术的意义

若能从生产过程中采集到更多、更准确的相关信息，无疑对控制是十分有益的。在当前普遍采用的计算机控制系统中，所能获取和积累的数据要比传统的仪表控制系统多许多倍，但是仍然存在着以下的一些问题：

(1) 绝大多数的数据都处于正常状态的范围内，人们一般在了解后便将它们搁置起来而不考虑有其他用处。如何充分利用已经采集的历史数据，进而能够从中找到规律以至预测出新的信息，是一个很值得关注的问题。近年来出现的数据挖掘(Data Mining)技术已有了一些可喜的成果。另外能否综合利用各种定量和定性数据而不仅限于模拟量和数字量的数值范围也是一个值得探讨的思路。

(2) 至今能直接测量的过程品质指标变量还很少，仅仅限于温度、液位、压力和流量等，而关于组分和物性的连续测量还存在着许多的问题。如某些测量工作仍需人工完成，只能间歇地进行采集分析，而且每次分析还要花费一定的时间；即使有在线的自动分析仪器，但每完成一次分析，需要很长的时间(可能长达十几分钟)，这样一来就造成了较大的时间滞后。

为了解决此类问题，人们一方面致力于开发更为迅速可靠、适用于在线工作的各种传感仪表，另一方面则把着眼点放在了软测量技术上。

所谓软测量技术即是从能够测量的数据来推断出不能测量的数据信息的软件技术。软测量方法与新型传感器的开发是两条并行不悖的途径，相互之间更可以起到相辅相成的作用。而根据软测量的结果所进行的控制，即依据推理信息的控制，被统称为推断控制。

5.3.2 软测量的方法

软测量的原理可用图 5-7 来表示。对象有两类输入变量，即控制向量 $u(t)$ 和扰动向量 $d(t)$。输出变量也有两种，一个是可测的辅助输出向量 $y_s(t)$，另一个就是待求的未知关键输出变量 $y(t)$。软测量的任务就是依据各种可以测量的信息，包括 $u(t)$、$y_s(t)$ 和部分的 $d(t)$，去推断不能或不易测量的变量 $y(t)$，或是状态变量 $x(t)$ 和部分不能被直接观测的扰动 $d(t)$。

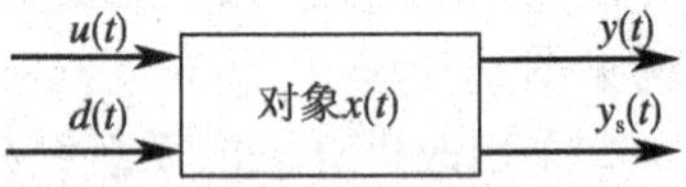

图 5-7　软测量的基本原理

推断可通过不同的方法予以实现：

1. 基于动态数学模型的方法

首先是对状态的估计。如果有部分 $d(t)$ 可测，可以将其和 $u(t)$ 包含在一起构成广义的输入矩阵 $\bar{u}(t)$，这时用状态空间表述形式的对象动态数字模型为：

$$\begin{aligned}\dot{x} &= \boldsymbol{A}x + \widetilde{\boldsymbol{B}}\tilde{u} + w \\ y_s &= \boldsymbol{C}x + v\end{aligned} \tag{5-8}$$

式中的 w 和 v 是随机干扰向量，$\boldsymbol{A}$、$\widetilde{\boldsymbol{B}}$、$\boldsymbol{C}$ 是相应的参数矩阵。

这样通过状态估计的方法(此处采用卡尔曼状态估计器)就可以得到状态向量的估计量：

$$\dot{\bar{x}} = \boldsymbol{A}\bar{x} + \widetilde{\boldsymbol{B}}\tilde{u} - \boldsymbol{M}(y_s - \boldsymbol{C}x) \tag{5-9}$$

式中,$\boldsymbol{M}$——校正矩阵。

本理论表面上近乎完美,但在实际的工程应用中,参数矩阵 $\boldsymbol{A}$、$\boldsymbol{B}$、$\boldsymbol{C}$ 较难获得,同时随机干扰向量 $w(t)$、$v(t)$的值也不知道。所以该种方法的应用范围由此受到一定的限制。

2. 基于稳态回归模型的方法

假设在图 5-7 中,$u(t)$、$d(t)$和 $y_s(t)$都是可测的,并可选作为自变量,$y(t)$为待求的关键输出变量,则有

$$y = \phi(y_s, u, d) \tag{5-10}$$

若采用线性回归,则有

$$\Delta y = a\Delta y_s + b\Delta u + c\Delta d \tag{5-11}$$

为了得到参数向量 a、b、c,可以先在操作范围内测定一系列的$\{y, y_s, u, d\}$数据。其中 y_s,u,d 可由测量数据获得,而 y 值只能用人工测试分析的方法得到。然后将 a、b、c 作为未知量,用最小二乘法估计它们的值。回归模型必须先用实际的数据进行校验,符合条件后方可作为软测量方程使用。然后再测量 y_s,u,d 的新数据,并由式(5-11)求取 y 值。

由于实际的系统多少都会有一些非线性,若非线性的程度不严重,且条件要求不高时,可以使用式(5-11)这样的线性化近似式。若是非线性的程度较为严重,或要求较高时,便需要使用非线性回归模型。

5.3.3 推断控制

推断控制一开始提出时针对的是主要扰动和关键输出变量都不可在线测量的情况,这类系统的目的是要通过对辅助变量的测量,来发现系统中存在的主要扰动的情况,并设法补偿它们的效应,同时还要使关键的被控变量趋近并保持在设定值附近。它的结构见图 5-8。

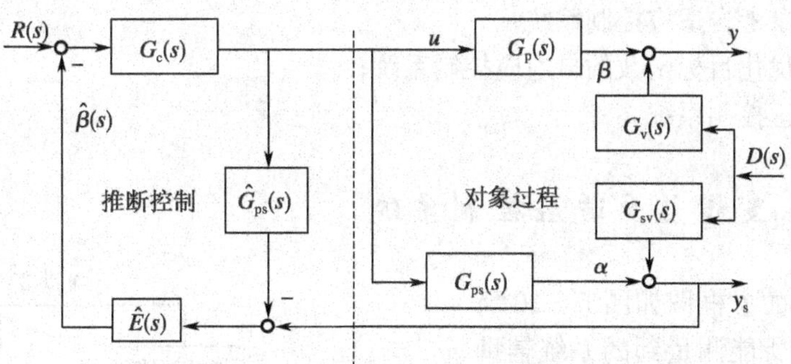

图 5-8 推断控制系统框图

图中的右边是过程部分,左边是推断控制部分。近年来,国际和国内关于推断控制的涵义被不断地扩大,凡是采用推断变量的控制,即基于软测量的控制,统称为推断控

制。当推断变量是不可测的被控变量时，可以构成各种输出反馈系统，其中尤其以串级控制系统和简单控制系统为多；而当推断变量是不可测的扰动时，则可以构成前馈-反馈控制系统。

5.4 自适应控制

在实际的生产过程中，许多被控制对象的对象特性是随着时间不断变化的，这些变化将会导致工艺参数产生复杂、大幅度的波动。对于这类过程在使用常规的 PID 控制已不能保证产品稳定的产量和质量，而自适应控制可以较好地解决这个问题。

自适应控制指的是能适应环境条件或过程参数的变化，并根据这些变化自行调整控制算法的控制。它通过量测系统的有关信息，从而了解对象特性的变化情况，再进一步依据某种算法来修正控制器的可调参数，使系统始终处于最佳的运行状态之下。自适应控制系统要实现上述的任务，则必须包含双重功能，一是能够辨识环境条件或过程参数的变化，二是能在此基础上调整原有的控制算法，其一般性框图如图 5-9 所示。可见，自适应控制已进入自学习、自组织这一比较高级的智能控制的范畴。

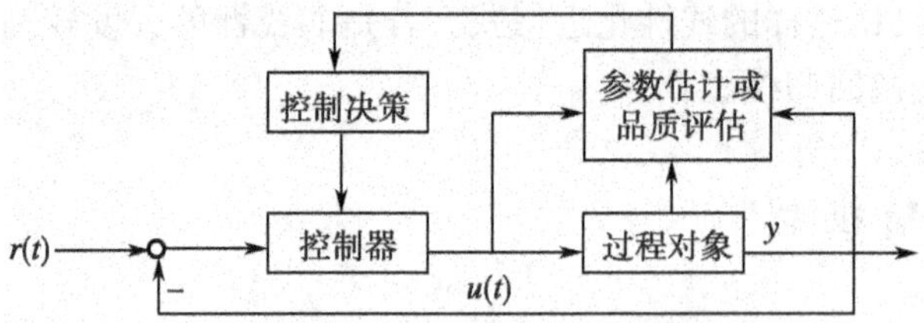

图 5-9　自适应控制系统一般性框图

根据自适应控制系统的设计原理和结构的不同，可分为以下四类：

(1) 变增益自适应控制系统；

(2) 模型参考自适应控制系统；

(3) 直接优化目标函数的自适应控制系统；

(4) 自校正控制系统。

5.4.1 变增益自适应控制系统

这类系统的方框图如图 5-10 所示。它是根据所能测量到的系统辅助变量 f，直接到预先设计好的表格中去查找选择控制器的增益，以补偿系统由于自身及环境等条件变化而造成对象参数变化的影响。此种方法的关键

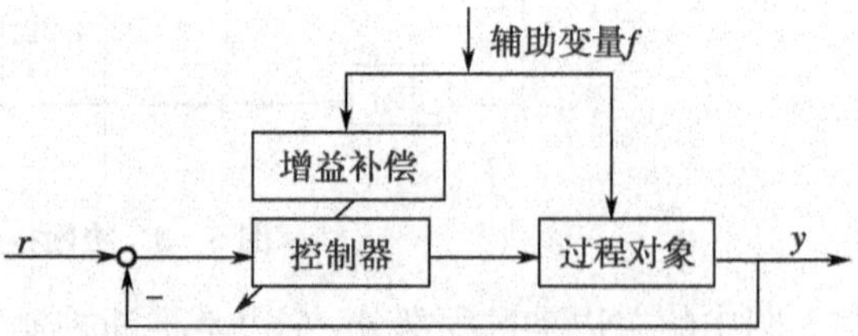

图 5-10　变增益自适应控制系统

是找出影响对象参数变化的辅助变量，并设计好依据辅助变量查询选择控制器增益的表格。

变增益自适应控制系统的结构最为简单，且动作迅速，但其参数补偿是按开环控制的方式进行的。

5.4.2　模型参考自适应控制系统

最初的模型参考自适应控制系统以 20 世纪 60 年代初期美国麻省理工学院为飞机自动驾驶而设计的 MIT 系统为代表。图 5-11 给出了此类控制系统的原理图。

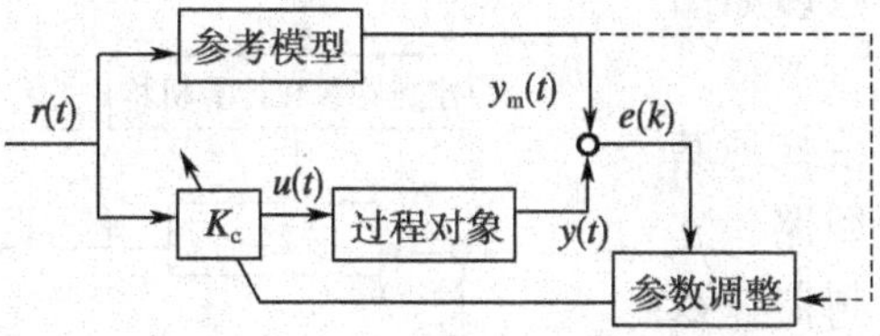

图 5-11　模型参考自适应控制系统

输入 $r(t)$一方面输入到控制器，产生控制作用 $u(t)$，对过程进行控制，系统的输出为 $y(t)$；另一方面则送往参考模型，其输出 $y_m(t)$体现了所期望的品质要求。将 $y(t)$与 $y_m(t)$进行比较，所得的偏差 $e(k)$送往参数调整装置，进而实现对控制器的重新整定。

在模型参考自适应控制系统中，不需要专门的在线辨识装置，用来更新控制系统参数的依据是相对于理想参考模型的广义误差 $e(k)$。参考模型与控制系统的模型可以用系统的传递函数、微分方程、输入-输出方程或系统的状态方程来表示。这类控制系统所要研究的主要问题在于设计一个稳定的、具有较高性能的自适应算法。

5.4.3　直接优化目标函数的自适应控制系统

直接优化目标函数的自适应控制系统的结构原理如图 5-12 所示。

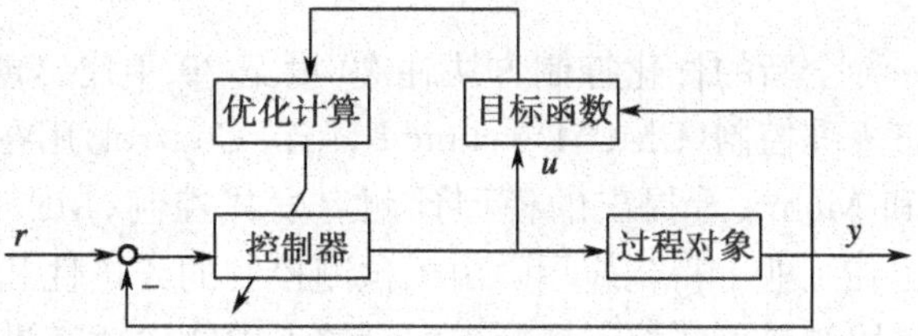

图 5-12　直接优化目标函数的自适应控制系统

该系统选择某个指定的目标函数为：

$$J(\eta) = E\{f[y(t,\eta),u(t,\eta)]\} \tag{5-12}$$

式中，y——输出；

u——控制信号；

η——控制器的可调参数向量；

$E\{\cdot\}$——数学期望。

在系统运行过程中不断地求取上述目标函数的最小值，可采用随机逼近法找到可调参数向量 η，使得当系统的对象参数发生变化时，仍可运行在最佳状态。这是一种更为直接、明了的设计方案。

5.4.4 自校正控制系统

自校正控制系统的原理如图5-13所示。

该系统在原有控制系统的基础上又增加了一个外部回路。它由对象参数辨识器和控制器参数计算机构组成。将对象的输入信号 u 和输出信号 y 送入对象参数辨识器，并在线辨识出时变对象的数学模型，控制器参数计算机构便根据辨识结果设计计算自校正控制率和修改控制器参数，这样在对象参数模型受到扰动而发生变化时，保证控制系统性能仍能保持或接近最优状态。

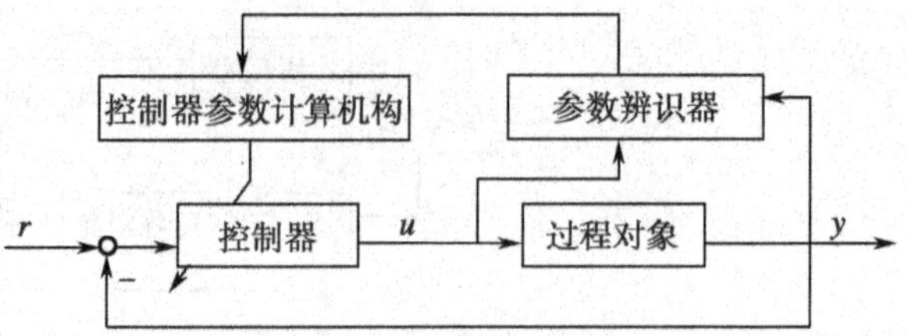

图5-13 自校正控制系统

5.5 预测控制

改进控制过程品质，追求动态品质的优化，无疑是提高生产经济效益的一条重要途径。到20世纪70年代初期，现代控制理论已经有了巨大的进步，在航天航空等领域的应用也获得辉煌的成果，然而在过程控制方面却并不成功。这主要是因为这些方法需要精确的对象数学模型，但在过程控制中要获得对象的精确数学模型十分困难，而且过程常常具有不确定性。

预测控制作为一种全新的优化控制方法在20世纪70年代出现。1974年美国壳牌石油公司首先将动态矩阵控制(DMC，Dynamic Matrix Control)用在其生产装置上；1979年法国的 Richalet 和 Mehra 等提出的模型预测启发式控制(MPHC，Model Predictive Heuristic Control)也在工业上得到应用。由于预测控制的先进性和有效性，使其成为了控制理论及其工业应用的热点。控制界投入大量的人力物力对其进行研究，预测控制的理论、算法和应用技术得到了很大的发展。目前已经有了几十种的预测控制算法，其中比较具有代表性的是模型算法控制(MAC)、动态矩阵控制(DMC)和广义预测控制(GPC)等。

各类预测算法的共性体现在以下三个方面：

(1) 预测模型　它们都是基于模型的控制算法，需要预测模型。

(2) 滚动优化　控制的优化是滚动进行的。在任一个时刻 k，依据目标、模型和现状可以计算出在今后一段时期应该施加的控制作用量。在 k 时刻，只要将即时控制作用量 $\Delta u(k)$ 施加于对象，而该时刻以后，控制系统又将重新计算控制量。滚动优化是人们在处理具有不确定性事物时所采用的一种有效策略。就像作计划，可以先定好下一年的每月计划，但一个月后，实际情况很可能与预期的不完全一样，这时可以重新再做下一年的计划，工作计划就这样滚动进行。滚动优化是预测控制的一个重要特点。

(3) 反馈校正　由于预测模型并不能完全准确地反映实际模型的性质，并考虑到实际扰动的存在，所以需要引进反馈校正，构成闭环优化以修正预测值。

此外，预测控制都具有内部模型控制（简称内模控制，IMC）的结构，而且可以利用内模控制结构找出各种预测控制算法的内在联系，归纳出统一的格式。

5.5.1　模型算法控制

模型算法控制（MAC，Model Algorithmic Control）的原理如图 5－14 所示。模型算法控制的结构包括四个计算环节：内部模型（模型）、反馈校正（闭环预测输出）、滚动优化（优化算法）、参考轨迹。具体模型算法控制很多，有单步模型算法控制、多步模型算法控制、增量型模型算法控制和单值模型算法控制等。

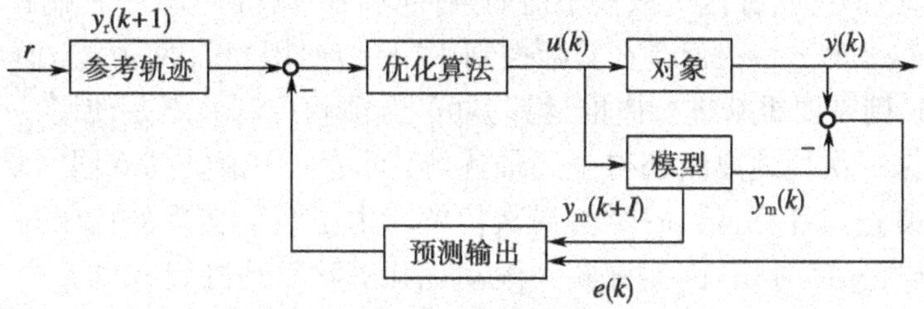

图 5－14　模型算法控制原理图

1. 内部模型

基于内部模型，可以用对象的过去和未来的输入、输出数据，得到预测对象未来的输出 $y_m(k+i)$：

由于有了内部模型的预测作用，使这种算法可以得到比常规 PID 更好的控制效果。对于有纯滞后的对象，效果更为显著。

2. 反馈校正

由于被控对象存在时变或非线性，以及随机干扰的影响，模型的预测值与实际过程之间总存在着一定的误差。而预测控制在每个采样时刻，都会利用测量到的过程变量 $y(k)$ 对模型的预测值进行修正，即

$$y_P(k+i) = y_m(k+i) + h_i[y(k) - y_m(k)] = y_m(k+i) + h_i e(k) \tag{5-13}$$

式中，$y_P(k+i)$——闭环系统的预测输出；

$y_m(k+i)$——预测模型输出；

$e(k)$——K 时刻预测模型输出模型误差。

$$e(k)=y(k)-y_{m}(k) \tag{5-14}$$

式中，$y(k)$——k 时刻对象输出的实际测量值；

$y_{m}(k)$——k 时刻内部模型的输出值；

h_i——误差修正系数，一般令 $h_i=1, i=1,2,\cdots,P$。

由于采用了修正后的预测值作为计算系统最优性能指标的依据，它实际上也是对被测变量的一种负反馈，故称为反馈校正。此时若因系统的时变性或干扰的因素而使对象的特性发生了某种变化，内部模型已不能准确地得到反映对象变化的预测输出值，但通过反馈环节的校正，会使这种情况得到缓解，从而大大提高了整个控制系统的鲁棒性，这也是预测控制得到广泛应用的一个重要原因。

3. 滚动优化

预测控制作为一种最优控制策略，它的目标函数 J 也是使某项性能指标达到最小。最常用的二次型目标函数为：

$$J_{P}=\sum_{i=1}^{P} q_i[y_{P}(k+i)-y_{r}(k+i)]^2+\sum_{j=1}^{M}\lambda_i[u(k+j-1)]^2 \tag{5-15}$$

式中，q_i、λ_i——分别为输出预测误差和控制量的加权系数；

$y_{r}(k+i)$——参考输入轨迹。

根据式(5-15)的目标函数取极小值的条件我们可以得到 M 个控制作用序列 $u(k)$，$u(k+1),\cdots,u(k+M-1)$。但是在实际控制中，只会使用当前的 $u(k)$，而下一个时刻的控制量 $u(k+1)$ 则需要重新进行递推运算。可见，预测控制并不是使用一个不变的全局优化目标函数来一次性地离线获得全局最优解，而是采用滚动的有限时域中优化方法，通过在线的反复迭代计算得到一个全局次优解。由于滚动实现的优化对于系统模型时变、干扰等影响能及时补偿，因而称其为滚动优化算法。另外目标函数中还加入了对控制量的约束项(5-15 式第二项)，它可以防止过大的控制量冲击，以保证系统输出的平稳性。

4. 参考轨迹

在模型算法控制中，控制的目的就是使对象的输出 $y(k)$ 沿着一条事先规定好的曲线逐渐达到给定值 r，这条指定的曲线称为参考轨迹 y_{r}。通常参考轨迹采用从现在时刻对象实际输出值出发的一阶指数曲线。它在未来 i 个时刻的数值为：

$$\begin{cases} y_{r}(k+i)=y(k)+[r-y(k)](1-\alpha_{r}^{i}) \\ y_{r}(k)=y(k) \end{cases} \quad (i=1,2,\cdots) \tag{5-16}$$

式中，r——输入给定值；

$\alpha_{r}=e^{-T_0/\tau}$——平滑因子；

T_0——采样周期；

τ——参考轨迹的时间常数。

由于采用了这种参考轨迹，从而避免了过量的控制作用，使系统的输出能够平滑地到达给定值。从 $\alpha r=e^{-T_0/\tau}$ 中还可以看出，参考轨迹的时间常数 τ 越大，则 α 值就越大，系统的平滑度也就越好，鲁棒性也越强，但同时系统的快速性能却变差，这是一个矛盾的过程，须根据实际情况加以选择。

将上述的四个部分按图5-14那样与对象连成整体，就构成了模型算法控制的预测控制系统。这种算法的基本思想可总结为：首先预测对象未来的输出状态，再以此来确定当前时刻的控制动作，即先预测再控制。由于它具有一定的预测性，使得它明显优于传统的先输出后反馈再控制的PID控制系统。

5.5.2 动态矩阵控制

动态矩阵控制由Culter在1980年提出的，它与模型算法控制的不同之处在于内部模型上。该算法采用的是工程上易于测取的对象阶跃响应做模型。其算法较简单，计算量少且鲁棒性强，在石化企业中得到了广泛的应用。

动态矩阵控制所采用的内部模型为单位阶越响应曲线，其关系式为

$$\begin{cases}\hat{a}_i = \sum_{j=1}^{i} g_i \\ \hat{a}_i - \hat{a}_{i-1} = \hat{g}_i\end{cases} \quad (i = 1,2,\cdots,N) \tag{5-17}$$

从而可推导出其预测方程为

$$\begin{aligned} y_{\mathrm{m}}(k+1) &= \hat{a}_1 u(k) + (\hat{a}_2 - \hat{a}_1)u(k-1) + \cdots + (\hat{a}_N - \hat{a}_{N-1})u(k-N+1) \\ &= \hat{a}_1 \Delta u(k) + \hat{a}_2 \Delta u(k-1) + \cdots + \hat{a}_{N-1}\Delta u(k-N+2) + \hat{a}_N \Delta u(k-N+1) \end{aligned} \tag{5-18}$$

动态矩阵控制同样采用反馈校正，以提高系统的鲁棒性，其他部分与模型算法控制类似。

5.5.3 广义预测控制

广义预测控制是由Clarke于1987年提出来的，它主要在前面所叙述的几种预测算法的基础上，引入了自适应控制的思想。一般的预测控制算法主要通过反馈来补偿系统误差，再加上滚动优化技术，使模型由于时变、干扰等造成的影响能及时得到补偿。但这种说法是相对的，如果内部模型的准确性很差，就仍然会对系统的稳定性造成严重的影响。广义预测控制就是面向此类问题的解决方案。

5.6 智能控制

5.6.1 智能控制概述

智能控制(Intelligent Control)是目前一个极受人们关注的新兴学科，它是以传统的

控制理论为基础发展而来的,主要用来解决那些用一般方法难以解决的复杂系统的控制问题,如具有不确定的模型、高度的非线性或控制要求复杂的系统。学术界有不少人认为智能控制将是继经典控制理论方法和现代控制理论方法之后新一代的控制理论方法。目前这方面的理论和应用研究很多,在国内外都是受人瞩目的热点。

智能控制系统是实现某种控制任务的一种智能系统,它是人工智能和自动控制的结合。所谓智能系统是指具备一定的智能行为的系统。具体地来讲,就是对于一个问题的激励输入,系统具备一定的智能行为,并能够产生合适的解的响应,这样的系统便称为智能控制系统。其结构如图 5-15 所示。

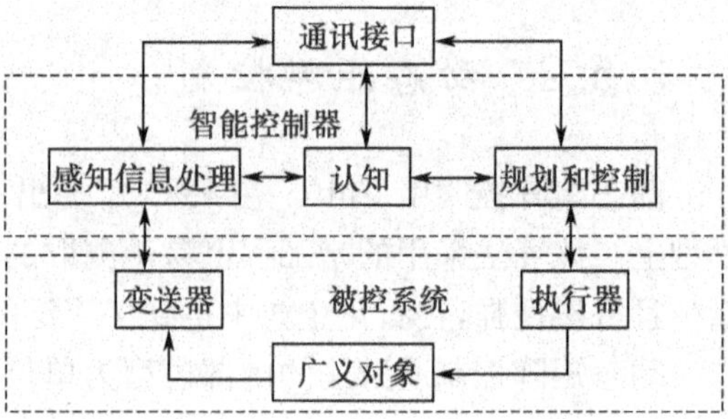

图 5-15 智能控制系统的结构图

在该系统中,广义对象包括了通常意义下具体的化工过程设备等被控对象及其所处的外部环境。感知信息处理、认知以及规划和控制等部分构成智能控制器。感知信息处理将对变送器采集得来的生产过程信息加以处理。认知部分则主要接受和存储知识、经验和数据,并在对其进行了分析、推理和预测后输出相应的控制决策到规划和控制部分。然后再由规划控制部分根据控制要求、反馈信息及经验知识,完成自动搜索、推理决策和动作规划,最终产生具体的控制作用,经调节阀施加于被控对象。通讯接口除了提供人-机之间的联系外,还负责各个环节间的信号联系,并可根据需要将智能系统与上位计算机联系起来。

智能控制的定义并未给出一个明确的界限,即使是智能控制系统,其智能程度的高低也各有不同。通常的智能行为主要包括:判断、推理、证明、识别、感知、思考、预测、设计、学习、规划和决策等。另外,智能控制系统都大致具备以下的几项功能特点:

1. 学习功能

如果一个系统能对生产过程或其外部环境的未知特征所固有的信息进行学习,并将得到的经验用于进一步的估计、分类、决策或控制,从而使系统的性能得到改善,那么便称该系统为学习系统。

具有学习功能的控制系统就称为学习控制系统,这里主要强调其具备学习功能的特点。对于不同的智能系统,其学习功能也有高有低,低层次的学习功能主要指对被控对象参数的学习;而高层次的学习则是指知识的更新和遗忘等。

2. 适应功能

此处所涉及的适应功能要比前面所介绍的自适应控制中的适应功能具有更为广泛的意义。它包括更高层次的适应性。由于智能行为实质上是一种从输入到输出的映射关系,它可看作是不依赖模型的自适应估计,因此它具有很好的适应性能。当系统的输入是没有学习过的新情况时,由于适应功能的补偿作用,仍能给出适当的输出。甚至当系统的某部分出现故障时,系统仍能正常地工作。如果系统具有更高程度的智能的话,系统还能进行故障的自诊断及自动修复,从而体现了更强的适应性。

3. 组织功能

组织功能指的是对于复杂的系统和分散的变送器信息具有自行组织和协调的能力，它也可表现为系统具有相当程度的主动性和灵活性，即智能控制器可以在任务要求的范围内自行决策、主动地采取行动；而当出现多目标相互冲突时，它还能依据一定的限制条件自行裁决。

智能控制是多学科的交叉，其内容十分广泛，目前仍处于它的发展初期，还未能建立起一个完整的理论体系，因此要系统地讨论其理论内容为时尚早。对于已经发展起来的智能控制系统，目前最主要的有三种形式，即：模糊控制、专家系统和人工神经网络。它们既可以单独地使用，也可以和其他形式的系统结合使用，并适用于过程建模、控制优化、计划调度和经营决策等不同的层面。本节将主要针对模糊控制和神经网络控制作扼要的介绍。

5.6.2 模糊控制

经典控制论在解决线性定常系统的控制问题时是十分有效的，但应用于实际工业生产中那些具有非线性或大滞后特性的过程时却无法获得满意的控制效果。可是即使是一个复杂的生产过程，操作员也能够在仪表输出的发生变化时，凭其积累的知识和操作经验这些定性和模糊的东西，采取适当的控制动作，并可能达到较为满意的控制效果。显然操作员并不是在按照某种控制算法在进行精确的计算，人们以此联想，能否模仿上述人的控制过程，设计出这样一个控制器，它同样可以利用人脑中的经验信息，对于不同的情况做出模糊的判断并输出相应的控制规则呢？实践证明，基于模糊控制理论的模糊控制器就能完成这个任务。它与传统的控制相比，具有实时性好、超调量小、抗干扰能力和适应能力强、稳态误差小等优点。模糊控制其中包含了人的控制经验和知识，因此它属于智能控制的范畴。

1. 模糊控制系统的基本结构

图 5-16 为模糊控制系统的方块图。

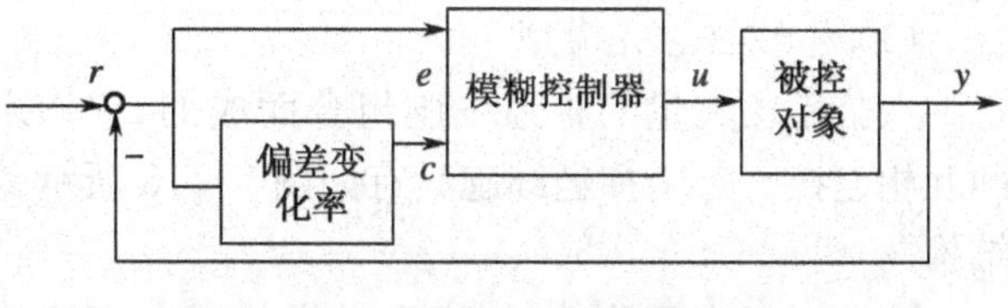

图 5-16 模糊控制系统的方块图

我们将从对象中测得的被控变量 y，与给定值 r 进行比较后得到偏差 e 和偏差变化率 c，并将它们输入到模糊控制器中去，再由模糊控制器根据自身的控制规律推断出控制量 u 并作用于被控制对象。模糊控制器之所以用偏差 e 和偏差变化率 c 作为输入，从物理概念看，正是考虑到既要根据偏差的量（正负及大小），又要根据偏差的变化速度来（趋势）来确定应该采取的控制作用。由于模糊控制理论中采用模糊语言来描述变量，而对于实际的控制系统来说，其输入和输出量都是精确的数值信息。因此首先必须通过模糊化，将精确的数值变为模糊语言描述形式，然后进行推理机控制规则的形成，最后将推理所得的模糊决策精确化为准确的控制值作用于被控对象。图5-17表示了模糊控制器的基本结构。

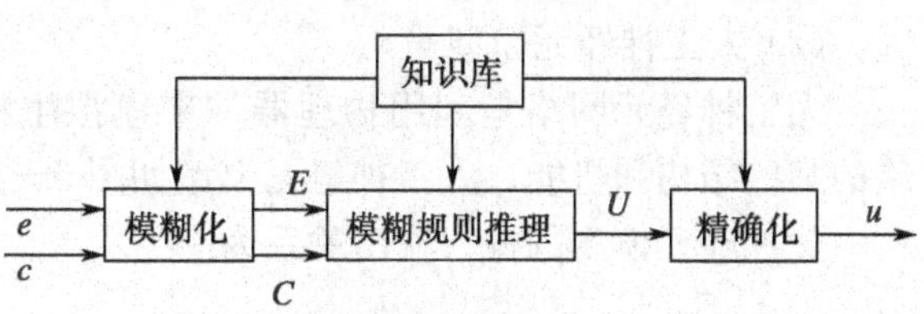

图 5-17 模糊控制器的基本结构

2. 模糊控制的几种方法

(1) 查表法

查表法是模糊控制最简单的,同时也是应用得最广泛的一种方法。所谓查表法就是将输入量的隶属度函数、模糊规则推理和输出量的精确化都通过查表的方式来实现。模糊化表、模糊规则推理表和精确化表的都是离线产生的,为了进一步简化还可以通过离线计算将这三种表合并成一个模糊控制表。

(2) 硬件模糊控制器

硬件模糊控制器是用硬件的方式来实现上述的模糊控制器的功能,如制成专用的模糊控制芯片。它具有速度快、控制精度高等优点但其价格仍较为昂贵。

(3) 软件模糊推理法

软件模糊推理法就是将模糊化、模糊规则推理及精确化的过程用软件的方式来实现。

5.6.3 神经网络控制

人脑的结构是极其复杂的,它是由约一千亿个神经元构成的网络状结构。人们一开始进行神经网络控制是想通过微电子技术来模拟人脑,但直至今天人脑仿真仍然是一个难题。而通过对神经元结构特性的研究,导致了人工神经元网络(Artificial Neural Network)的诞生。神经元网络是一种基本上不依赖于模型的控制方法,它比较适用于那些具有不确定性或高度非线性的控制对象,并具有较强的适应和学习功能,因此它也属于智能控制的范畴。

1. 神经元模型

(1) 生物神经元模型

人脑是由大量的神经细胞组合而成的,它们之间互相连接。每个神经细胞具有如图 5 - 18 所示的结构。

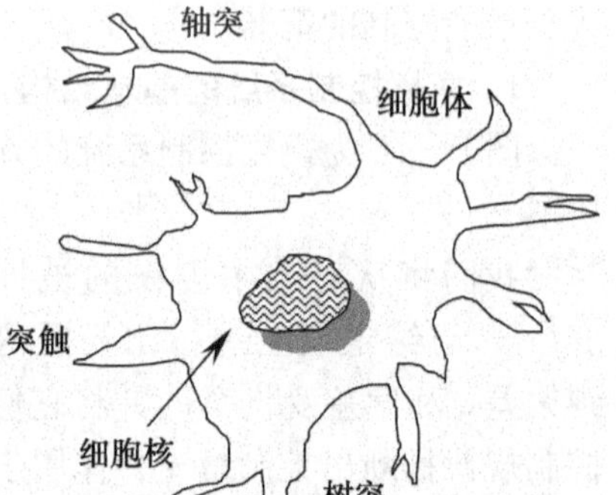

图 5 - 18 神经细胞的结构示意图

脑神经元由细胞体、树突和轴突构成。细胞体是神经元的中心,它又由细胞核、细胞膜等组成。树突是神经元的主要接受器,用来接受信息。轴突的作用是传导信息,从轴突起点传到轴突末梢,轴突末梢与另一个神经元的树突或细胞体构成一个突触。通过突触实现神经元之间的信息传递。

(2) 人工神经元模型

人工神经元网络是利用物理器件来模拟生物神经网络的某些结构和机能。人工神经元模型如图 5 - 19 所示。

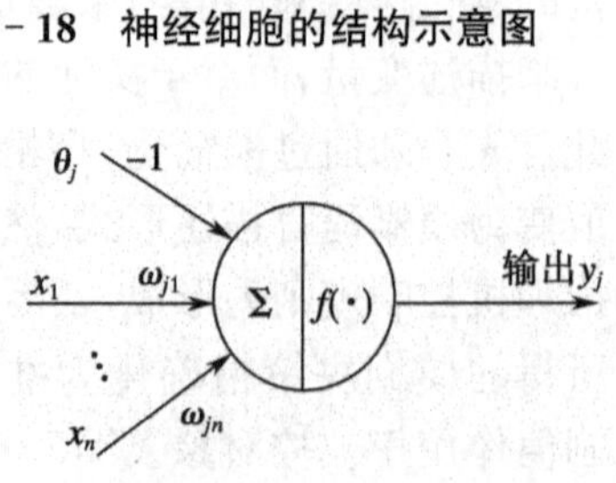

图 5 - 19 人工神经元模型

此神经元模型的输入输出关系为

$$S_j = \sum_{i=1}^{n} w_{ji} x_i - \theta_j \qquad (5-19)$$

$$y_j = f(s_j) \tag{5-20}$$

式中，θ_j——阈值；

ω_{ji}——连接权系数；

$f(\cdot)$——输出变换函数。

2. 人工神经网络

人工神经网络是一个并行和分布式的信息处理网络结构，该网络结构一般由许多个神经元组成，每个神经元有一个单一的输出，它可以连接到很多其他的神经元，输入有多个连接通路，每个连接通路对应一个连接权系数。神经网络中每个结点（每一个神经元模型）都有一个状态变量 x_j；从结点 i 到结点 j 有一个连接权系数 ω_{ji}；每个结点都有一个阈值 θ_j 和一个变换函数 $f(\sum\omega_{ji}x_j-\theta_j)$。图 5-20 表示了两个典型的神经网络结构，其中(a)图为前馈型神经网络，(b)图为反馈型神经网络。

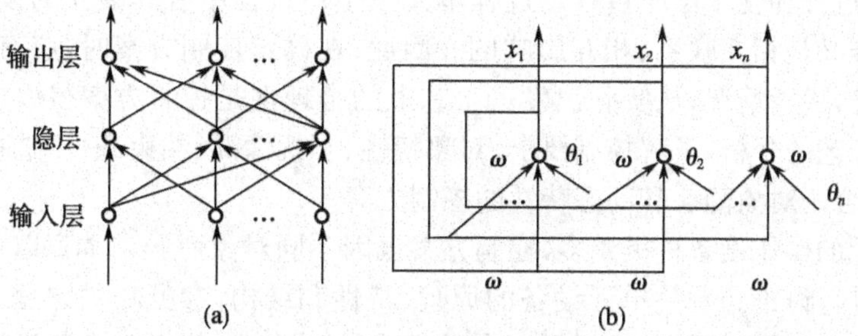

图 5-20　典型神经网络结构

人工神经网络是生物神经网络的一种模拟和近似。它主要从两方面加以模拟：一种是从结构和实现机理方面进行模拟，另一种是从功能上加以模拟，即尽量使人工神经网络具有生物神经网络的某些功能特性，如学习、识别和控制等等。由于生物神经网络的结构和机理相当复杂，所以第一种模拟方式离实现还有很大的差距。

3. 神经网络在控制中的应用

由于神经网络所具有的强大的非线性逼近能力以及并行处理工作方式等优异特征，决定了它在控制系统中应用的广泛性和灵活性。它在自动控制中的应用主要有以下几个方面：

(1) 在基于精确模型的各种控制结构中充当对象的模型

像内模控制、模型参考自适应控制和预测控制等都是基于模型的控制。它们在处理线性系统时，都能获得满意的效果，但遇到非线性过程，设计就比较困难了。而利用神经网络来作为模型，便可以较好地解决问题。

(2) 故障检测和诊断

神经网络可被用作故障检测和诊断的工具。不同的故障情况，会表现为不同的现象。将反映现象的工况变量作为网络输入，并通过网络的训练，使网络的各个输出结点反映某种故障存在与否。例如，各结点输出都接近于零，表示不存在故障；若第 i 个结点的输出接近 1，表明存在故障 i。

(3) 在反馈控制系统中直接充当控制器使用。

(4) 在传统控制系统中起优化计算作用。

第 6 章　典型过程单元控制系统

化工、制药、冶金、电力、轻工、食品、建筑等领域中有大量的过程控制对象，它们往往是一个复杂过程系统，由许多不同的单元所组成。

过程单元按其物理和化学变化及加工方式来分，主要有动量传递过程、热量传递过程、质量传递过程和化学反应过程。过程单元在生产过程中有其独立的设备，各单元设备的生产操作又是相互联系、相互影响的。因此，在确定控制方案时，应有整体的概念，首先了解工艺，摸清情况，从实际出发。工艺上的合理性是控制方案得以成立的先决条件。通过对工艺的分析，了解控制要求、对象特性、干扰情况、约束条件，选择适合的操作变量，确定适合于对象静态和动态特性的控制方案。

过程单元的操作设备种类繁多，控制方案也因不同对象而异。本章以一些典型的过程单元为例进行讨论。有关单元设备的原理、特性和结构，参见相关课程。本章仅就其工艺特性作一些简单回顾，着重根据对象特性和控制要求，分析典型过程操作单元中具有代表性的设备的控制方案。

6.1　流体输送设备的控制

液体、气体和粉体等物料常常是在连续流动状态下，进行传热、传质或化学反应等过程的。为使物料便于输送和控制，多数物料是以气态或液态方式在管道内流动。如果是固态物流，有时也进行流态化。流体的输送是一个动量传递过程，流体在管道内流动，从泵或压缩机等输送设备获得能量，以克服流动阻力。输送液体并提高其压头的设备是泵，输送气体并提高其压头的设备是压缩机。此外，在工业生产上送风机、鼓风机也可用于压头要求较低的气体输送。

泵按作用原理可以分为离心泵、往复泵和旋转泵。其中离心泵在化工装置中使用最多；压缩机按作用原理也可分为：速度式压缩机（如离心式压缩机和轴流式压缩机）、往复式压缩机和旋转式压缩机（如螺杆压缩机、水环压缩机）。往复式、旋转式的泵和压缩机均是正位移形式的容积泵和压缩机，它的排出流量是固定的容积。

流体输送设备在生产过程中的主要任务是克服设备和管道阻力来输送流体，根据化工过程的要求提高流体的压头和在制冷装置中压缩气体。流体输送设备的自动控制就是确保上述任务的完成，即保证工艺流程中所要求的稳定流量和压力，同时确保机泵的安全稳定运转。在连续性化工生产中，除了某些特殊情况，如泵的启停，压缩机的程序控制和信号联锁外，对流体输送设备的控制，多数是属于流量或压力的定值控制、比值控制及以流量作为副变量的串级控制等。此外，还有为保护输送设备不致损坏的一些保护性方案，如离心式压缩机的“防喘振”控制方案。

6.1.1 离心泵的控制方案

离心泵是最常见的液体输送设备。它的压头是由旋转翼轮作用于液体的离心力而产生的。转速越高，则离心力越大，压头也越高。

离心泵控制的目的是要将泵的排出流量恒定于某一给定的数值上，其控制方案大体有三种。

1. 改变泵的出口阀门开度

通过控制泵出口阀门开启度来控制流量的方法如图 6-1 所示。当干扰作用使被控变量(流量)发生变化，偏离给定值时，控制器发出控制信号，阀门动作，控制结果使流量会到给定值。

采用这种控制方案，调节阀装在泵的出口管线上，改变出口阀门的开启度，即改变管线上的阻力和流量，这是由离心泵自身特性决定的。

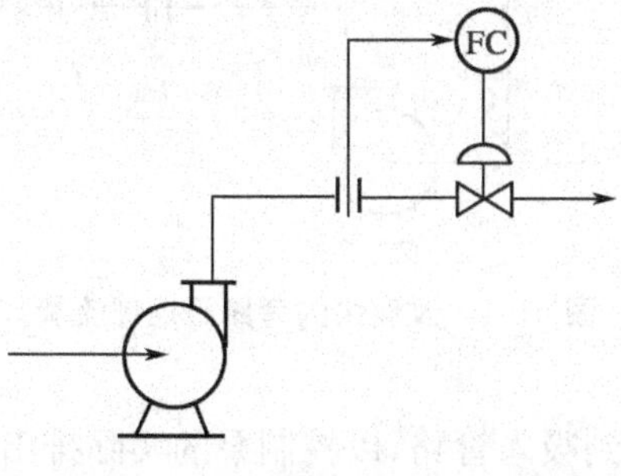

图 6-1　直接控制泵出口流量

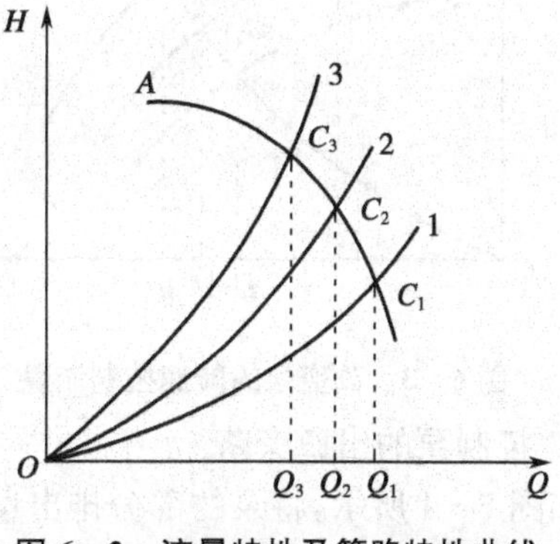

图 6-2　流量特性及管路特性曲线

在一定转速下，离心泵的排出流量 Q 与泵产生的压头 H 有一定的对应关系，如图 6-2曲线 A 所示。在不同流量下，泵所能提供的压头是不同的，曲线 A 称为泵的流量特性曲线。泵提供的压头又必须与管路上的阻力相平衡才能进行操作。克服管路阻力所需压头大小随流量的增加而增加，如曲线 1 所示。曲线 1 称为管路特性曲线。曲线 A 与曲线 1 的交点 C_1 即为进行操作的工作点。此时泵所产生的压头正好用来克服管路的阻力，C_1 点对应的流量 Q_1 即为泵的实际出口流量。

当控制阀开启度发生变化时，由于转速是恒定的，所以泵的特性没有变化，即图 6-2 中的曲线 A 没有变化。但管路上的阻力却发生了变化，即管路特性曲线不再是曲线 1，随着控制阀的关小，可能变为曲线 2 或曲线 3 了。工作点就由 C_1 移向 C_2 或 C_3。出口流量也由 Q_1 改变为 Q_2 或 Q_3，如图 6-2 所示。以上就是通过控制泵的出口阀开启度来改变排出流量的基本原理。

采用本方案时,要注意控制阀一般应该安装在泵的出口管线上,而不应该安装在泵的吸入管线上(特殊情况除外)。这是因为控制阀在正常工作时,需要有一定的压降,而离心泵的吸入高度是有限的。

控制出口阀门开启度的方案简单可行,是应用最为广泛的方案。但是,此方案总的机械效率较低,特别是控制阀开度较小时,阀上压降较大,对于大功率的泵,损耗的功率相当大,因此是不经济的。

2. 控制泵的转速

当泵的转速改变时,泵的流量特性曲线会发生改变。图 6-3 中曲线 1、2、3 表示转速分别为 n_1、n_2、n_3时的流量特性,且有 $n_1 > n_2 > n_3$。在同样的流量情况下,泵的转速提高会使压头 H 增加。在一定的管路特性曲线 B 的情况下,减小泵的转速,会使工作点由 C_1 移向 C_2或 C_3,流量相应也由 Q_1减少到 Q_2或 Q_3。

这种方案从能量消耗的角度来衡量最为经济,机械效率较高,但调速机构一般较复杂,所以多用在蒸汽透平驱动离心泵的场合,此时仅需控制蒸汽量即可控制转速。

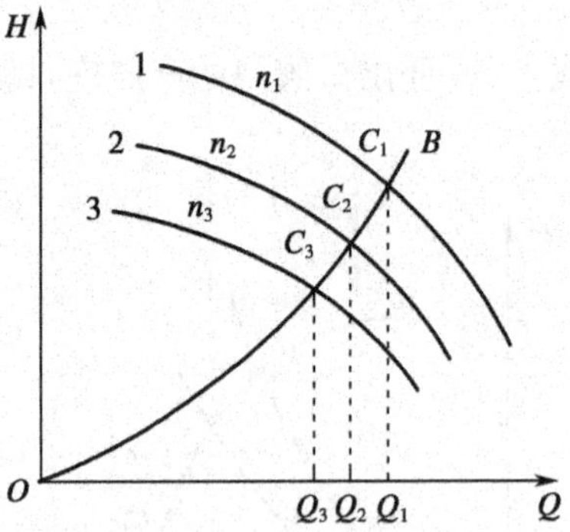

图 6-3 改变泵的转速控制流量

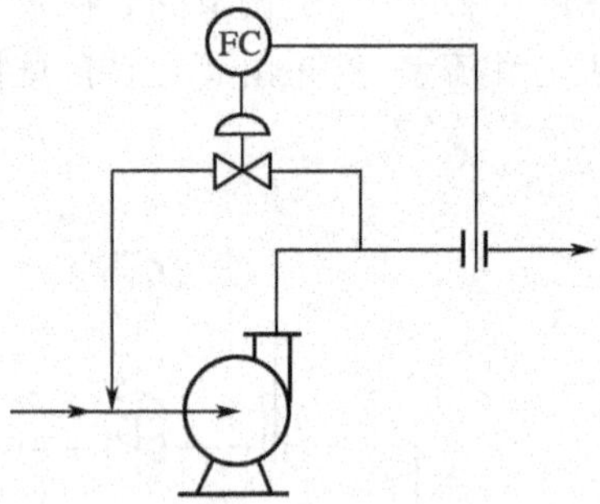

图 6-4 改变泵的旁路阀控制流量

3. 控制泵的出口旁路

如图 6-4 所示,将泵的部分排出量重新送回到吸入管路,以控制泵的实际排出量。

控制阀装在旁路上,由于压差大,流量小,所以控制阀的尺寸可以选得比装在出口管道上的小得多。但是这种方案不经济,因为旁路阀消耗一部分高压液体能量,使总的机械效率降低,故很少采用。

6.1.2 往复泵的控制方案

往复泵也是常见的流体输送机械,多用于流量较小、压头要求较高的场合,它是利用活塞在汽缸中往复滑行来输送流体的。

往复泵提供的理论流量可按下式计算:

$$Q_{理} = 60nFs \ (m^3/h) \tag{6-1}$$

式中,n——每分钟的往复次数;

F——汽缸的截面积,m^2;

s——活塞冲程，m。

由上述计算公式中可清楚地看出，从泵体角度来说，影响往复泵出口流量变化的仅有 n、F、s 等三个参数，或者说只能通过改变 n、F、s 来控制流量。了解这一点对设计流量控制方案很有帮助。

1. 改变原动机的转速

这种方案适用于以蒸汽机或汽轮机作原动机的场合，此时，改变蒸汽流量即可方便地控制转速，进而控制往复泵的出口流量，如图 6-5 所示。当用电动机作原动机时，调速机构较复杂。

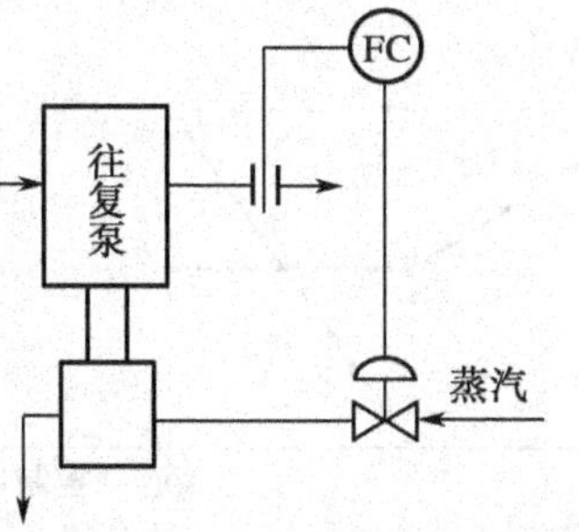

图 6-5　改变蒸汽流量控制出口流量

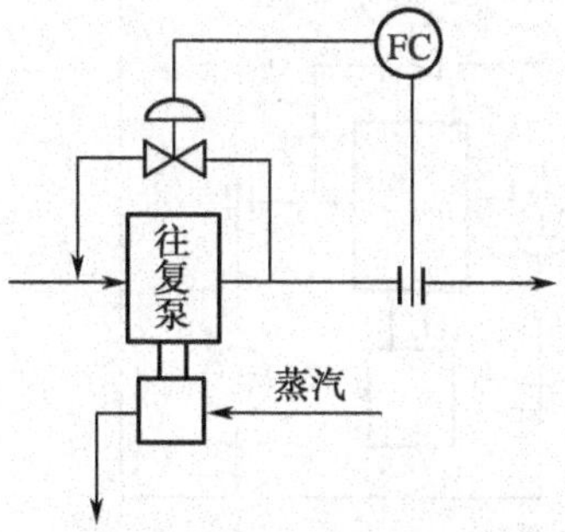

图 6-6　改变旁路阀开度控制出口流量

2. 控制阀的出口旁路

如图 6-6 所示，用改变旁路阀开度的方法来控制实际排出量。这种方案由于高压流体的部分能量要白白消耗在旁路上，故经济性较差。

3. 改变冲程 s

计量泵常用改变冲程 s 来进行流量控制。冲程 s 的调整可在停泵时进行，也可在运转状态下进行的。

往复泵的出口管道上不允许安装控制阀，这是因为往复泵活塞每往返一次，总有一定体积的流体排出，当在出口管线上节流时，压头 H 会大幅度增加。在一定的转速下，随着流量的减少，压头急剧增加。因此，企图改变出口管道阻力既达不到控制流量的目的，又极易导致泵体损坏。

6.1.3　压气机的控制方案

压气机和泵同为输送液体的机械，其区别在于压气机是用来提高气体压力的。由于气体是可以压缩的，所以，要考虑压力对密度的影响。

压气机的种类很多，按其作用原理不同可分为离心式和往复式两大类；按进出口压力的差别，可分为真空泵、鼓风机、压缩机等类型。在制定控制方案时必须考虑到各自的特点。

压气机的控制方案与泵的控制方案有很多相似之处，被控变量同样是流量或压力，控制手段大体上可分为三类。

1. 直接控制流量

对于低压的离心式鼓风机，一般可在其出口直接用控制阀控制流量。由于管径较大，执行器可采用蝶阀。其余情况下，为了防止出口温度过高，通常在入口端控制流量。因为气体的可压缩性，所以这种方案对于往复式压缩机也是适用的。在控制阀关小时，会在压缩机入口端引成负压，这就意味着，吸入同样体积的气体，其质量流量减少了。流量降低到额定值的50%—70%以下时，负压严重，压缩机效率大为降低。这种情况下，可采用分程控制方案，如图6-7所示。出口流量控制器FC操纵两个控制阀。吸入阀只能关小到一定开度，如果需要的流量更小，则应打开旁路阀2，以避免入口端负压严重。两只阀的特性见图6-8。

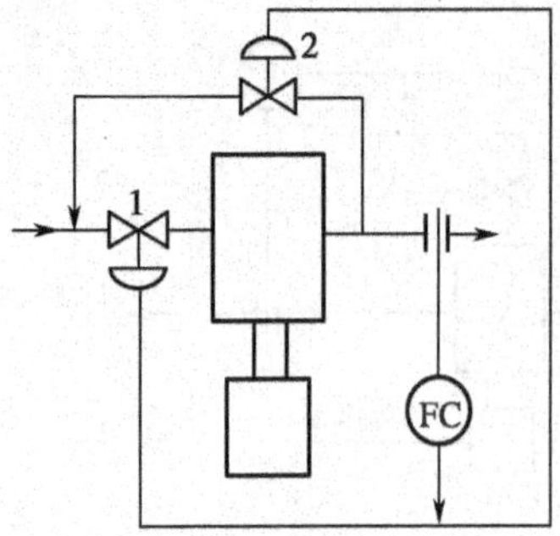

图6-7　分程控制方案

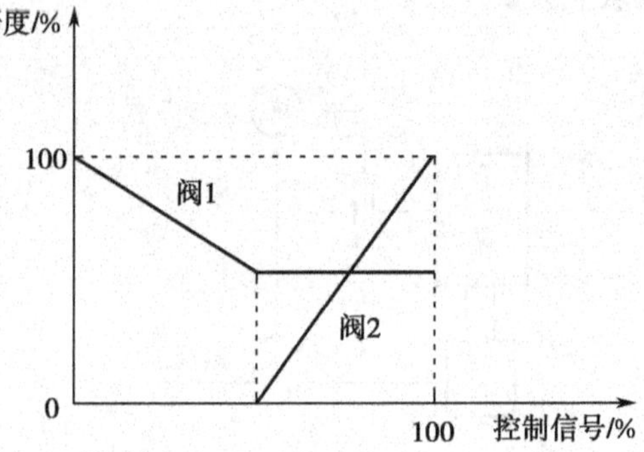

图6-8　控制阀特性

为了减少阻力损失，对大型压缩机，往往不用控制吸入阀的方法，而用调整导向叶片角度的方法。

2. 控制旁路流量

它和泵的控制方案相同，见图6-9。对于压缩比很高的多段压缩机，从出口直接旁路回到入口是不适宜的。这样控制阀前后压差太大，功率损耗太大。为了解决这个问题，可以在中间某段安装控制阀，使其回到入口端，用一只控制阀可满足一定工作范围的需要。

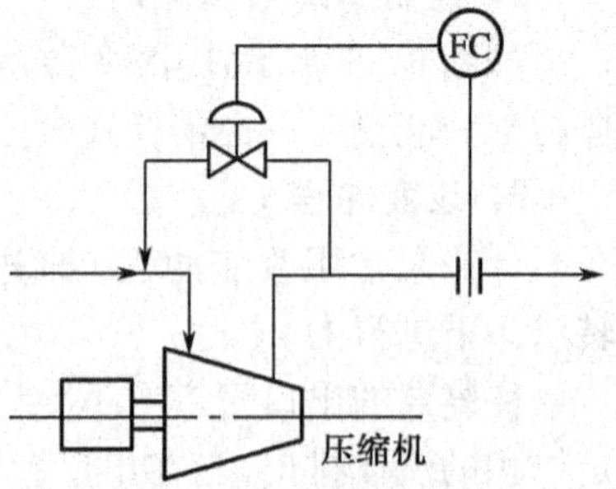

图6-9　控制旁路流量

3. 调节转速

压气机的流量控制可以通过调节原动机的转速来达到，这种方案效率很高，节能最好。

6.2　精馏塔的自动控制

精馏过程是现代化工生产中应用极为广泛的传质过程，其目的是利用混合液中各组分挥发度的不同，将各组分进行分离并达到规定的纯度要求。

精馏过程通过在相关设备上的精馏操作完成。由于混合物组分的不同，可以有多种操作方式。按其组分的多少可分为二元精馏和多元精馏；由混合物挥发度性质又可分为一般精馏操作和特殊精馏操作，如共沸精馏、萃取精馏、间歇精馏等等。精馏操作设备主要包括再沸器、冷却器和精馏塔。再沸器为混合物液相中的轻组分转移提供能量；冷却器将塔顶的上升蒸气冷凝为液相并提供精馏所需的回流；精馏塔是实现混合物组分分离的主要设备，其一般形式为圆柱形体，内部装有提供汽液分离的塔板，塔身设有混合物进料口和产品出料口。按塔板性质，可分为塔板塔和填料塔。按操作方式，又可分为一般精馏塔和特殊精馏塔。

精馏塔是精馏过程的关键设备，精馏过程是一个非常复杂的现象。在精馏操作中，被控变量多，可以选用的操作变量也多，它们之间又可以有各种不同组合。所以，控制方案繁多。由于精馏对象的通道很多、反应缓慢、内在机理复杂、变量之间相互关联，加之对控制要求又较高，因此必须深入分析工艺特性，总结实践经验，结合具体情况，才能设计出合理的控制方案。

6.2.1　工艺要求和约束条件

要对精馏塔实施有效的自动控制，必须首先了解精馏塔的控制目标。精馏塔的控制目标一般从质量指标、产品产量和能量消耗三方面考虑。任何精馏塔的操作情况同时受约束条件的制约，因此，在考虑精馏塔控制方案时，一定要把这些因素考虑进去。

1. 质量指标

质量指标（即产品纯度）必须符合规定的要求。一般应使塔顶或塔底产品之一达到规定的纯度，要求另一个产品也应该维持在规定的范围之内，或者塔顶和塔底的产品均应保证一定的纯度要求。

在精馏塔操作中使产品合格显然是重要的。如果产品质量不合格，它的价值就将远远低于合格产品。但绝不是说质量越高越好。由于质量超过规定，产品的价值并不因此而增加；而产品产量却可能下降，同时操作成本，主要是能量消耗会增加很多。因此，总的价值反倒下降了。由此可见，除了要考虑使产品符合规格外，还应同时考虑产品的产量和能量消耗。

2. 产量指标

产品产量亦即回收率在达到一定质量指标要求的前提下，应尽可能高，这对于提高经济效益显然是有利的。

产品的回收率定义为产品量与进料中该产品组分量之比。

3. 能耗要求和经济性指标

精馏过程中消耗的能量，主要是再沸器的加热量和冷凝器的冷却量消耗；此外，塔和附属设备及管线也要散失部分能量。

在一定的纯度要求下，增加塔内的上升蒸汽是有利于提高产品回收率的；同时也意味着再沸器的能量消耗要增大。且任何事物总是有一定限度的。在单位进料量的能耗增加到一定数值后，再继续增加塔内的上升蒸汽，则产品回收率就增长不多了。应当指出，精馏塔的操作情况，必须从整个经济效益来衡量。在精馏操作中，质量指标产品、回收率和能量消耗均是要控制的目标。其中质量指标是必要条件，在质量指标一定的条件下，应使产品的产量尽可能提高一些，同时能量消耗尽可能低一些。

4. 约束条件

为保证正常操作，需规定某些参数的极限值，并作为约束条件。塔内气体的流速过低时，对于某些筛板精馏塔会产生漏液现象，从而影响操作，降低塔板效率；而流速过高易产生液泛，将完全破坏塔的操作。由于塔板上液层增高，气相通过液层的阻力增大，因而可用测量差压的方法检测塔的液泛现象。当压差过高时，则通过差压控制系统减小气体流速。每个精馏塔都存在着一个最大操作压力限制，超过这个压力，塔的安全就没有保障。为精馏过程提供能量的再沸器和冷凝器，也都存在一定限制。再沸器的加热，受塔压和再沸器中液相介质最大汽化率的影响；同时再沸器两侧间的温差不能超过其临界温差，否则会导致给热系数下降，传热量降低。对冷凝器冷却能力影响最大的是冷却介质的温度。而在介质条件不变时，又与塔的操作压力有关；同时馏出产品组分的变化也将影响到冷凝器的冷却能力限制。在确定精馏塔的控制方案时，必须考虑到上述的约束条件，以使精馏塔工作于正常操作区内。

6.2.2 精馏塔的干扰因素

精馏是在一定的物料平衡和能量平衡的基础上进行的，因此，一切因素均通过物料平衡和能量平衡影响塔的正常操作。影响物料平衡的因素包括进料量和进料成分的变化，顶部馏出物及底部出料的变化。影响能量平衡的因素主要是进料温度或热焓的变化，再沸器加热量和冷凝器冷却量的变化，此外还有塔的环境温度等变化。同时，物料平衡和能量平衡之间又是相互影响的。

1. 精馏塔静态关系分析

图 6-10 为精馏塔的物料流程图，可简单地视其于为二元精馏。从物料平衡和能量关系出发，可得出它的总的物料平衡关系为：

$$F = D + B \tag{6-2}$$

轻组分的物料平衡关系为：

$$Fz = Dy + Bx \tag{6-3}$$

式中，F、D 和 B——分别为进料量、顶部馏出物量和塔底产品；

z、y 和 x——分别为进料、顶部馏出物和底部产品中轻组分的含量。

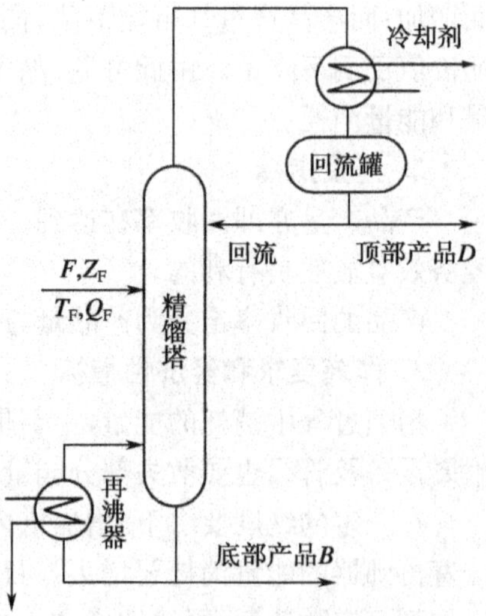

图 6-10 精馏塔物料流程图

由以上两式，可明显看出进料量 F 在产品中的分配量（即 D/F）是决定顶部和底部产品中轻组分含量 y 和 x 的关键因素。

静态下精馏塔的能量关系为

$$Q_H + FH_F = Q_C + DH_D + BH_B \tag{6-4}$$

式中，Q_H——再沸器加热量；

Q_C——冷凝器冷却量；

H_P、H_D和 H_B——分别为进料顶部底部产品的比热焓。

在式中，每一项都影响着塔内上升蒸汽的流量 V。对于一个既定的塔来讲，V 与 F 之比与塔的分离度 S 有关。即 V/F 一定时意味着塔分离度也一定。

综上所述，对于一个精馏塔来讲，在进料成分 Z 一定时，只要保持 V/F 和 D/F 一定（或者在 F 一定时保持 D 和 V 一定），这个塔的分离结果也就是产品成分 y 和 x 将被完全确定。而当进料成分变化时，为了保持产品成分不变，可以相应调节 D/F，以补偿进料成分变化的影响。塔内上升蒸汽量 V，在塔的提馏段是由再沸器加热提供的，在塔的精馏段还受到进料热焓的影响。当冷凝器冷却量 Q 增加时，必然会使更多的气相变为液相，从而降低了塔压；同时使塔内相同组分的平衡温度下降，增加了再沸器两侧间的温差，使再沸器提供的加热量 Q_H 增加。正因如此，在进料热焓变化不大或可以忽略时，一般总把 V 的变化或 V/F 的变化，看作是由再沸器加热量 Q_H 提供的。在多元精馏中，影响关系要复杂得多，当进料中某一组分的浓度变化时，必然使其他组分的浓度变化；从而使顶部及底部产品中各组分的浓度发生变化。当进料中几个组分浓度同时变化时，情况将更为复杂。克服这些扰动的控制手段却只有靠 D/F 和 V/F。此时仅有两个关键组分可以控制，其余组分在产品中的分配情况主要由进料浓度确定。

2. 影响精馏塔质量指标的主要干扰

(1) 进料流量 F 的波动

进料量的波动通常是难免的。如果精馏塔位于整个生产过程的起点，则采用定值控制是可行的。但是，精馏塔的处理量往往是由上一工序决定的，如果一定要使进料量恒定，势必要设置很大的中间贮槽进行缓冲。工艺上新的趋势是尽可能减少或取消中间贮槽，而采取在上一工序设置液位均匀控制系统来控制出料，使塔的进料流量 F 波动比较平稳，尽量避免剧烈的变化。

(2) 进料成分 Z_F的变化

进料成分是由上一工序出料或原料情况决定的，因此对塔系统来讲，它是不可控的干扰。

(3) 进料温度 T_F及进料热量 Q_F的变化

进料温度通常是较为恒定的。假如不恒定，可以先将进料预热，通过温度控制系统来使精馏塔进料温度恒定。然而，进料温度恒定时，只有当进料状态全部是气态或全部是液态时，塔的进料热焓才能一定。当进料是气液混相状态时，则只有当气液两相的比例恒定时，进料热焓才能恒定。为了保持精馏塔的进料热焓恒定，必要时可通过热焓控制的方法来维持恒定。

(4) 再沸器加热剂（如蒸汽）加入热量的变化

当加热剂是蒸汽时，加入热量的变化往往是由蒸汽压力的变化引起的。可以通过蒸汽总管设置压力控制系统来加以克服，或者在串级控制系统的副回路中予以克服。

(5) 冷却剂在冷凝器内除去热量的变化

这个热量的变化会影响到回流量或回流温度，它的变化主要是由于冷却剂的压力或温度变化引起的。一般冷却剂的温度变化较小,而压力的波动可采用克服加热剂压力变化的同样方法予以克服。

(6) 环境温度的变化

在一般情况下,环境温度的变化较小,但在采用风冷器作冷凝器时,则天气骤变与昼夜温差,对塔的操作影响较大,它会使回流量或回流温度变化。为此,可采用内回流控制的方法予以克服。内回流通常是指精馏塔的精馏段内上一层塔盘向下一层塔盘流下的液体量。内回流控制,是指在精馏过程中,控制内回流为恒定量或按某一规律变化的操作。

由上述干扰分析可以看出,进料流量和进料成分的波动是精馏塔操作的主要干扰,而且往往是不可控的。其余干扰一般较小,而且往往是可控的,或者可以采用一些控制系统预先加以克服。

6.2.3 精馏塔的控制方案

为简化讨论,只考虑塔顶部和底部产品均为液相且没有侧线采出的情况。由于精馏塔的控制方案繁多,这里仅介绍一些具有代表性的、常见的控制方案。

1. 设置精馏塔控制方案的基本观点

(1) 按物料及能量平衡关系进行控制

由精馏塔静态特性分析影响产品的因素,为保证产品的质量,只须清除可能的扰动就可以了。对于一个实际操作的二元精馏塔,在进料成分一定时,只要把 D/F 和 V/F 调节一定,且顶部回流罐液位调节以保证回流按照 $L=V\mathrm{r}-D$ 的关系保持一定;底部产品流量 B 在液位调节作用下也可以保证 $B=F-D$ 的物料平衡关系,那么该塔的产品质量就能得到控制。需指出,由于能量关系因素 V 主要取决于再沸器加热量,但也取决于进料和回流的热焓。当回流温度恒定时,只需考虑进料设置温度或热焓自动调节系统。于是可保持再沸器的蒸汽量一定,就相当于塔内上升蒸汽量 V 一定了。考虑到因冷凝器冷却量和环境等扰动因素而使能量平衡可能破坏,从而使塔压变化,因此在塔顶设置压力调节系统。对于 D/F 和 V/F 的控制,由顶部产品量 D、再沸器加热蒸汽量和进料量 F 分别组成比值控制系统。若考虑到动态关系,可添加补偿环节,一般采用超前—滞后环节。

(2) 设置质量调节系统

实际上根据精馏塔静态特性考虑的按物料和能量平衡关系控制的方案,在具体应用时很难保证产品的质量,仅在产品质量指标并不严格的情况下才能使用。为了使产品符合一定的质量指标,就必须在上述控制方案的基础上设置质量反馈系统,采用再沸器加热量及顶部产品量(或回流量)等作为调节参数,以克服进料成分变化等扰动对产品成分的影响,使产品合格。对于一个精馏塔来讲,塔顶产品和塔底产品的质量调节系统之间是相互关联的,当相互影响严重时,不能达到预定的质量控制目的,此时可采用解耦控制以减少或消除它们之间的相关影响。对于二元精馏塔可只采用顶部产品质量反馈,底部产品质量反馈可不用。

(3) 静态和动态响应

满足静态特性关系的精馏塔控制方案很多,即一个被调参数在不同控制方案中可以用不同的调节参数控制。从调节理论可知，所选择的调节参数使得被调参数的静态增益越大、控制系统的静态灵敏度越高，克服外部扰动的效果也越好。但如果该调节参数的调节通道的时间常数太大，则从动态上看，控制系统的响应就不够快速，从而不能及时克服外部扰动。因此，必须从静态响应和动态响应两方面综合考虑来确定调节参数和选择控制方案。当方案选取时，由于客观条件不得不采用灵敏度较高但动态响应缓慢的控制回路时，则应当考虑必要的动态补偿。

(4) 考虑控制系统间的相关影响

在质量指标调节中，谈及了顶部产品和底部产品质量反馈系统之间的相关问题。同样的问题在一个精馏塔的控制中也存在。精馏塔是一个多变量的调节对象，往往设有多个控制系统。在这些系统之间有可能产生相互关联的影响。当相关影响严重时，可以使精馏塔的操作系统失去稳定。解决的方案一是可选取相关影响较小的系统，通过对各控制回路间相关影响的定量分析方法来选取；二是对于选取的具有相关影响的控制系统，可通过整定调节器参数把控制回路的工作频率拉开的方法减少相关；或者采用解耦控制。需指出的是，此时不仅要考虑到系统的静态特性，也需要考虑其动态影响。

(5) 考虑整个工艺生产过程的平稳操作

由于精馏塔往往是生产过程中的一个环节，因此不仅前一工序的操作情况要影响精馏塔的操作，而且它的产品产量和成分变化也要影响到后一工序的操作。于是在设置精馏塔的控制方案时，必须协调前后工序的关系。在某些考虑前后工序关系的整个生产过程的控制中可以采用逆流向物料平衡控制方案。这种控制方案中，前一工序的调节是根据后一工序的需要而定的。例如在精馏塔中，可根据后一工序对顶部产品量的需要改变产品馏出液量，而馏出液量的变化会引起回流罐的液位变化，可通过液位调节改变塔的进料量来实现。这种逆流向方案，可使整个生产过程稳定并可减少回流罐等中间容器的容积。

(6) 塔压调节与浮动压力操作

在精馏塔的自动控制中，保持塔压恒定是稳定操作的条件。这主要是两方面的因素决定的，一是压力的变化将引起塔内气相流量和塔顶上气液平衡条件的变化，导致塔内物料平衡的变化。二是由于混合组分的沸点和压力间存在一定的关系，而塔板的温度间接反映了物料的成分。因此，压力恒定是保证物料平衡和产品质量的先决条件。在精馏塔的控制中，往往都设有压力调节系统，来保持塔内压力的恒定。

而在采用成分分析用于产品质量控制的精馏塔控制方案中，则可以在可变压力操作下采用温度调节或对压力变化补偿的方法实现质量控制。其做法是让塔压浮动于冷凝器的约束，而使冷凝器始终接近于满负荷操作。这样，当塔的处理量下降而使热负荷降低或冷凝器冷却介质温度下降时，塔压将维持在比设计要求低的数值。压力的降低可以使塔内被分离组分间的挥发度增加，这样使单位处理量所需的再沸器加热量下降，节省能量，提高经济效益。同时塔压的下降使同一组分的平衡温度下降，再沸器两侧的传热温度增加，提高了再沸器的加热能力，减轻再沸器的结垢。浮动压力操作可以显著提高精馏生产的经济效益。但是由于塔压的波动会产生精馏塔的不平稳扰动。因此在实际生产中，采用不多。

(7) 根据热力学观点等选取节约能量的方案

在精馏塔的自动控制中,调节作用几乎都是通过调节阀改变流体流量来实现的。从热力学观点来看,调节阀的节流过程是一个近乎等焓的过程。在这个过程中熵将增加,熵的增加意味着消耗了有用功。调节阀前后的压力降就是损失的功的量度。因此,为了节省能量,减少有用功的损失,应使调节阀前后压降尽可能减少,这是控制方案的选择中一个值得注意的问题。为了节约能量消耗,在精馏塔控制中还可采用其他许多措施,好在具体方案中避免安排某些能量消耗高的调节系统,采用浮动压力控制以及产品质量较严格地控制它的规格值,从而使塔的能耗量最大、成本最低及利润最大。

2. 精馏塔的基本控制方案

精馏塔是一个多变量对象,因此如果将任意一个被调参数和任意一个调节参数组成调节回路,就可能有许多调节方案。而产品质量往往是精馏过程的主要目标。因此,在基本控制方案中,以产品质量指标来选取调节参数,一种是采用温度作为间接质量指标,一种是采用产品成分等作为直接质量指标。

(1) 精馏塔的提馏段温控

如果采用以提馏段温度作为衡量质量指标的间接指标,而以改变再沸器加热量作为控制手段的方案,就称为提馏段温控。

图 6-11 是常见的一种提馏段温控方案。这个方案中的主要控制系统是以提馏段塔板温度为被控变量,加热蒸汽量为操纵变量。

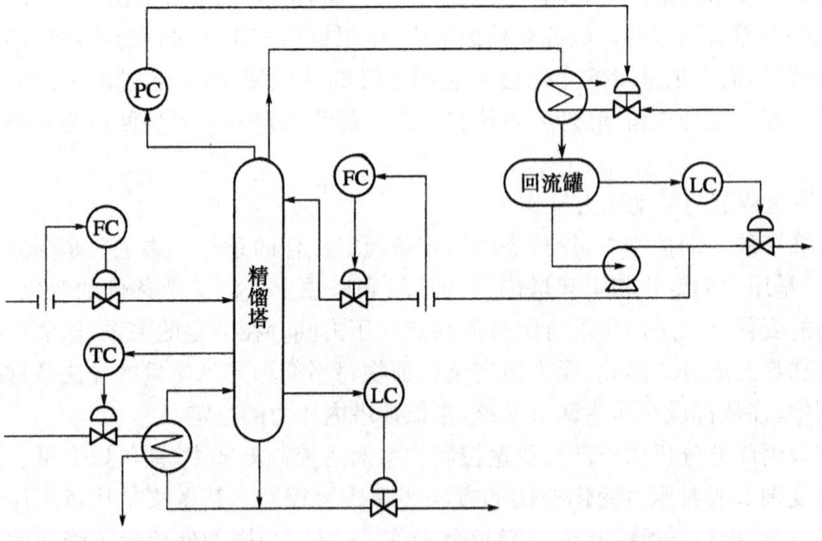

图 6-11 常见的提馏段温控方案

提馏段温控的主要特点与使用场合如下:

① 由于采用了提馏段温度作为间接质量指标。因此,它能够较直接地反映提馏段产品情况。将提馏段恒定后,就能较好地保证塔底产品的质量达到规定值。所以,在以塔底采出为主要产品,对塔釜成分要求比对馏出液高时,常采用提馏段温控方案。

② 当干扰首先进入提馏段时,例如在液相进料时,进料量或进料成分的变化首先要

影响塔底的成分，故用提馏段温控就比较及时，动态过程也比较快。

由于提馏段温控时，回流量是足够大的，因而仍能使塔顶质量保持在规定的纯度范围内，这就是经常在工厂中看到的即使塔顶产品质量要求比塔底严格时，仍有采用提馏段温控的原因。

(2) 精馏塔的精馏段温控

如果采用精馏段温度作为衡量质量指标的间接指标，而以改变回流量作为控制手段的方案，就称为精馏段温控。

图 6-12 是常见的精馏段温控的一种方案。它的主要控制系统是以精馏段塔板温度为被控变量，而以回流量为操纵变量。

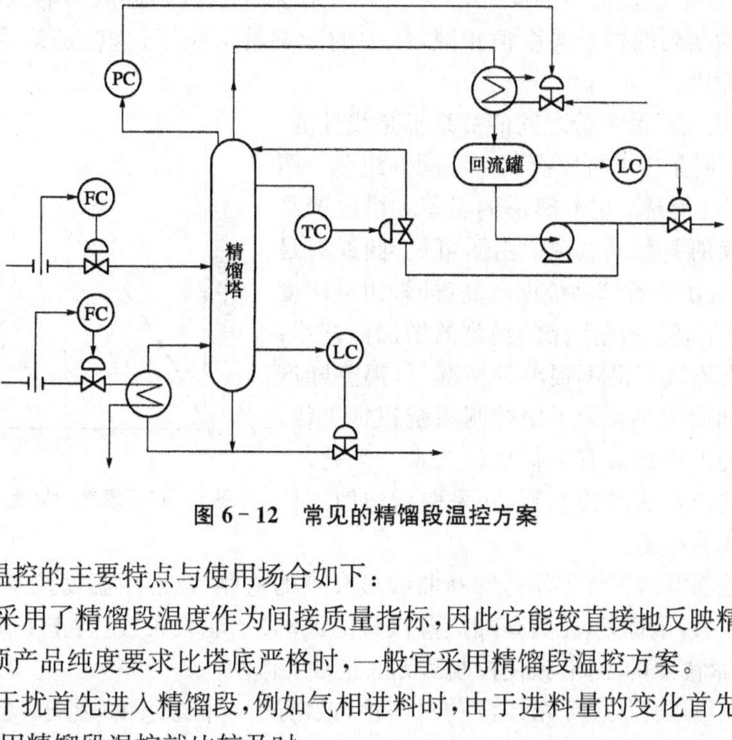

图 6-12　常见的精馏段温控方案

精馏段温控的主要特点与使用场合如下：

① 由于采用了精馏段温度作为间接质量指标，因此它能较直接地反映精馏段的产品情况。当塔顶产品纯度要求比塔底严格时，一般宜采用精馏段温控方案。

② 如果干扰首先进入精馏段，例如气相进料时，由于进料量的变化首先影响塔顶的成分，所以采用精馏段温控就比较及时。

在采用精馏段温控或提馏段温控时，当分离的产品较纯时，由于塔顶或塔底的温度变化很小，对测温仪表的灵敏度和控制精度都提出了很高的要求，但实际上却很难满足。解决这一问题的方法，是将测温元件安装在塔顶以下或塔底以上几块塔板的灵敏板上，即以灵敏板的温度作为被控变量。

所谓灵敏板，是指在受到干扰时，当达到新的稳定状态后，温度变化量最大的那块塔板。由于灵敏板上的温度，在受到干扰后变化比较大，因此对温度检测装置灵敏度的要求就可不必提高了。同时，也有利于提高温度精度。

(3) 精馏塔的温差控制及双温差控制

以上两种方案，都是以温度作为被控变量，这对于一般的精馏塔来说，是可行的。但是，在精密精馏时，产品纯度要求很高，而且塔顶、塔底产品的沸点差又不大时，应当采用温差控制，以进一步提高产品的质量。

采用温差作为衡量质量指标的间接变量，是为了消除塔压波动对于产品质量的影响。因为系统中即使设置了压力定值控制，压力也总是会有些微小的波动，因而引起成分的变化，这对一般产品纯度不太高的精馏塔是可以忽略不计的。但如果是精密精馏，产品要求很高，微小的压力波动亦足以影响质量，使产品质量超出允许的范围，这时，就不能再忽略压力的影响了。也就是说，精密精馏时，用温度作为被控变量就不能很好地代表产品的成分。温度的变化可能是成分和压力两个变量都变化的结果。只有当压力完全恒定时温度和成分之间才具有单值对应关系（严格地说，只是对二元组分来说）。为了解决这个问题，可以在塔顶（或塔底）附近的一块塔板上检测出该板温度，再在灵敏板上也检测出温度，由于压力波动时对每块板的温度影响是基本相同的，只要将上述检测到的两个温度值相减，压力的影响就消除了，这就是采用温差来衡量质量指标的原因。

然而，温度与产品成分之间的关系不是线性的，同一温差在不同条件下可以有两个不同的组分。图 6-13 是正丁烷和异丁烷分离塔的温差和塔底产品中轻组分浓度的关系示意图。由图可见，曲线有最高点，其左侧表示塔底产品纯度较高（即轻组分浓度 $x_{轻}$ 较小）情况下，温差随产品的纯度的增加而减小；其右侧表示在塔底产品不很纯的情况下，温差随产品纯度的增加而减小。为了使控制系统正常工作，温差与产品纯度应该具有单值对应关系。为此，一般将工作点选择在曲线的左侧，并采取措施使工作点不进入曲线的右侧。

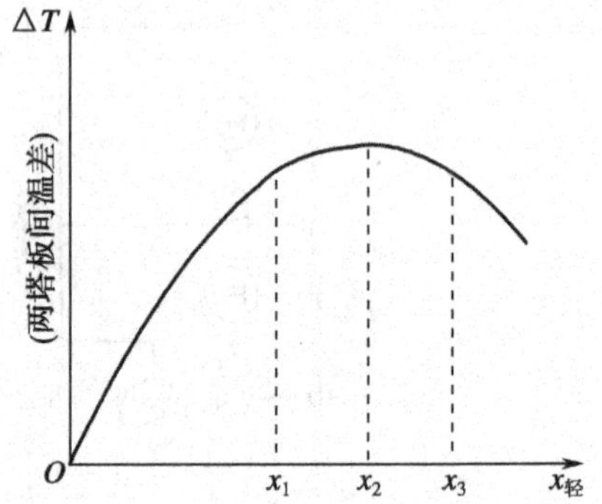

图 6-13　温差和轻组分浓度关系

为了使控制器的正常工作范围在曲线最高点的左侧，在使用温度控制时，控制器的给定值不能太大，干扰量（尤其是加热蒸汽量的波动）不能太大，以防止工作状态变到图 6-13中曲线最高点的右侧，致使控制器无法正常工作。

温差控制可以克服由于塔压波动对塔顶（或塔底）产品质量的影响。但是它还存在一个问题：就是当负荷变化时，塔板的压降发生变化，随着负荷递增，由于两块板的压力变化值不相同，所以由压降引起的温差也将增大。这时温差和组分之间就不逞单值对应关系，在这种情况下需采用双温差控制。

双温差控制又称温度差值控制。图 6-14 是双温差控制的系统图。由图可知，所谓双温差控制就是分别在精馏段和提馏段上选取温差信号，然后将两个温差信号相减，作为控制器的测量信号（即控制系统的被控变量）。从工艺角度来理解，由压降所引起的温差，不仅出现在顶部，也出现在底部，这种因负荷引起的变化，在作相减后就可相互抵消。双温差法是一种控制精馏塔进料板附近的组成分布使得产品质量合格的方法。它以保证工艺上最好的温度分布曲线为出发点，来代替单纯控制塔的一端温度或温度差，从而实现对精馏操作的稳定控制并提高产品质量。

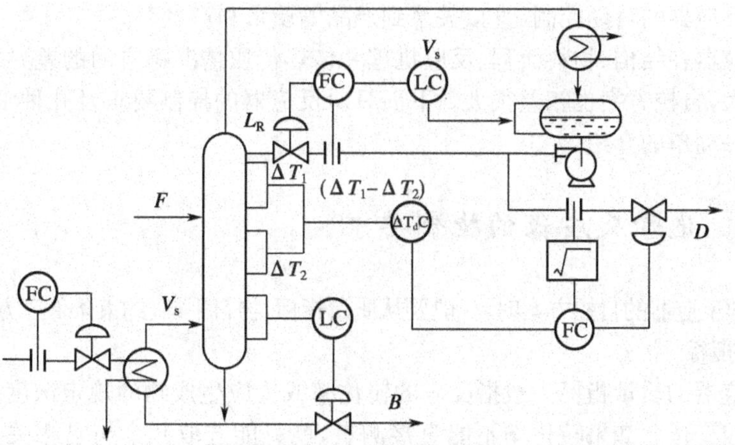

图 6-14　双温差控制系统图

(4) 按产品成分或物性指标的直接控制方案

以上介绍的温度、温差或双温差控制都是间接控制产品质量的方法，最能正确反映产品质量指标的当然是产品的成分。如果能利用产品分析器，例如色谱仪、红外分析器、密度计、干点、闪点及初馏点分析器等，分析出塔顶(或塔底)的产品成分并作为被控变量，而将回流量或再沸器的加热量等作为控制变量就可以组成成分控制，实现按产品成分的直接指标控制。

与温度的情况类似，塔顶或塔底产品的成分能体现产品的质量指标。但是当分离的产品较纯时，在邻近塔顶、塔底的各板间，成分差已经很小了。而且每块板上的成分在受到干扰后变化也很小了，这就对检测成分的仪表灵敏度提出了很高的要求。采用色谱仪的突出优点是可以测量多组分的浓度，并可以通过测量其他含量较少的杂质组分之和来决定产品的纯度。精馏工艺上通常采用工业色谱仪进行在线的成分分析，并以关键组分的浓度比进行控制。由于色谱仪也是根据吸收和解吸原理工作的，在精馏塔中很难进行的分离在色谱仪中也是困难的。同时分析仪需要采样系统且其测量滞后影响了控制系统的动态响应，这在使用应予注意。在精馏塔的操作中，当干扰产生时，多个塔板中灵敏板的变化量最明显。因此，可选择测量灵敏板上的成分，并作为被控变量进行控制。

按产品成分的直接指标控制方案，按理来说，是最直接的，也是最有效的。它的使用还可为各种基于化工热力学的多变量控制及精确控制打下基础。但是，由于目前对产品成分的测量仪表，一般来说，准确度较差、滞后时间很长、维护比较复杂，致使控制系统的控制质量受到很大影响，因此，目前这种方案使用还不普遍。但是，在成分分析仪表性能不断得到改善以后，按产品成分的直接指标控制方案还是很有前途的。

6.3　化学反应器的自动控制

化学反应器是化工生产中重要的设备之一。而化学反应过程伴有化学物理现象，涉及能量、物料平衡，以及物料、动量、热量和物质传递等过程，因此化学反应器的操作一般比较复杂。反应器的自动控制，直接关系到产品的质量和产量。

由于反应器在结构、物料流程、反应机理和传热传质情况等方面的差异，自控的难易程度相差很大，自控方案也相差很大。下面只对反应器的控制要求及几种常见的反应器控制方案作一简单的介绍。

6.3.1 化学反应器的控制要求

设计化学反应器的自控方案时，一般要从质量指标、物料平衡、约束条件三方面加以考虑。

1. 质量指标

化学反应器的质量指标一般指反应的转化率或反应生成物的规定浓度。显然，转化率应当是被控变量。如果转化率不能直接测量，就只能选取几个与它相关的参数，经过运算去间接控制转化率。如聚合釜出口温差控制与转化率的关系为：

$$y = \rho g c(\theta_0 - \theta_i)/x_i H \tag{6-5}$$

式中：y——转化率；

θ_i，θ_0——分别为进料与出料温度；

ρ——进料密度；

g——重力加速度；

c——物料的比热容；

x_i——进料浓度；

H——每摩尔进料的反应热。

上式表明，对于绝热反应器来说，当进料温度一定时，转化率与温度差成正比，即 $y=K(\theta_0-\theta_i)$。这是由于转化率越高，反应生成的热量也越多，因此物料出口的温度也越高。所以，以温差 $\Delta\theta=(\theta_0-\theta_i)$作为被控变量，可以来间接控制转化率的高低。

因为化学反应不是吸热就是放热，反应过程总伴随有热效应。所以，温度是最能够表征质量的间接控制指标。

也有用出料浓度作为被控变量的，如焙烧硫铁矿或尾砂，取出口气体中的 SO_2 含量作为被控变量。但是就目前情况，在成分仪表尚属于薄弱环节的条件下，通常是采用温度作为质量的间接控制指标构成各种控制系统，必要时再辅以压力和处理量（流量）等控制系统，即可保证反应器的正常操作。

以温度、压力等工艺变量作为间接控制指标，有时并不能保证质量稳定。当在干扰作用时，转化率和反应生成物组分等仍会受到影响。特别是在有些反应中，温度、压力等工艺变量和生成物组分之间不完全是单值对应关系，这就需要不断地根据工况变化去改变温度控制系统中的给定值。在有催化剂的反应器中，由于催化剂的活性变化，温度给定值也要随之改变。

2. 物料平衡

为使反应正常，转化率高，要求维持进入反应器的各种物料量恒定，配比符合要求。为此，在进入反应器前，往往采用流量定值控制或比值控制。另外，在有一部分物料循环的反应系统中，为保持原料的浓度和物料平衡，需另设辅助控制系统。如氨合成过程中的惰性气体自动排放系统。

3. 约束条件

对于反应器,要防止工艺变量进入危险区或不正常工况。例如,在不少催化接触反应中,温度过高或进料中某些杂质含量过高,将会损坏催化剂;在流化床反应器中,流体速度过高,会将固相吹走,而流速过低,又会让固相沉降等。为此,应当配备一些报警、联锁装置或设备取代控制系统。

6.3.2 釜式反应器的温度自动控制

釜式反应器在化学工业中应用十分普遍,除广泛用作聚合反应外,在有机染料、农药等行业中还经常采用釜式反应器来进行碳化、硝化、卤化等反应。

反应温度的测量与控制是实现釜式反应器最佳操作的关键问题,下面主要针对温度控制进行讨论。

1. 控制进料温度

图 6-15 是这类方案的示意图。物料经过预热器(或冷却器)进入反应釜。通过改变进入预热器(或冷却器)的热剂量(或冷却量),可以改变进入反应釜的物料温度,从而达到维持釜内温度恒定的目的。

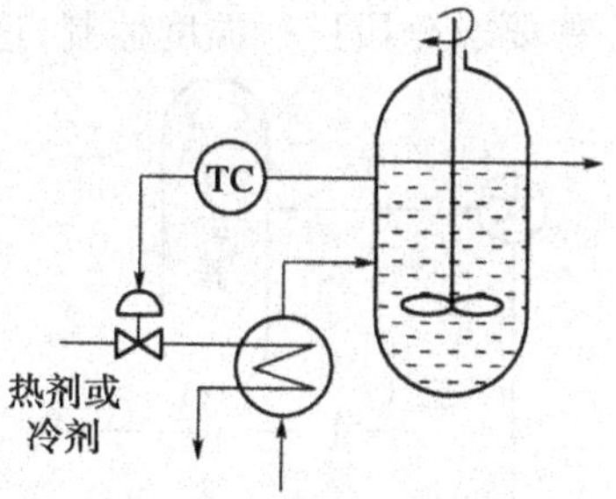

图 6-15 调节进料温度

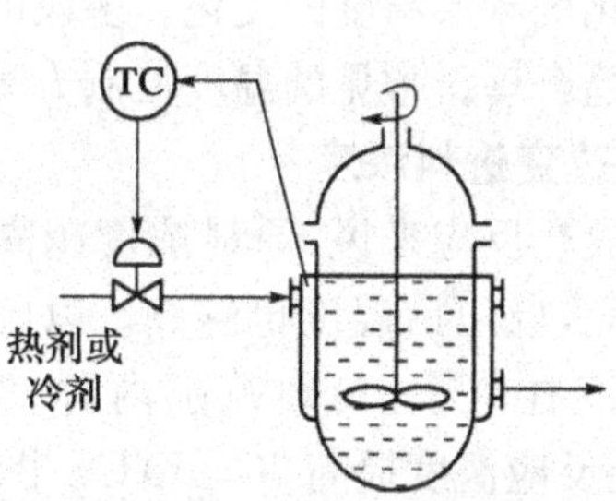

图 6-16 调节夹套温度

2. 改变传热量

由于大多数反应釜均有传热面,以引入或移去反应热,所以用改变传热量多少的方法就能实现温度控制。图 6-16 为一带夹套的反应釜。当釜内温度改变时,可用改变加热剂(或冷却剂)流量的方法来控制釜内温度。这种方案的结构比较简单,使用仪表少,但由于反应釜容量大,温度滞后严重,特别是当反应釜用来进行聚合反应时,釜内物料黏度大,热传递较差,混合又不易均匀,就很难使温度控制达到严格要求。

3. 串级控制

为了针对反应釜滞后较大的特点,可采用串级控制方案。根据进入反应釜的主要干扰的不同情况,可以采用釜温与热剂(或冷剂)流量串级控制(见图 6-17)、釜温与夹套温度串级控制(见图 6-18)及釜温与釜压串级控制(见图 6-19)等。

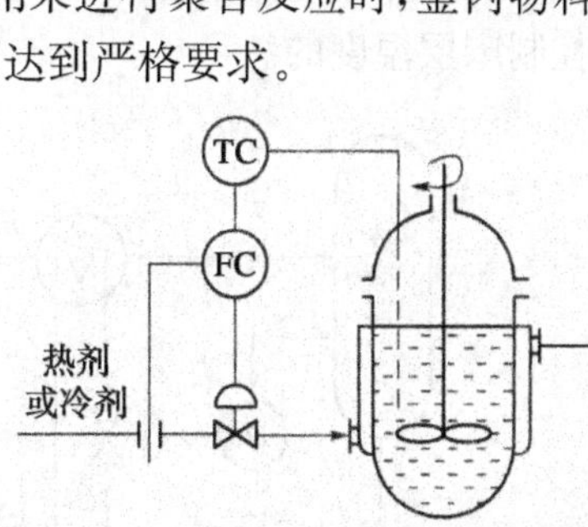

图 6-17 釜温与热剂流量串级控制

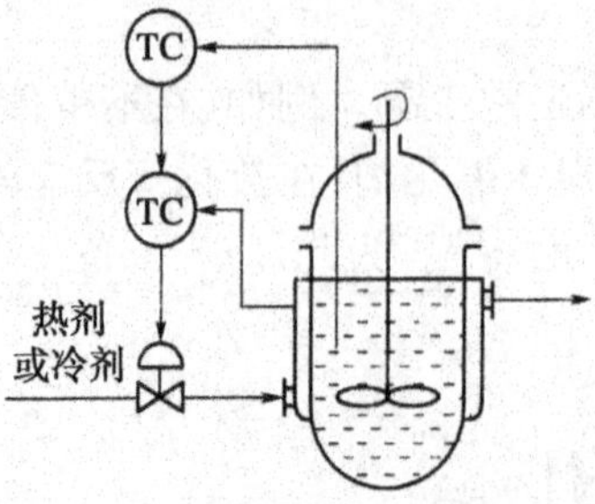

图 6－18　釜温与夹套温度串级控制

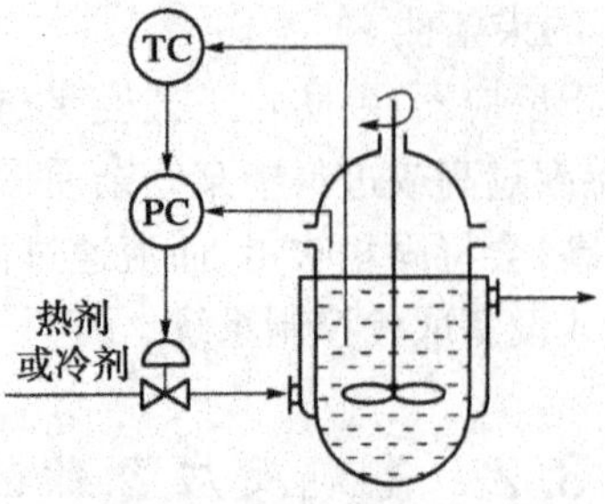

图 6－19　釜温与釜压串级控制

6.3.3 固定床反应器的自动控制

固定床反应器是指催化剂床层固定于设备中不动的反应器，流体原料在催化剂作用下进行化学反应以生成所需反应物。

固定床反应器的温度控制十分重要。任何一个化学反应都有自己的最适宜温度。最适宜温度综合考虑了化学反应速度、化学平衡和催化剂活性等因素。最适宜温度通常是转化率的函数。

温度控制首要的是要正确选择敏点位置，把感温元件安装在敏点处，以便及时反映整个催化剂床层温度的变化。多段的催化剂床层往往要求分段进行温度控制，这样可使操作更趋合理。常见的温度控制方案有下列几种。

1. 改变进料浓度

对放热反应来说，原料浓度越高，化学反应放热量越大，反应后温度也越高。以硝酸生产为例，当氨浓度在 9%—11% 范围内时，氨含量每增加 1% 可使反应温度提高 60—70℃。图 6－20 是通过改变进料浓度以保证反应温度恒定的一个实例，改变氨和空气比值就相当于改变进料的氨浓度。

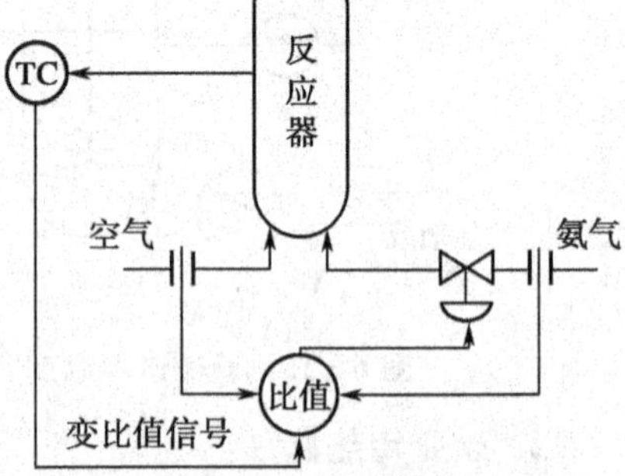

图 6－20　调节进料浓度

2. 改变进料温度

改变进料温度，整个床层温度就会变化，这是由于进入反应器的总热量随进料温度变化而改变的缘故。若原料进反应器前需预热，可通过改变进入换热器的载热体流量，以控制反应床上的温度，如图 6－21 所示，也有按图 6－22 所示方案用改变旁路流量大小来控制床层温度的。

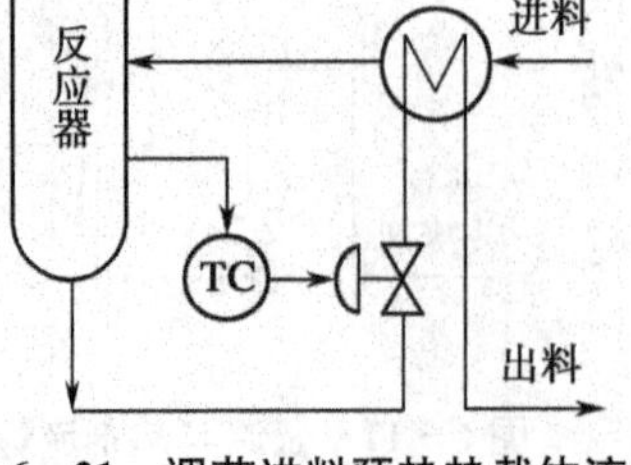

图 6－21　调节进料预热热载体流量

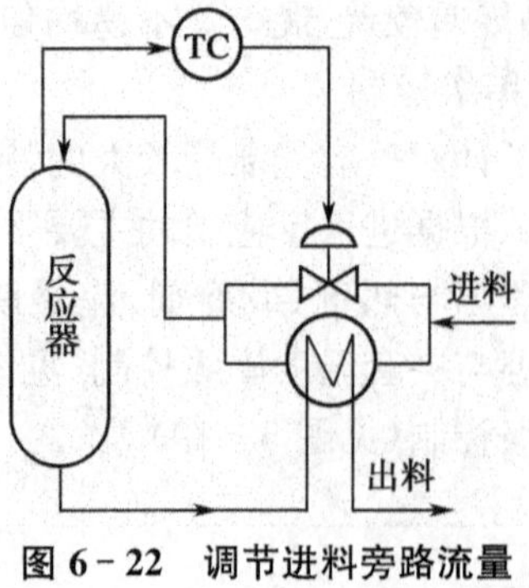

图 6－22　调节进料旁路流量

3. 改变段间进入的冷气量

在多段反应器中，可将部分冷的原料气不经预热直接进入段间，与上一段反应后的热气体混合，从而降低了下一段入口气体的温度。图 6－23 所示为硫酸生产中用 SO_2 氧化成 SO_3 的固定床反应器温度控制方案。这种控制方案由于冷的那一部分原料气少经过一段催化剂层，所以原料气总的转化率有所降低。另外一种情况，如在合成氨生产工艺中，当用水蒸气与一氧化碳变换成氢气时，为了使反应完全，进入变换炉的水蒸气往往是过量很多的，这时段间冷气采用水蒸气则不会降低一氧化碳的转化率，图 6－24 所示为这种方案的原理图。

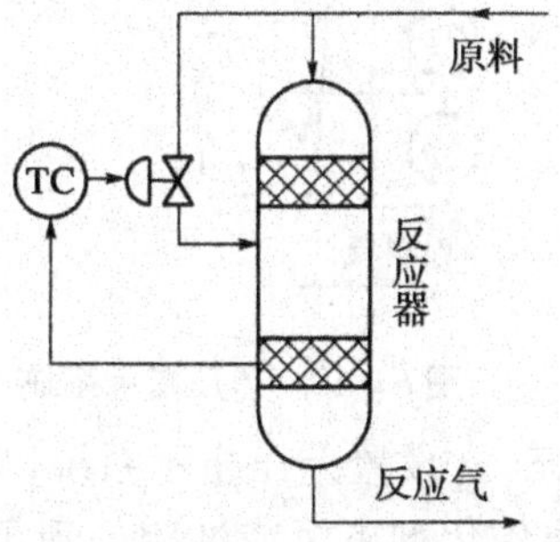

图 6－23　固定床反应器温度控制方案

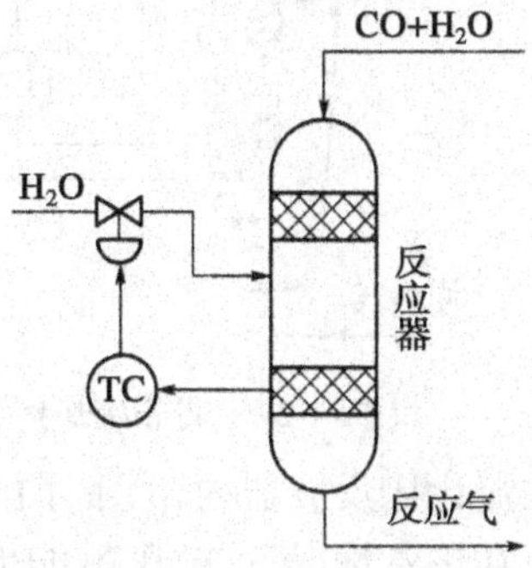

图 6－24　方案原理图

6.3.4　流化床反应器的自动控制

图 6－25 是流化床反应器的原理示意图。反应器底部装有多孔筛板，催化剂呈粉末状，放在筛板上，当从底部进入的原料气流速达到一定值时，催化剂开始上升呈沸腾状，这种现象称为固体流态化。催化剂沸腾后，由于搅动剧烈，因而传质、传热和反应强度都高，并且有利于连续化和自动化生产。

图 6－25　流化床反应器原理

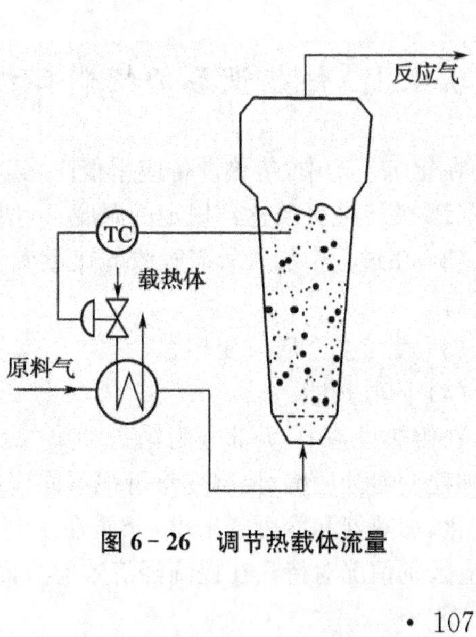

图 6－26　调节热载体流量

与固定床反应器的自动控制相似，流化床反应器的温度控制也是十分重要的。为了自动控制流化床的温度，可以通过改变原料入口温度（见图 6-26），也可以通过改变进入流化床的冷却剂流量（见图 6-27），以控制流化床反应器内的温度。

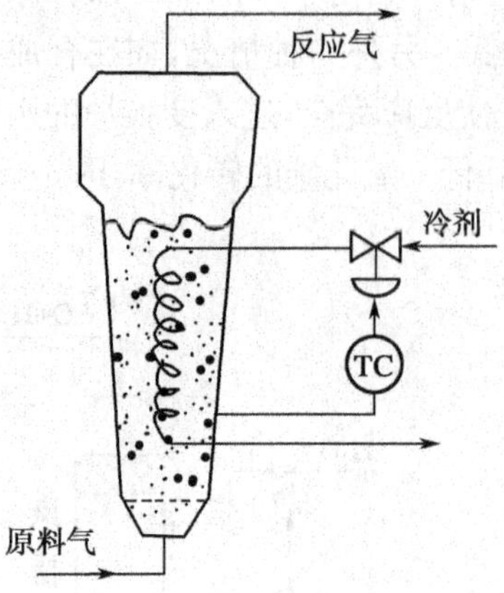

图 6-27　调节冷却剂流量

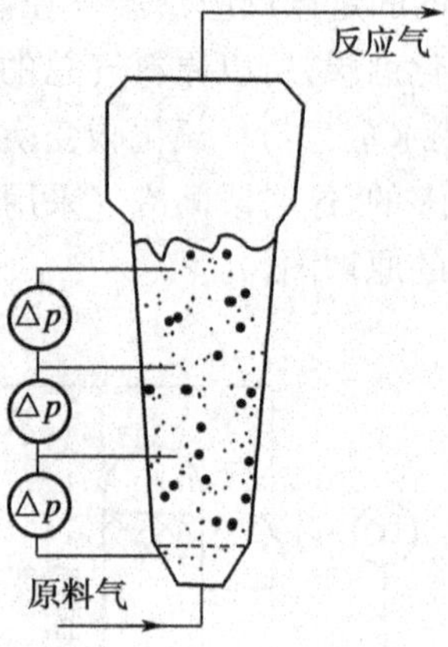

图 6-28　差压指标系统

在流化床反应器内，为了了解催化剂的沸腾状态，常设置差压指示系统，如图 6-28 所示。在正常情况下，差压不能太小或太大，以防止催化剂下沉或冲跑的现象。当反应器中有结块、结焦和堵塞现象时，也可以通过差压仪表显示出来。

6.4　传热设备的自动控制

传热是化工过程中最常见的单元操作之一，承担热量传递的设备为传热设备。为保证热量的合理利用，必须了解传热过程的基本规律，根据传热的目的制订其相应的控制方案。

6.4.1　传热设备的控制目标

在化工生产中，传热设备应用很广，其传热目的主要有四种。

（1）使工艺介质达到规定的温度，以使化学反应或其他工艺过程能很好进行。

（2）在过程中加入所需吸收的热量或除去放出的热量，在工艺过程能在规定的范围内进行。

（3）使工艺介质改变相态。

（4）回收热能。

在传热设备中，大部分为第一和第二目的服务的，视其为两侧无相变化。多数情况下，被控变量为温度，控制变量可视不同应用选择热量、载体流量等。而对于具有介质相态变化、加热器和冷凝器来讲，介质在工艺流程中伴随相态。改变其控制具有一定选择性，应区别情况对待。在提高经济效益方面，穿热设备作为热量传送，热量交换装置具有重要的地位，这与穿热设备的控制效果直接相关，而热能的回收利用也在化工生产中担当重要的角色。

对于传热设备的自动控制，本节按传热两侧有无相变化分别讨论，管式加热炉是化工生产中最常见的传热设备，对其控制作综合介绍。

6.4.2 一般传热设备的控制方案

传热设备中最常见的是换热器，一般换热器通常指其两侧均无相的变化。其中以间壁式换热器应用最为普遍。换热器的目的是为了使工艺介质加热(或冷却)到一定温度，自动控制的目的就是要通过改变换热器的热负荷，以保证工艺介质在换热器出口的温度恒定在给定值上。当换热器两侧流体在传热中均不起相变化时，常采用下列几种控制方案。

1. 控制载热体的流量

图 6-29 表示利用控制载热体流量来稳定被加热介质出口温度的控制方案。从传热基本方程式可以解释这种方案的工作原理。

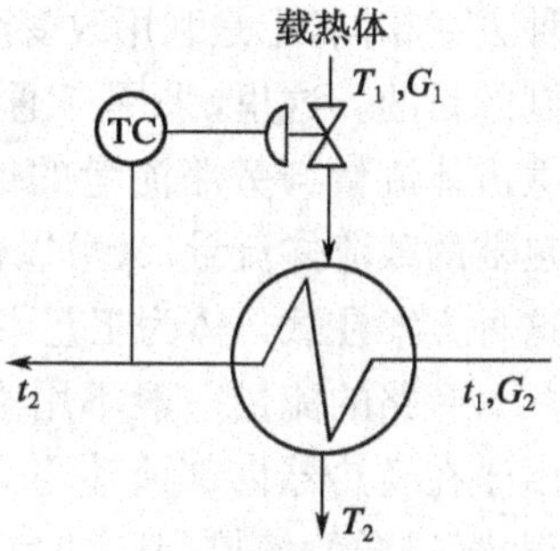

图 6-29 被加热介质出口温度控制方案

若不考虑传热过程中的热损失，则热流体失去的热量应该等于冷流体获得的热量，可写出下列热量平衡方程式：

$$Q = G_1c_1(T_1 - T_2) = G_2c_2(t_2 - t_1) \qquad (6-6)$$

式中，Q——单位时间内传递的热量；

G_1，G_2——分别为载热体和冷流体的流量；

c_1，c_2——分别为载热体和冷流体的比热容；

T_1，T_2——分别为载热体的入口和出口温度；

t_1，t_2——分别为冷流体的入口和出口温度。

另外，传热过程中传热的速率可按下式计算：

$$Q = KF\Delta t_m \qquad (6-7)$$

式中，K——传热系数；

F——传热面积；

Δt_m——两流体间的平均温差。

由于冷热流体间的传热既符合热量平衡方程式(6-6)，又符合传热速率方程式(6-7)，因此有下列关系式：

$$G_2c_2(t_2 - t_1) = KF\Delta t_m \qquad (6-8)$$

移项后可改写为

$$t_2 = \frac{KF\Delta t_m}{G_2c_2} + t_1 \qquad (6-9)$$

从上式可以看出，在传热面积 F、冷流体进口流量 G_2、温度 t_1 及比热容 c_2 一定的情况下，影响冷流体出口温度 t_2 的因素主要是传热系数 K 及平均温差 Δt_m。控制载流体流量实质上是改变 Δt_m。假如由于某种原因使 t_2 升高，控制器 FC 将使阀门关小以减少载体热流量，传热就更加充分，因此载流体的出口温度 T_2 将要下降，这就必然导致冷热流体平均温差 Δt_m 下降，从而使工艺介质出口温度 t_2 也下降，因此这种方案实质上是通过改变 Δt_m 来控制工艺介质出口温度 t_2 的。必须指出，载热体流量的变化也会引起传热系数 K 的变化，只是通常 K 的变化不大，所以讨论中可以忽略不计。

改变载热体流量是应用最为普遍的控制方案，多适用于载热体流量的变化对温度影响较灵敏的场合。

如果载热体本身压力不稳定，可另设稳压系统，或者采用以温度为主变量、流量为副变量的串级控制系统，如图6-30所示。

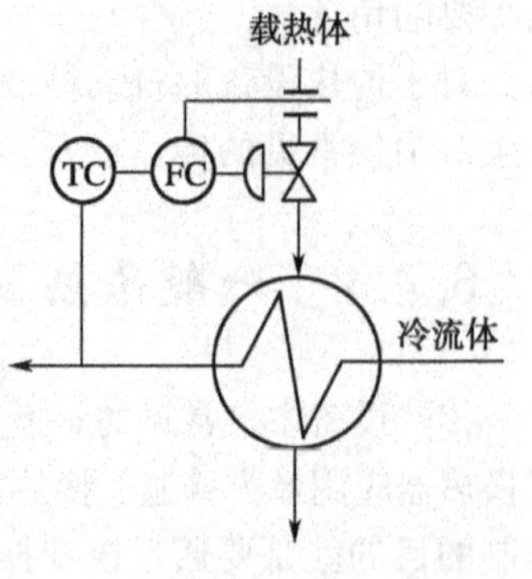

图 6-30 温度流量串级控制系统

2. 控制载流体旁路流量

当载流体是工艺流体，其流量不允许变动时，可采用图 6-31 所示的控制方案。这种方案的控制原理与前一种方案相同，也是利用改变温差 Δt_m 的手段来达到温度控制的目的。这里，采用三通控制阀来改变进入换热器的载流体流量与旁路流量的比例，这样既可以改变进入换热器的载流体流量，又可以保证载热体总流量不受影响。这种方案在载热体为工艺主要介质时，极为常见。

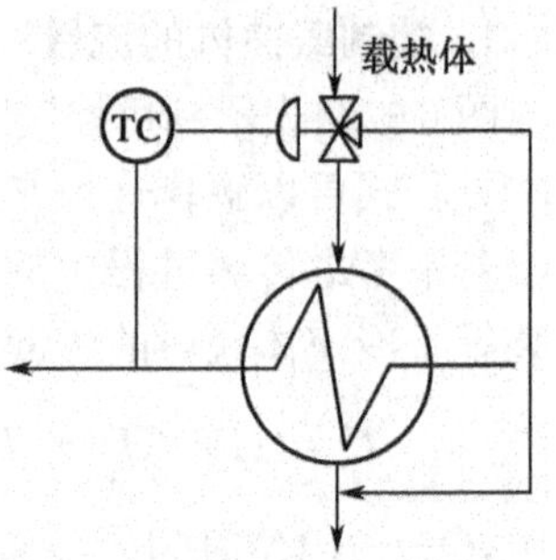

图 6-31 载流体为工艺流体时的控制方案

旁路的流量一般不用直通阀来直接进行控制，这是由于在换热器内部流体阻力小的时候，控制阀前后压降很小，这样就使控制阀的口径要选的很大，而且阀的流量特性易发生畸变。

3. 控制被加热流体自身流量

如图 6-32 所示，控制阀安装在被加热流体进入换热器的管道上。被加热流体流量 G_2 越大，出口温度 t_2 就越低。这是因为 G_2 越大，流体的流速越快，与热流体换热必然不充分，出口温度一定会下降。这种控制方案，只能用在工艺介质的流量允许变化的场合，否则可考虑采用下一种方案。

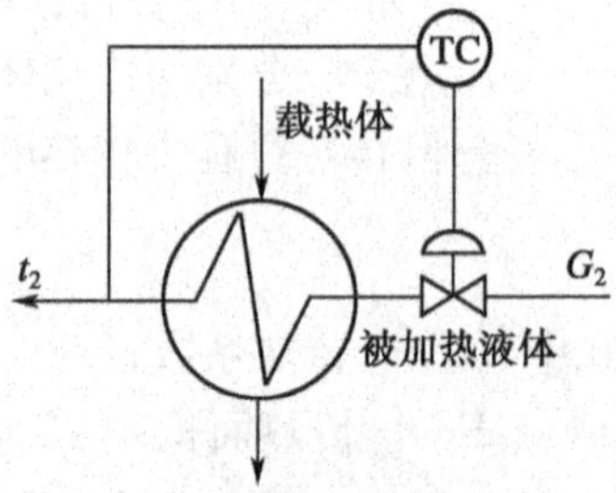

图 6-32 控制被加热液体自身流量控制方案

4. 控制被加热流体自身流量的旁路

当被加热流体的总流量不允许控制，而且换热器的传热面积有余量时，可将一小部分被加热流体由旁路直接流到出口处，使冷热物料混合来控制温度，如图 6-33 所示。这种控制方案从工作原理来说与第三种方案相同，即都是通过改变被加热流体自身流量来控制出口温度的，只是在改变流量的方法上采用三通控制阀，改变进入换热器的被加热介质流量与旁路流量的比例，这一点与第二种方案相似。

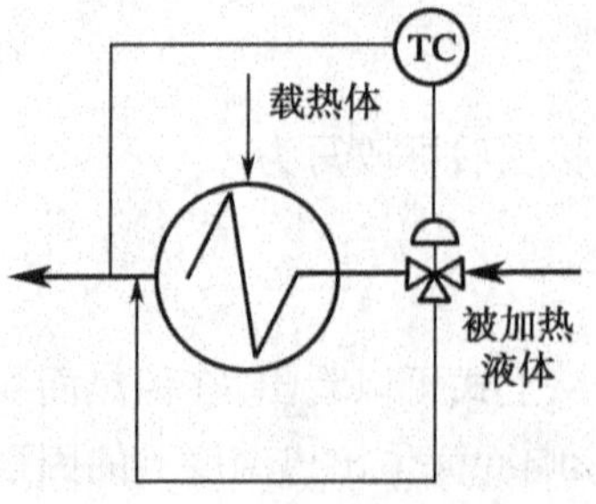

图 6-33 被加热液体流量旁路的控制

由于此方案中载热体一直处于最大流量，而且要求传热面积有较大的裕量，因此在通过换热器的被加热介质流量较小时，就不太经济。

6.4.3 载热体进行冷凝的加热器自动控制

利用蒸汽冷凝加热介质的加热器，在石油、化工中十分常见。在蒸汽加热器中，蒸汽冷凝由汽相变为液相，放出热量，通过管壁加热工艺介质。如果要求加热到200℃以上或30℃以下时，常采用一些有机化工物作为载热体。

这种蒸汽冷凝的传热过程不同于两侧均无相变的传热过程。蒸汽在整个冷凝过程中温度保持不变。因此这种传热过程分两段进行，先冷凝后降温。但在一般情况下，由于蒸汽冷凝潜热比凝液降温的显热要大得多，所以有时为简化起见，就不考虑显热部分的热量。于是热量平衡方程式为

$$Q = G_1 c_1 (t_2 - t_1) = G_2 \lambda \tag{6-10}$$

式中，Q——单位时间传递的热量；

G_1——被加热介质流量；

G_2——蒸汽流量；

c_1——被加热介质比热容；

t_1，t_2——分别为被加热介质的入、出口温度；

λ——蒸汽的汽化潜热。

传热速率方程式仍为

$$Q = G_2 \lambda = KF \Delta t_m \tag{6-11}$$

式中，K、F、Δt_m的意义同式(6-18)。

当被加热介质的出口温度t_2为被控变量时，常采用下列两种控制方案：一种是控制进入的蒸汽流量G_2；另一种是通过改变冷凝液排出量以控制冷凝的有效面积F。

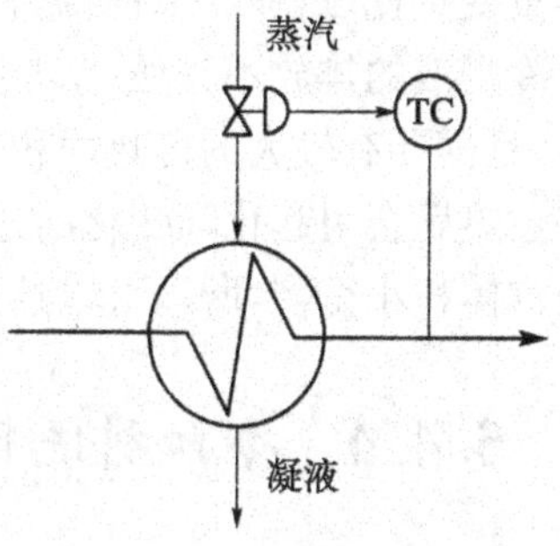

图6-34 控制蒸汽流量的方案

1. 控制蒸汽流量

这种方案最为常见。当蒸汽压力本身比较稳定时可采用图6-34所示的简单控制方案。通过改变加热蒸汽量来稳定被加热介质的出口温度。当阀前蒸汽压力有波动时，可对蒸汽总管加设压力定值控制，或者采用温度与蒸汽流量(或压力)的串级控制。一般来说，设压力定值控制比较方便，但采用温度与流量的串级控制另有一个好处，它对于副环内的其余干扰，或者阀门特性不够完善的情况，也能有所克服。

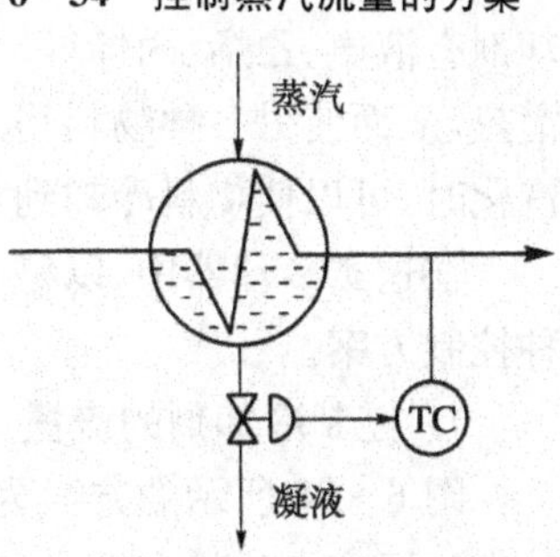

图6-35 控制换热器的有效换热面积的方案

2. 控制换热器的有效换热面积

如图6-35所示，将控制阀装在凝液管线上，如果被加热物料出口温度高于给定值，说明传热量过大，可将凝液控

制阀关小,凝液就会积聚起来,减少了有效的蒸汽冷凝面积,使传热量减少,工艺介质出口温度就会降低。反之,如果被加热物料出口温度低于给定值,可开大凝液控制阀,增大传热面积,使传热量相应增加。

这种控制方案,由于凝液至传热面积的通道是个滞后环节,控制作用比较迟钝。当工艺介质温度偏离给定值后,往往需要很长时间才能校正过来,影响了控制质量。较有效的办法为采用串级控制方案。串级控制有两种方案,图 6-36 为温度与凝液的液位串级控制,图 6-37 为温度与蒸汽流量的串级控制。由于串级控制系统克服了进入副回路的主要干扰,改善了对象特性,因而提高了控制品质。

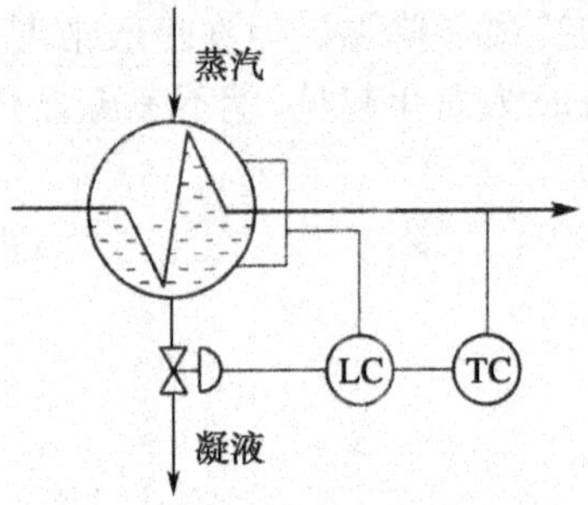

图 6-36　温度与冷凝液位的串级控制

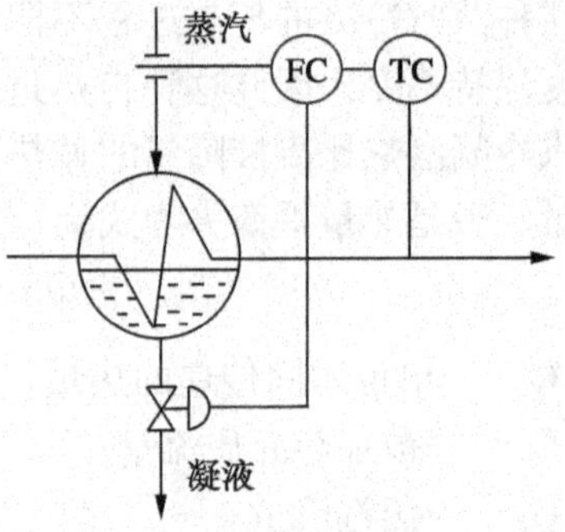

图 6-37　温度与蒸汽流量的串级控制

以上介绍了两种控制方案及其各自改进的串级控制方案,它们各有优缺点。控制蒸汽流量的方案简单易行、过渡过程时间短、控制迅速,缺点是需选用较大的蒸汽阀门、传热量变化比较剧烈,有时凝液冷却到 100℃以下,这是加热器内蒸汽一侧会产生负压,造成冷凝液的排放不连续,影响均匀传热。控制凝液排出量的方案,控制通道长、变化迟缓,且需要有较大的传热面积裕量。但由于变化和缓,有防止局部过热的优点,所以对一些过热后会引起化学变化的过敏性介质比较适用。另外,由于蒸汽冷凝后凝液的体积比蒸汽体积小得多,所以可以选用尺寸较小的控制阀门。

6.4.4　冷却剂进行汽化的冷却器自动控制

当用水或空气作为冷却剂不能满足冷却温度的要求时,需要用其他冷却剂。这些冷却剂有液氨、乙烯、丙烯等。这些液体冷却剂在冷却器中由液体汽化为气体时带走大量潜热,从而使另一种物料得以冷却。以液氨为例,当它在常压下汽化时,可以使物料冷却到零下 30℃的低温。

在这类冷却器中,以氨冷器最为常见,下面以它为例介绍几种控制方案。

1. 控制冷却剂的流量

图 6-38 所示的方案为通过改变液氨的进入量来控制介质的出口温度。这种方案的控制过程为:当工艺介质出口温度上升时,就相应增加液氨进入量使氨冷器内液位上升,液体传热面

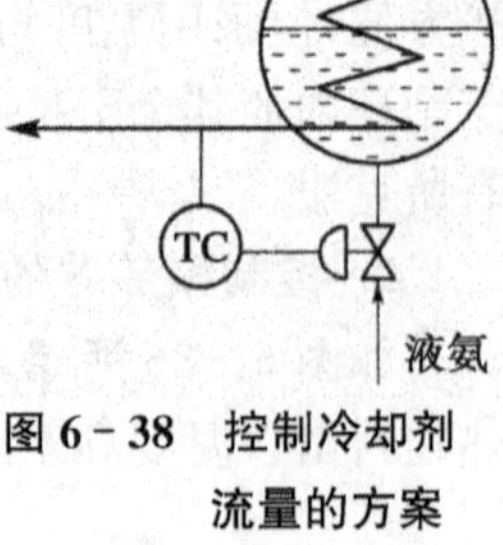

图 6-38　控制冷却剂流量的方案

积就增加，因而使传热量增加，介质的出口温度下降。

这种控制方案并不以液位为被控变量，但要注意液位不能过高，液位过高会造成蒸发空间不足，使出去的氨气中夹带大量液氨，引起氨压缩机的操作事故。因此，这种控制方案带有上限液位报警，或采用温度—液位自动选择性控制，当液位高于某上限值时，自动把液氨阀关小或暂时切断。

2. 温度与液位的串级控制

图 6-39 所示方案中，操纵变量仍是液氨流量，但以液位作为副变量，以温度作为主变量构成串级控制系统。应用此类方案时对液位的上限值应该加以限制，以保证有足够的蒸发空间。

这种方案的实质仍然是改变传热面积。但由于采用了串级控制，将液氨压力变化而引起液位变化的这一主要干扰包含在副环内，从而提高了控制质量。

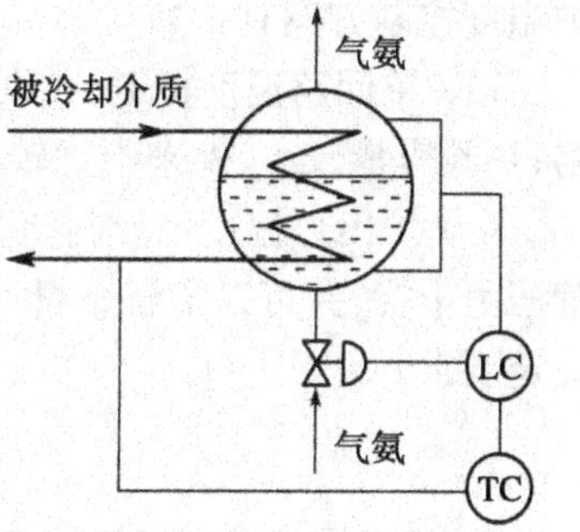

图 6-39　控制冷却剂流量的方案

3. 控制汽化压力

由于氨的汽化温度与压力有关，所以可以将控制阀装在气氨出口管道上，如图 6-40 所示。

这种控制方案的工作原理是基于当控制阀的开度变化时，会引起氨冷器内汽化压力改变，于是相应的汽化温度也就改变了。譬如说，当工艺介质出口温度升高偏离给定值时，就开大氨气出口管道上的阀门，使氨冷器内压力下降，液氨温度也就下降，冷却剂与工艺介质间的温差 Δt_m 增大，传热量就增大，工艺介质温度就会下降，这样就达到了控制工艺介质出口温度恒定的目的。为了保证液位不高于允许上限，在该方案中还设有辅助的液位控制系统。

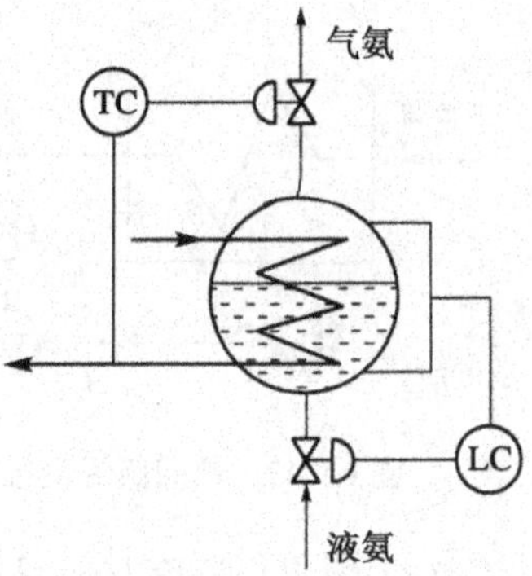

图 6-40　用汽化压力控制温度

这种方案控制作用迅速，只要汽化压力稍有变化，就能很快影响汽化温度，达到控制工艺介质出口温度的目的。但是由于控制阀安装在气氨出口管道上，故要求氨冷器要耐压，并且当气氨压力由于整个制冷系统的统一要求不能随意加以控制时，该方案就不能采用了。

6.4.5　管式加热炉控制方案

管式加热炉是化工、炼油生产中常见的传热设备。在管式加热炉内，工艺的介质受热升温或同时进行汽化。控制目标是介质的出口温度、流量和压力。介质入炉前设有流量控制，介质入炉后设有压力控制，这样处理便于满足前后工艺上的需要，也有利于温度控制。

在温度控制系统中，操作变量为燃料油或燃料气的流量。要保证加热炉的温度控制精度，一是排除可能的干扰，二是改进控制回路的结构。

加热炉的主要干扰因素有：处理量、进料成分、燃料总管压力、燃料成分、空气过量情况、燃料雾化情况、烟道阻力等等。

在这些干扰因素中，处理量一般经流量控制比较平稳；燃料总管压力设置压力控制环节，雾化蒸汽则与燃料压力保持一定的控制关系；其他因素应力求平稳。常见的加热炉温度控制方案有：

(1) 单回路温度控制，如图 6-41 所示。该方案适用于对炉出口温度要求不十分严格；炉膛容量较小，外来干扰较小且缓慢的场合。

(2) 炉出口温度与燃料流量的串级控制，如图 6-42 所示。该控制可以克服燃料总管压力干扰，并可以了解燃料消耗的状况。对燃料流量测量特别是燃料油作为燃料时有一定要求。

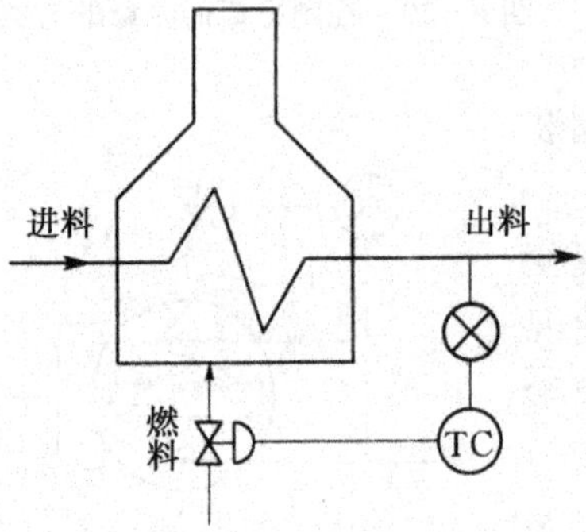

图 6-41　单回路温度控制

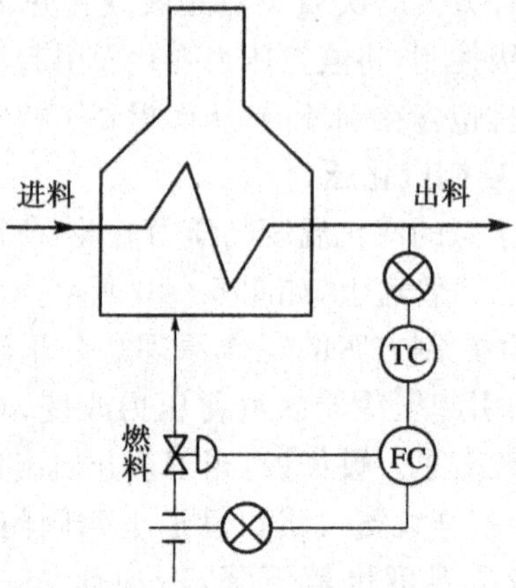

图 6-42　炉出口温度与燃料流量的串级控制

(3) 炉出口温度与燃料压力串级控制。该控制系统主要用以克服燃料总管的压力干扰，且燃料的压力测量往往较流量测量简便些，但需防止烧嘴结焦形成部分堵塞造成阀后压力升高的虚假现象。当燃料为气体时，可采用浮动阀作为燃料的调节阀。

(4) 炉出口温度与炉膛温度的串级控制，如图 6-43 所示。以出口温度控制为主回路，炉膛的温度控制为副回路。副回路能控制较多的干扰，如燃料压力波动，燃料热值的变化等，这种控制方案较适于双斜顶方箱管式加热炉。其实施的关键在于确定反应快、代表炉膛状况的测温点。

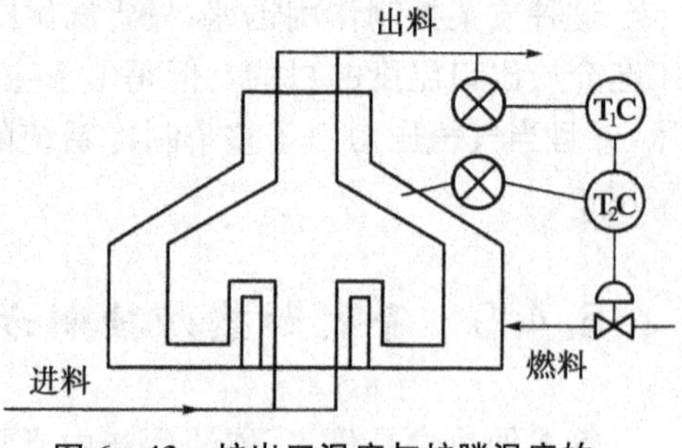

图 6-43　炉出口温度与炉膛温度的串级控制

例题与习题

(一)例题部分

1. 什么是自动控制系统的方块图?

答: 自动控制系统的方块图是由传递方块、信号线(带箭头的线段)、综合点、分支点构成的表示控制系统组成和作用的图形。其中每一个方块代表系统中的一个组成部分,称为“环节”,并在方块内填入表示其自身特性的文字。方块间用带有箭头的线段表示相互间的关系及信号的流向,箭头指向方块表示是这个环节的输入,箭头离开方块表示是这个环节的输出。采用方块图可直观地显示出系统中各组成部分以及它们之间的相互联系,以便于对系统特性进行分析。

2. 习题图 1-1 为一个简单锅炉汽包水位控制系统示意图。通过控制进水的流量来控制汽包水位保持不变。试画出该控制系统的方块图,并指出该系统中被控对象、被控变量、调节变量和可能引起被控变量变化的干扰各是什么?

答: 控制系统方块图如习题图 1-2 所示。系统中被控对象为锅炉汽包,被控变量为锅炉汽包水位,调节变量为锅炉进水流量,干扰为进水温度、进水压力、蒸汽流量等。

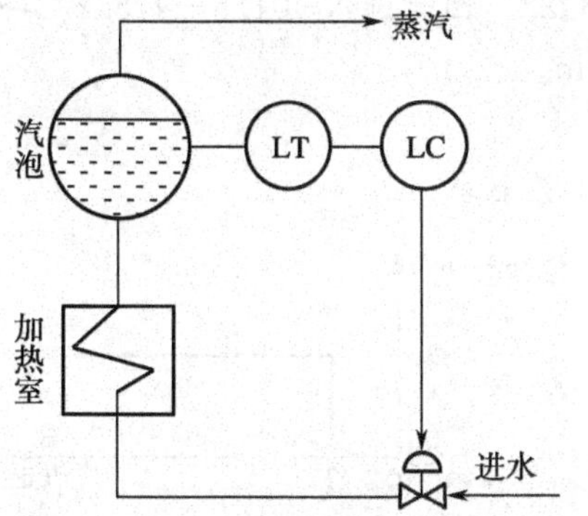

习题图 1-1 锅炉汽包水位控制示意图

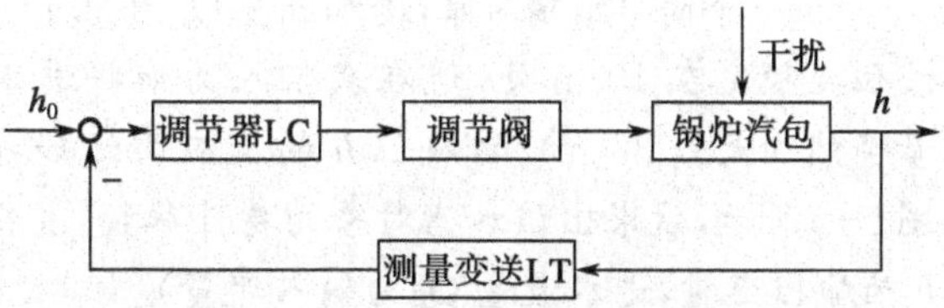

习题图 1-2 锅炉汽包水位控制系统方块图

3. 什么是被控对象特性?什么是被控对象的数学模型?

答: 被控对象特性是指被控对象的输出量与输入量之间的关系。即当被控对象的输入量发生变化时,对象的输出量如何变化、变化的快慢程度以及变化最终的数值等。对象的输入量有控制作用和扰动作用,输出量是被控变量。因此,讨论对象特性就是分别讨论不同控制作用通过调节通道对被控变量的影响,以及扰动作用通过干扰通道对被控变量的影响。

定量地表示对象输入输出关系的数学表达式,称为该对象的数学模型。

4. 某化学反应器工艺规定操作温度为 400℃±15℃,考虑安全因素,调节过程中温度偏离给定值不得超过 60℃。现设计运行的温度定值调节系统,在最大阶跃干扰下的过渡过程曲线如习题图 1-3 所示。试求该过渡过程的最大偏差、余差、衰减比、过渡时间

(按被控变量进入新稳态值的±2%为准)和振荡周期,并说明该调节系统能否满足工艺要求。

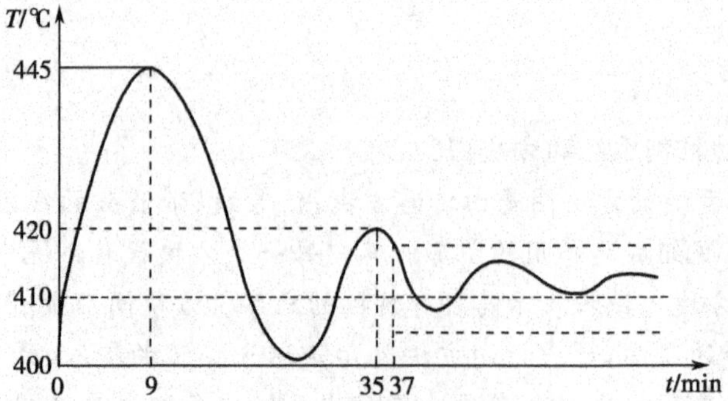

习题图 1-3 过渡过程曲线

解: (1)最大偏差 $A=445-400=45$ ℃

(2) 余差 $C=410-400=10$ ℃

(3) 第一个波峰 $B=445-410=35$ ℃

第二个波峰 $B'=420-410=10$ ℃

衰减比 $n=B/B'=35/10=3.5$

(4) 新稳态值的±2%范围为 410×(±2%)=±8.2℃,因此进入 401.8—418.2℃即可认为过渡过程结束,从图中可知过渡时间约为 37 min。

(5) 振荡周期 $T=35-9=26$ min。

最大偏差 $A=45℃<60℃$,所以该调节系统满足工艺要求。

5. 一个简单水槽对象,进水流量 Q_i 为 20 m^3/h,液位 h 稳定在 10 m 处,现在我们人为地将进水流量突然加大到 30 m^3/h,液位 h 的反应曲线如习题图1-4所示,试求出该水槽对象的特性参数。(液位 h 为输出变量,进水流量 Q_i 为输入变量)

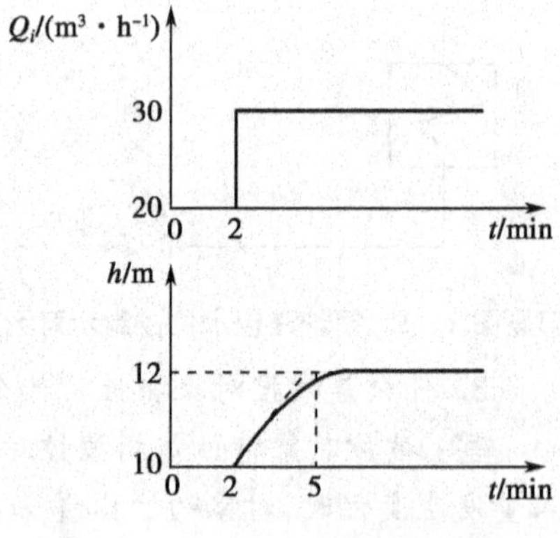

习题图 1-4 水槽的阶跃反应曲线

解: 由曲线可知:

时间常数 $T=5-2=3$ min

放大系数 $K=\frac{12-10}{30-20}=\frac{2}{10}=0.2\ h/m^2$

滞后时间 $\tau=2$ min

6. 什么是简单控制系统? 画出简单控制系统的典型方块图。

答: 简单控制系统是指由一个被控对象、一个检测元件及变送器、一个调节器和一个执行器所组成的单闭环控制系统,有时也称为单回路控制系统。

简单控制系统的典型方块图如习题图 1-5 所示。

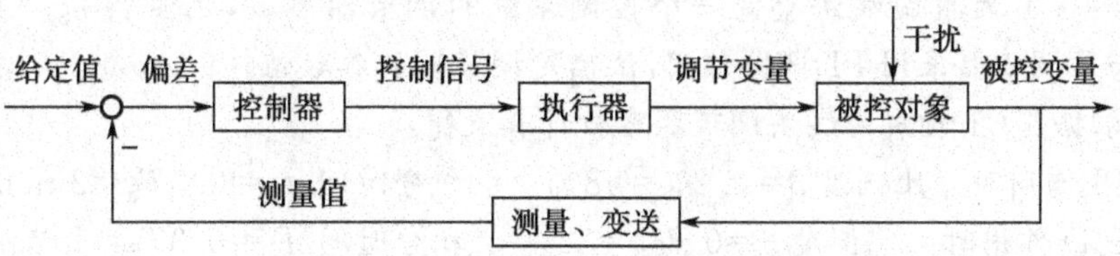

习题图 1-5　简单控制系统的典型方块图

7. 被控对象、执行器以及调节器的正、反作用是如何规定的?

答:(1) 被控对象的正、反作用是这样规定的:当调节变量增加时,被控变量也增加的对象为“正作用”;反之,当调节变量增加时被控变量反而下降的对象为“反作用”。

(2) 执行器的正、反作用是由执行器本身的气开、气关形式决定的,气开阀为“正作用”,气关阀为“反作用”。

(3) 调节器的正、反作用是这样的:当送进调节器的测量值增加时,调节器的输出也增加,则称为“正作用”;反之,则称为“反作用”。

8. 如习题图 1-6 所示为一加热炉出口温度控制系统示意图。试画出该控制系统的方块图,确定调节阀的气开、气关形式和调节器的正、反作用,并简述物料流量突然增加时该控制系统的调节过程。

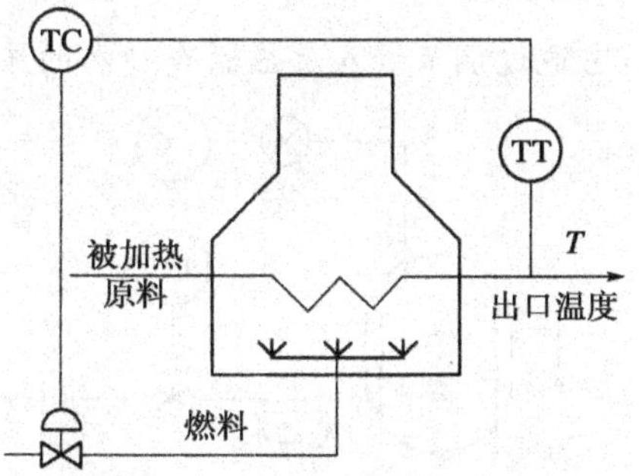

习题图 1-6　加热炉温度控制系统

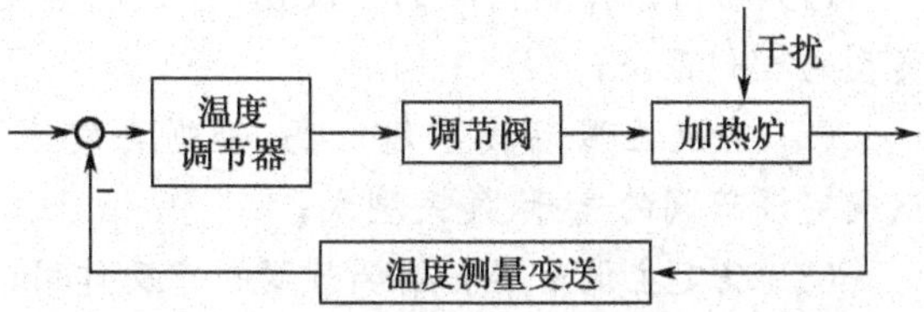

习题图 1-7　加热炉出口温度控制系统方块图

解:该控制系统的方块图如习题图 1-7 所示。

当调节阀上的气源中断时,为了防止炉温过高,烧坏炉子,应关闭阀门,不再通入燃料气,因此采用气开阀。

在该控制系统中,当燃料气流量增加时,加热炉出口温度升高,因此,加热炉为“正作用”对象;测量变送元件的作用方向也为“正方向”;调节阀为气开阀,也属于“正作用”方向;为了保证系统具有负反馈,调节器应为“反作用”方向。

当物料流量突然增加时,物料出口温度会下降,使温度测量变送元件的输出信号下降;该测量信号送至调节器作为输入信号,由于调节器是反作用的,故其输出信号升高;该调节信号送至调节阀作为输入信号,由于调节阀是正作用的,故其输出信号升高,即阀门开度增加,通过阀门的燃料气流量增加;由于加热炉为正作用对象,故其输出增加,即物料出口温度增加。这样,由物料流量增加所引起的出口温度下降得到了克服,物料出口温度可维持在恒定的数值上。

9. 用 4∶1 衰减曲线法整定一个控制系统的调节器参数，已测得 $\delta_S=40\%$、$T_S=4$ min。如果调节器采用 PI、PID 作用，试确定调节器的参数值。

解：根据 4∶1 衰减曲线法调节器参数计算表得：

(1) PI 作用时　比例度 $\delta=1.2\delta_S=48\%$　　积分时间 $T_I=0.5T_S=2$ min

(2) PID 作用时　比例度 $\delta=0.8\delta_S=32\%$　　积分时间 $T_I=0.3T_S=1.2$ min

微分时间 $T_D=0.1T_S=0.4$ min

10. 什么是串级控制系统？画出串级控制系统的典型方块图。

解：串级控制系统主要由其结构上的特征而得名。它由主、副两个调节器串接工作，主调节器的输出作为副调节器的给定值，而副调节器的输出作为执行器的输入并操作它，以实现对被控参数的定值控制。

其典型方块图如习题图 1-8 所示。

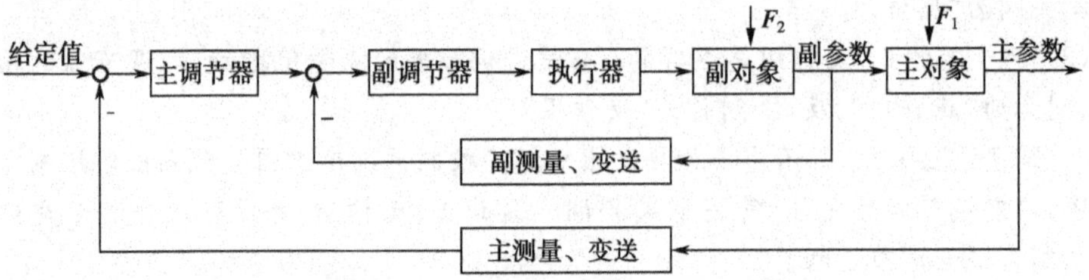

习题图 1-8　串级控制系统的典型方块图

11. 如习题图 1-9 所示的反应器温度控制系统，它通过调节进入反应器冷却水的流量来保持反应器温度的稳定。要求：

(1) 画出该控制系统的方块图，并说明它是什么类型的控制系统；

(2) 若反应器温度不能过高，否则会发生事故，试确定调节阀的气开、气关型式；

(3) 确定主调节器和副调节器的正反作用；

(4) 若冷却水压力突然升高，试简述该控制系统的调节过程。

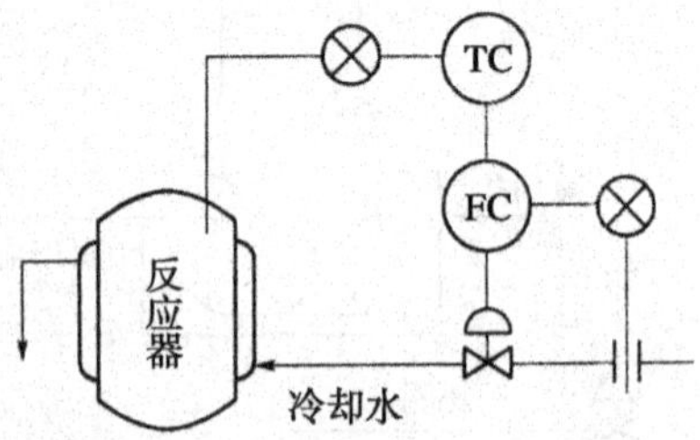

习题图 1-9　反应器温度控制系统

解：(1) 本系统是串级控制系统，其方块图如习题图 1-10 所示。

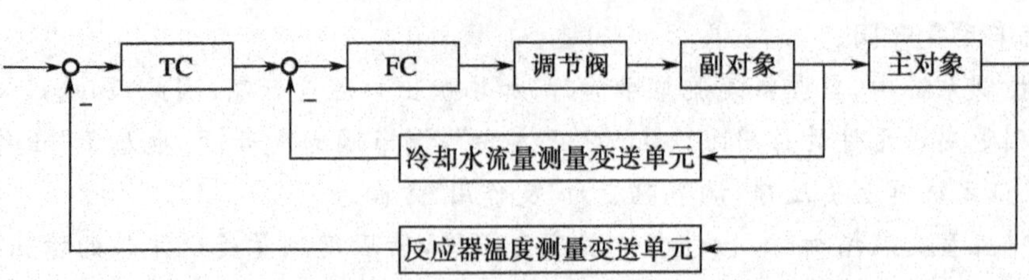

习题图 1-10　反应器温度流量串级控制系统方块图

(2) 因为反应器温度不能过高，调节阀在气源中断时应是打开的，因此采用气关阀。

(3) 先确定副调节器。因为副对象是正作用对象，调节阀是反作用方向，为了保证副环为负反馈，副调节器采用正作用。

再确定主调节器。把整个副环看成一个正作用环节，主对象为反作用对象，为了保证主环为负反馈，主调节器采用正作用。

(4) 从副环来看，当冷却水压力升高时，冷却水的流量增加，由于副调节器是正作用，其输出增加；又由于调节阀是气关阀，故其输出减小，因而冷却水流量减少，从而很及时地克服了由于压力升高所引起的流量增加，使冷却水压力的波动几乎不影响到反应器温度。

从主环来看，若副环对冷却水压力的波动不能完全克服，而使反应器温度有了微小的降低。这时，由于主调节器是正作用调节器，其输出减小，即副调节器的给定值减小，相当于副调节器的测量值增加，所以其输出增加，调节阀开度减小，冷却水流量减少，使反应器温度回升。这样，主环和副环同时作用，很及时地克服了冷却水压力的影响。

12. 均匀控制系统设置的目的是什么？它有哪些特点？

解：均匀控制系统的目的是为了解决前后工序供求矛盾，从而使两个变量之间能够互相兼顾并协调操作。

均匀控制系统的特点是使前后互相联系又互相矛盾的两个变量都在允许的范围内缓慢地变化，而不像其他控制系统那样要求被控变量尽量保持不变。

（二）习题部分

1. 自动控制系统由哪些部分组成？各部分起什么作用？

2. 什么是调节作用？什么是干扰作用？它们之间有什么关系？

3. 什么是自动控制系统的过渡过程？在阶跃扰动作用下，其过渡过程有哪些基本形式？

4. 什么是一个自动控制系统的被控对象、被控参数、给定值、调节作用、调节参数、调节介质？试举例说明之。

5. 什么是反馈、正反馈、负反馈？为什么通常的自动控制系统都是负反馈系统？

6. 试画出一个典型控制系统的方块图，并说明各个方块的输入信号和输出信号各是什么？

7. 什么是控制系统的静态与动态？为什么说研究控制系统的动态比其静态更有意义？

8. 什么是传递函数？试写出一阶系统和二阶系统的典型的传递函数及相应的微分方程，并说明其中各参数的意义。

9. 习题图 1-11 为一反应器温度调节系统示意图。A、B 两种物料进入反应器进行反应，通过改变进入夹套的冷却水流量来控制反应器内的温度保持不变。试画出该温度控制系统的方块图，并指出该控制系统中的被控对象、被控变量、调节变量及可能引起被控变量变化的干扰各是什么？

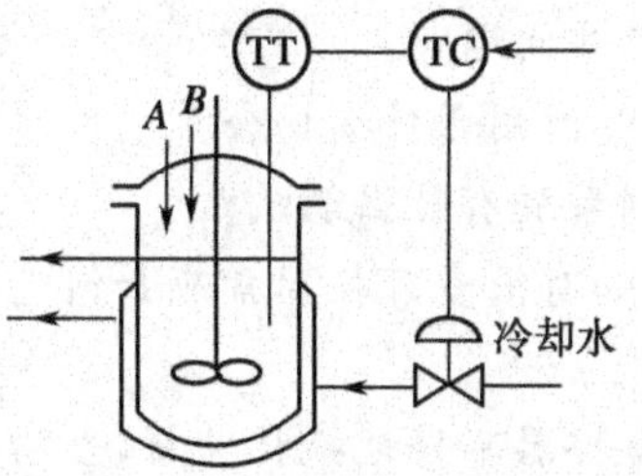

习题图 1-11　反应器温度调节系统

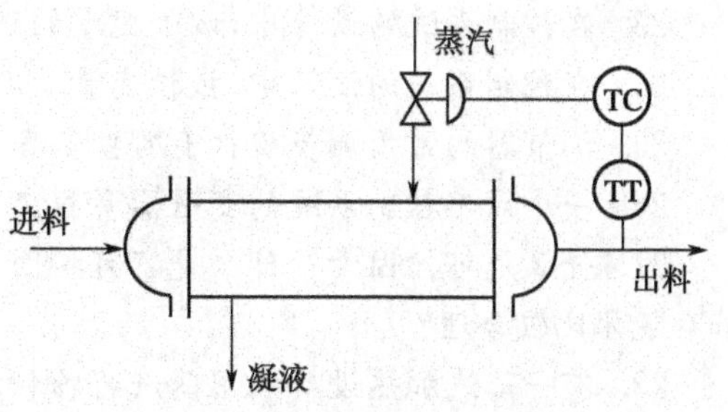

习题图 1-12　蒸汽加热器温度控制系统

10. 如习题图 1－12 为蒸汽加热器温度控制系统示意图，通过改变进入加热器的蒸汽流量使得物料出口温度保持恒定。试画出该控制系统的方块图，并说明其中的被控对象、被控变量、调节变量及可能引起被控变量变化的干扰量各是什么？

11. 在阶跃信号的作用下，控制系统被控变量的过渡过程有哪几种形式？各有什么特点？哪些属于稳定的过渡过程？哪些属于不稳定的过渡过程？

12. 衰减振荡过程的品质指标有哪些？它们的含义是什么？

13. 在生产过程中，为什么经常要求调节系统具有衰减振荡形式的过渡过程？

14. 描述对象特性的参数有哪些？其物理意义分别是什么？

15. 何谓控制通道？何谓干扰通道？它们的特性对控制系统质量有什么影响？

16. 已知一个对象特性是具有纯滞后的一阶特性，其时间常数为 5，放大倍数为 10，纯滞后时间为 2，请写出该对象特性的一阶微分方程式。

17. 为什么称放大倍数 K 为对象的静态特性参数，而时间常数 T 和滞后时间 τ 是对象的动态特性参数？

18. 对象的滞后形式有几种？各由什么原因造成的？

19. 某温度控制系统的给定值为 200℃，在单位阶跃干扰下的过渡过程曲线如习题图 1－13 所示，试分别求出该过程的各项品质指标（最大偏差、衰减比、余差、过渡时间）。

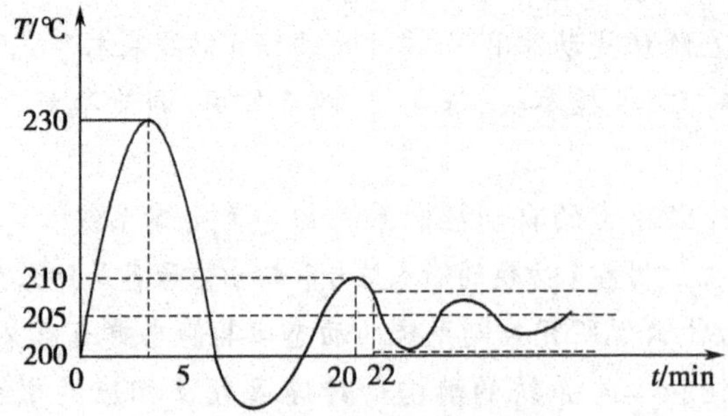

习题图 1－13　过渡过程曲线

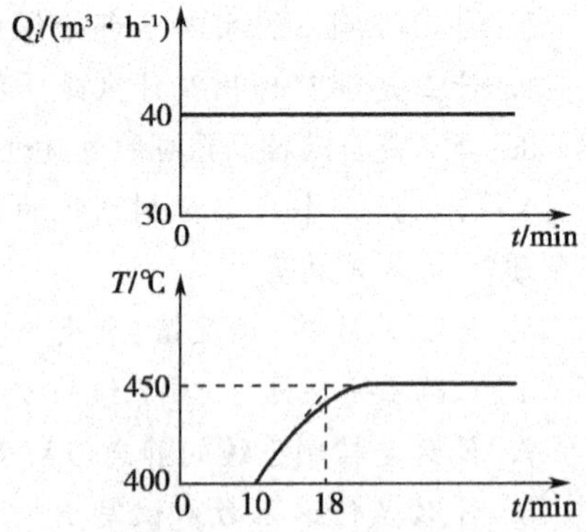

习题图 1－14　阶跃反应曲线

20. 已知某温度对象的特性曲线如习题图 1－14 所示，试计算该对象的放大系数 K、时间常数 T 及纯滞后时间 τ。

21. 什么是直接指标控制？什么是间接指标控制？

22. 在控制系统的设计中，被控变量的选择应遵循哪些原则？

23. 在控制系统的设计中，调节变量的选择应遵循哪些原则？

24. 在控制系统的设计中，被控变量的测量应注意哪些问题？

25. 调节器的常用调节规律有哪些？各有什么特点？适用于什么场合？

26. 一个简单控制系统的变送器量程变化后，对控制系统有什么影响？

27. 什么是可控因素？什么是不可控因素？系统中如有很多可控因素应如何选择调节参数才比较合理？

28. 有一蒸汽加热设备利用蒸汽将物料加热，并用搅拌器不停地搅拌物料，当物料达到所需温度后排出。试问：

(1) 影响物料出口温度的主要因素有哪些？

(2) 如果要设计一温度控制系统，你认为被控量与操纵变量应选哪一个？为什么？

(3) 如果物料在温度过低时会凝结，据此情况应如何选择控制阀的开闭形式及控制器的正、反作用？

29. 什么是气开阀？什么是气关阀？调节阀气开、气关型式的选择应从什么角度出发？

30. 试述控制阀流量特性的选择原则，并举例加以说明。

31. 调节器正、反作用选择的依据是什么？

32. 调节器参数整定的任务是什么？常用的整定参数方法有哪几种？它们各有什么特点？

33. 如习题图 1－15 所示为一锅炉汽包液位控制系统的示意图，要求锅炉不能烧干。试画出该系统的方块图，判断调节阀的气开、气关形式，确定调节器的正、反作用，并简述当加热室温度升高导致蒸汽蒸发量增加时，该控制系统是如何克服干扰的。

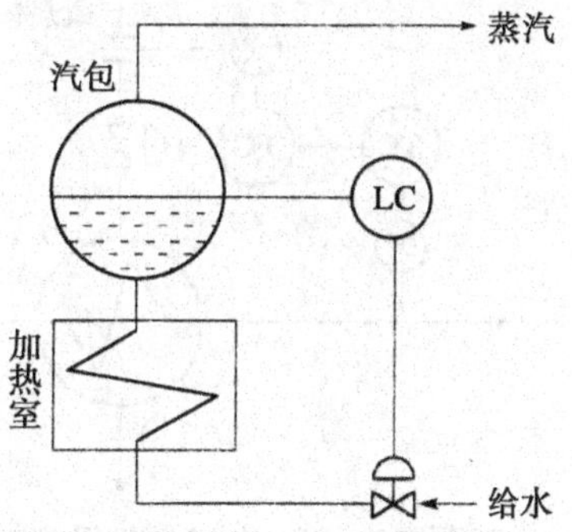

习题图 1－15　锅炉汽包液位控制系统

34. 如习题图 1－16 所示为精馏塔温度控制系统示意图，它通过调节进入再沸器的蒸汽量实现被控变量的稳定。试画出该控制系统的方块图，确定调节阀的气开、气关形式和调节器的正、反作用，并简述由于外界干扰使精馏塔温度升高时该系统的调节过程。(此处假定精馏塔的温度不能太高)

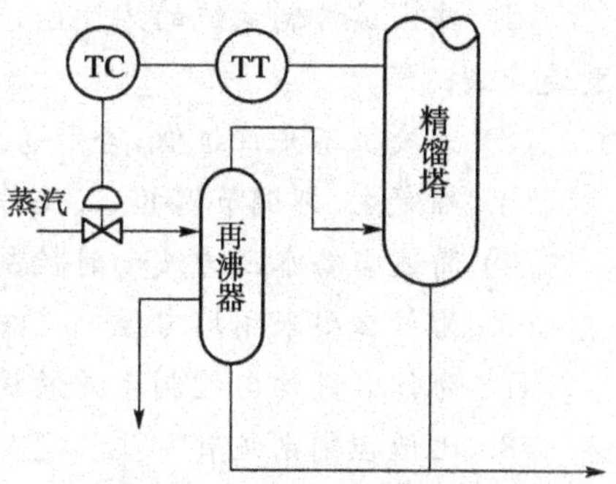

习题图 1－16　精馏塔温度控制系统

35. 简单控制系统的投运步骤是什么？

36. 简单控制系统由手动切换为自动或自动切换为手动时应注意些什么？

37. 什么是调节器参数的工程整定？常用的调节器参数整定的方法有哪几种？

38. 某控制系统用临界比例度法整定参数，已知 $\delta_k = 25\%$、$T_k = 5$ min。请分别确定 PI、PID 作用时的调节器参数。

39. 与简单控制系统相比，串级控制系统有哪些特点？

40. 串级控制系统最主要的优点体现在什么地方？试通过一个例子与简单控制系统作一比较。

41. 串级控制系统中的副被控变量如何选择？

42. 在串级控制系统中，如何选择主、副调节器的调节规律？其参数又如何整定？

43. 为什么说串级控制系统的主回路是定值控制系统，而副回路是一个随动控制系统？

44. 对于习题图 1－17 所示的加热器串级控制系统。要求：

(1) 画出该控制系统的方块图，并说明主变量、副变量分别是什么，主调节器、副调节器分别是哪个调节器；

(2) 若工艺要求加热器温度不能过高,否则易发生事故,试确定调节阀的气开、气关型式;

(3) 确定主、副调节器的正、反作用;

(4) 当载热体压力突然增加时,简述该控制系统的调节过程;

(5) 当冷流体流量突然加大时,简述该控制系统的调节过程。

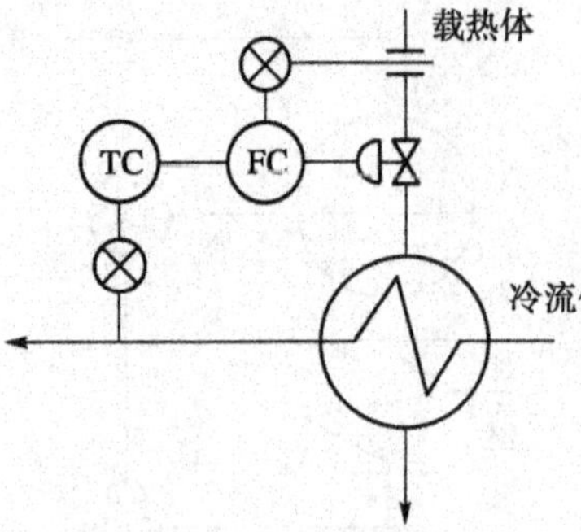

习题图 1-17 加热器串级控制系统

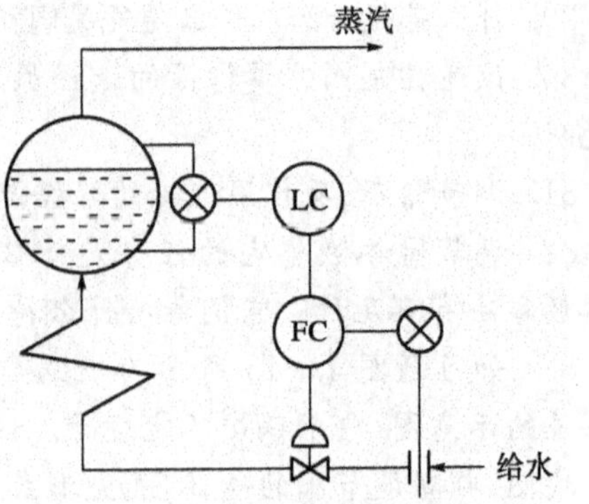

习题图 1-18 流量—液位串级控制系统

45. 对于习题图 1-18 所示的流量—液位串级控制系统,要求:

(1) 画出该控制系统的方块图,说明该系统的主、副变量分别是什么,主、副调节器分别是什么;

(2) 若液位不允许过低,否则易发生事故,试选择阀门的气开、气关型式;

(3) 确定主、副调节器的正、反作用;

(4) 简述当给水压力波动时控制系统的调节过程。

46. 为什么要采用均匀控制系统? 均匀控制方案与一般的控制方案有什么不同?

47. 为什么说均匀控制系统的核心问题是调节器参数的整定问题?

48. 比值控制系统有哪些类型? 各有什么特点?

49. 对于习题图 1-19 所示的单闭环比值控制系统,试简述 Q_1 和 Q_2 分别有波动时控制系统的控制过程。

50. 双闭环比值控制系统与串级控制系统有什么异同点?

51. 什么是分程控制系统? 它区别于一般的简单控制系统最大的特点是什么?

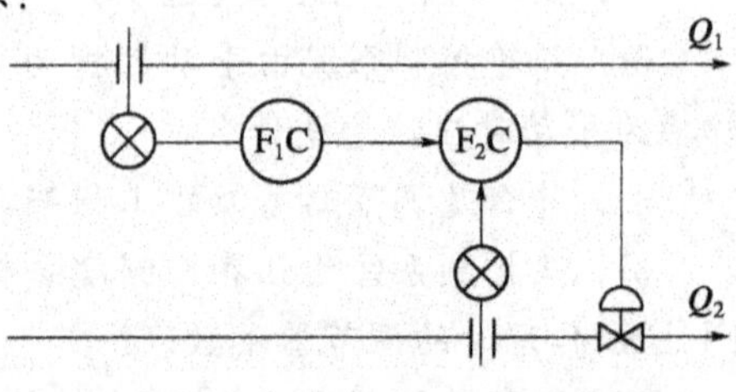

习题图 1-19 单闭环比值控制系统

52. 分程控制系统应用于哪些场合? 请分别举例说明其控制过程。

53. 分程控制系统中调节器的正、反作用是如何确定的? 举例说明之。

54. 在分程控制系统中,什么情况下选择同向动作的调节阀? 什么情况下选择反向动作的调节阀?

55. 对于如习题图 1-20 所示的控制系统,要控制精馏塔塔底温度,手段是改变进入塔底再沸器的热剂流量,该系统采用 2℃的气态丙烯作为热剂,在再沸器内释热后呈液态进入冷凝液贮罐。试分析:

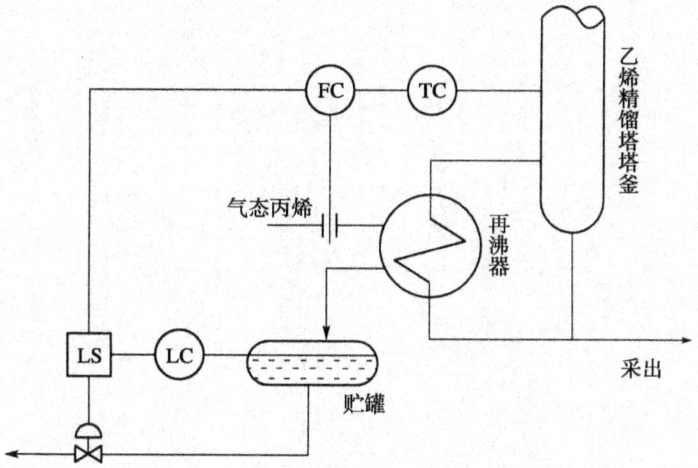

习题图 1-20　精馏塔塔底温度控制系统

(1) 该系统是一个什么类型的控制系统，试画出其方块图；

(2) 若贮罐中的液位不能过低，确定调节阀的气开、气关型式；

(3) 确定调节器的正、反作用；

(4) 简述系统的控制过程。

56. 选择性控制系统有哪些类型？各有什么特点？

57. 系统为什么会出现积分饱和？产生积分饱和的条件是什么？抗积分饱和的措施有哪些？

58. 与反馈控制系统相比，前馈控制系统有什么特点？为什么控制系统中不单纯采用前馈控制，而是采用前馈—反馈控制？

59. 为什么前馈调节器不能采用常规的调节器？

60. 在如习题图 1-21 所示的锅炉三冲量液位控制系统中，三冲量是指哪三个冲量？简述蒸汽负荷增大时和供水压力增加时系统分别如何进行调节。

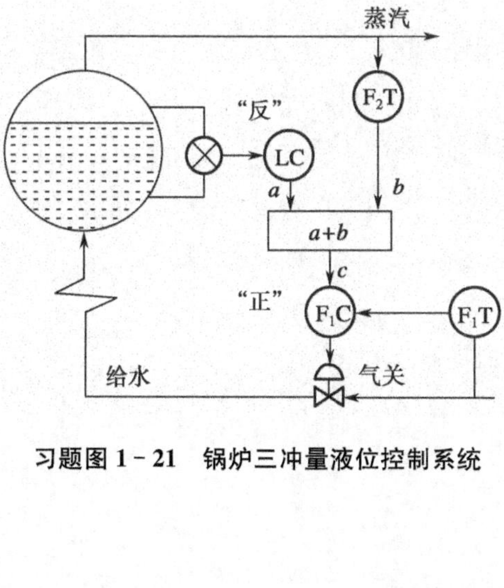

习题图 1-21　锅炉三冲量液位控制系统

第二篇　过程控制仪表

控制仪表是实现过程自动化必不可少的技术工具。由前一篇可知，自动控制系统由被控对象、检测仪表及变送器、调节器和执行器等四大部分组成。其中，除了被控对象之外的三个部分，都是过程控制仪表。因此，学好控制仪表是实现生产过程自动化的必要条件之一。

在计算机控制日益普及的时代，仪表与计算机的界线越来越模糊，一方面，仪表智能化，仪表中普遍采用 CPU 为核心器件；另一方面，计算机仪表化，计算机应用到几乎每一个角落，取代控制仪表的能力也在不断加强。

控制仪表按所使用的能源可划分为气动、电动和液动仪表，气动仪表发展的较早，气动仪表的特点是结构简单，价格便宜，可靠性好，本质安全防爆；电动仪表的特点是信号传输与处理特别方便；在过程控制中应用的液动仪表主要是执行器类仪表。由于电动仪表的迅速发展，它经历了 DDZ-Ⅰ型(电子管)、DDZ-Ⅱ(晶体管)、DDZ-Ⅲ(集成电路)和 DDZ-Ⅳ型或 S 型(微处理器)四个发展阶段，目前以 DDZ-Ⅲ应用最多。气动仪表由于其本质安全防爆的优点，执行器中仍大量使用，但电动执行器的应用在增长。DDZ-Ⅰ型、DDZ-Ⅱ型、DDZ-Ⅲ型都是模拟仪表，DDZ-Ⅳ型是数字仪表。但 DDZ-Ⅳ的地位尚未明朗，可能是全面数字化控制的一个过渡产品。

本篇的第 7 章介绍了检测元件及变送、显示仪表，这是实现生产过程自动控制的必要的第一步，不能测量出被控变量，就无法进行控制。有很多领域目前尚未进行有效控制的原因往往是检测尚未过关。检测变送仪表将生产过程中有关的工艺参数准确及时地测量出来，并转换成统一的标准信号(0—10 mA、4—20 mA 直流电信号或 20—100 kPa气压信号)送往调节仪表及显示仪表。

第 8 章介绍了调节器的调节规律、电动调节器和数字可编程调节器。

第 9 章介绍执行器，主要介绍气动执行器，简要介绍电动执行器、智能电动执行器、电-气转换器、电-气阀门定位器和变频器。

第 7 章 检测元件及变送器

在工业生产程中，必须及时准确地检测出生产过程中的有关变量，以便正确地指导生产操作，实现生产过程的自动化，保证生产正常进行，以保证产品质量和安全生产。检测工艺变量，首先由检测元件（又称敏感元件或传感器）直接响应工艺变量，并输出一个与之成对应关系的信号，如热电偶测量温度时得到与温度相对应的热电势。检测元件的输出再经过变送器转换成统一的标准电、气信号，送往显示仪表指示或记录工艺变量；或同时送往调节仪表对被控变量进行调节。有时，将检测元件、变送器及显示装置统称为检测仪表。

过程控制对检测仪表有以下三条基本要求：

(1) 测量值要能正确地反映被测变量的大小，误差不超过规定的范围；

(2) 测量值必须迅速反映被测变量的变化，即动态响应比较迅速；

(3) 检测仪表在工作环境条件下，应能长期工作，以保证测量值的可靠性。

7.1 测量误差和测量仪表的性能指标

7.1.1 测量误差

任何测量过程都存在着误差，即测量误差。所以在使用仪表测量工艺参数时，不仅需要知道仪表的指示值，还需了解测量值的误差范围。

待测量的测量值 x 与真实值 x_0 之差就称为测量误差 Δx，即

$$\Delta x = x - x_0 \tag{7-1}$$

误差存在于一切测量之中，而且贯穿测量过程的始终。因此，只有通过正确的误差分析，知道测量中哪些量对测量结果影响大，哪些量对测量结果影响小，从而努力测准那些对结果影响大的关键量，而不必花大功夫在那些测不太准且对结果影响很小的量上去。

1. 误差的性质和来源

根据误差本身的性质，可将测量误差分为两类：系统误差和偶然误差。

(1) 系统误差

在相同条件下，多次测量一个量，其误差的绝对值和大小保持不变，或按一定的规律

变化。这样的误差叫系统误差，它总是使测量结果偏向一个方向。

其来源可以有以下几个方面：

① 由仪表引入的系统误差　如仪表的示值不准、零值误差、仪表的结构误差等。

② 理论(方法)误差　由于某些理论公式本身的近似性，或实验条件不能满足理论公式所规定的要求，或测量方法本身所带来的误差。

③ 个人误差　由于实验者本人生理或心理特点造成的，使实验结果产生偏向一定、大小一定的误差。

系统误差总是使测量结果偏向一边，或者偏大，或者偏小。因此多次测量求平均值并不能消除系统误差，要根据各种不同的情况，找到产生系统误差的原因，采取一定的方法去尽量消除它的影响，或者对测量结果进行修正。例如采用标准孔板测蒸汽流量，如果工作时蒸汽压力和温度与设计孔板孔径的数据不同，就会引起系统误差，如果已知变动后的工作状态的蒸汽压力和温度数值，则可以通过相应的关系式进行计算，对仪表的指示值进行修正，以消除测量误差。

(2) 偶然误差

在测量时，即使消除了系统误差(实际上不可能也不必要绝对排除)，在相同条件下进行多次重复测量同一待测量时，发现各测量值之间也有差异，由此而产生的误差(即各测量值与真值之间的差异)的绝对值与符号是不确定的，这就是偶然误差，又叫随机误差。

偶然误差的存在，表现为每次测量值偏大或偏小是不一定的，但它服从一定的统计规律。测量结果与真值偏差大的测量值出现的几率较小，偏差小的测量值出现的几率大，正方向误差和负方向误差出现的几率相等，并且绝对值很大的误差出现的几率趋近于零。这就是我们在实验中采取多次重复测量的依据。

偶然误差是一些实验中的偶然因素、人的感官灵敏度和仪表的精密度有限以及周围环境的干扰等引起的。用实验方法完全消除测量中的偶然误差是不可能的，但是用概率统计方法可以减小偶然误差对最后结果的影响，并且可以估计误差的大小。

2. 直接测量时偶然误差的估计

(1) 以算术平均值表示测量结果　对待测量进行多次重复测量，测量结果为 x_1，x_2，…，x_n，如前所述，真值是不能确切知道的，算术平均值 $\bar{x}$ 是对真值的最好近似：

$$x_0 = \bar{x} = (\sum_{i=1}^{n} x_i)/n = \frac{1}{n}(x_1 + x_2 + \cdots + x_n) \tag{7-2}$$

式中，x_i——第 i 次测量值。

(2) 平均绝对误差　算术平均值比较接近真值，但它仍非真值。它与真值之间的误差可以用平均绝对误差 $\overline{\Delta x}$ 来估计：

$$\overline{\Delta x} = (|x_1 - \bar{x}| + |x_2 - \bar{x}| + \cdots + |x_n - \bar{x}|)/n = \frac{1}{n}\sum_{i=1}^{n} |\Delta x_i| \tag{7-3}$$

式中，$\Delta x_i = x_i - \bar{x}$——为第 i 次测量的绝对误差。

据统计理论可以证明，多次重复测量的绝对误差 Δx_i 大小落在($-\overline{\Delta x}$，$+\overline{\Delta x}$)内的几率为 57.5%，平均值与真值之差在此区间内的几率就更大了。所以可认为真值在 $\overline{x}-\overline{\Delta x}$ 到 $\overline{x}+\overline{\Delta x}$ 之间，但并不排除多次测量中有部分测量值在 $\overline{x}\pm\overline{\Delta x}$ 之外。

(3) 标准误差(σ)和极限误差　估计误差的方法有许多种。用标准误差来代替平均绝对误差是一种更精确的常见的方法。理论证明，多次测量中的任一次测量值的误差落在 $\pm\sigma$ 区间内的可能性有 68.3%，落在 $\pm 3\sigma$ 区间内的可能性为 99.7%。因此一般将 $\pm 3\sigma$ 称为极限误差。如果发现某次测量值的误差超过了 $\pm 3\sigma$，可以认为该次测量失败，应该将之剔除，即将 $\pm 3\sigma$ 看成正常的偶然误差的极限。

由于平均值的标准误差随测量次数的变化小，具有一定的稳定性，且大多数计算工具都有计算标准误差的功能，所以许多科学论文都用标准误差去评价数据。

标准误差 σ 与平均绝对误差 $\overline{\Delta x}$ 的关系为：$\sigma=1.25\,\overline{\Delta x}$。一般在测量次数大于 5 次的情况下，要求用标准误差 σ 来处理数据。

(4) 仪器误差　以上估计偶然误差的方法是在测量次数较多的情况下使用的。然而在工业生产条件下，由于被测量参数往往处于经常不停的波动之中，仅能实现一次测量，这时估计误差要根据仪器分度值大小，测量的环境条件等具体情况考虑，要尽量符合实际。一次测量的误差，可以包括偶然误差和系统误差。一般根据所用测量仪表上注明的仪表误差(化工仪表为精密度)来表示单次测量的误差。如果没有注明，也可取仪器最小分度值的一半为仪表误差。

(5) 相对误差　相对误差也叫百分误差，它是绝对误差 Δx 与平均值(或标准值)x 之比，即相对误差

$$E=\frac{\Delta x}{x}\times 100\% \tag{7-4}$$

相对误差可用来比较测量对象不同时测量的好坏程度。

7.1.2 测量仪表的性能指标

1. 仪表的精度

测量仪表在其标尺范围内的绝对误差

$$\Delta x=x_i-x_0 \tag{7-5}$$

式中，x_i——被测参数的测量；

x_0——被测参数的标准值。

相对误差为

$$\delta=\pm\frac{\Delta x}{\text{标尺上限}-\text{标尺下限}}\times 100\% \tag{7-6}$$

仪表的标尺上限值与下限值之差，一般称为仪表的量程。

根据仪表的使用要求，规定在正常使用条件下允许的最大误差，称为允许误差。允许误差一般用相对百分误差来表示，即一台仪表的允许误差是指在规定的正常情况下允许的相对百分误差的最大值，即

$$\text{仪表的允许误差} = \pm \frac{\text{仪表允许的最大绝对误差}}{\text{标尺上限} - \text{标尺下限}} \times 100\%$$

简记为

$$\delta_{\text{允}} = \pm \frac{\Delta x_{\max}}{N} \times 100\% \tag{7-7}$$

式中，$\delta_{\text{允}}$——仪表的允许误差；

$\Delta x_{\max}$——允许的最大误差；

N——仪表量程。

仪表精度是按国家统一规定的允许误差划分成若干等级，根据仪表的允许误差，去掉正负号及百分符号后的数值，可以确定仪表的精度等级。根据国家标准的规定，我国生产的仪表常用的精度等级为 0.005，0.02，0.05，0.1，0.2，0.4，0.5，1.0，1.5，2.5，4.0 等。如果某台测温仪表的最大相对百分误差为±2.5%，则认为该仪表的精度等级为 2.5 级。从下面的两个例题可以分辨出如何确定仪表的精度等级和怎样选择仪表的精度等级。

例 7.1 某台测温仪表的测温范围为 0—500℃，校验该表时得到的最大绝对误差为±3℃，试确定该仪表的精度等级。

解： 该仪表的最大相对百分误差为

$$\delta_{\max} = \pm \frac{\Delta x_{\max}}{N} \times 100\% = \frac{\pm 3}{500} \times 100\% = \pm 0.6\%$$

如果将仪表的最大相对百分误差去掉正负号和百分符号，其数值为 0.6。由于国家规定的精度等级中没有 0.6 级仪表，同时，该仪表的最大相对百分误差超过了 0.5 级的允许误差(±0.5%)，所以该台仪表的精度等级为 1.0 级。

例 7.2 某台测温仪表的测温范围为 200—1 200℃，根据工艺要求，温度指示值的误差不得超过±7℃。试问怎样选择仪表的精度等级才能满足以上要求？

解： 根据工艺要求，仪表的允许误差为

$$\delta_{\text{允}} = \frac{\pm 7}{1\,200 - 200} \times 100\% = \pm 0.7\%$$

如果将仪表的允许误差去掉正负号及百分符号，其数值为 0.7。此数值介于 0.5—1.0 之间。如果选择精度等级为 1.0 的仪表，其允许的误差为±1.0%，超过了工艺上允许的数值，故应选择 0.5 级仪表才能满足工艺要求。

由以上两个例题可以看出，根据仪表的校验数据来确定仪表的精度等级和根据工艺要求来选择仪表精度等级，情况是不一样的。根据仪表的校验数据来确定仪表的精度等级，仪表的允许误差应该大于(至少等于)仪表校验所得的最大相对百分误差；根据工艺要求来选择仪表精度等级时，仪表的允许误差应小于(至多等于)工艺上所允许的最大相

对百分误差。

仪表的精度等级是衡量仪表质量的重要指标之一，由上述可以看出，当数值越小时，表示仪表的精度等级越高，仪表的准确度也越高。0.05 级以上的仪表，常用来作为标准表；工业现场用的测量仪表，其精度大多是 0.5 级以下的。

仪表的精度等级一般可用不同的符号形式标志在仪表的面板上。

2. 非线性误差

对于理论上具有线性刻度的测量仪表，往往由于各种因素的影响，使得仪表的实际特性偏离其理论上的线性特性。

非线性误差是衡量偏离线性程度的指标，它取实际值与理论值之间的绝对误差最大值 $\Delta x'_{\max}$ 和仪表量程之比的百分数表示，即

$$\text{非线性误差} = \frac{\Delta x'_{\max}}{N} \times 100\% \tag{7-8}$$

3. 变差

在相同条件下，用同一仪表对某一工艺参数进行正反行程（即逐渐由小到大和逐渐由大到小）测量时，发现相同的被测量值正反行程所得到的测量结果不一定相同，二者之差即为变差。

造成仪表的变差的原因很多，例如传动机械的间隙、运动部件的摩擦、弹性元件的弹性滞后的影响等。变差的大小是：取在同一被测量值下正反行程间仪表指示值的绝对误差的最大值 $\Delta x''_{\max}$ 与仪表标尺范围之比的百分数表示，即

$$\text{变差} = \frac{\Delta x''_{\max}}{N} \times 100\% \tag{7-9}$$

必须注意，仪表的变差不能超出仪表的允许误差，否则，应及时修理。

4. 灵敏度和灵敏限

灵敏度是测量仪表对被测参数变化的灵敏程度，取仪表的输出信号，例如指针的直线位移或角位移 $\Delta\alpha$ 与引起此位移的被测参数变化量 Δx 之比表示，即

$$\text{灵敏度} = \frac{\Delta\alpha}{\Delta x} \tag{7-10}$$

增加放大系统（机械的或电子的）的放大倍数可提高测量仪表的灵敏度，但是，必须指出仪表的性能主要取决于仪表的基本误差，如果单纯地从加大仪表灵敏度来企图获得更准确的读数，这是不合理的，反而可能出现似乎灵敏度很高，但精度实际上却下降的虚假现象。为了防止这种虚假灵敏度，常规定仪表标尺上的分格值不能小于仪表允许误差的绝对值。

仪表的灵敏限则是指引起仪表示值发生可见变化的被测参数的最小变化量。一般仪表的灵敏限的数值应不大于仪表允许误差绝对值的一半。

值得注意的是，上述指标仅适用于指针式仪表。在数字式仪表中，往往用分辨力来表示仪表灵敏度（或灵敏限）的大小。

5. 分辨力

数字式仪表的分辨力常指引起该仪表的最末一位改变一个数值的被测参数的变化

量。因而，同一个仪表不同量程的分辨力是不同的，量程越小，分辨力越高。相应于最低量程的分辨力称为该表的最高分辨力，也称灵敏度。通常以最高分辨力作为仪表的分辨力指标。例如，某数字万用电表最低量程是 100 mV，五位数字显示，最小显示的电压数为 0.01 mV，即为该表的灵敏度。

6. 响应时间

用仪表对被测量值进行测量时，在被测量变化以后，仪表指示值总要经过一段时间后才能准确的显示出来。响应时间就是指测量仪表能不能尽快反映出参数变化的品质指标。反应时间长，说明仪表需要较长时间才能给出准确的指示。这就不宜用来测量变化频繁的参数，因为在这种情况下，当仪表尚未准确显示出被测值时，参数本身早已改变了，使仪表始终指示不出参数瞬时值的真实情况。所以仪表响应时间长短，实际上反应了仪表动态特性的好坏。

仪表的响应时间有不同的表示方法。当输入信号突然变化一个数值后，输出信号（即仪表的指示值）将由原始值逐渐变化到新的稳定值。仪表的输出信号由开始变化到新的稳定值的 63.2%所用的时间，可用来表示响应时间，也有用变化到新稳定值的 95%所用的时间来表示响应时间的。

在考虑对仪表性能指标要求时，除了上述指标外，还应考虑仪表的可靠性。一台仪表在使用过程中，各种性能指标不应该有明显的变化。另外，对性能指标的要求切勿有片面性、绝对性。要根据工艺生产的实际需要，并考虑到仪表制造的现状及经济合理性，对仪表性能指标提出合理的要求。

7.2 温度的检测及变送

温度是表征物体冷热程度的物理量，是工业生产和科学实验中最常见、最重要的参数之一。在化工、制药生产中，温度的测量及控制有着重要的地位。在生产过程中伴随着物质的物理性质、化学性质的改变，有能量的交换和转化，其中最普遍的是热量交换。因此，化工、制药生产中的各种工艺过程都是在一定的温度下进行的，例如精馏过程中，对精馏塔的进料温度、塔顶温度和塔釜温度都必须按工艺要求分别控制在一定数值上。否则，产品不合格，严重时会发生事故，因此，温度的测量和控制是保证反应过程正常进行和安全运行的重要环节。

7.2.1 温度测量的基本方法

温度不能直接测量，只能借助于冷热不同物体之间的热交换，以及物体的某些物理性质随温度不同而变化的特性来间接测量。

任何两个温度不同的物体相接触，必然发生热交换现象，热量将由温度高的物体向温度低的物体传递，直到两物体温度相等，即达到热平衡状态为止。接触法测温就是利用这一原理，选择一物体，该物体的某一物理量（如液体的体积、热电阻的阻值）与温度成比例关系，将该物体同被测物体相接触，并进行热交换(该物体热容量很小，不改变被测物体温度)，当两者达到热平衡状态时，它们的温度相等，于是，测出该物体的某一物理量，就可以定量地给出被测物体的温度数值。也可以利用热辐射原理，进行非接触测温。

测量温度时感受温度的元件称为感温元件。感温元件是利用物质的不同物理性质来反映温度的，常用的物理性质有以下几个方面。

1. 利用物质热胀冷缩的特性测温

基于某些物体受热体积膨胀的特性制成的温度计称作膨胀式温度计。玻璃管温度计是属于液体膨胀式温度计；双金属温度计是属于固体膨胀式温度计。现简单介绍双金属温度计。

双金属温度计中的感温元件是用两片线膨胀系数不同的金属片叠焊在一起而制成的。双金属片受热后，由于两金属片的膨胀长度不同而产生弯曲，如图 7-1 所示。温度越高，产生的线膨胀长度差越大，因而引起弯曲的角度越大。双金属温度计就是按这一原理而制成的。它是用双金属感温片制成螺旋形感温元件，放入金属保护套管内，温度变化时，螺旋形感温元件的自由端便围绕着中心轴转动一角度，同时带动指针在刻度盘上指示出相应的温度数值，如图 7-2 所示。

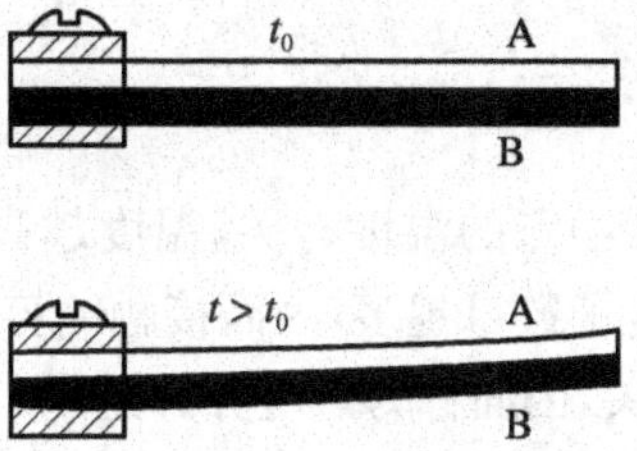

图 7-1　双金属片受热膨胀

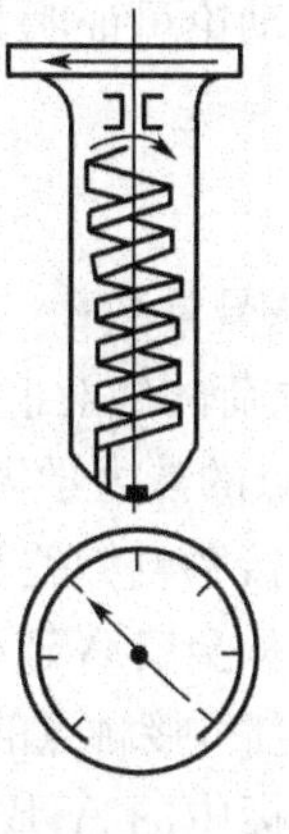

图 7-2　螺旋管状双金属片温度计

2. 利用工作物质的压力随温度变化的原理测温

应用压力随温度变化测温的仪表称为压力式温度计。它是根据处于封闭系统中的液体、气体或低沸点液体的饱和蒸汽受热后体积或压力变化这一原理而制成的。测出相应的压力，就能知道待测温度。

压力式温度计由温包、毛细管和盘簧管(或称弹簧管)组成，如图 7-3 所示。在温包、毛细管和盘簧管组成的封闭系统中充以工作物质，温包直接与被测介质接触以感受温度的变化，封闭系统中的压力随被测介质温度变化而变化，压力的大小由盘簧管测出。

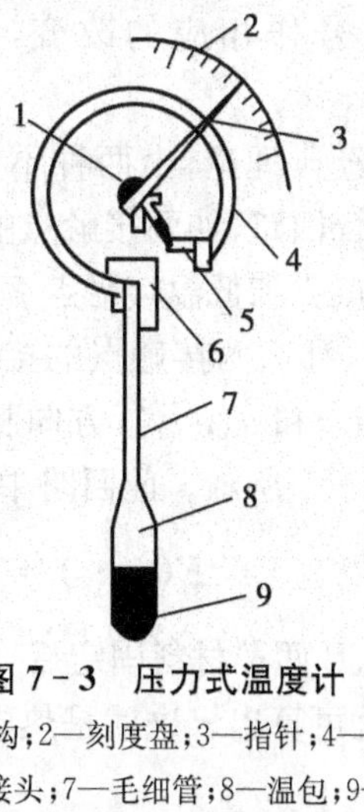

图 7-3　压力式温度计

1—传动机构；2—刻度盘；3—指针；4—弹簧管；5—连杆；6—接头；7—毛细管；8—温包；9—工作物质

3. 利用热辐射原理测温

热的传递有传导、对流和辐射三种形式。热辐射是高温物体以电磁波的形式辐射出能量，其辐射出的热能与温度有关，温度越高，辐射出的热能越大，辐射式高温计就是根据这一原理制成的。现在，已广泛地被用来测量高于 800℃的温度。

4. 应用热电效应测温

当两种自由电子密度不同的金属 A 和金属 B 密切接触时，按经典电子理论，金属中的自由电子如容器中的气体分子一样，将在金属中进行扩散，若金属 A 的自由电子密度大于金属 B($n_A > n_B$)，这样从金属 A 扩散到金属 B 的自由电子将多于从金属 B 扩散到金属 A 的自由电子，如图 7-4 所示。结果金属 A 失去了电子而带正电，金属 B 得到了电子而带负电，在金属的接触面形成偶电层，电场的方向由金属 A 指向金属 B，因而阻止自由电子的扩散。当扩散作用和静电场的作用相互抵消时，电子迁移达到动力平衡，此时静电场的接触电势差，按气体分子运动论可证明其大小为

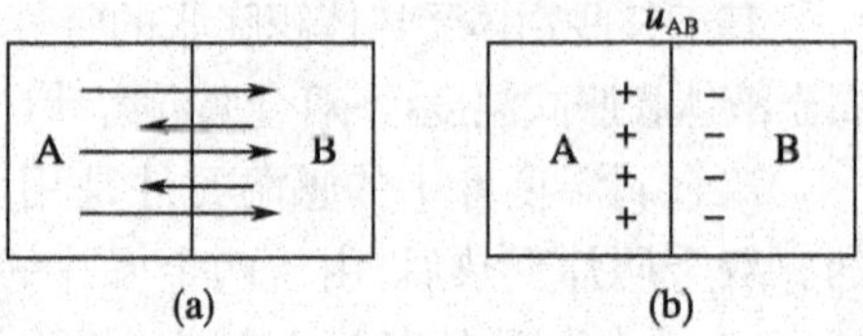

图 7-4 接触电势差的形成

$$U_{AB} = \frac{kT}{e} \ln \frac{n_A}{n_B} \tag{7-11}$$

式中，k——玻耳兹曼常数；

e——电子电荷的绝对值；

T——接触点的热力学温度。

从上式可知，接触电势差和两金属的材料及接触点的温度有关，温度越高，金属中的自由电子越活跃，从金属 A 迁移到金属 B 的自由电子数目越多，因而接触电势差越高。当 A、B 两种金属确定后，接触点的电势差仅与温度有关，因而称为热电势。记作 $u_{AB}(t)$，t 表示接触点的温度，下标中的 A、B 分别表示金属 A 和金属 B。如果下标次序改变，则 u 前面的符号作相应的改变，即 $u_{AB}(t) = -u_{BA}(t)$。

根据经典理论，由两种不同的金属导体组成闭合回路，如两接触点的温度不同，高温接触点 1 和低温接触点 2 的温度分别为 t_1 和 t_2，那么两接触点的接触电势差分别为 $u_{AB}(t_1)$和 $u_{AB}(t_2)$，方向相反，大小不等，如图 7-5 所示。此回路中的电动势$E(t_1, t_2)$应等于它们的代数和，即

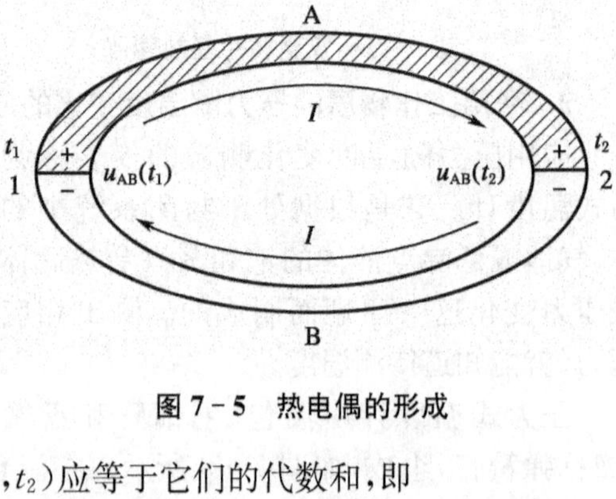

图 7-5 热电偶的形成

$$E(t_1, t_2) = u_{AB}(t_1) - u_{AB}(t_2) = u_{AB}(t_1) + u_{BA}(t_2) \tag{7-12}$$

当 A、B 两种材料固定后，如果一个接触点的温度为已知，另一接触点的温度，亦即待测温度，就可算出。这就是热电偶测温原理。

5. 热电阻测温原理

同样,可依据金属导体或半导体的电阻值随温度变化而改变的性质测量温度。例如金属铜在－50—150℃的范围内,它的阻值与温度为线性关系,其表达式为

$$R_t = R_0(1 + \alpha t) \tag{7-13}$$

式中,$\alpha = 4.25 \times 10^{-3}$/℃。

金属铂在0—630℃的范围内电阻值与温度的关系可用下式表示

$$R_t = R_0(1 + At + Bt^2 + Ct^3) \tag{7-14}$$

式中,R_t,R_0——分别为温度t℃,0℃时的电阻值;

A——常数($=3.950 \times 10^{-3}$/℃);

B——常数($=-5.850 \times 10^{-7}$/(℃)^2);

C——常数($=-4.22 \times 10^{-22}$/(℃)^3)。

用铜和铂制成的电阻是常用的热电阻,它们被广泛地应用来测量－200—＋500℃范围内的温度。

一般金属的电阻值是随着温度的升高而增加,且近于线性关系。而半导体的电阻值却是随着温度的升高而减少,而且不是线性关系,如图7-6所示。

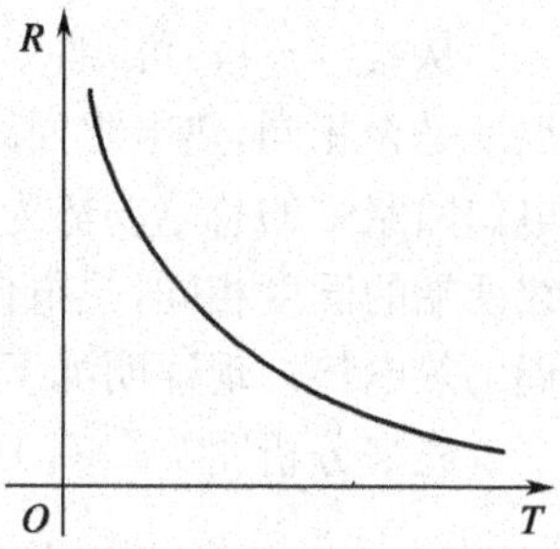

图7-6　热敏电阻特性曲线

应用半导体热敏电阻测温,在不少场合(如测量腐蚀性介质温度、轴承表面温度以及医用测量等)已得到了较为广泛的应用。半导体电阻温度计具有良好的抗腐蚀性和灵敏度高、热惯性小、体积小、结构简单、寿命长等优点。但测量范围有一定的限制(一般为－50—＋300℃),且由于半导体热敏电阻的特性曲线的不一致,所以互换性差,应用有一定的局限性。

通常,热敏电阻的材料是用各种金属的氧化物(如锰、镍、铜和铁的氧化物等)按一定比例混合起来,经研磨、成型,加热到一定温度后,结成坚实的整体。

7.2.2　热电偶温度计

热电偶温度计的测温原理前面已述。它由三部分组成:热电偶、显示仪表、连接热电偶和显示仪表的导线,如图7-7所示。热电偶作为感温元件,显示仪表显示出待测温度,常用动圈仪表或电子电位差计。导线指的是补偿导线和一般的铜导线。

热电偶温度计结构简单、使用方便、测量范围广且准确可靠,信号便于远传、自动记录和集中控制,因而在生产中应用极为普遍。

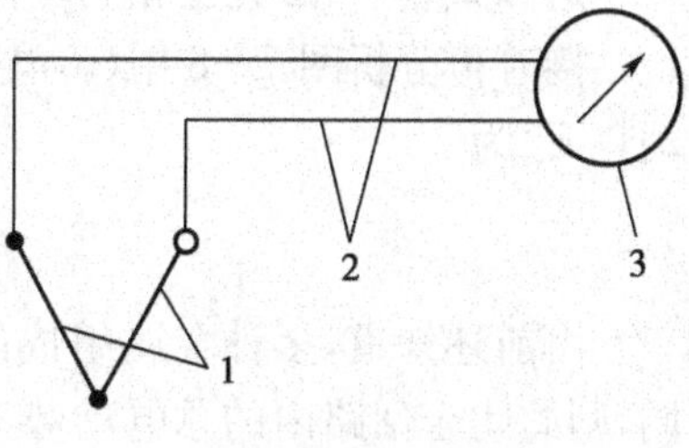

图7-7　热电偶温度计的组成

1—热电偶;2—导线;3—显示仪表

1. 在热电偶回路中插入其他金属导线

连接热电偶与显示仪表的金属导线 C,加入了 A、B 两种金属所组成的热电偶回路中。又构成了新的接点,如图 7-8(b)中的点 3 和点 4,图(c)中的点 2 和点 3,这些接触点同样产生热电势,对热电偶回路总的电势是否有影响?

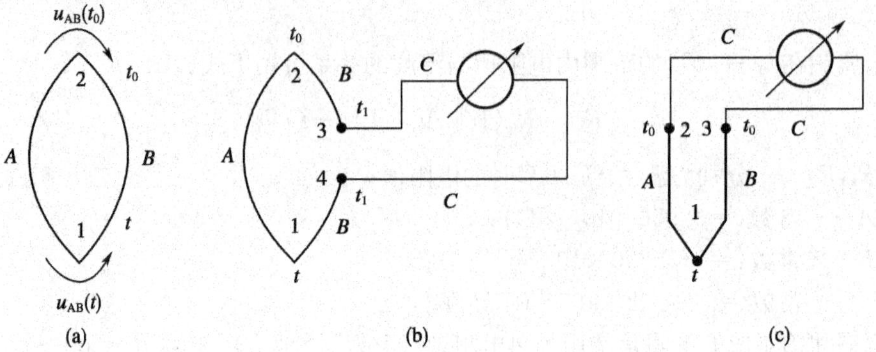

图 7-8 热电现象

从式(7-11)可知:① 如组成热电偶回路的两种金属材料相同,则不论热电偶两端温度是否相同,热电阻回路中的总电动势为零。② 如热电偶两端的温度相同,$t_0=t_1$,热电偶回路中的总电动势为零。③ 在热电偶回路中接入第三种金属材料的导线,只要该导线两端的温度相同,热电偶回路中的总电动势不变,亦即第三种导线的引入不影响热电偶的热电势。现证明如下。

先来分析图 7-8(b)所示的电路,3、4 两接点温度同为 t_1,故总的热电势 E_t 等于

$$E_t = u_{AB}(t) + u_{BC}(t_1) + u_{CB}(t_1) + u_{BA}(t_0) \tag{7-15}$$

因为

$$u_{BC}(t_1) = -u_{CB}(t_1) \tag{7-16}$$

$$u_{AB}(t_0) = -u_{BA}(t_0) \tag{7-17}$$

将式(7-16)和式(7-17)代入式(7-15),得到

$$E_t = u_{AB}(t) - u_{AB}(t_0) \tag{7-18}$$

这和式(7-12)完全相同,可见总的热电动势与没有引入第三种导线一样。

接着再分析图 7-8 中(c)电路,在这电路中的 2、3 接点温度同为 t_0,那么电路的总电动势 E_t 为

$$E_t = u_{AB}(t) + u_{BC}(t_0) + u_{CA}(t_0) \tag{7-19}$$

由前述知道,多种金属组成的闭合回路,尽管它们的材料不同,只要各接点温度相同,则此闭合回路内的总电动势等于零。根据能量守恒定律也可说明这一点。若将 A、B、C 三种金属组成一闭合回路,各接点温度都为 t_0,则回路总电动势为零。即

$$u_{AB}(t_0) + u_{BC}(t_0) + u_{CA}(t_0) = 0$$

则
$$-u_{AB}(t_0)=u_{BC}(t_0)+u_{CA}(t_0) \tag{7-20}$$

将式(7－20)代入(7－19)中得

$$E_t=u_{AB}(t)-u_{AB}(t_0) \tag{7-21}$$

结果也和式(7－12)相同。因而证明了引入第三种金属导线，只要引入线两端的温度相同，对原热电偶所产生的热电势并无影响。同理，如果回路中串联多种导线，只要引入线两端温度相同，也不影响热电偶所产生的热电势大小。

2. 补偿导线

由热电偶测温原理知道：只有一端温度保持不变，热电势才是被测温度的单值函数。我们将温度保持不变的一端称为参比端，又称冷端。另一端称为工作端，又称热端。在实际应用时，由于热电偶的冷端与热端离得很近，若冷端又暴露在空间，容易受到待测温度和周围环境温度的影响，因而冷端温度无法保持恒定。为了使热电偶的冷端温度保持恒定，可用补偿导线将冷端延长出来，使它远离热端，且放入温度恒定的地方，如图7－9所示。补偿导线是一种与热电偶配套的专用导线，它是由两种不同性质的金属材料制成，这两种材料在一定的温度范围内(0—100℃)与所连接的热电偶的两种材料具有相同的热电特性，却又是廉价金属。不同热电偶所配用的补偿导线不同，对于廉价金属材料制成的热电偶，则可用其本身材料作为补偿导线。

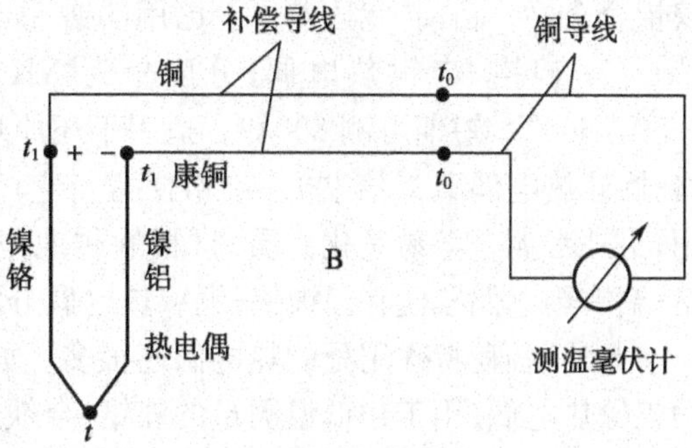

图7－9　补偿导线的作用

使用热电偶补偿导线，要注意型号相配，极性不能接错，热电偶与补偿导线连接端所处的温度不要超过100℃。

3. 常用热电偶的种类

理论上任意两种金属材料都可以组成热电偶，而工业上具有实用价值的金属材料需满足以下要求：温度每增加1℃时所能产生的热电势要大，最好热电势与温度呈线性关系。物理性质、化学性质都要稳定，这样测温范围内其热电性质不随时间变化，以保证测温的准确性。而且在高温条件下不被氧化和腐蚀。材料组织要均匀、有韧性，便于加工成丝。用同种成分材料制成的热电偶，其热电特性应相同，即复现性好，这样便于成批生产，而且在应用上可保证良好的互换性。

工业上常用的已标准化的热电偶有如下几种：

(1) 铂铑$_{30}$-铂铑$_6$热电偶(也称双铂铑热电偶)，分度号为B。铂铑$_{30}$丝为正极，铂铑$_6$丝为负极。测量范围为300—1 600℃，短期可测1 800℃。其热电特性在高温下更为稳定，适于在氧化性和中性介质中使用。但它产生的热电势小，价格贵。在低温热电势比铂更小，不宜使用。

(2) 铂铑$_{10}$-铂热电偶，分度号为S。铂铑$_{10}$为正极，纯铂丝为负极。测温范围为

−20—1 300℃，在良好的使用环境下可短期测量 1 600℃。适于在氧化性和中性介质中使用。其优点是耐高温，不易氧化，具有良好的化学稳定性。具有较高测量精度，可用于精密温度测量和作基准热电偶。

(3) 镍铬-镍硅，分度号为 K。镍铬为正极，镍硅为负极。测温范围为 −50—1 000℃，短期可测 1 200℃。在氧化性和中性介质中使用。在 500℃以下温度范围内，也可用于还原介质中测量。此热电偶热电势大，线性好，测温范围较大，造价低，因而应用很广。

(4) 镍铬-镍铝热电偶，与镍铬-镍硅热电偶的热电特性几乎完全一样。但是镍铝合金在高温下易氧化变质，引起热电特性变化。镍硅合金在抗氧化及热电性稳定方面都比镍铝合金好。目前，我国基本上已用镍铬-镍硅热电偶取代了镍铬-镍铝热电偶。

(5) 镍铬-考铜热电偶，分度号为 XK。镍铬为正极，考铜为负极。测量范围为 −50—600℃，短期可测 800℃。适用于还原性和中性介质。这种热电偶的热电势大，比铬-镍硅热电偶高一倍左右，价格便宜。它的缺点是测温上限不高，在不少情况下不适用，另外考铜合金易氧化变质，材料的质地坚硬加工成均匀的金属丝很困难。国内用镍铬-铜镍热电偶取代它。镍铬-铜镍热电偶分度号为 E。

此外，各种特殊用处的热电偶还很多。如红外线接收热电偶；用于 2 000℃高温测量的钨铼热电偶；用于超低温测量的镍铬-金铁热电偶；非金属热电偶等。

热电偶的热电势与温度的对应关系制成的标准数据表，称为热电偶的分度表。表中指的温度是热端温度，冷端温度保持在 0℃而得出分度表。

4. 热电偶的结构

热电偶广泛地用于温度测量，根据它的用途和安装位置不同，各种热电偶的外形是极不相同的，但其基本结构通常均由热电极、绝缘管、保护套管和接线盒等四部分组成。如图 7-10 所示。

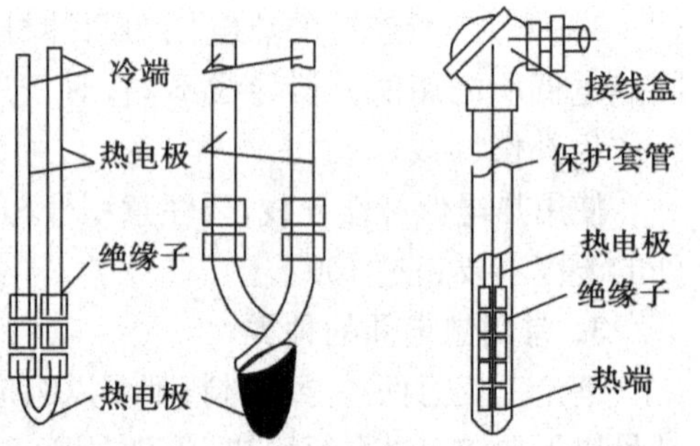

图 7-10 热电偶的组成

两根热电偶丝组成热电偶，不同的热电偶正负热电极的材料不同。热电极的直径由材料的价格、机械强度、导电率以及热电偶的用途和测量范围等决定。贵金属的热电极大多数采用直径为 0.3—0.65 mm 的细丝，普通金属丝的直径一般为 0.5—3.2 mm，其长度一般为 350—2 000 mm。

绝缘管(又称绝缘子)用于防止两根热电极短路。材料的选用由使用的温度范围而定。它的结构形式通常有单孔管、双孔管和四孔管等。

接线盒是供热电极和补偿导线连接用的。它通常用铝合金制成，一般分为普通式和密封式两种。为了防止灰尘和有害气体进入热电偶保护套管内，接线盒的出线孔和盖子均用垫片和垫圈加以密封。接线盒内用于连接热电极和补偿导线的螺丝必须紧固，以免产生较大的接触电阻而影响测量的准确性。

在结构上，除了上述带有保护套管的形式外，还有薄膜式热电偶、套管式(或称铠装)

热电偶。

热电偶的结构形式可根据它的用途和安装位置来确定。热电偶选型时，注意以下三点：① 保护套的结构（一般有螺纹式和法兰式两种），材料和耐压强度；② 保护套管的插入深度；③ 热电极材料。

5. 冷端温度补偿

用补偿导线可以将热电偶的冷端延长到温度比较低且稳定的地方，但冷端温度不一定是 0℃。而工业上各种热电偶的热电势与温度的关系，都是以冷端温度保持 0℃而制定的。如热电偶的分度表，与热电偶配套的显示仪表的刻度等。而如果冷端温度高于 0℃，这时，热电偶所产生的热电势必然偏小，因而测量时会产生误差。因此，应用热电偶测温时，需将冷端保持 0℃，或是对测量结果进行修正，这种修正称为冷端温度补偿。一般采用以下几种方法对冷端进行处理。

(1) 保持冷端温度为 0℃　保持冷端温度为 0℃的方法，如图 7-11 所示。把热电偶的两个冷端分别插入盛有绝缘油的试管中，然后放入装有冰水混合物的容器中，这种方法多数用在实验室中。

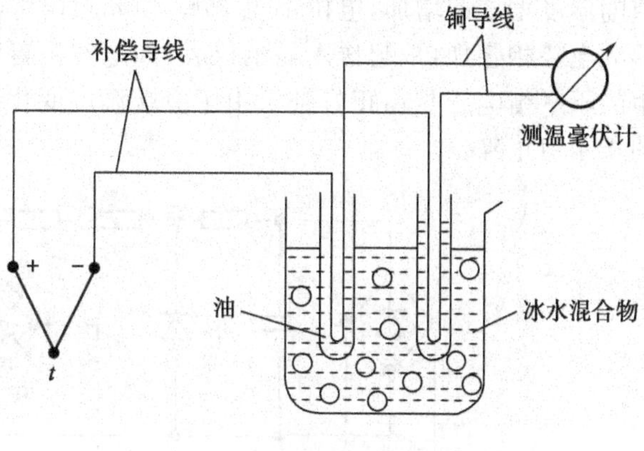

图 7-11　热电偶冷端保持 0℃的方法

(2) 用计算方法对测量结果进行修正　如果某设备的实际温度为 t，现用热电偶对其测温，热电偶的冷端温度为 t_0，则测量得到的热电势为 $E(t,t_0)$。为求得真实的温度，可利用下式进行修正，即

$$E(t,0)=E(t,t_0)+E(t_0,0)$$

由此可知，冷端温度修正的方法是将冷端不为 0℃所减少的热电势 $E(t_0,0)$，补足到测量所得的热电势 $E(t,t_0)$上。

例 7.3　用分度号为 K 的热电偶测炉温，工作时热电偶冷端温度为 25℃，测得的热电势为 27.022 mV，求炉温。

解　已知 $E(t,t_0)=E(t,25)=27.022$ mV

$E(25,0)=1.000$ mV[查热电偶分度（见本章末）表得]

故 $E(t,0)=E(t,25)+E(25,0)=27.022+1.000=28.022$ mV

查得 28.022 mV 对应的温度约为 674 ℃。

应当指出，用计算的方法来修正冷端温度，是消除冷端温度固定但不等于零时对测温的影响。故该方法只适用于实验室或临时测温，在连续测温中不适用。

(3) 校正仪表零点法　用热电偶作为感温元件测温时，为使测温时指示值不偏低，可预先将显示仪表的指针调到冷端温度的数值上，如果用补偿导线将冷端一直延伸到仪表的输入端，则仪表输入接线端所处的地方即仪表室的室温就是该热电偶的冷端温度。此法简单，故在工业上经常应用。但这种方法也只是一种近似，如上例题中，分度号为K对应于27.022 mV的热电势显示仪表的指示值应为650℃，如将仪表的机械零点调到25℃，则指示值为675℃，而不是实际温度674℃。如在测温过程中室温变化，也会再引起误差。所以此方法只在测温要求不高的场合适用。

(4) 补偿电桥法　补偿电桥法是则利用不平衡电桥产生的电势，来补偿热电偶因冷端温度变化而引起的热电势的变化值。其电路如图7-12所示。R_1、R_2、R_3(锰铜丝绕制)，R_t(铜线绕制)是电桥的四个桥臂，R_1、R_2、R_3的阻值不随温度变化，R_t的阻值随温度而变化，电桥由稳压电源供电。为了使电阻R_t与热电偶的冷端感受同一温度，必须把R_t与热电偶的冷端放在一起，电桥通常在20℃时处于平衡，此时，$R_1=R_2=R_3=R_t^{20}$，对角线a、b两点电位相等，即$U_{ab}=0$，电桥的输出对仪表的读数无影响，当环境温度高于20℃时，热电偶因冷端温度升高而使热电势减少，同时，电桥中的铜电阻R_t阻值随温度增加而增加，电桥不再平衡，使a点电势高于b点电势，即$U_{ab}>0$。它与热电偶的电势相叠加，一起送入显示仪表，如电桥桥臂电阻和电流选择适当，可以使电桥产生的不平衡电压U_{ab}，正好补偿由于冷端温度变化而引起的热电势减少的值，因而仪表的指示值正确。

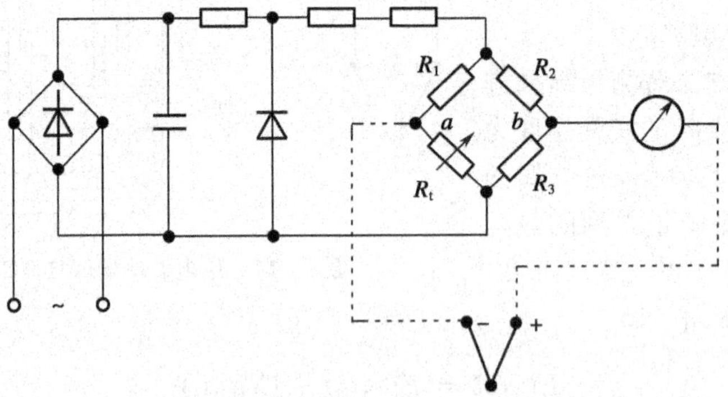

图7-12　热电偶的补偿电桥

必须指出，由于电桥在20℃时平衡，所以采用这种电桥时，须把仪表的机械零位预先调到20℃处，如果补偿电桥设计在0℃时平衡，如DDZ-Ⅱ型中的温度补偿电桥，则仪表的机械零位应调在0℃处。

(5) 补偿热电偶法　在实际生产中，为了节省补偿导线和投资费用，一台测温仪表配用多支热电偶，其接线如图7-13所示。转换开关用来选择测量点，补偿热电偶的热电极材料可以与测量热电偶相同，也可以是测量热电偶的补偿导线。设置补偿热电偶是为了使多支测量用的热电偶冷端温度保持恒定。为此，将补偿热电偶的工作端插入2—3 m的地下或放在其他恒温器中，使其温度恒为t_0，而冷端和多支测量用的热电偶的冷端都接在温度为t_1的同一个接线盒中。这时测温仪表的指示值则为$E(t,t_0)$，而不受接线盒处温度的影响。现证明如下：

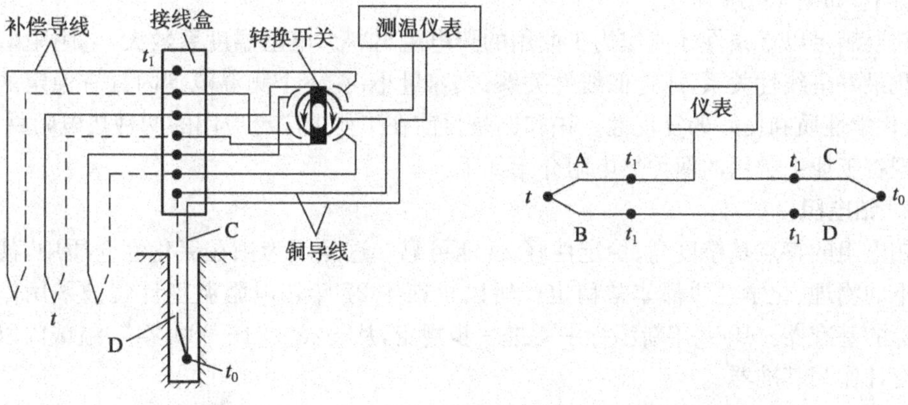

图 7－13　补偿热电偶的连接线路

从等效原理图可以看出，总的电动势为 E_t

$$E_t = u_{AB}(t) + u_{BD}(t_1) + u_{DC}(t_0)$$

$$0 = u_{AB}(t_0) + u_{BD}(t_1) + u_{DC}(t_0)$$

两式相减得

$$E_t = u_{AB}(t) - u_{AB}(t_0) = E(t, t_0)$$

7.2.3　热电阻温度计

热电偶温度计适用于测量 500℃以上的较高温度，对于在 300℃以下中、低温区，使用热电偶测温就不恰当。第一，在中、低温区热电偶输出的热电势很小，这对电位差计的放大器和抗干扰性能要求都很高，否则就测量不准；第二，在较低温度区域，由于冷端温度的变化和环境温度的变化所引起的相对误差显得很突出，而不易得到全补偿。所以在中、低温区，一般使用热电阻温度计进行温度的测量比较适宜。

热电阻温度计测量范围－200—500℃，适用于测量液体、气体、蒸汽及固体表面的温度。它与热电偶温度计一样，也有远传、自动记录和实现多点测量的优点。另外，热电阻的输出信号大，测量准确。

热电阻温度计是由热电阻、显示仪表（不平衡电桥或平衡电桥）以及连接导线所组成。如图 7－14 所示。特别注意：连接热电阻两端应采用三线制接法。

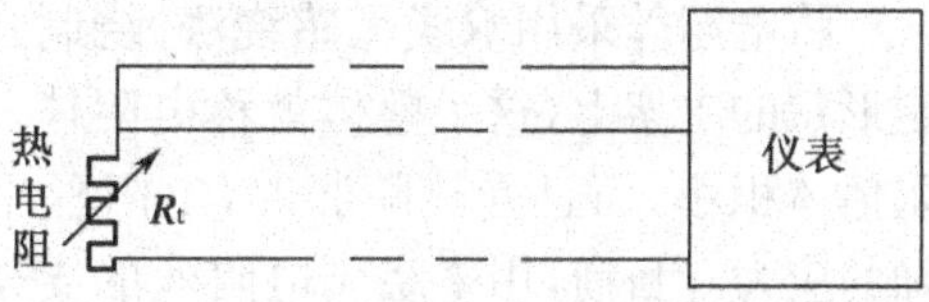

图 7－14　热电阻温度计

采用三线制接法是为了减少测量误差。因为在多数测量中，热电阻远离测量电桥，因此与热电阻相连接的导线长，当环境温度变化时，连接导线的电阻值将有明显的变化。为消除连接导线阻值的变化而产生的测量误差，就采用三线制接法。即在测温元件的两端分别引出两条导线，这两条导线（材料相同、长度、粗细相等）又分别加在电桥相邻的两个桥臂上，如图 7 - 14 所示。

需要满足以下条件才能作为工业用的热电阻材料。电阻温度系数大，电阻阻值随温度变化最好呈线性关系，或近似线性关系；热容量小；在整个测温范围内具有稳定的物理性质、化学性质和良好的复现性。铂和铜是目前在工业上广泛应用的两种热电阻材料。

现将工业上常用的两种热电阻介绍如下。

1. 铂电阻

铂电阻的特点是精度高、稳定性好、性能可靠。这是因为铂在氧化性介质中，甚至在高温下的物理、化学性质都非常稳定。所以早在 1927 年铂电阻温度计就被采用作为复现温标的基准器。1968 年新温标中更进一步规定，从－259.34—630.74℃温域内以铂电阻温度计作为基准器。

但是铂在还原性介质中，特别是在高温下很容易被从氧化物中还原出来的蒸汽所玷污，容易使铂丝变脆，并改变它的电阻与温度间的关系。

铂的纯度常用 R_{100}/R_0 来表示，R_{100} 代表在水的沸点时铂电阻的电阻值，R_0 代表在水的冰点时铂电阻的电阻值。根据 1968 年国际温标规定，作为基准器的铂电阻，其 R_{100}/R_0 之比值不得小于 1.392 5。一般工业上常用的铂电阻，它们的 R_{100}/R_0 之比值为 1.391。

工业上常用的铂电阻有两种，一种是 $R_0=10\ \Omega$，对应的分度号为 Pt_{10}。另一种是 $R_0=100\ \Omega$，对应的分度号为 Pt_{100}。

2. 铜电阻

工业上除了广泛应用铂电阻外，铜电阻使用也很普遍。因为铂是贵金属，且在其他方面也有广泛的应用，所以在一些测量精度要求不是很高，且温度较低的场合，应尽可能使用铜电阻。铜容易提纯，价格便宜，铜电阻具有较高的温度系数，它的电阻值与温度呈线性关系。

但铜的电阻率小，所以制成一定电阻值时，与铂材料相比，铜电阻丝要求细，这样机械强度就不高；或长度要求长，就使制成的热电阻体积较大。另外，当温度超过 100℃时，铜容易氧化，因此它只能在低温及没有腐蚀性的介质中工作。

工业上用的铜电阻有两种，一种是 $R_0=50\ \Omega$，对应的分度号为 Cu_{50}；另一种 $R_0=100\ \Omega$，其对应的分度号为 Cu_{100}。它的电阻比 $R_{100}/R_0=1.428$。

热电阻通常由电阻体、保护套管和接线盒等主要部件组成，其中保护套管和接线盒与热电偶的基本相同。

将电阻丝采用双线无感绕法，绕制在具有一定形状的支架上，这个整体就称电阻体。要求电阻体体积小，而且受热膨胀时，电阻丝不产生附加的应力。目前，用来绕制电阻丝的支架一般有三种构造形式，平板形、圆柱形和螺旋形，如图 7 - 15所示。一般来说，平板支架作为铂电阻体的支架，圆柱形支架作为铜电阻体的支架，而螺旋形支架是作为标准或实验室用的铂电阻体的支架。

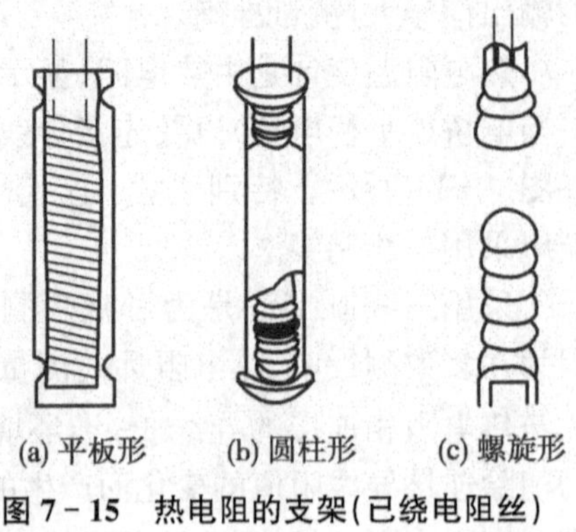

图 7 - 15　热电阻的支架(已绕电阻丝)

7.2.4　温度变送器

温度变送器是电动单元组合仪表的一个主要单元。它的作用是将热电偶、热电阻的检测信号转换成标准统一信号，如 0—10 mA 直流电流、4—20 mA 直流电流或 1—5 V 直流电压输出给显示仪表或调节器，实现对温度的显示、记录或自动控制。温度变送器还可以作为直流毫伏转换器来使用，以将其他能够转换成直流毫伏信号的工艺参数也变成标准统一信号输出。

1. DDZ-Ⅱ型电动温度变送器

DDZ-Ⅱ型电动温度变送器可与各种类型的热电偶、热电阻配套使用，将温度或两点的温差转换成标准统一的 0—10 mA 的直流电流信号；同时它又是一个直流毫伏转换器，即可与具有各种毫伏输出的变送器配合，使其转换为 0—10 mA 的统一标准信号输出。

DDZ-Ⅱ型电动温度变送器主要由测量电桥及电压—电流转换器两部分组成，如图 7-16 所示。测量电桥根据测温元件的不同而不同，但输出总是一个与温度大小成比例的毫伏信号。电压—电流转换器将此毫伏电压转换成0—10 mA 直流电流信号输出，故其电路不随测温元件和被测参数的不同而变化。

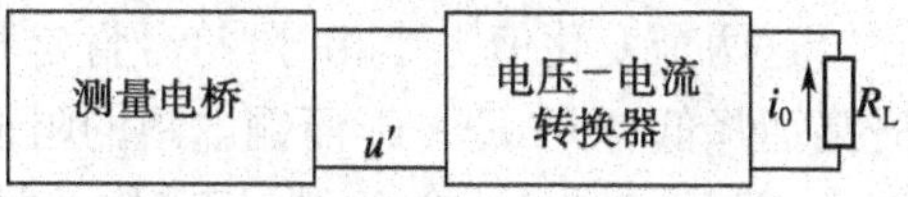

图 7-16　DDZ-Ⅱ型温度送变器

(1) 测量电桥　测量电桥按测温元件和被测参数可分为热电偶温度测量电桥、热电阻温度测量电桥、热电偶温差测量电桥、热电阻温差测量电桥以及直流毫伏测量电桥等五种接线方式。

热电偶温度测量电桥的电路如图 7-17 所示。其中 R_{CM}、R_5、(R_1+R_3)和(R_2+R_4)组成电桥的四个桥臂，直流稳压电源供电，电源电压 $E=12$ V，$I_1=I_2=\frac{1}{2}I=0.5$ mA。由于在电桥的左右两臂中的固定电阻 R_1和 R_2是相等的，并且它们的阻值比电桥中其他电阻阻值大得多(约为 20 kΩ)，所以，即使电桥中其他电阻的阻值发生变化时，左右两臂中的电流却几乎保持不变。

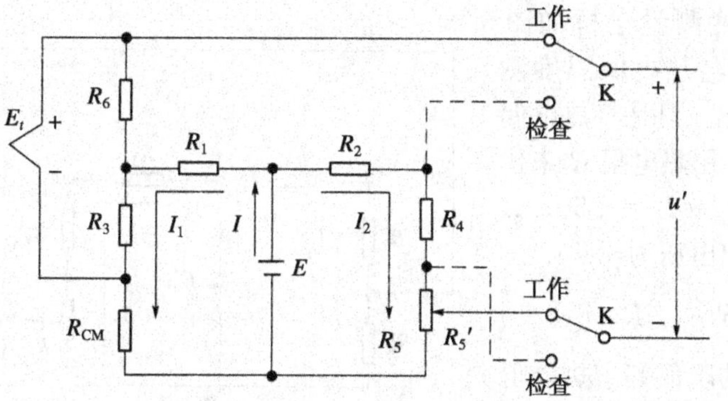

图 7-17　热电偶温度测量电桥

从图 7-17 可知，桥路输出电压 u'，为热电偶所产生的热电势 E_t、桥臂电阻 R_{CM} 上产生的电压降 U_{CM} 以及另一桥臂电位器 R_5 的下半部阻值 R'_5 上的电压降 U_5 这三者的代数和。即

$$u' = E(t,t_0) + U_{CM} - U_5 = E(t,t_0) + I_1R_{CM} - I_2R'_5 \qquad (7-22)$$

其中桥臂电阻 R_{CM} 是作热电偶冷端温度补偿用的，可变电阻 R_5 是用来实现零点迁移的。

电阻 R_{CM} 是用铜丝绕制而成，将其安装在热电偶冷端附近。补偿的条件是：

$$\Delta E = I_1R_{CM} \cdot \alpha \cdot \Delta t$$

式中，α——铜电阻 R_{CM} 的温度系数，一般取为 $4.25 \times 10^{-3}/℃$；

I_1——流过电阻 R_{CM} 的电流，即 0.5 mA；

Δt——热电偶冷端温度的变化量；

ΔE——热电偶冷端温度变化 Δt 所产生的热电势变化值。

这两个变化值大小相等，符号肯定相反，因为当温度升高时，热电势的值随冷端温度升高而降低，即 $\Delta E < 0$，而铜电阻的阻值增加，在它上面产生的电势将增加，所以互相抵消。ΔE 的值随热电偶的材料而异，故补偿电阻 R_{CM} 的阻值也将随热电偶的材料不同而不同。

值得一提的是，热电偶所产生的热电势与温度之间的关系是非线性的，而 R_{CM} 的阻值变化却是与温度变化呈线性关系。因此，这种补偿是近似的。而实际应用中，热电偶冷端的温度变化范围不大，所以，这样的补偿方法还是可用的。

从式(7-22)可知，在 R_5 上所产生的电势 U_5 与热电势的极性相反，所以，调整可变电阻改变 R_5 的大小，也就相当于调整了在输出电压为零时的热电偶所对应的温度初始值，实现了零点调整。

桥路中的电阻 R_6 为断偶报警电阻。它比桥路中任一电阻值都大得多，所以平时把它当作断路，对电路不起作用。当热电偶发生断线时，电流 I_1 在 R_3 上的压降便代替热电偶所产生的热电势经电阻 R_6 输出。由于 I_1R_3 这个电压达数百毫伏，比最大的热电势大得多，以致变送器的输出超过满刻度。故电阻 R_6 起断偶报警作用。

桥臂电阻 R_4 是供检查桥路工作是否正常用的，一般 R_4 为 20 Ω。

热电阻温度测量电桥如图 7-18所示。它与热电偶温度测量电桥基本一样。只是将热电偶的补偿电阻 R_{CM} 用热电阻 R_t 来代替。桥臂电流 $I_1 = I_2 = 0.5$ mA。所以桥路的输出电压为

$$u' = I_1R_t - I_2R'_5$$

因为 R'_5 的阻值等于热电阻 R_t 在 0℃时的阻值，当 $R_t = R_{t_0}$ 时电桥平衡，此时 $I_1R_{t_0} - I_2R'_5 = 0$，

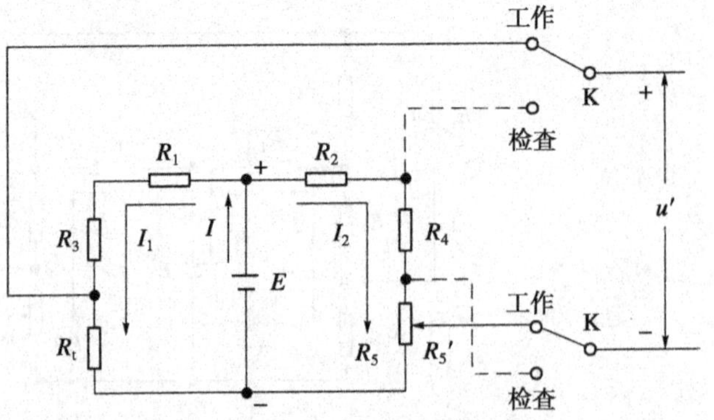

图 7-18 热电阻温度测量电桥

所以

$$u' = \Delta R_t \cdot I_1$$

从上式可知，桥路的输出电压随温度而变化。

电阻 R_4 作为固定输出可供检查桥路工作是否正常；调节可变电阻 R_5 以实现零点调整和零点迁移。

热电阻 R_t 应采用三线制连接法，使 R_5 桥臂中也串入一条与桥臂 R_t 中有同粗细、同长度和材料的连接导线。由于两桥臂电流相等，因此当环境温度变化时，连接导线引起的压降就可以基本上抵消，从而达到补偿的目的。

热电阻温度测量桥路的作用：将热电阻的电阻变化转化成相应的毫伏电压信号；实现零点迁移；能输出一个固定数值的电压，供检查用。

(2) 电压-电流转换器　测量电桥的输出电压 u'，借助于电压-电流转换器转换成相应的 0—10 mA 的直流电流输出。

图 7－19 为电压—电流转换器的原理图，实质上它是一个具有电流负反馈的放大器。图中 u' 为转换器的输入电压，即桥路的输出电压。I_0 为转换器的输出电流信号，亦即温度变送器的输出电流。R_f 为反馈电阻，R_L 为转换器的负载电阻。

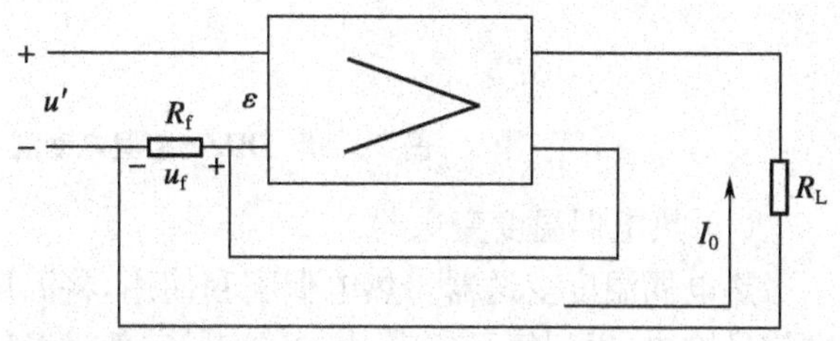

图 7－19　电压—电流转换器原理图

从图中可知：

$$\varepsilon = u' - u_f = u' - I_0 \cdot R_f \qquad (7-23)$$

式中，ε——放大器输入端的信号电压；

R_f——反馈电阻；

u_f——反馈电压。

因为放大器的输入阻抗很高，可以认为开路，不分流掉输出电流 I_0。设放大器的放大倍数为 K_C，则放大器的输出信号电流 $I_0 = K_C \cdot \varepsilon$，将此式代入式(7－23)中，则得到输出电流为

$$I_0 = \frac{K_C \cdot u'}{1 + K_C R_f} = \frac{u'}{\frac{1}{K_C} + R_f} \qquad (7-24)$$

若放大器的放大倍数 K_C 非常大，使 $R_f \gg \frac{1}{K_C}$，即得

$$I_0 = \frac{u'}{R_f} \qquad (7-25)$$

由此可见，输出电流 I_0 与输入电压 u' 成正比。从上式可知，I_0 与 R_f 成反比，只要改变反馈电阻就可以使满刻度(即量程)变化。因为输出电流 I_0 的变化范围是在 0—10 mA，当 R_f 增加时，只有增大量程才能使输出电流的变化范围仍在 0—10 mA，反之亦然。为了减少温度变化的影响，反馈电阻 R_f 采用锰铜丝绕制。

2. DDZ-Ⅲ电动温度变送器

DDZ-Ⅲ电动温度变送器的输出为4—20 mA直流电流、1—5 V直流电压信号。它与DDZ-Ⅱ型电动温度变送器比较具有的主要特点是:

(1) 线路上采用了安全火花型防爆措施,因而可以实现对危险场合中的温度和毫伏信号的测量。

(2) 在热电偶和热电阻的温度变送器中采用了线性化机构,从而使变送器的输出信号和被测温度成线性关系。

(3) 在线路中使用了集成电路,因而提高了变送器的可靠性及稳定性。

温度变送器输入信号有热电偶、热电阻和直流毫伏信号三种。其结构框图如图7-20所示。其基本结构由三部分组成,输入桥路、放大电路及反馈电路。

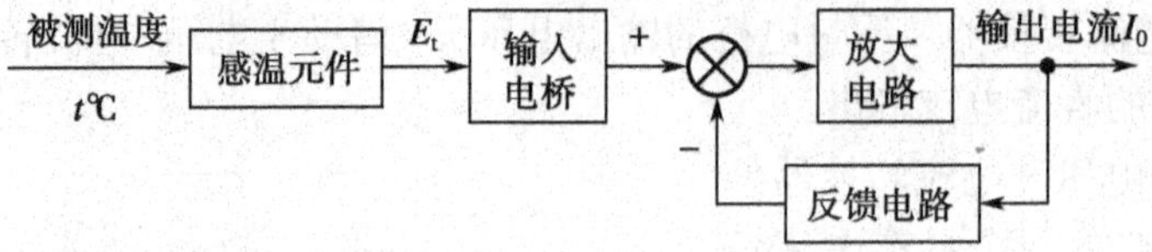

图7-20 DDZ-Ⅲ型电动温度变送器的方框图

(1) 热电偶温度变送器

热电偶温度变送器与热电偶配套使用,将温度转换成4—20 mA或1—5 V的统一标准信号输出,送到显示仪表、控制仪表,实现对温度的显示或控制。

① 输入回路 图7-21是热电偶温度变送器的输入回路,R_1、R_2、R_4、R_{Cu}是电桥的四个桥臂,输入电桥主要起两个作用:热电偶的冷端温度补偿和零点调整。

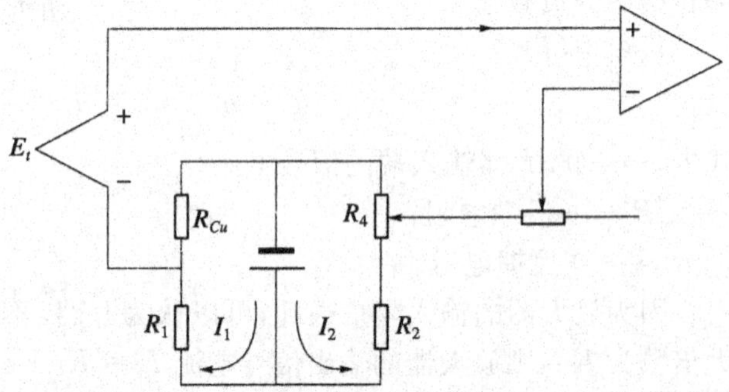

图7-21 热电偶温度变送器的输入电桥

电阻R_{Cu}是用铜线绕制的,并与热电偶的冷端在一起。当热电偶冷端温度变化时,使热电势变化ΔE_t,同样电阻R_{Cu}的阻值也随温度而变化,因而在R_{Cu}上的电势也发生了变化,其变化值ΔE_R,只要R_{Cu}的大小选择适当,使ΔE_t与ΔE_R大小相等,符号肯定相反,因为热电势随冷端温度的升高而降低,而铜电阻的阻值随温度的升高而增加。这样便补偿了冷端温度变化而引起的热电势变化值。可由于热电偶的温度特性是非线性的,而铜电阻的温度特性却接近线性,因此补偿也是一种近似。但在实际应用中,由于冷端温度变化不大,这样的补偿也是可以的。

电桥的电源是稳压电源。R_1和R_2都是高阻值电阻,这样就可以使电桥中的电流I_1和I_2在工作过程中基本不变。电位器R_4上半部的电压与热电势E_t及R_{Cu}上的电势反向串联,这样不仅可以抵消掉R_{Cu}电阻上的起始电压,调节电位器R_4可以改变电桥输出的零点。在DDZ-Ⅲ电动温度变送器中,输出的标准信号范围是4—20 mA。因此,在输入的热电势为0时,应由输入回路提供满幅输入电压的20%,建立输入的起点。

② 反馈电路　在 DDZ-Ⅲ电动温度变送器中，为了使变送器的输出信号与被测温度成线性关系，以便显示和控制，特别是便于和计算机配合，所以在温度变送器的反馈电路中加入线性化电路，以修正热电偶的非线性。因为热电偶产生的热电势过小，所以不宜在输入电路中修正，而用非线性反馈电路加以修正，如图 7-22 所示。

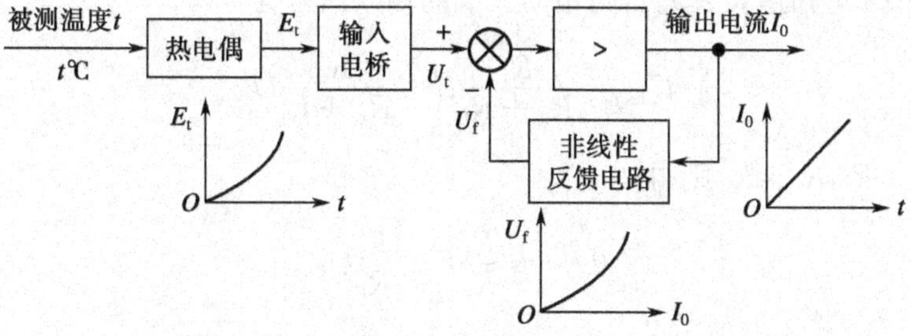

图 7-22　热电偶温度变送器线性化方法示意图

当温度较高时，热电偶灵敏度较高，则使负反馈作用强一些，以抵消热电偶的非线性，所以通过非线性反馈电路，可使得输出电流 I_0 与温度 t 呈线性关系。必须注意，这种具有线性化机构的温度变送器进行量程变换时，其非线性反馈电路稍做调整以适应新的测量范围。

③ 放大电路　由于热电偶产生的热电势一般只有几十或十几毫伏，且为直流信号，所以先用集成运算放大器进行直流放大，它具有低漂移，抗干扰，高增益等优点。再将放大的电压信号进行功率放大，转换成具有一定负载能力的电流输出信号。同时，通过电流互感器实现输入回路和输出回路的隔离。

(2) 热电阻温度变送器

热电阻温度变送器与热电阻配套使用，将温度转换成 4—20 mA 或 1—5 V 的统一标准信号输出，送到显示仪表、控制仪表，实现对温度的显示或控制。

热电阻温度变送器也由输入回路、放大器和反馈电路三部分组成，见图 7-20。放大电路和热电偶温度变送器通用，只是输入回路和反馈电路不同。

① 输入回路　图 7-23 是热电阻温度变送器的测量电桥和线性化电路。热电阻 R_t 作为电桥的一个桥臂，并以三线制的连接方式接入电桥中，当被测温度改变时，热电阻阻值变化，因而在 R_t 上的电压也随之变化，此电压作为集成运算放大器的输入信号。反馈电压 U_f 处同时引入两路反馈信号。正反馈就是起的线性化作用，电位器 W 实现零点调整作用。

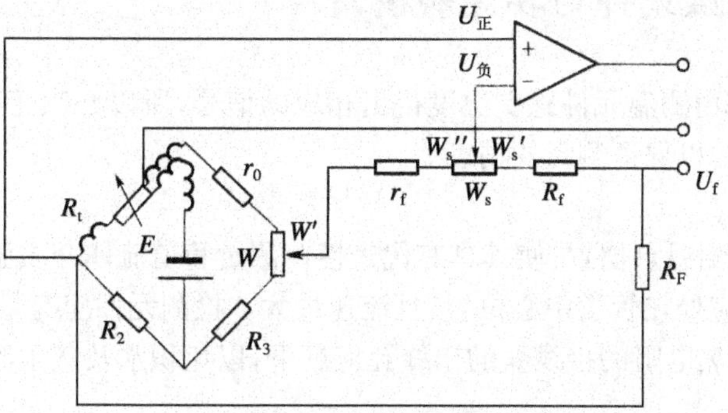

图 7-23　热电阻温度变送器的测量电桥和线性化电路

② 线性化电路　为了使温度变送器的输出与温度保持线性关系，常在反馈回路中另引入一路正反馈来修正非线性。

为了分析方便，在推算过程中忽略热电阻三根引线电阻，并将集成运算放大器看成处于理想状态。

由图 7-23 可知运算放大器同相输入端的输入信号为

$$U_{正} = \frac{R_t}{R_2 + R_t}E + \frac{R_t}{R_F + R_t}U_f \tag{7-26}$$

因为 $R_2 \gg R_t$，$R_F \gg R_t$ 则得

$$U_{正} = \frac{R_t}{R_2}E + \frac{R_t}{R_F}U_f \tag{7-27}$$

由图 7-23 可计算运算放大器反相输入端的输入信号为 $U_{负}$。为简化，设 α 和 β 是 E 和 U_f 的分压系数，则

$$U_{正} = \alpha E + \beta U_f \tag{7-28}$$

因是理想运算放大器，故 $U_{正}=U_{负}$。

可从式(7-27)、式(7-28)求得

$$U_f = \frac{\frac{R_t}{R_2} - \alpha}{\beta - \frac{R_t}{R_F}} \cdot E \tag{7-29}$$

上式是反馈电压 U_f 和热电阻 R_t 之间的关系。如果 $\frac{R_t}{R_2} > \alpha$，$\beta > \frac{R_t}{R_F}$，就可以得知 R_t 随温度增加而增加时，则 U_f 增加的数值越来越大。这说明 U_f 和 R_t 之间为下凹形的函数关系。已知热电阻 R_t 和被测温度 t 之间为上凸形的函数关系。因此，只要恰当地调整元件的参数，就可以得到 U_f 和 t 之间的渐近直线函数关系。而变送器的输出信号与反馈信号 U_f 又是五倍的关系，这样就可以得到热电阻温度变送器的输出信号和输入信号之间的线性关系。

7.2.5　测温元件的安装和使用

测量温度时都由测温元件感受温度得出相应的信号，所以必须正确选择、准确安装、合理使用检测元件，以保证测量的精度。

1. 安装

(1) 准确选择测温点位置，使其具有代表性。测量管道流体介质温度时，应迎着流动方向插入，测温点应处在管道中心位置，且流速最大。检测元件应有足够的插入深度。

(2) 热电偶或热电阻的接线盒的出线孔应朝下，以免积水及灰尘等造成接触不良，防止引入干扰信号。

(3) 检测元件应避开热辐射等强烈影响处。要密封安装孔，避免被测介质逸出或吸

入冷空气而引起误差。

2. 使用

热电偶测温时，一定要注意冷端温度补偿；正确地选择补偿导线，正、负极不能接反；热电偶的分度号应与配套使用的变送仪表、显示仪表分度号一致。在与采用电桥补偿法进行冷端温度补偿的仪表配套使用时，热电偶的冷端一定要与补偿电阻感受相同的温度。

热电阻测温时，为了消除因连接导线阻值变化而产生的误差，要求固定每根导线的阻值，并必须采用三线制。此外，热电阻的分度号要与配接的仪表分度号一致。

7.2.6　温度显示仪表

为了及时了解生产过程中的情况，必须用显示仪表对各种参数进行指示、记录，这类仪表统称为显示仪表(或称为二次仪表)。

显示仪表种类繁多。按照传递信号来分，可分为电动显示仪表，气动显示仪表；按照显示的方式来分：可分为模拟式、数字式和图像显示三种。

1. 自动电子电位差计

自动平衡指示仪表属于模拟式显示仪表，有自动电子电位差计和自动平衡电桥两类。它们通过自动调节电位差或电阻的方法，使电位差计得到补偿或电桥达到平衡，再通过传递机构、可逆电机带动指针及记录笔指示，记录测量结果，测量精度较高。

(1) 自动电子电位差计的组成

自动电子电位差计是由测量桥路、放大器、可逆电机、指示机构、记录机构组成。图 7-24(a)是其原理方框图。

热电偶将温度数值转换成相应的毫伏信号，送入测量电桥，测量电桥实质上是一个电势差计，即用补偿法测量电势。测量电桥的输出经放大器放大后，推动可逆电机转动，可逆电机带动测量电桥中滑线电阻的活动接头移动，改变补偿电压，当电势完全被补偿时，测量电桥输出为零，因而放大器输出信号为零，可逆电机停止移动。此时与可逆电机相连的指针在标尺上指出读数，可逆电机也带动记录笔在水平方向移动，而同步电机在垂直方向上以匀速拉动记录纸走动，见图 7-24(b)。

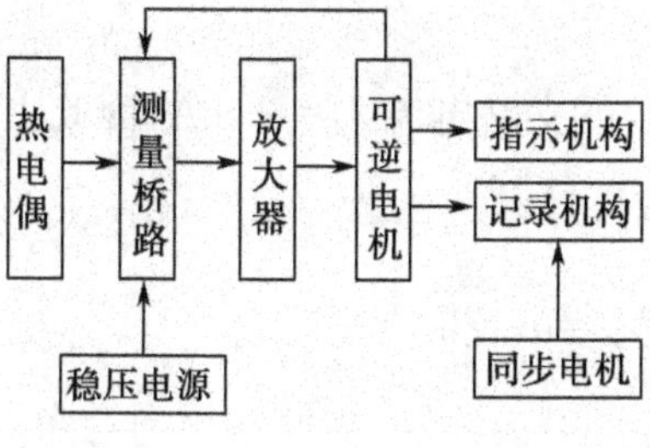

(a)

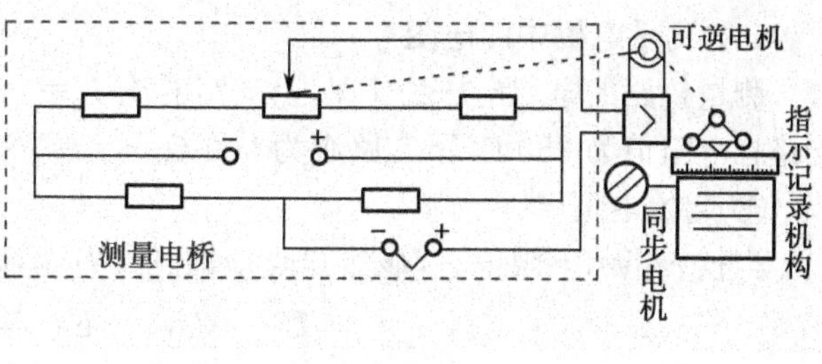

(b)

图 7-24　电子电位差计原理图

(2) 自动电子电位差计的测量电桥

① 用电势差计测电势

要测量未知电势 E_x,原则上可以这样安排电路,见图 7-25,其中 E_0 是电动势可调的电源,调节 E_0,使检流计 G 指零,这就表示在这个回路中两电源 E_0 和 E_x 的电动势必然是方向相反、大小相等,即 $E_x = E_0$。这时我们称电路得到补偿。如此时 E_0 的数值已知,则 E_x 即可求出。这种测量电动势的方法称为补偿法。

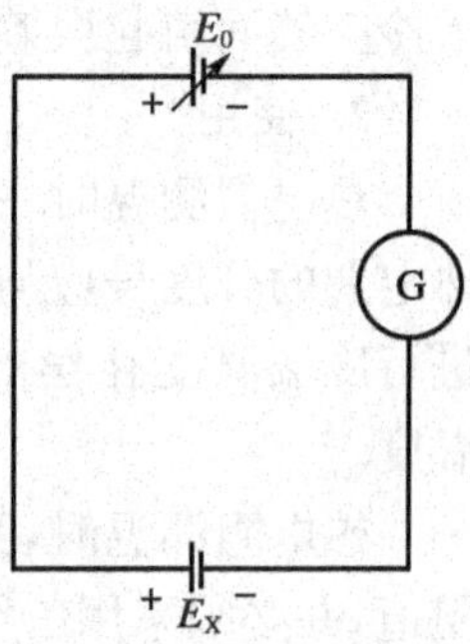

图 7-25 补偿法测电势

② 自动电子电位差计的测量电桥

电子电位差计与热电偶配套使用,需要考虑冷端温度补偿。另一方面考虑测量电桥与仪表的上限、下限的对应关系。

电子电位差计测量桥路原理图如图 7-26 所示。

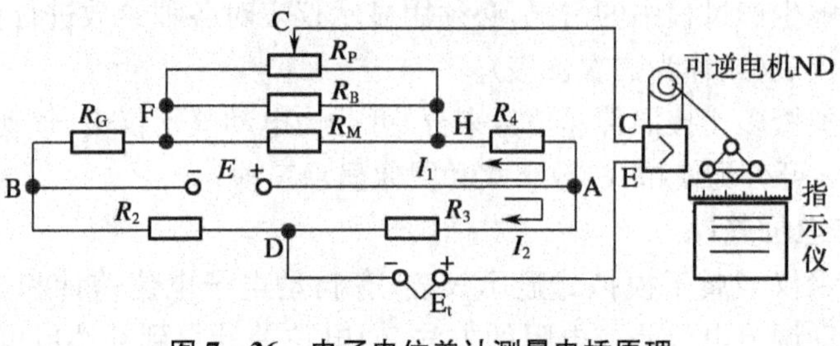

图 7-26 电子电位差计测量电桥原理

放大器的输入电压

$$U_{CE} = U_{CD} - E_t = U_{CF} + U_{FB} - U_{DB} - E_t$$

如果待测电动势完全得到补偿,$U_{CE}=0$,则

$$U_{CF} + U_{FB} - U_{DB} - E_t = 0$$

当温度升高,即热电势增加为 $E_t + \Delta E_t$,则上式不等于零。放大器有了输入电压,它的输出带动可逆电机转动,带动滑动触头到适当的位置,再次使输出 $U_{CE}=0$,即

$$(U_{CF} + \Delta U_{CF}) + U_{FB} - U_{DB} - (E_t + \Delta E_t) = 0 \quad (7-30)$$

可逆电机带动指针记录笔分别指示和记录温度值。

下面分析测量桥路中各电阻的作用。

(3) 测量电桥中的电阻

测量桥路的电源电压为 1 V,上支路电流 $I_1 = 4$ mA,下支路电流 $I_2 = 2$ mA,因此上支路总电阻值为 250 Ω,下支路则为 500 Ω。

① 起始电阻 R_G

当仪表指示下限值时,显然 C 点应滑到最右端,即 $U_{CF}=0$,这时

$$U_{FB} - U_{DB} - E_{tL} = 0$$

$$U_{FB} = U_{DB} + E_{tL}$$

$$I_1 R_G = I_2 R_2 + E_{tL}$$

式中 E_{tL} 是仪表量程的下限值,下限值为零的仪表 $E_{tL}=0$,有的仪表下限值不一定是零;

I_1、I_2是上、下支路的工作电流，其值是规定的；R_2也是规定的。可见R_G的大小与起始(下限)电压E_{tL}有关，所以称R_G为起始电阻。要使E_{tL}增大，就需增大R_G。因为仪表的检测元件为热电偶，所以起始电阻R_G不但与下限温度有关，而且与热电偶的种类也有关。

② 量程电阻R_M

仪表指示下限时，C 点在左端。仪表指示上限时，C 点在右端，可见滑线电阻R_P两端电压的大小，代表了测量范围的大小，即

$$U_{HF} = E_{th} - E_{tl} \tag{7-31}$$

式中，E_{th}——仪表量程的上限值；

E_{tl}——仪表量程的下限值。

另外，两个电阻R_M和R_B与R_P并联，是由于仪表制造方面的原因。如果只有一个滑线电阻R_P，那么量程不同的仪表就要制造不同数值的滑线电阻，而且要求很准确，阻值又很小(几欧或几十欧)，结构尺寸也要一样，这在工艺上是很困难的。为了有利于成批生产，只绕制一种规格的滑线电阻，并允许有一定的误差，因而另外再用一个固定电阻R_B，通过选配和调整，使R_B与R_P并联后得到一个比较准确而又固定的电阻值，这个数值的电阻与不同大小的R_M并联后，就可以得到不同的仪表量程。在上支路中，当R_M越大时，U_{FH}所得到的分压值越大，所以仪表量程就越大；反之，R_M越小，量程也越小。所以称R_M为量程电阻。因测量元件是热电偶，所以R_M的大小由仪表的量程和热电偶分度号来决定。

③ 参比端(冷端)温度补偿电阻R_2

当测量电压信号时，这个电阻是定值；当检测元件为热电偶时，这个电阻是很重要的。先假定热电偶参比端温度为 0℃，被测量温度为t℃，平衡时，

$$U_{CF} + U_{FB} - U_{DB} - E(t,0) = 0$$

假使被测温度没有变化，但参比端温度由 0℃变到t_0℃，这时$E(t,0)$一项减少了$E(t_0,0)$，测量桥路就会出现一个不平衡电压输出到放大器，可逆电机带动滑动触点向左移动，指针也向温度较低的方向移动，实现自动平衡，即

$$(U_{CF} - \Delta U_{CF}) + U_{FB} - U_{DB} - [E(t,0) - E(t_0,0)] = 0$$

被测温度虽然没有变化，但由于热电偶参比端温度的变化造成了指示值的降低。为了解决这个问题，把R_2作成随参比端温度变化的电阻(一般用铜线绕成，安装在参比端接线柱附近)，使U_{DB}随温度变化，以此来补偿由于参比端温度变化所引起的热电偶电势变化，即这时测量桥路仍然平衡，滑动触点并不移动，所以指示温度也不偏低。此时，有

$$U_{CF} + U_{FB} - (U_{DB} + \Delta U_{DB}) - [E(t,0) - E(t_0,0)] = 0$$

因为R_2铜电阻必须与热电偶冷端处于同一温度，所以将它装在仪表后接线板上。通常情况下，在下支路电流I_2取 2 mA 的桥路中，当配用镍铬—镍硅热电偶时R_2=5.33 Ω；配用镍铬—考铜热电偶时R_2=8.92 Ω；配用铂铑—铂热电偶时R_2=0.74 Ω。

④ 下支路限流电阻R_3

R_3是一个固定电阻，它与R_2配合，保证了下支路回路的工作电流为 2 mA。由于铜电阻值随温度而变化，实际上，下支路回路工作电流I_2只是在仪表的标准工作温度(取

25℃)时才为 2 mA,R_3电阻的准确度直接影响下支路电流 I_2的大小,因此,对它的精度有较高的要求,一般在±0.2%以内。

⑤ 上支路限流电阻 R_4

R_4的作用在于把上支路的工作电流限定在 4 mA,即它与 R_{nP}(R_P、R_B、R_M三个电阻并联后的等效电阻值)、R_G串联,使上支路工作电流为 4 mA。所以当 R_{nP}和 R_G的数值确定后,R_4的电阻也就被确定了。

上面所述的电阻 R_3、R_G、R_4、R_B及 R_M都是采用温度系数很小的锰丝无感双线绕制而成。绕制好的电阻同样应进行老化处理。

在了解各电阻的作用以后,在实际工作中就可以灵活应用,在需要改变仪表量程时,只需改变个别电阻值就可以了。

2. 电子平衡电桥

电子平衡电桥通常与热电阻配合用来测量温度。其精度较高,能自动记录,因而与电子电位差计一样,在工业上得到广泛的应用。

(1) 自动电子平衡电桥的组成

图 7-27 为电子平衡电桥的方框图。它的组成与电子电位差计基本相似,只不过测量元件不同,一个是热电阻,一个是热电偶。测量电桥的作用及结构不一样。前者用平衡电桥法测电阻值,而后者用补偿法测电势,而就仪表的外形及其组成,如放大器、可逆电机、同步电机及指示记录部分都是完全相同的,其工作过程也基本相似,因此工业上通常把电子电位差计和电子平衡电桥统称为自动平衡显示仪表。

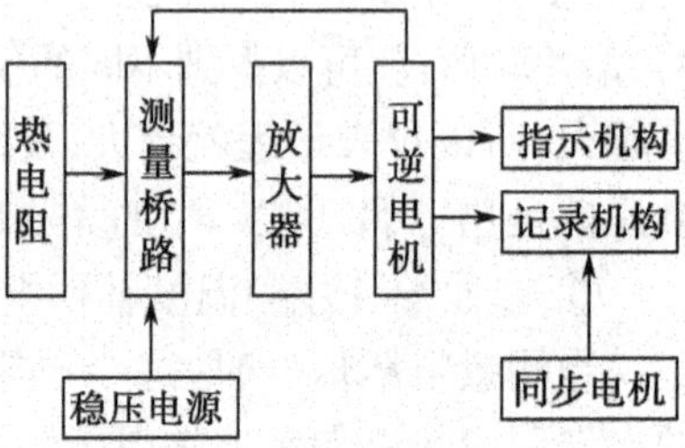

图 7-27 电子平衡电桥方框图

(2) 平衡电桥测温原理

图 7-28 是平衡电桥的原理图。图中 R_t为热电阻,它与 R_2、R_3、R_4、R_P 组成电桥;电源电压为 E_0;对角线 A、B 接入一检流计 G;R_P为一带刻度的滑线电阻。如滑线电阻的刻度值为温度,则在电桥达到平衡时(即检流计 G 的电流等于零),滑动头 B 所指示的温度就是被测温度。

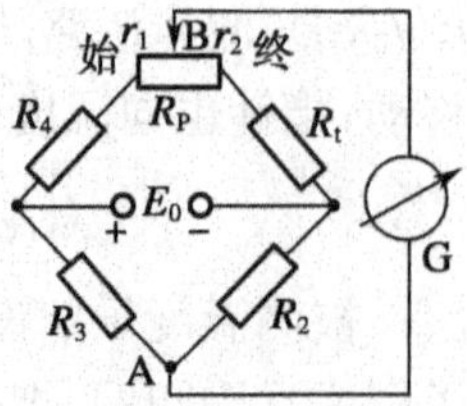

图 7-28 平衡电桥

当温度在下限时,R_t有最小值 R_{t0},滑动触点 B 应在 R_P的左端,此时电桥的平衡条件是

$$R_3(R_{t0}+R_P)=R_2R_4 \tag{7-32}$$

当温度升高后的平衡条件是

$$R_3(R_{t0}+\Delta R_t+R_P-r_1)=R_2(R_4+r_1) \tag{7-33}$$

用式(7-33)减去式(7-32),则得

$$R_3\Delta R_t-r_1R_3=R_2r_1$$

即

$$r_1=\frac{R_3}{R_2+R_3}\Delta R_t \tag{7-34}$$

从上式可以看出,动触点 B 的位置就可以反映电阻的变化,亦即反映了温度的变化,

并且可以看到触点的位移与热电阻的增量呈线性关系。

如果我们将检流计换成电子放大器，利用被放大的不平衡电压去推动可逆电机，使可逆电机再带动滑动触点B以达到电桥平衡。这就是自动平衡电桥的基本原理。

目前我国生产的电子平衡电桥有XD系列（交流平衡电桥）、XQ系列（直流平衡电桥）两种。其中直流电源为1 V，交流电源为6.3 V。

采用交流电桥时，输出的不平衡电压是交流值，可以省去直流信号变交流级而直接送到交流放大器，结构比较简单。但因无法在输入端装滤波网络，故抗干扰能力差。采用直流供电可以克服这个缺点，从而获得较高的精度。

图7-29是电子平衡电桥的电路原理图。它同自动电子电位差计一样，R_{np}实际上也是由三个元件所组成（R_P、R_B、R_5+r_5），R_P与R_B并联后的电阻规定为90 Ω；R_5+r_5是调整仪表量程的电阻；R_6+r_6是调整仪表起始刻度的电阻，r_5、r_6作为刻度的微调用。

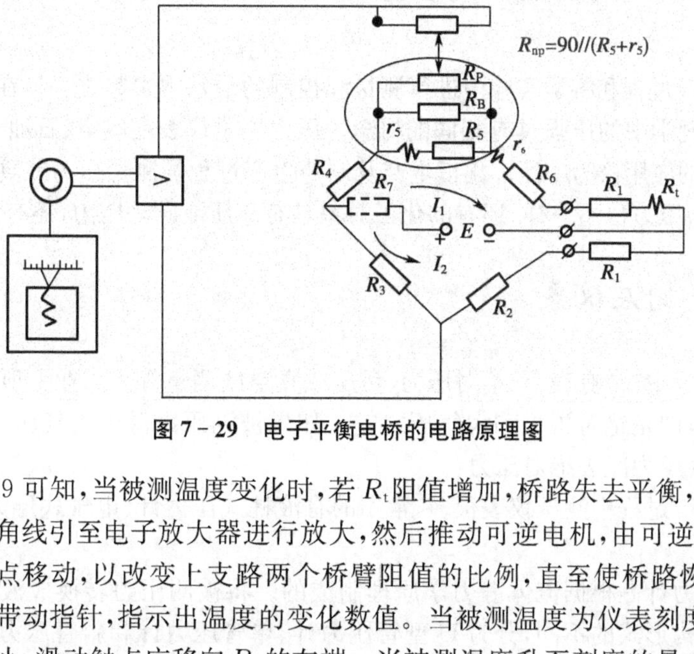

图7-29　电子平衡电桥的电路原理图

从图7-29可知，当被测温度变化时，若R_t阻值增加，桥路失去平衡，这一不平衡电压由电桥的对角线引至电子放大器进行放大，然后推动可逆电机，由可逆电机带着滑线电阻的滑动触点移动，以改变上支路两个桥臂阻值的比例，直至使桥路恢复平衡状态。可逆电机同时带动指针，指示出温度的变化数值。当被测温度为仪表刻度的始端时，热电阻的阻值最小，滑动触点应移向R_P的左端。当被测温度升至刻度的最大值时，热电阻的阻值最大，滑动触点应移向R_P的右端。

在图7-29中，热电阻R_t采用三线制接法，使连接导线的电阻分别加在电桥相邻的两个桥臂上，当连接导线的电阻随温度变化时，可以互相抵消，从而减少对仪表读数的影响。三线制接法是从热电阻两端引出三根导线，其中两根导线分别接入相邻的两个桥臂，而第三根导线与电源的负端相连，并规定每根接入桥臂的导线电阻为2.5 Ω，如不足2.5 Ω，则用调整电阻R_1（锰铜电阻）补足。桥路上、下支路的电流一般分别为3 mA；当用交流电作为桥路的电源时，在电源回路中则串入R_7用以限流，以保证流过热电阻的电流不超过允许值。

3. 数字式显示仪表

自动平衡显示仪表是模拟式显示仪表。模拟式显示仪表中的信号都是随时间连续变化的模拟量，如用热电偶测温度，热电势是连续变化的模拟量。其中的测量电桥、放大器等都是模拟电路，与其相应的显示方式是标尺、指针、记录笔画曲线等。而数字式显示仪表也是先用传感器将待测变量如压力、物位、流量、温度等转换成相对应的物理量，一般为电信号，再经模—数转换（ADC）成数字信号（脉冲信号），由数字电路处理后直接以数字形式显示被测结果。

数字式显示仪表的分类方法较多，按输入信号的形式来分，有电压型和频率型两类。电压型的输入信号是电压或电流；频率型的输入信号是频率、脉冲及开关信号。如按被测信号的点数来分，它又可分为单点和多点两种。在单点和多点中，根据仪表所具有的功能，又可以分为数字显示仪、数字显示报警仪、数字显示输出仪、数字显示记录仪以及具有复合功能的数字显示报警输出记录仪等，这里不具体叙述。

7.3 压力的测量及变送

压力是生产过程和科学实验中进行测量和控制的最基本参数之一。在工程技术中所称的压力与物理学中的压强具有相同的概念。压力测量仪表在航空、石油、化工等部门的生产和科研中的应用极为广泛。化工生产及制药生产过程需测量压力或真空度。根据生产要求的不同，压力也不一样，还有的化工对象具有高压或脉动压力，还有的为负压。

7.3.1 测压仪表

在压力测量中，常有表压、绝对压力、负压或真空度测量等。工业上所用的压力指示值一般为表压，即是绝对压力和大气压之差。如果被测压力低于大气压，称为负压或真空度，它是大气压力减去绝对压力。

在化工生产过程中测压仪表很多，常用的有液柱式压力计、电气式压力计、弹性式压力计等。

液柱式压力计是根据流体静力学原理制成的。将被测压力转换成液柱的高度反映出来。按其结构形式的不同，分为U型管压力计、单管压力计和斜管压力计。这类压力计结构简单、使用方便，一般适用于测量低压、负压或压力差。

电气式压力计是用某些机械或电气元件将压力转换成电信号，如频率、电压、电流信号等来进行测量的仪表。如霍尔片式压力变送器、应变片式压力变送器、电阻式压力表等。这类压力计因其检测元件动态性能好、耐高压，因此适用于测快速变化、脉动压力和超高压等场合。

弹性式压力表是利用弹性元件在被测介质的压力作用下，产生弹性形变的原理而制成的。这类仪表结构简单、牢固可靠、使用方便、价格低廉、精度尚好和测量范围宽。可以用来测量几百帕到上千兆帕范围内的压力。若增加附加装置，如记录机构、电气变换装置、控制元件等，则能实现压力的记录、远传、报警、自动控制等。它是工业上应用最为广泛的一类测压仪表。

1. 弹性元件

弹性元件是弹性式压力表的传感元件，测压范围不同，所用的弹性元件亦不同。常用的弹性元件有弹簧管式、薄膜式和波纹管式，其结构图所 7－30 所示。

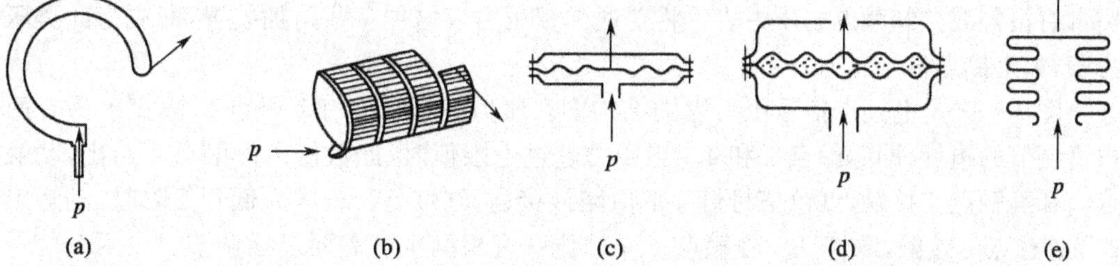

图 7－30　弹性元件

弹簧管式弹性元件(图 7－30(a)、(b))有单圈和多圈弹簧管之分，后者灵敏度较高。一般用来测中压和高压，高压可达数百兆帕。但也有时应用于低压甚至真空度的测量中。

薄膜式弹性元件(图 7－30(c)、(d))和波纹管式弹性元件(图 7－30(e))多用于测量微压和低压。尤其是波纹管在压力作用下易于变形，位移大，它测量的压力一般不超过 1 MPa。

2. 弹簧管压力表的结构

弹簧管压力表的结构如图 7－31 所示。压力表的测量元件是弹簧管 1，当从接头 9 通入被测压力，弹簧管在压力的作用下产生弹性形变，使其自由端 B 向右上方产生一位移，此位移通过拉杆 2 使扇形齿轮 3 作逆时针偏转，于是指针 5 通过同轴的中心齿轮 4 的带动而作顺时针偏转，从而在面板 6 上的刻度标尺上指示出被测压力的大小。由于弹性形变即位移与被测压力成正比，因此弹簧管压力表标尺的刻度是均匀的。

游丝 7 是用来克服因扇形齿轮和中心齿轮的间隙所产生的仪表变差的。改变调整螺钉 8 的位置(即改变机械传动的放大倍数)，可以实现压力表的量程的调整。

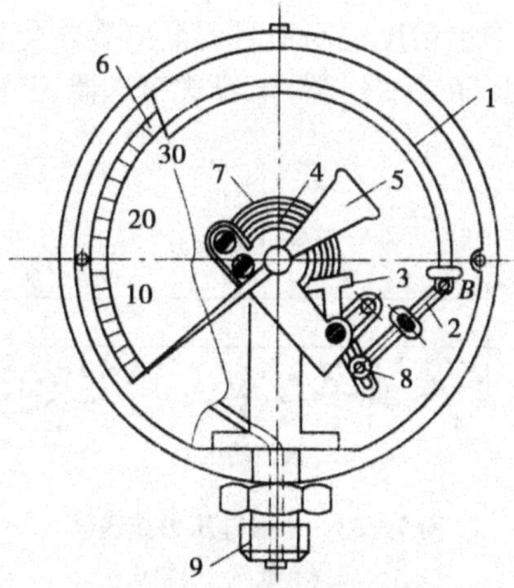

图 7－31　弹簧管压力表

1—弹簧管；2—拉杆；3—扇形齿轮；
4—中心齿轮；5—指针；6—面板；
7—游丝；8—调整螺钉；9—接头

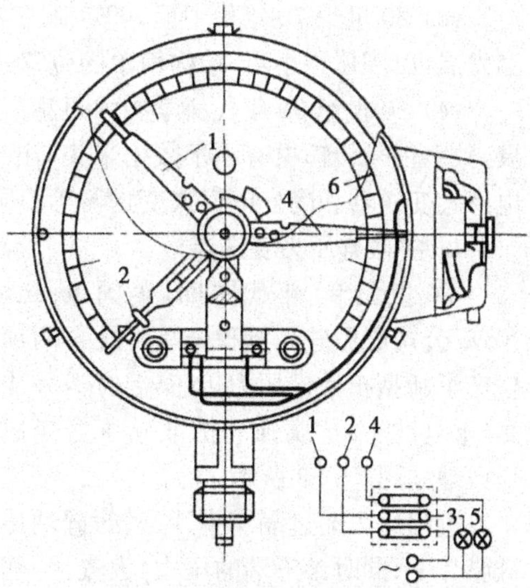

图 7－32　电触点信号压力表

1，4—静触点；2—动触点；
3—绿灯；5—红灯

3. 电接点信号压力表

在化工生产中，常需要把压力控制在一定范围内，以保证生产正常进行。这就需采用带有报警或控制触点的压力表。将普通弹簧压力表增加一些附加装置，即成为此类压力表，如电接点信号压力表。

图 7-32 是电接点信号压力表的结构图。压力表指针上有动触点 2，表盘上另有两根可调节的指针，即静触点 1 和 4。当压力超过上限值时，此数值由静触点 4 给出，动触点 2 和静触点 4 接触，红色信号灯 5 的电路被接通，红灯亮。若压力低到下限时，动触点 2 和静触点 1 接触，绿灯亮。静触点 1、4 的位置可根据生产需要灵活调节。在两个信号灯电路中还可并联或串联音响信号报警。

由此可见，电接点信号压力表能在压力偏离给定范围时，及时发出信号报警，还可通过中间继电器实现压力的自动控制。

7.3.2 压力变送器

经检测元件得到的压力信号，再经过压力变送器转换成标准的统一信号。压力变送器是直接与被测介质相接触的现场仪表，常常在高温、低温、腐蚀、振动、冲击等环境中工作。变送器卓越的可靠性已经成为影响压力变送器需求持续增长的重要因素之一。

压力变送器的发展大体经历了四个阶段：

(1) 早期压力变送器采用大位移式工作原理，如水银浮子式差压计及膜盒式差压变送器，这些变送器精度低且笨重。

(2) 20 世纪 50 年代有了精度稍高的力平衡式差压变送器，但反馈力小，结构复杂，可靠性、稳定性和抗振性均较差。

(3) 20 世纪 70 年代中期，随着新工艺、新材料、新技术的出现，尤其是电子技术的迅猛发展，出现体积小巧，结构简单的位移式变送器。

(4) 20 世纪 90 年代科学技术迅猛发展，变送器测量精度提高而且逐渐向智能化发展，数字信号传输更有利于数据采集，出现了扩散硅压阻式变送器、电容式变送器、差动电感式变送器和陶瓷电容式变送器等不同类型。

1. 扩散硅压力变送器

20 世纪 90 年代中期，美国 Icsensors 公司、Nova 公司应用硅晶石和硅晶片叠合两项尖端科技生产了新型扩散硅压力传感器，并开发出具有精度高、重复性小、抗腐蚀的扩散硅压力变送器。其工作原理如图 7-33 所示。

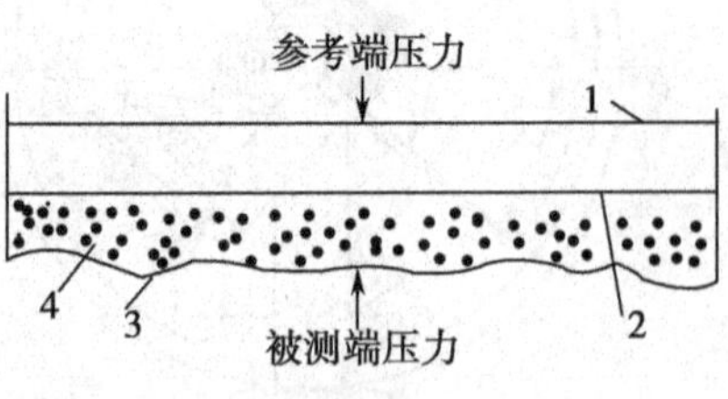

图 7-33 扩散硅压力变送器

1—应变电阻；2—硅膜片；
3—隔离膜片；4—硅油

过程压力通过隔离膜片、密封硅油传输到扩散硅膜片上，同时参考端的压力（大气压）作用于膜片的另一端。这样膜片两边的压差产生一个压力场，使膜片的一部分压缩，另一部分拉伸，在压缩区和拉伸区分别由两个应变电阻片，以感受压力引起的阻值的变化，从而将压力信号转换为电信号。可以测量 316 钢承载的任何液、气态介质。扩散硅压变在低温零度以下，高温 85℃以上难以正常使用，也不适用 20 MPa以上的高压。

2. 电容薄膜式压力变送器

电容薄膜式绝对压力变送器自 20 世纪 80 年代诞生至今有近 30 年历史，由于它的精度高，耐腐蚀，耐污染，稳定性好，是国内外公认的检测低真空压力的理想仪表。美国的 M. K. S 公司是全球生产电容薄膜式压力变送器的主要生产厂家，到目前为止，它的年销售额已达上亿美元，涉及民用工业的各个领域，并在航天工业、核工业等军事工业中发挥着独特的作用。这种压力变送器是利用弹性薄膜在压差作用下产生压变引起电容变换的原理制成，它是由检测部分和转换电路组成，如图 7－34 所示。检测部分有真空腔及检测腔两个腔体。真空腔为全密封结构，经质谱检漏仪检漏合格后，通过长时间排气，最后将排气管密封而形成，并备有消气剂以消除残余气体，长期保持高真空。固定极板位于真空腔中，由极板引出线至腔外。检测膜片置于高真空的真空腔及连接低真空待测系统的检测腔之间，检测膜片为可动极板，其与固定极板形成一个平板电容器，有一定的电容值。被测的低真空压力通过检测孔进入检测腔，检测膜片产生挠曲，改变了其与固定极板的距离，电容值也随之改变。不同的低真空压力值决定不同的电容值。最后电容信号被输送到电路转换部分，电路转换部分将电容信号通过变换、整理、放大等环节，输出一个标准电压或电流信号。这个标准电信号是从电容信号而来，它与真空压力成正比。该类型压变为高灵敏度差压测量，零点稳定，动态响应特性好，适应性强，一般适用于静压力的测量。

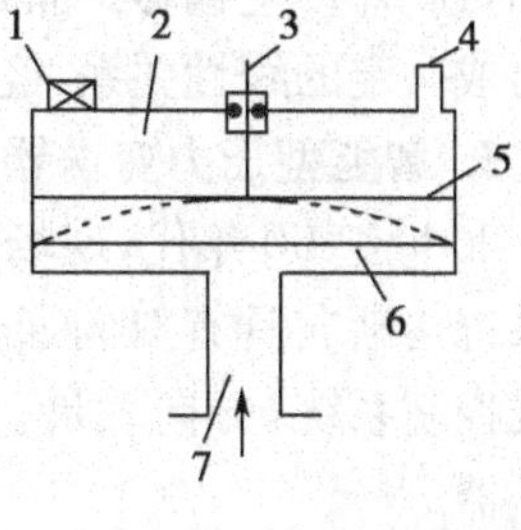

图 7－34 电容薄膜压力变送器

1—消气剂；2—真空腔；3—极板引出线；4—排气管；5—固定极板；6—检测膜片（虚线为挠曲后的位置）；7—检测孔

3. 陶瓷厚膜压力变送器

陶瓷厚膜式压力变送器是利用了陶瓷厚膜电阻的力敏效应。利用陶瓷厚膜压力芯片作为弹性元件，印刷和烧结在陶瓷膜片上的厚膜电阻为敏感电阻，并经过精密的补偿技术、调阻技术、信号处理技术的处理，将压力信号直接转换成标准的电流信号，并接入工业仪表或计算机控制系统，实现生产过程的自动检测和控制。

陶瓷厚膜压力变送器主要是由陶瓷厚膜压力传感器和微处理器两部分组成，传感器用来测量压力变化。当压力作用于传感器时，引起传感器的电阻值变化，传感器芯片上的电桥电路检测出并由 A/D 转换器转换成数字信号送至微处理器。微处理器是信号处理的核心部件，具有线性运算、校正、故障诊断和通信功能。传感器数据存储器能够存储修正系数，微处理器利用存储器中的数据信息，经计算处理，产生一个高精度的特性优异的输出。这种变送器在生产工艺过程中可将各种介质包括腐蚀性和非腐蚀性的气体、液体直接引入到陶瓷膜片上，无需进行复杂的隔离技术，因此价格低廉。压力变送器的弹性体为物化性能极为稳定的高铝瓷（Al_2O_3）制作，长期工作无蠕变和塑性变形，线性度、滞后性能明显优于其他类型压力变送器。

4. 陶瓷电容压力变送器

陶瓷电容压力变送器采用无中介液的干式陶瓷电容传感器，从而获得很高的技术性能。

陶瓷电容压力变送器的工作原理与其他电容式的变送器不同，如图 7－35 所示。介质压力直接作用于陶瓷膜片，使测量膜片产生偏移。膜片位移产生的电容变化量与输入压力成一定的线性关系，经电子部件检测、放大并输出。

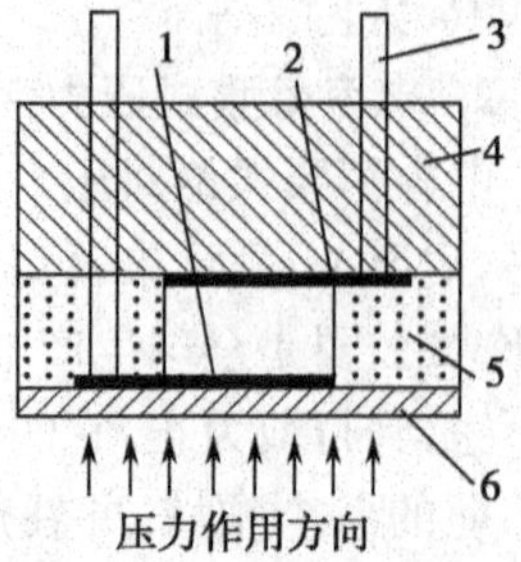

图 7－35　陶瓷电容传感器

1、2—电极；3—引脚；4—陶瓷基座；5—密封玻璃；6—陶瓷膜片

5. 智能型压力变送器

20 世纪 90 年代，现场总线技术迅速崛起，工业过程控制系统逐渐向具有双向通信和智能仪表控制的 FCS（现场总线控制系统）方向发展。从而产生了新一代的智能压力变送器。

智能压力变送器的精度、稳定性、重复性和可靠性都得到提高和改善。其双向通信能力实现了计算机软件控制及远程设定量程等状态。智能型压力变送器主要分为带 HART 协议和带 RS－485 或 RS－232 接口的两种类型。带 HART 协议的智能压力变送器是在模拟信号上迭加一个专用频率信号，实现模拟和数字同时进行通信。带 RS－232 或 RS－485 口的智能压力变送器内部将模拟信号 A/D 转换通过微处理器计算由 D/A 输出。RS－232 接口是异步通信协议接口，可与许多通信协议兼容。因此，后者应用非常广泛。

由于智能变送器有较好的总体性能及长期稳定的工作能力，所以每五年才需校验一次，智能型差压变送器与手持通信器相结合，可远离生产现场，尤其是危险或不易到达的地方，给变送器的运行和维护带来了极大的方便。

7.3.3　压力计的选用和安装

为了使压力表在生产过程中能起到应有的作用，首先要正确地选用和安装压力计。

1. 压力表的选用

压力表的选用应根据工艺上提出的要求，对具体情况作具体分析。合理地进行种类、型号、量程、精度等级的选择。主要考虑以下三个方面。

(1) 确定仪表量程　根据被测压力的大小来确定仪表量程。为了延长仪表的使用寿命，避免弹性元件因受力过大而损坏，同时应考弹性元件应工作在弹性范围内，以保证测量的精度。在选择压力表的上限值时应留有充分的余地。一般在被测压力稳定的情况下，最大工作压力不应超过仪表上限值的 2/3；测量脉动压力时，最大工作压力不应超过仪表上限值的 1/2；测量高压时，最大工作压力不应超过仪表上限值的 3/5。

为了测量的准确性，所测压力值不能太接近仪表的下限值，即仪表的量程不能选得过大，一般被测压力的最小值不低于仪表量程的 1/3。

(2) 选取仪表的精度　根据生产上所允许的最大测量误差确定仪表的精度。选择时，应在满足生产要求的情况下尽可能选用精度较低、经济实用的压力表。

(3) 仪表类型的选择 选择压力表时要考虑被测介质的性质。如温度高低，黏度大小，脏污程度，易燃易爆及是否有腐蚀性。还要考虑现场环境条件，例如高温、潮湿、振动、电磁干扰及现场安装条件等。还必须满足工艺生产提出的需求，如是否需要远传，自动记录或报警。

例如，普通压力表的弹簧管的材料是铜合金，而氨气对铜有极强的腐蚀性，因而氨用压力表的弹簧管采用碳钢。又如，氧用压力表禁油，它与普通压力表在结构和材质上完全一样，但要严格避免接触油类。因而不能像普通压力表一样采用变压器油作为工作介质，如发现有油污，使用前必须用四氯化碳反复清洗。

2. 压力表的安装

必须正确地安装压力表，否则影响测量结果的准确性和缩短压力表的使用寿命。

(1) 测压点的选择 所选择的测压点应能代表被测压力的真实情况。

① 要选在被测介质直线流动的管线部分，不要选在管路拐弯、分叉、死角或易形成漩涡的其他地方。

② 测量流动介质的压力时，应使取压点与流动方向垂直，消除钻孔毛刺。

③ 测量液体压力时，取压点应在管道下部，使导压管内不积存气体；测量气体时，取压点应在管上方，使导压管内不积存液体。

(2) 导压管的铺设

① 导压管粗细要合适，一般内径为 6—10 mm，长度应尽可能短，一般为 3—50 m，以减小压力指示的迟缓。如超过 50 m，应选用能远程传送的压力表。

② 当被测介质易冷凝或易冻结时，必须加保温伴热线管。

③ 取压口到压力表之间应装切断阀，以备检修压力计用。切断阀应靠近取压口。

④ 导压管如果需水平安装时，应保证有 1∶10—1∶20 的倾斜度，以利于积存于其中的液体(或气体)的排出。

(3) 压力表的安装

① 压力表应安装在易观察和检修的地方。

② 安装地点应力求避免振动和高温影响。

③ 测量蒸汽压力时应加凝液管，以防止高压蒸汽直接和测压元件接触(如图 7-36(a)所示)。测量有腐蚀性介质压力时，应加装有中性介质的隔离罐，图 7-36(b)表示出被测介质密度 ρ_2 大于或小于隔离液密度 ρ_1 的两种情况。

总之，针对不同的情况，如高温、低温、腐蚀、结晶、沉淀、黏稠介质等，采用相应的防护措施。

(4) 压力表的连接处应加密封垫片，一般(温度低于 80℃及压力低于 2 MPa)用石棉纸板或铝片，温度和压力更高时(压力 50 MPa 以下)用退火紫铜或铅垫。另外还须考虑被测介质的影响，例如测氧气的压力表不能用带油或有机化合物的垫片，以免产生爆炸。测量乙炔压力时禁止用铜垫。

(5) 为安全起见，测量高压的压力计除选用有通气孔的外，安装时表壳应向墙壁或无人通过之处，以防止意外。

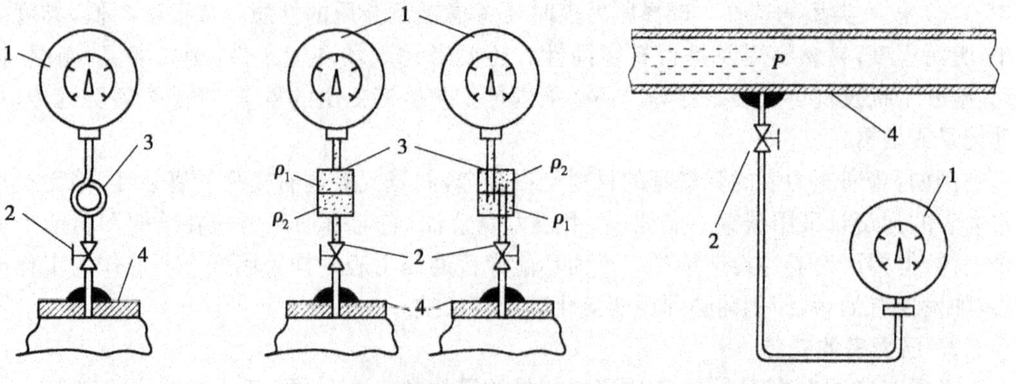

图 7-36　压力表安装示意图

1—压力表；2—切断阀；3—隔离罐；4—生产设备

7.4　流量的检测及变送

流体流量的测量在工业生产和过程控制中占有重要地位。由于流体性质、流动状态、流动条件以及感测机理的复杂性，造成了如今流量测量仪表的多样性、专用性和价格差异的悬殊性。作为其核心部分的流量传感器更是种类繁多，发展较快。流量参数可谓工业生产过程、科学实验计量和进行各种经济核算所必需的重要参数，是能源计量的重要组成部分。通过流体流量的测量，了解掌握流动过程、进行生产工艺的自动控制、实行能源管理等，从而可以保证产品质量，提高生产效率，节约能源，尤其是在能源危机、工业自动化程度越来越高的当今时代，流量传感器在国民经济中的作用越来越明显。而现今向数字化、智能化、多功能化、网络化发展是流量传感器将来发展的必然趋势。

流量是指单位时间内流过管道某一截面的流体的体积(或质量)，它是瞬时值。

ρ 为流体的质量，体积流量 Q 与质量流量 M 之间的关系为

$$M=Q\rho \text{ 或 } Q=M/\rho$$

如以 t 表示时间，则流量和总量之间的关系为

$$Q_{总}=\int_0^t Q\mathrm{d}t$$

$$M_{总}=\int_0^t M\mathrm{d}t$$

流量计是测量流体流量的仪表，而用计量表测量流体的总量。然而两者又不截然分开，在流量计上配有累计机构，也能读出总量。

测量流量的方法很多，一般可分为三大类：即速度式、容积式和质量式。速度式流量计是以测量管道内流体的流速而得出流量的，如差压式流量计、转子流量计等。容积式流量计与日常生活工作中用容积(例如升、量杯等)计量体积的方法类似。在工业生产中用于密闭管道内连续测量流体的体积，是用容积积分的方法，直接测量流体的体积总量，

如椭圆齿轮流量计、活塞式流量计等。质量式流量计分为直接式和间接式两种。

速度式流量计使用最多,是目前生产中测量流量最成熟、最常用的仪表,它的品种也很多。

7.4.1 差压式流量计

差压式流量计的检测元件是节流装置。节流装置是使管道中的流量产生局部收缩的元件,包括孔板、喷嘴和文丘里管。

1. 节流装置

节流装置是人为的在介质流通的管道内造成节流,如图 7-37,7-38 所示,当被测介质流过节流装置之后,造成一个局部收缩,流束集中,流速增加,静压力降低,于是在孔板的上、下游两侧产生一个静压力差,这个静压力差与流量之间成一定的函数关系,流量愈大,所产生的静压力差愈大,因此通过测量差压的方法,就可测得流量。

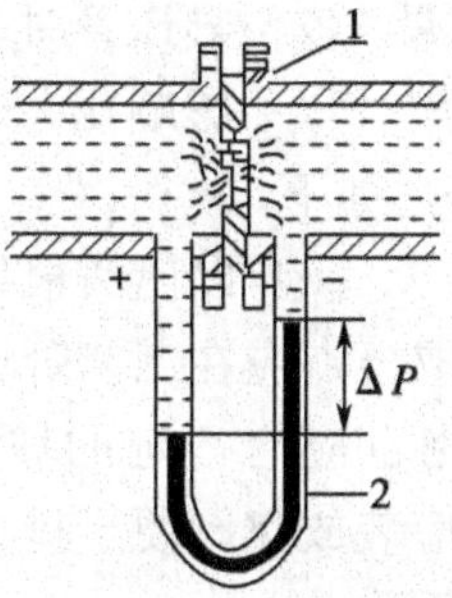

图 7-37 节流装置原理图

1—节流件;2—差压计

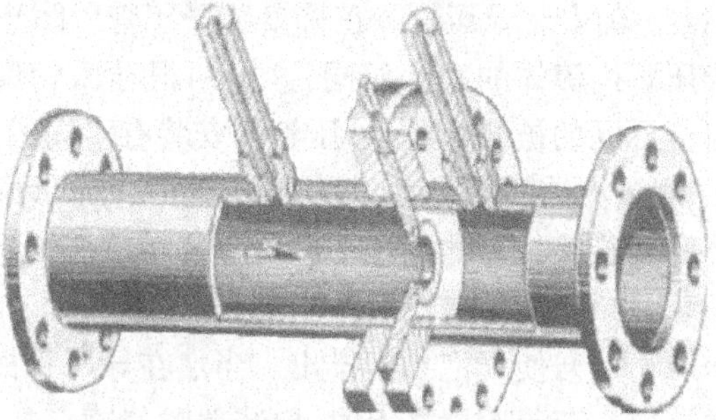

图 7-38 节流装置图

压差 Δp 和流量之间的关系是根据伯努利方程和流体连续性原理推导出来的,它们之间的关系为

$$Q=\alpha\varepsilon F_0\sqrt{\frac{2}{\rho_1}\Delta p},\quad M=\alpha\varepsilon F_0\sqrt{2\rho_1\Delta p} \tag{7-35}$$

式中,α——流量系数,它与节流装置的结构形式、取压方式、孔口截面积与管道截面积之比 m,雷诺数、孔口边缘锐度、管壁粗糙度等因素有关;

ε——膨胀校正系数,它与孔板前后压力的相对变化量、介质的等熵指数、孔口截面积与管道截面积之比等因素有关,应用时可查阅有关手册。但对不可压缩的流体来说,$\varepsilon=1$;

F_0——节流装置的开孔截面积;

Δp——节流装置前后实际测得的压力差;

ρ_1——节流装置前的流体密度。

由上式可知,流量系数 α 是个关键参数,标准节流装置,其值可以从有关手册中查到;非标准节流装置,其值由实验方法确定。所以任何一个节流装置有其对应的 α 值,不同的装置 α 值亦不同。

2. 差压式流量计的使用

对于低流速流体,产生的差压小,误差增大;不适于脉动的流体测量。

差压式流量计如果使用不当，会造成很大误差，为尽量减小测量误差，必须做到以下几点。

(1) 管道中流体的工作状态必须符合设计要求。关系式(7-35)中各相关量取定，尤其是流量不仅与压差有关，还与已固定有关的各项系数相关，故管道中被测流体的工作状态(温度、压力等)以及相应的流体重度、黏度、雷诺数等参数值必须符合设计要求，才能准确地反映出待测流量的数值。

(2) 正确安装节流装置。首先流向要正确，一般来说，节流装置露出部分所标注的"+"号一侧，应当是流体的入口方向。当用孔板作为节流装置时，应使流体从孔板 90°锐口的一侧流入。其次节流装置前后应有一定长度的直管段。

(3) 合理使用节流装置。在使用过程中，要保持节流装置的清洁，如在节流装置处有沉淀、结焦、堵塞等现象，必须及时清洗。节流装置长期使用，由于流体的冲刷或由于化学腐蚀，如孔板的入口边缘的尖锐度会变钝，故应注意检查、维修，必要时应更换新的孔板。否则在相同条件下，压差 Δp 将变小。

(4) 正确安装导压管。正确安装导压管以防止堵塞与渗漏。安装导压管时一定要使两根导压管内流体的密度相同，这样两根导压管增加的压力一样，不影响压差 Δp 的数值。对于不同的被测介质，导压管的安装有不同的要求，现分述如下。

① 测量液体的流量时，两根导压管内应充满同样液体且无气泡，以使两根导压管内的液体密度相等。为此差压变送器应装在节流装置的下面，取压点应在工艺管道的中心线以下，与水平夹角为 45°左右，导压管最好垂直安装，否则也应有一定的坡度(至少 1∶20—1∶10)，使气泡易于排出。当然在导压管的管路中，应装放空阀便于排气。当差压变送器放在节流装置之上时，要装置贮气罐。如图 7-39 所示。

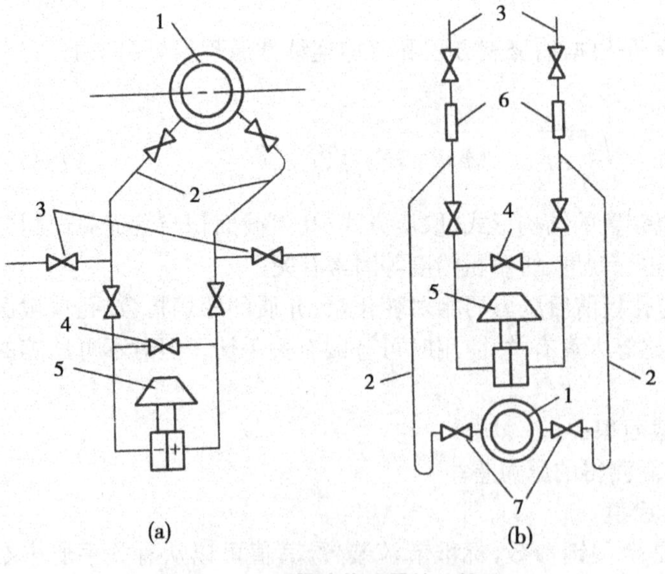

图 7-39　测量液体流量的连接图

1—节流装置；2—引压装置；3—放空阀；
4—平衡阀；5—差压变送器；
6—贮气罐；7—切断阀

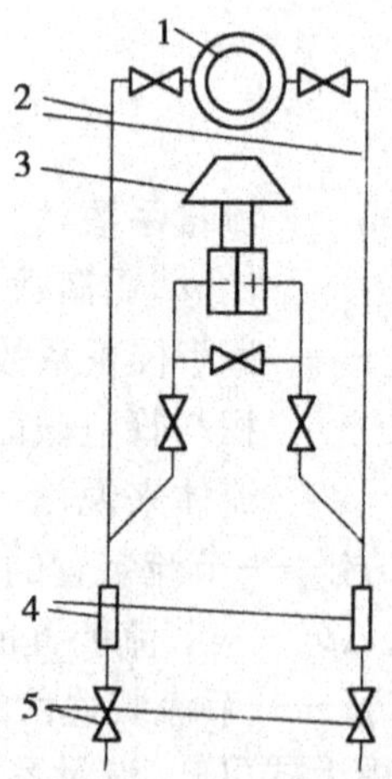

图 7-40　测量气体流量的连接图

1—节流装置；2—引压导管；
3—差压变送器；4—贮液罐；
5—排放阀

② 测量气体流量时，为使两根导压管内的流体密度相等，须防止管内积聚液滴。为此取压点应在节流装置的上半部；导压管最好垂直向上，最少应向上倾斜一定的坡度。如果差压计必须装在节流装置之下，则须加贮液罐，如图 7－40 所示。

被测流体为蒸汽时，应使导压管内充满蒸汽冷凝液，并使冷凝液等液位。因而取压点从节流装置的水平位置接出，并分别安装凝液罐。其他安装与测量液体的流量时相同，如图 7－41。

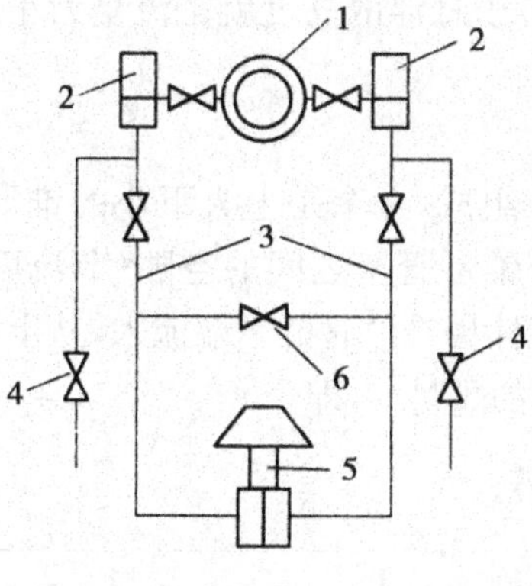

图 7－41　测量蒸汽流量的连接图

1—节流装置；2—凝液罐；3—引压导管；4—排放阀；5—差压变送器；6—平衡阀

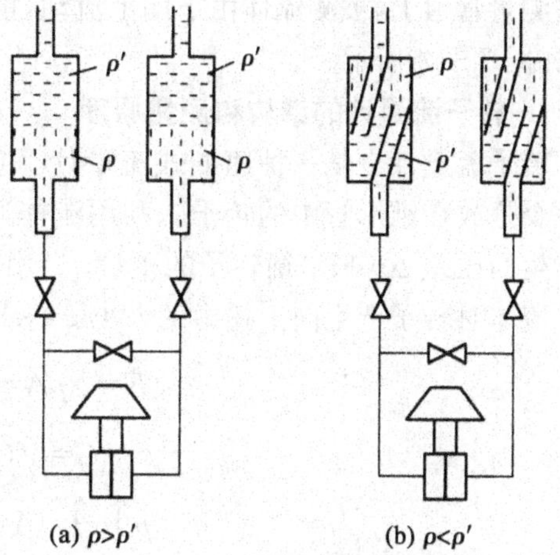

图 7－42　隔离罐

③ 被测流体具有腐蚀性时，应在节流装置和差压变送器之间装设隔离罐，内放不与被测介质互溶且不起化学反应的隔离液来传递压力，当隔离液的密度 ρ 大于或小于被测介质 ρ' 时，隔离罐采用的两种形式如图 7－42 所示。

(5) 正确安装和使用差压计（或差压变送器）。由导压管接到差压计（变送器）前，须安装切断阀和平衡阀，如图 7－43 所示。启用差压计前，先打开平衡阀 3，使正、负压室连通，不致损坏变送器或造成测量误差。然后打开切断阀 1、2，再关上平衡阀 3，变送器即投入运行。差压计停止使用时，先打开平衡阀，再关断两个切断阀。

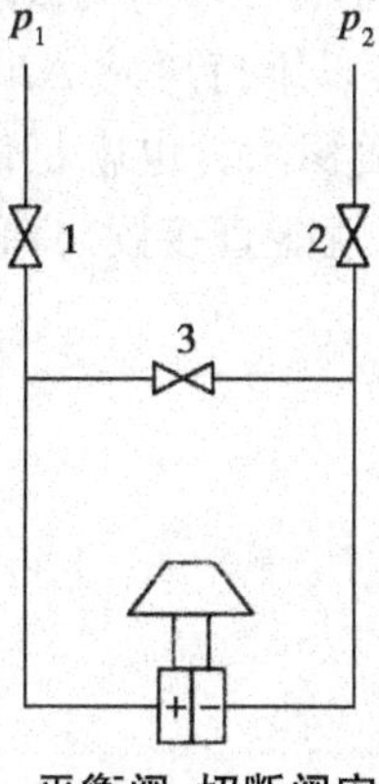

图 7－43　平衡阀、切断阀安装示意图

1，2—切断阀；3—平衡阀

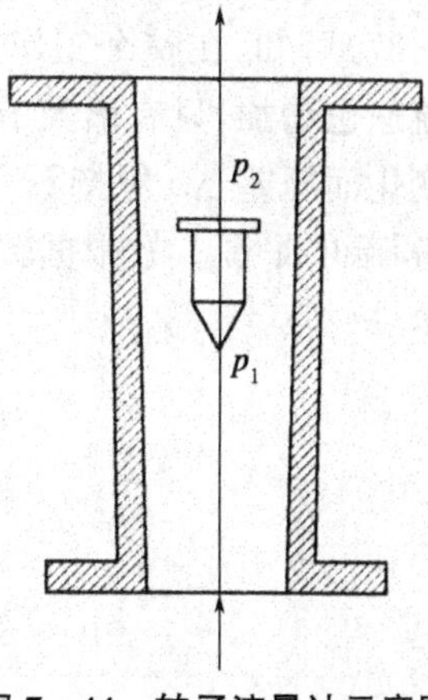

图 7－44　转子流量计示意图

7.4.2 转子流量计

转子流量传感器的出现较早，但广泛应用于工业测量是在近几年。它具有灵敏度高、结构简单、直观、压损小、测量范围大、价格便宜等优点。

它由一个锥形管和一个置于锥形管中可以上下自由移动的转子组成，传感器垂直安装在测量管道上，被测流体由下向上流动，推动转子，转子悬浮的高度就是流量大小的量度，如图7-44所示。

1. 转子流量计的结构和测量原理

转子流量计也是一种速度式流量计。它由两部分组成，一个是上大下小的锥形管，另一个是放在锥形管中的转子。利用流体通过转子与锥形管壁之间的空隙(节流面积)时产生的压差 Δp 来平衡转子的重量。工作时，被测流体由锥形管的下端流入，从上端流出。流体对转子产生向上托力的大小 F 总是等于转子的重量 G，即

$$F=\Delta pA=(p_1-p_2)A$$

$$G=V(\rho_t-\rho_f)g$$

$$(p_1-p_2)A=V(\rho_t-\rho_f)g \tag{7-36}$$

由式(7-36)可得

$$\Delta p=p_1-p_2=\frac{V(\rho_t-\rho_f)}{A}g \tag{7-37}$$

式中，V——转子的体积；

A——转子的最大横截面积；

g——重力加速度；

ρ_t，ρ_f——分别为转子材料和被测流体的密度；

p_1、p_2——分别为转子前、后流体的压力。

由式(7-37)可知，在整个工作过程中压差 Δp 保持不变。当流量增加时，当然通过节流面积的流速也增加，只有增大节流面积，减低流速，以维持压差 Δp 不变。这种节流面积随流量变化而压差 Δp 保持不变的测量方法称为面积法。也就是说流量增加，将转子向上冲，求得新的平衡。故根据转子平衡位置的高低就能直接读出流量的大小。通常可用下式表示

$$M=\Phi h\sqrt{2\rho_f\Delta p} \tag{7-38}$$

或

$$Q=\Phi h\sqrt{\frac{2}{\rho_f}\Delta p} \tag{7-39}$$

式中，Φ——仪表常数；

h——转子浮起的高度。

将式(7-37)代入以上两式,分别得到

$$M=\Phi h\sqrt{\frac{2gV(\rho_t-\rho_f)\rho_f}{A}} \tag{7-40}$$

$$Q=\Phi h\sqrt{\frac{2gV(\rho_t-\rho_f)}{\rho_f A}} \tag{7-41}$$

2. 仪表刻度的修正

从流量方程(7-41)可以看出,由于式中包括有流体的密度,所以应用面积法测量流量时,仪表的刻度与被测流体的工况有密切关系。因此仪表直接以流量刻度表示时,必须标明被测介质的名称、密度、黏度、温度和压力。一般转子流量计出厂时是在标准状态下(20℃,0.101 33 MPa)下,用水(对液体)或空气(对气体)介质标定刻度的。所以,在实际应用时,如果被测介质和工作状态不同,而黏度相差不大时,必须对仪表的刻度进行修正。具体修正公式这里不详细叙述。

3. 电远传式转子流量计

上面叙述转子流量计的刻度在锥形管上,即就地指示。电远传式转子流量计能将反映流量大小的转子高度 h 转换成电信号传送出去,接收后将信号进行处理后显示或记录。

LZD 系列电远传式转子流量计在原有基础上主要增加流量变送及电动显示两部分。

(1) 流量变送部分　用差动变压器进行远程信号传递。它主要是将转子在锥形管中的位置转换成电信号。

差动变压器的结构如图 7-45 所示,由线框、铁芯及线圈组成。其铁芯在线框中可以上下移动,而线框分为上、下两个相等部分,原线圈均匀地绕在上、下两线框上,因而线圈的中间抽头 2 正好在上、下线框之间。两个匝数相等的副线圈也是分别绕在上、下两个线框上,但是反相串联的。

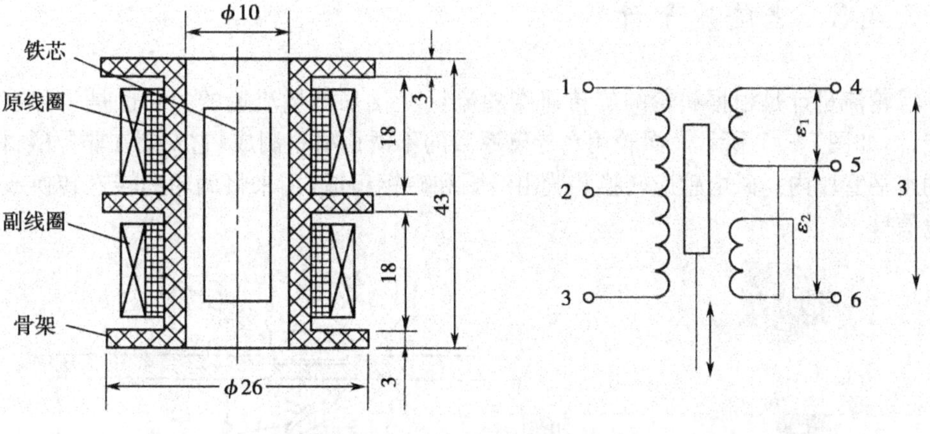

图 7-45　差动变压器结构

如果铁芯处在线框的中间位置,即不偏上也不偏下,此时两个副线圈产生的感应电势 ε_1 和 ε_2 相等,由于两个线圈反相串联,ε_1 和 ε_2 互相抵消,因而输出电势(4、6 两端)为零。即

$$u=\varepsilon_1-\varepsilon_2=0$$

当铁芯向上移动时，因而加强了上线框里原、副线圈的耦合，而减弱了下线框里原、副线圈的耦合，这样，上线框中副线圈产生的感应电势 ε_1 大于下线框中副线圈中的电势 ε_2，于是 4、6 两端的输出电势大于零。反之，当铁芯向下移动时，情况正好相反，此时的输出 $u=\varepsilon_1-\varepsilon_2<0$。总之，输出电势 u 的大小和正负由铁芯偏离线框中心位置的大小和方向而定，因而称为不平衡电势。

电远传流量计就是根据这一原理而制成的。将流量计的转子与差动变压器的铁芯连接起来，这样，转子随流量而上、下移动带动铁芯一起上、下运动，因而将流量的大小转换成输出电势 u 的大小。

(2) 电动显示部分　LZD 系列电远传转子流量计的原理图如图 7－46 所示，其工作过程是：当被测介质流量发生变化时，转子在锥形管中的位置也随之改变，如流量增加，转子上移，因而带动发送用的差动变压器 T_1 中的铁芯向上移动，变压器 T_1 的副线圈输出一个不平衡电势，送入电子放大器。信号经放大后通过可逆电机带动显示机构动作，进行显示。同时，此放大后的信号又通过凸轮带动反馈用的差动变压器 T_2 中的铁芯向上移动，使此副线圈也产生一个不平衡电势。由于 T_1 和 T_2 的副线圈是反向串联的，因此 T_2 产生的不平衡电势去抵消 T_1 产生的不平衡电势，直到两者完全相等，它们之和为零时，即放大器的输入为零时，T_2 中的铁芯便停留在一个固定的位置上，这时显示机构的指示值就可以表示被测流量的大小了。

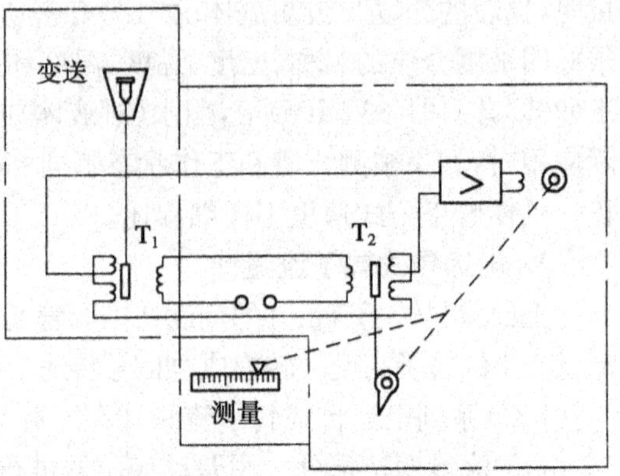

图 7－46　电远传转子流量计

7.4.3　涡轮流量计

涡轮流量计是根据涡轮的旋转速度随流量变化来测量流量的。它也是一种速度式流量计，如图 7－47 所示。涡轮用高导磁系数的不锈钢材料制成，它安装在非导磁材料制成的水平管段内。磁电感应转换装置由线圈和磁钢组成，用来将涡轮的转速转换成相应的电信号。

图 7－47　涡轮流量计

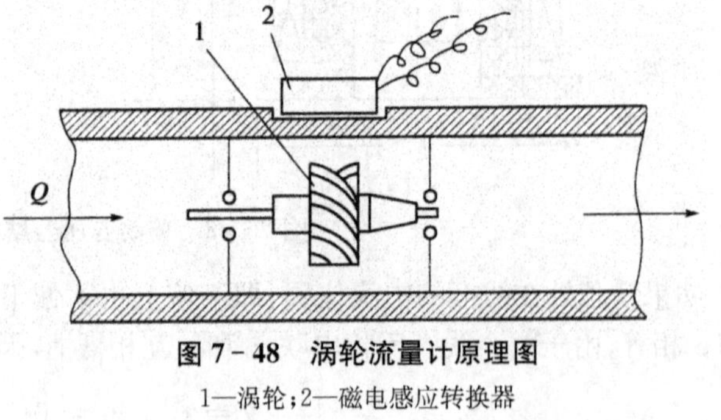

图 7－48　涡轮流量计原理图

1—涡轮；2—磁电感应转换器

涡轮流量计的工作原理如图 7-48 所示。当涡轮受到流体冲击时而产生旋转，在规定的流量范围内和一定的黏度下，涡轮的转速与流体的流速成线性关系。涡轮旋转时，高导磁率的涡轮周期性的扫过磁钢，使磁路的磁阻发生周期性变化，线圈中的磁通量也随之发生周期性的变化，因而线圈中感应出交流电信号。其频率与涡轮的转速成正比，也与流量成正比。此脉冲频率信号经放大和整形后，送往电子计数器或电子频率计，以指示流量或累计成总量。

涡轮流量计的优点是精度高、动态响应好，可耐高压、可测脉动流量，输出是电频率信号，因而不受干扰、便于远传。但是待测流体必须不含污物及固体杂质，以减少磨损和防止涡轮被卡。适用于测量比较洁净且黏度低的液体流量。

7.4.4　电磁流量计

导电液体在磁场中作垂直于磁场方向的流动，导体切割磁力线则产生感生电动势 E，感生电动势的大小与流速成正比，这就是电磁流量计的工作原理。

电磁流量计的原理图如图 7-49 所示。

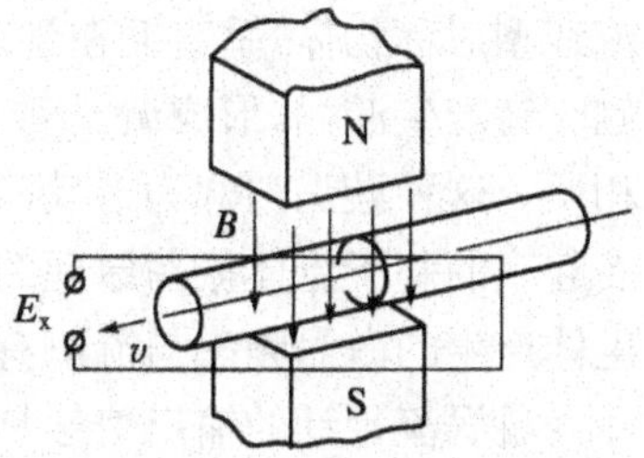

图 7-49　电磁流量计原理图

在一段用非导磁材料制成的管道外面，安装有一磁铁，其磁力线垂直于管道轴线方向(即液体流动方向)。当导电液体流过此段管道时，因导电流体作切割磁力线运动而产生感生电动势 E。此感生电动势由与磁力线成垂直方向的两个电极引出。当磁感应强度与管道直径一定时，感生电动势的大小为

$$E = K_1 BDv \tag{7-42}$$

式中，K_1——比例系数；

B——磁感应强度；

D——管道直径；

v——垂直于磁力线方向的液体流速。

体积流量 Q 与流速的关系为

$$Q = \frac{1}{4}\pi D^2 v \tag{7-43}$$

将式(7-43)代入式(7-42)中，可得到

$$E = \frac{4K_1 BQ}{\pi D} = KQ \tag{7-44}$$

式中，
$$K = \frac{4K_1 B}{\pi D}$$

K 称为仪表常数，在磁感应强度 B、管道直径 D 确定后，K 的大小也就确定是一个常数。

电磁流量计测量导管内无可动部件，也没有突出于管内的部件，因而压力损失很小。如在管道内使用防腐衬里，能测量有腐蚀性液体的流量，也可用来测量含有颗粒、悬浮物

等液体流量。且其输出信号与流量之间的关系不受液体的物理性质(如温度、压力、黏度等)变化和流动状态的影响。对流量变化反应速度快,故可用来测量脉动流量。

电磁流量计只能用来测量导电液体的流量,且其导电率不小于水的导电率。且流体切割磁力线产生的感生电动势很小,要将它转换成标准电信号时,对放大器要求高,即需要高放大倍数的直流放大器才行。因而测量系统复杂,成本高,易受外界电磁场干扰。安装时要远离一切磁场,且不能有振动。使用时注意维护,防止电极与管道间绝缘损坏。

7.4.5 漩涡流量计

漩涡流量计又称涡街流量计。它是应用流体力学中的卡门涡街原理来测量流体流量的,即用有规则的漩涡剥离现象来测出流量。把一个漩涡发生体(圆柱体、三角柱等非流线型对称物体)垂直插在管道中,当流体在管道内流动时,会在漩涡发生体后方左右两侧交替产生漩涡,形成漩涡列。这两列漩涡相互形成平行状,且左右交替出现,旋转方向相反。这种漩涡列称为卡曼(Karman)涡街。卡曼涡街流量传感器是20世纪70年代发展起来的基于流体振荡原理的测量仪表,近年来发展迅速,它利用插入到流体中漩涡发生体产生的漩涡频率与流速有确定关系的原理获得流量。

漩涡流量计的输出信号是与流量成正比的脉冲频率信号或标准电流信号,因而可以远距离传输,而且输出信号与流体的温度、压力、密度、成分、黏度等参数无关。该流量计结构简单,无运动部件,检测元件不接触被测流体。具有测量精度高、量程范围较宽、使用寿命长等优点,因而应用范围广。其特点是流体压损小;可以用于液、气体的测量,可测量流速及质量流量;对流态要求稳定,管道条件要求严格,必须在漩涡发生体前后有一定长度的直管段,价格比较高。

以上五种都是速度式流量计,属于速度式流量计的还有超声波流量计、激光流量计等。

7.4.6 椭圆齿轮流量计

椭圆齿轮式流量计是容积式流量计中的一种。其测量部分由两个相互啮合的椭圆形齿轮、轴及壳体组成,椭圆齿轮与壳体之间形成测量室,如图7-50所示。液体通过时,利用进出口压差产生力矩使两个椭圆形齿轮转动,每转一周排出定量液体,只要测量出转动频率就可求出体积流量,其累计数即为总量。

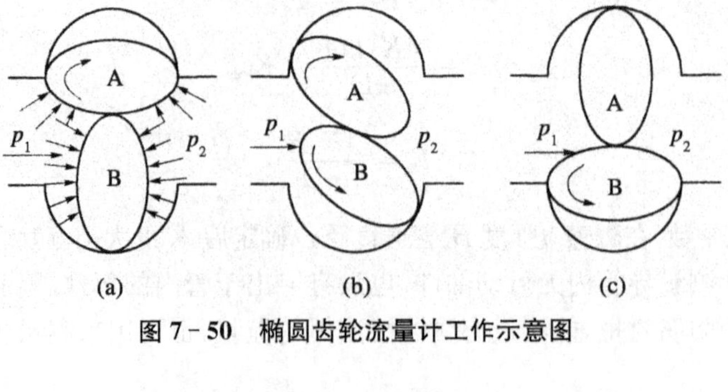

图7-50 椭圆齿轮流量计工作示意图

椭圆齿轮流量计对被测液体的黏度变化不敏感，因而特别适合测量高黏度的液体，甚至糊状物的液体。但它对掺有机械物的杂质非常敏感，被测液体中也不能含有固体颗粒，因为这些杂质易磨损齿轮，所以需安装过滤器。此外，椭圆齿轮流量计的使用温度有一定的范围，超出规定范围，就可能使齿轮发生卡死现象。

7.4.7　质量流量计

速度式流量计有的给出体积流量，虽然有的给出质量流量，但其测量结果却与密度有关。但被测介质密度受温度、压力、黏度等多种因素的影响，气体尤为突出，因而这种将测出的体积流量乘以密度而得到的质量流量，其测量结果必然有较大的误差。

质量流量计一般可分为两类：一类是直接式质量流量计，它直接根据质量流量与输出变量之间的单值函数关系得到质量流量。另一类是间接式或推导式质量流量计，它采用间接推导方法，如给体积流量仪表配以密度计，再通过运算器的计算得出质量流量。密度计有振动管式、超声波和同位素等可连续测量密度的仪表。

当前在现场应用的质量流量计品种很多，如热流式质量流量计、差压式质量流量计、哥氏力质量流量计、温度与压力补偿式质量流量计等。大多数有微机与其配套组成智能型流量检测仪表。

7.5　物位的检测及变送

7.5.1　物位检测仪表

物位检测在生产过程中十分重要，尤其是现代化工业设备规模的扩大和集中管理，及计算机投入运行后，物位的测量与远传更显得重要。

在化工生产中，用来测量液位、固体料位和两种不同密度液体的分界面的仪表分别称为液位计、料位计和界面计，统称物位仪表。

工业生产中对物位仪表的要求各不相同，基本要求是精度、量程、经济和安全可靠等方面。首要是安全可靠。物位仪表种类很多，常用的有以下几种。

1. 玻璃管式液位计

这类仪表应用连通管原理，以玻璃管与待测容器连通，直读其液面高度。

2. 浮筒式液位计

浮筒式液位计是利用浮力原理来测量液位的。浮筒沉于液体中，液位变化引起浮筒受到的浮力发生变化，浮力变化的大小与液位的变化成正比，从而测出液位。它适用于黏度或温度较高的介质和高压介质。

3. 差压式物位仪表

差压式物位仪表又可分为压力式物位仪表和差压式物位仪表。它利用液柱的静压对液位进行测量，物料的堆积对某固定点产生的压力来进行测量的。适用范围很广，且已得到广泛的应用。

4. 电容式物位仪表

电容器电容量的大小与两极之间的电介质有关。不同的电介质其介电常数不一样，而电容量的大小与介电常数成正比，因此可通过测量电容量的变化来检测液位、料位或两种不同的液体分界面。适用于各种导电、非导电液体的液位、不同液体的分界面或粉末状料位的连续测量和指示。

5. 超声波式物位仪表

以超声波为信号源，向待测介质发出信号，超声波在介质的分界面上发生反射，用仪表接收反射波，从发出信号到接收到反射波这段时间与此待测介质的厚度成正比，从而测出物位。此类仪表精度高，测量范围较广，但要求被测介质对超声波衰减较小，且没有散射作用。液体、粉末、块体的物位都可测量。因传感元件不与被测介质接触，所以可测量有腐蚀性、毒性、易燃、易挥发液体的液位，也可测量低温介质的液位。

此外，还有电磁式、辐射式、光学式物位仪表。下面较为详细地介绍几种物位仪表。

7.5.2 差压式液位变送器

1. 工作原理

差压式液位变送器原理如图 7-51 所示。它是利用容器内液体产生的静压与液位高度成正比的原理而工作的。

若容器内液体的密度为 ρ，其液位高度为 h，容器上部气体压力为 p_A，则差压变送器正、负压室的压力 p_+、p_- 分别为

$$p_+ = p_A + \rho g h$$

$$p_- = p_A$$

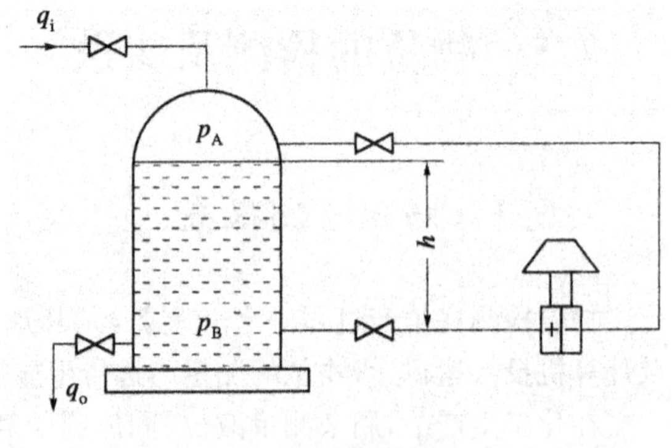

图 7-51　差压式液位变送器原理图

因此，从上式可得

$$\Delta p = p_+ - p_- = \rho h g \qquad (7-45)$$

由于液体密度 ρ 和重力加速度 g 一定，故压差与液位成一一对应关系。用气动差压变送器测量液位时，输出信号为 20—100 kPa 气压信号，即当液位高度 $h=0$ 时，输出为 20 kPa，当 h 为最高液位时，输出为 100 kPa，而当 h 在零与最高液位之间时，输出信号在 20—100 kPa 之间。这是液位测量中最简单的情况，称之为“无迁移”。

2. 零点迁移

在实际应用中，由于安装及其他原因，在液位 h 为零时，变送器的输出如果不等于 20 kPa，为了提高测量精度，必须正确选择变送器量程，进行零点迁移。

(1) 正迁移　如果差压变送器的测量室不与贮液槽的底部安装在同一水平面上，而

是低于贮液槽底部，如图 7 - 52 所示。则

$$p_{+}=p_{A}+\rho gh+\rho gh_{0}$$
$$p_{-}=p_{A}$$
$$\Delta p=p_{+}-p_{-}=\rho gh+\rho gh_{0} \tag{7-46}$$

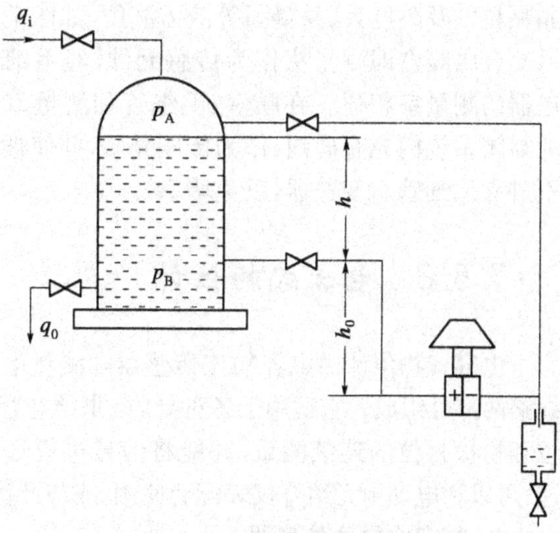

图 7 - 52　液位测量的正迁移

与不需要迁移的情况相比，比式(7 - 45)多出一项 ρgh_0。当 $h=0$ 时，此时变送器的输出大于 20 kPa，为了使液位的零值与最大值仍然与变送器输出的上、下限相对应，必须抵消 ρgh_0 的作用，以使 $h=0$ 时，变送器的输出仍为 20 kPa，当 $h=h_{max}$ 时，变送器的输出为 100 kPa，为此采用零点迁移的办法来达到此目的，即调节仪表上的迁移弹簧，改变它的弹性力来抵消 ρgh_0 的作用。因为 ρgh_0 作用在正压室上，故称为正迁移。

(2) 负迁移　对于腐蚀性液体和气体，在变送器正、负压室和取压点之间必须分别装隔离罐，并充以隔离液，以防止腐蚀性流体进入变送器而损害仪表，如图 7 - 53 所示。若被测介质密度为 ρ_1，隔离液密度为且 $\rho_2>\rho_1$，则有

$$p_{+}=p_{A}+\rho_{1}hg+\rho_{2}h_{0}g$$
$$p_{-}=p_{A}+\rho_{2}h_{1}g$$
$$\Delta p=p_{+}-p_{-}=\rho_{1}gh-\rho_{2}(h_{1}-h_{0})g \tag{7-47}$$

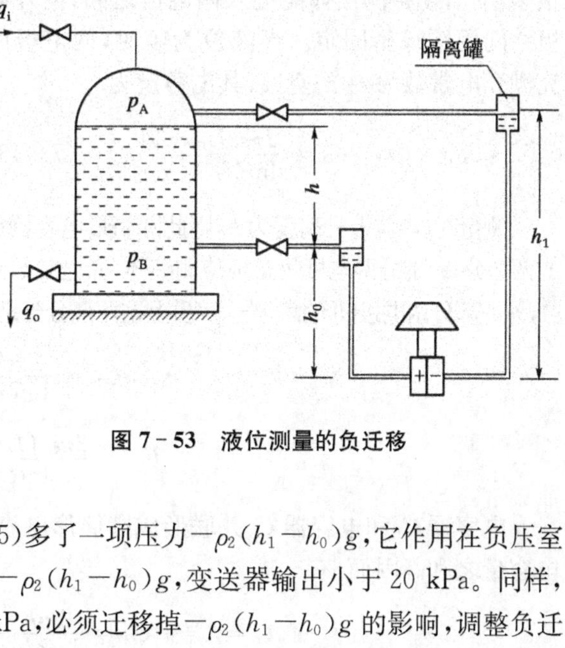

图 7 - 53　液位测量的负迁移

对照不需要迁移的情况，比式(7 - 45)多了一项压力 $-\rho_2(h_1-h_0)g$，它作用在负压室上，称之为负迁移量。当 $h=0$ 时，$\Delta p=-\rho_2(h_1-h_0)g$，变送器输出小于 20 kPa。同样，为了使 $h=0$ 时，变送器的输出仍为 20 kPa，必须迁移掉 $-\rho_2(h_1-h_0)g$ 的影响，调整负迁移弹簧，以它的弹性力来抵消掉此作用在负压室的力，达到 $h=0$，变送器的输出为 20 kPa 目的。

迁移弹簧的作用，其实质是改变变送器的零点。任何一种变送器零点迁移和调零都是使变送器的输出起始值与被测量值的起始点相对应，通常只不过零点调整量小，而零点迁移量比较大而已。

3. 法兰式差压变送器

常应用导压管入口处加隔离膜盒的法兰式差压变送器，来测量具有腐蚀性或含有结

晶颗粒以及黏度大、易凝固等液体液位，如图 7－54 所示。金属膜盒即测量头作为传感元件，经毛细管与变送器的测量室相通。在膜盒、毛细管和测量室所组成的封闭系统内充有硅油，作为传压介质，并使被测介质不进入毛细管与变送器，以免堵塞。

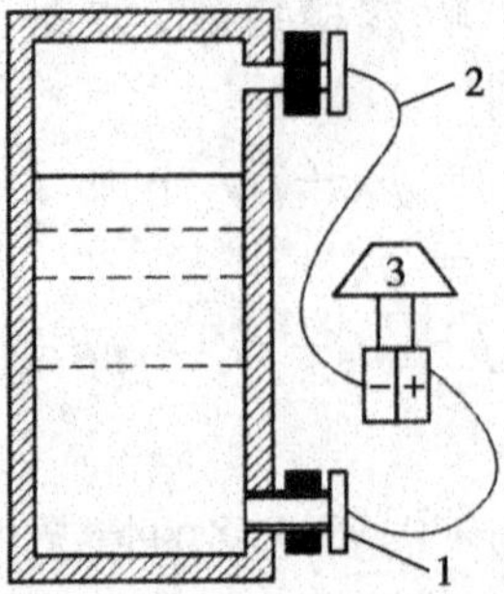

图 7－54　法兰式差压变送器示意图

1—法兰式测量头；2—毛细管；3—变送器

7.5.3　电容式物位计

电容式物位计由电容物位传感器和测量电容量的线路两部分组成。它适用于各种导电、非导电液体的液位和粉状料位的连续测量，并能将信号进行远距离传递，可以和电动单元组合仪表配套使用，或与计算机联用。

1. 电容式物位传感器

(1) 液位的测量　测量非导电液体液位的电容式物位传感器如图 7－55 所示。外电极上开有很多小孔，使被测液体能进入两电极之间，内外电极之间用绝缘套固定。当液位为零时，两电极间充满介电常数为 ε_0 的空气，其电容量为

$$C_0=\frac{2\pi\varepsilon_0 L}{\ln R/r}\qquad(7-48)$$

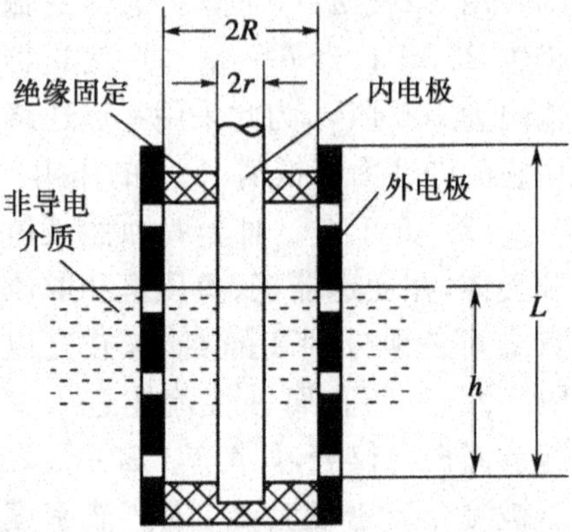

图 7－55　非导电液体液位测量示意图

测量时，液位上升高度为 h，则此圆筒形电容器形成两部分，一部分两电极间充满待测液体(介电常数为 ε)，另一部分两电极间充满空气，实质上这两部分分别形成电容器，其电容量分别为 C_1 和 C_2，即

$$C_1=\frac{2\pi\varepsilon h}{\ln R/r}$$

$$C_2=\frac{2\pi\varepsilon_0(L-h)}{\ln R/r}$$

电容器 C_1 和电容器 C_2 并联形成圆筒形电容器，它的电容量 C 为这两个并联电容器电容量之和。因而，有

$$C=C_1+C_2=\frac{2\pi\varepsilon h}{\ln R/r}+\frac{2\pi\varepsilon_0(L-h)}{\ln R/r}\qquad(7-49)$$

比较式(7－48)和式(7－49)可知，测量时电容量的变化为

$$C_X=C-C_0=\frac{2\pi(\varepsilon-\varepsilon_0)h}{\ln R/r}=kh\qquad(7-50)$$

由上式可知，电容变化量与液位高度成正比。K 为比例系数。R 和 r 相差越小，即电容器两极板距离越近，则 R/r 的值小，比例系数 K 大，仪器灵敏度高。此电容式液位计的结构稍加改变，就可用来测量导电介质的液位。

(2) 料位的测量　用电容法也可测量固体块状，颗粒及粉状的料位。

由于固体间的磨损较大，不像液体本身无一定形状能很快充填到容器中去，因而一般用电极棒及容器壁构成电容器的两极，以此电容器测量非导电固体料位，如图 7-56 所示。

2. 电容量的检测

电容式物位计中的电容量很小（一般是几个到十几个 pF），直接测量电容量变化不易且不准确，常常是通过电子线路将待测电容量转换成另一个电信号，再将此电信号放大后进行测量。

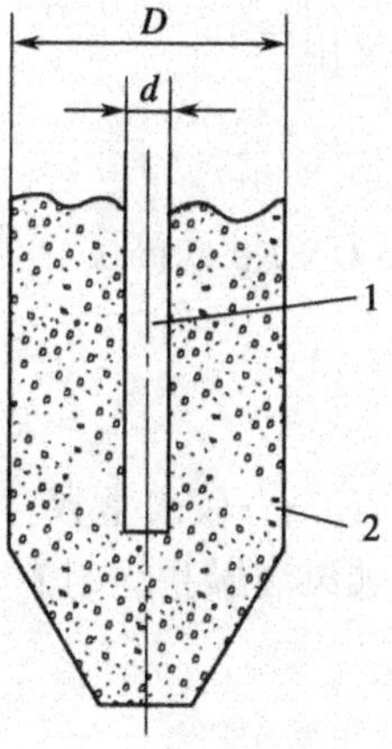

图 7-56　料位测量示意图

1—金属棒内电极；2—容器壁

7.5.4　液罐称重仪

液罐称重仪是先将贮液罐中的总重量用测压差的方法转换成压差 Δp，然后根据杠杆平衡原理测出此压力 Δp 的大小。

图 7-57 为液罐称重仪的原理示意图。罐顶压力 p_1 与罐底压力 p_2 分别引至下波纹管和上波纹管，两波纹管有效面积 A_1 相等。两波纹管的差压作用于杠杆，使杠杆失去平衡。发讯器检测出此信号，并发送给控制器，控制器接通可逆电机线路，可逆电机转动并带动丝杆，由丝杆带动砝码移动，直到由砝码产生的顺时针方向的力矩与由差压 Δp 产生的逆时针方向的力矩相平衡，可逆电机才停止转动。若砝码质量为 M，被测介质密度为 ρ，杠杆平衡时有下列关系

$$(p_2 - p_1)A_1L_1 = MgL_2 \tag{7-51}$$

式中，g——重力加速度；

L_1，L_2——分别为波纹管、砝码到支点的距离；

A_1——波纹管有效面积。

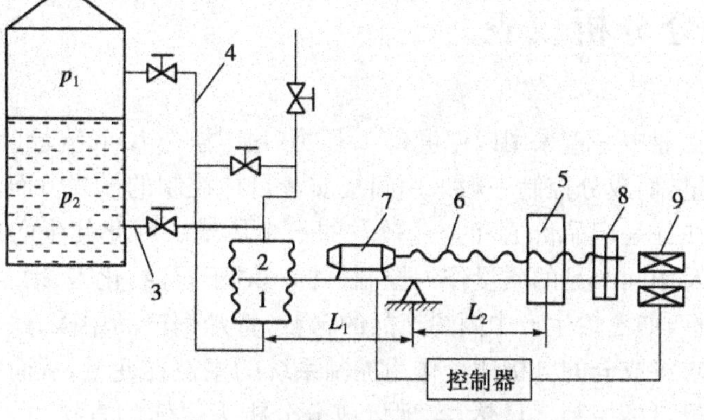

图 7-57　液罐称重仪原理示意图

1—下波纹管；2—上波纹管；3—液相引压管；4—气相引压管；
5—砝码；6—丝杆；7—可逆电机；8—编码盘；9—发讯器

又由于

$$p_1 - p_2 = \rho g H \tag{7-52}$$

式中，H 为液面高度。代入式(7-51)，可得

$$L_2 = \frac{A_1 L_1}{M}\rho H = K\rho H \tag{7-53}$$

式中，K——仪表常数。

如果液罐是均匀的，其截面积为 A，则液罐中液体总储量

$$M_0 = H\rho A \tag{7-54}$$

由(7-53)和(7-54)可得到

$$L_2 = \frac{K}{A}M_0 = K_i M_0 \tag{7-55}$$

式中

$$K_i = \frac{K}{A} = \frac{A_1 L_1}{AM}$$

因而，L_2与液罐内介质的总质量 M_0成比例，而与介质的密度无关。

由于砝码移动距离与丝杆转动圈数成比例，丝杆转动时，经减速带动编码盘转动，因而砝码位置与编码盘的位置一一对应，编码盘向显示仪表发出编码信号，经译码和逻辑运算后以数字形式显示出来。

如果液罐横截面积随高度而改变，一般是预先制好表格，根据 L_2的大小查出储存液体的质量。

此称重仪具有很高的精度及灵敏度，并且当液罐内液体受组分、温度等影响，密度变化时，不影响测量精度。而且便于和计算机联用，进行数据处理或进行控制。

7.6 成分分析仪表

目前在流程工业中一直采用以温度(T)、压力(p)、物位(L)和流量(F)作为检测与控制系统的被控变量，而成分控制一般采用间接质量目标控制的模式。而流程工业中最终产品的质量指标往往是产品价值和企业效益的集中体现。因此其生产过程的计算机控制则将最终产品及中间产品的质量作为控制目标。对于石油、化工、冶金等工业，最终产品则是其成分指标，如乙烯生产中丙烯产品的含量，特殊钢产品中碳、铁和稀土元素的含量比等等。这要求将成分的分析测量作为控制系统的主被控变量，从而实现产品及其生产过程的直接质量目标控制。显然，实现以成分分析为主体的直接质量目标控制，是实现流程工业高效益、低能耗、低污染的最终有效手段。

过程分析仪器的主要特点为在线分析，即长期连续工作，其可靠性、稳定性、准确性

要求高，由于工业环境下工作，过程分析的采样处理成为系统的重要部分，其次适应过程计算机控制系统的要求，过程分析仪器还应具有良好的数据处理和通信功能。

7.6.1 仪器分析方法

仪器分析是以测量物质的物理特性或以物理化学性质为基础的分析方法，通常此类仪器称为分析仪器。由于大自然的物质种类繁多，因此分析仪器随着分析方法的需要在不断地发展。其涉及的领域也从传统的化学化工分析、分析化学向材料分析、生物医学分析、化学分析、海洋分析、太空分析等特殊领域拓展。

目前，仪器分析的方法很多，已有数十种之多。按照测量过程中所观测物质的性质或分析原理加以分类，可分为电化学分析法、色谱分析法、光学分析法、质谱分析法、热分析法、核分析法等。各种分析方法的产生无不与当时人类科学在某一领域的理论和实验上的突破相关联，从而加深对自然的了解与掌握，是推动科学研究发展的重要动力之一。

1. 原子光谱分析法

(1) 原子发射光谱分析法

21世纪新兴的原子光谱分析光源是等离子体光源，分为直流等离子体(DCP)、高频电感耦合等离子体(ICP)和微波等离子体(MP)。

(2) 原子吸收光谱法

按照所用的原子化方法的不同，可分为火焰原子吸收法(FAAS)、石墨炉原子吸收法(GFAAS)、石英炉原子化法，可以在较低的温度下原子化，包括汞蒸气原子化、氢化物原子化和挥发物原子化。

(3) 原子荧光光谱法

原子荧光光谱在元素及其形态分析方面有着广泛的应用，特别是与氢化物发生进样技术的结合，在测定地质样品、钢铁合金、环境样品、食品、生物样品等中的Ge、Sn、Pb、As、Sb、Bi、Se、Te、Hg和Cd有很好的效果。原子荧光光谱法的特点是谱线简单，光谱干扰少，检出限低，可进行多元素同时测定。

2. 分子光谱分析法

(1) 紫外-可见分光光度法

除常见的分光光度法外，又发展了多种多样的分光光度测量技术，如双波长分光光度法，可以有效地消除复杂试样的背景吸收、散射、浑浊对测定的影响，很适合于生物样品的分析。导数分光光度法提高了对重叠、平坦谱带的分辨率与测定灵敏度。示差分光光度法提高了测定很稀或很浓溶液吸光度的精度。随着化学计量学方法的兴起，出现了多种计算机辅助分光光度法，如因子分析、偏最小二乘法、多元线性回归分光光度法等，可以在谱带严重重叠的情况下，不经分离可以直接实现多组分的同时测定。

(2) 红外光谱吸收法

红外光谱能提供有机化合物丰富的结构信息，特别是中红外光谱是鉴定有机化合物结构最主要的手段之一。近年来，近红外光谱技术与各种化学计量学算法相结合，取得了显著的研究成果。目前,傅立叶变换红外光谱仪,逐渐取代了色散型红外光谱仪,它主要由红外光源、光学系统、检测器以及数据处理与数据控制系统组成。傅立叶变换红外光谱与显微镜联用已成为一种微量和微区分析的新技术。

(3) 光声光谱法

光声光谱法(PAS),其基础是光声效应。光声光谱法的特点是灵敏度高,比普通分光光度法高 2—3 个数量级,应用范围广,可用于不透明固体、液体、气体、和薄层样品分析,尤其可用于常规光谱仪难以分析的深色不透明或高散性的样品(如深色催化剂、生物活体试样等,制样困难的橡胶和高聚物)的分析;用于检测大气中的氯乙烯、六氟化铀、氟利昂等含量污染物。

(4) 分子荧光和磷光光谱

分子发射光谱法包括分子光致发光(如分子荧光和分子磷光)分析法与非光致发光(如化学发光和生物发光)分析法。在荧光光度计上,配置磷光附件,或利用时间分辨技术可以进行磷光测定。分子荧光和分子磷光可用于研究物质的电子状态、发光体的分子取向、发光过程动力学等。通过直接测定含量发光物质,能测定的元素达 60 多种。通过化学反应,将不发荧光或荧光量子产量很低的物质转变为适合于测定的荧光物质,在环境检测、生物医学、临床化学、DNA 测序、基因分析、跟踪化学等方面都有广泛的应用。

(5) 化学发光分析法

化学发光分析法是分子发光法的一种,主要特点是灵敏度高,检出限达到 10—11 mol/L的生物样品,重现性好,线性范围宽,仪器比较简单,操作方便。化学发光现象在分析化学、生物化学、环境科学中有着广泛的应用。

3. X 射线荧光分析

X 射线荧光分析法是基于 X 射线的荧光波长与强度进行定性和定量的分析方法。X 射线荧光法的特点是分析灵敏度高,测定精度好,分析过程中不破坏试样,便于无损分析。分析速度快,易于实现分析自动化,缺点是仪器设备昂贵。

4. 波谱分析

(1) 电子顺磁共振波谱

电子顺磁共振是电子自旋共振的一种,专指顺磁物质的电子自旋共振。在外磁场的作用下,具有未成对电子的顺磁物质如自由基、过渡金属离子、晶体中的缺陷、多重态分子、碱金属的自由电子、半导体的杂质等,有净的电子自旋和相应的磁矩,在磁场中以一定的频率转动,当外界加入射频磁场的频率与未成对电子的转动频率相同时,分析吸收一定能量的微波在未成对电子自旋分裂成的不同能级之间跃迁,形成电子自旋共振吸收波谱。谱线峰面积与未配对电子的浓度成正比。

(2) 核磁共振波谱

20 世纪 70 年代后期,脉冲傅立叶变换核磁共振波谱仪问世,使用强而短的脉冲让所观察的不同官能团中所有同位素核都发生核磁共振信号,计算机记录信号强度随时间衰减的过程,得到信号强度对频率关系的谱图。核磁共振波谱是有机结构分析最有效的手段。

5. 质谱分析法

质谱仪有多种分类方法。按质量分析器分类，可分为扇形场质谱仪、四极杆质谱仪、飞行时间质谱仪、离子回旋共振质谱仪、离子阱质谱仪等。按离子源类别分类，可分为火花源质谱仪、电感耦合等离子体质谱仪、二次离子质谱仪等。气相色谱—质谱联用发展已相当成熟，通常使用电子离子源，接口是分子分离器，操作条件稳定，得到的谱图可以与标准谱库比较，主要用于相对分子量小、易挥发的有机化合物分析。液相色谱—质谱联用发展较晚，采用的接口有传送带和热喷雾，主要用于大分子、热不稳定、难气化和强极性有机化合物的分析。

6. 色谱分析法

色谱技术的实质是流动相和固定相做相对运动时，由于流动相中被分离的不同物质受到固定相的吸附、溶解等作用不同，而得到分离。按流动相不同，色谱分离技术分为气相色谱与液相色谱。

(1) 气相色谱分析法

常用的检测器及其应用范围：热导检测器(TCD)、氢火焰检测器(FID)、电子捕获检测器(ECD)、火焰光度检测器(FPD)、热离子检测器(TID)，又称氮磷检测器(NPD)，对含磷、氮等有机化合物的灵敏度高；光离子化检测器(PID)用于芳香族化合物的分析；微库仑检测器(电量检测器)，主要用于含硫、氮、卤素等化合物检测；赫尔希池检测器，是专门测定氧的选择性检测器。气体密度天平检测器，特别适合腐蚀气体分析；微波诱导等离子体原子发射光谱检测器，能同时选择检测多种元素，灵敏度高、选择性高、线性范围宽；辉光放电检测器，是一种用于永久性气体分析的通用型气相色谱检测器。

(2) 液相色谱分析法

按照分离机理液相色谱分为吸附色谱、分离色谱、离子交换色谱和凝胶色谱。

20 世纪 90 年代后期发展的超临界流体色谱法，既可以分析挥发性成分，又可以分析高沸点和难挥发样品，主要用于超临界流体萃取分离和制备。当前亲和色谱法和手性色谱法在生物、医药和农药领域有重要的应用。

7. 电化学分析法

(1) 电位分析法

电位分析法可以测定其他方法难以测定的许多种离子，如碱金属离子和碱土金属离子、无机阴离子和有机离子等；也是测定平衡常数的重要手段，可用于有色溶液、浑浊溶液或缺乏合适指示剂的沉淀反应的滴定体系，该法不需要测量准确的电极电位，因此溶液温度、液接电位不影响滴定结果。

(2) 伏安分析法

以被分析溶液中极化电极的电流—电压行为为基础的一类电化学分析方法。分为极谱分析法、导数伏安法、催化波极谱法、循环伏安法、卷积伏安法、相敏交流伏安法、阳极溶出伏安法。

8. 热分析法

(1) 热重分析法

是研究物质质量 m 的变化与温度 T 关系的一种方法。导数热重分析法(DTG)，是在温度控制程序下研究失重速率 dm/dt 和温度 T 的关系的一种方法。由热重曲线的台阶可以求出样品的质量损失量，对样品进行定量分析。该法的优点是：不需对样品处理；不用试剂，不存在样品污染；操作和数据处理简便；DTG 曲线的峰面积与样品的损失量成正比，由峰面积可求出样品损失量。

(2) 差热分析法(DTA)

是在温度程序控制下研究分析物和参比物的温度差 ΔT 与温度 T 的关系的一种方法。用导数技术得到导数差热曲线(DDTA 曲线)$d(\Delta T)/dt=f(T)$。该曲线可以得到精确的相变温度和反应温度，可把分辨率低和重叠的峰清晰地分辨开，由所测得的热量可定量地计算试样的转变热、熔融热和反应热等。

9. 核分析方法

(1) 活化分析法

又称放射性分析法，是基于将样品中稳定核转换为放射性核素，通过测量放射性衰变时放出的缓发辐射或直接测量核反应放出的瞬发辐射来确定元素及其含量的一种核分析方法，是一种绝对的分析方法。活化分析法分为中子活化分析法核、γ 光子活化分析法、核带电粒子活化分析法。其中以中子活化分析法应用最广。

(2) 同位素稀释法

是一种用放射性或稳定同位素作指示剂进行化学分析的方法。分为直接同位素稀释法、反同位素稀释法、双同位素稀释法等。该法的灵敏度高，避免了定量分离的困难，方法快速简便。该法的主要限制是有些元素没有合适的放射性同位素指示剂。该法已经广泛应用于化学研究、标记化合物放化纯度分析、有机分析和生物化学等领域。

仪器分析是与人工(或手工)分析相对应比较的，具有灵敏度高、分析速度快、用途广泛、可实现非破坏性分析等特点。既可定性分析也可定量分析，从百分之几到 ppm 级(百万分之几)，通过萃取、浓缩、富集等方法可达 ppb 级(十亿分之几)，甚至达到 ppt 级或更低，能够实现常量、微量和痕量分析。检出限的单位也按不同物质的测定定义。在过程检测中，化学成分的量值常用质量数(kg、g、mg 等)或摩尔数(mol、mmol、nmol)，质量分数(百分数、ppm 等)或摩尔分数表示，质量浓度(kg/L，mg/mL)或摩尔浓度(mol/kg，mol/L)三种方法表示。

分析仪器比较其他科学仪器、设备往往复杂，投资大，对维护和环境要求高，需要具有一定专业水平的操作、维修人员。仪器分析是一种相对方法，需要与标准物进行比较，标准物的标定则往往需要或借助于化学分析法(人工分析)；对于某些物质的高含量分析，相对误差较大。

7.6.2 过程分析仪器

过程分析仪器主要用于工业流程中物质成分及性质的完全自动分析和测量，其仪器分析方法源于实验室分析仪器。较之在自动、快速、稳定、可靠、长期分析等方面，有更为严格的要求。由于工业现场的工作环境比分析实验室恶劣很多，特别在化工生产过程中存在灰尘、喷雾、腐蚀、易燃易爆等条件下。因此，目前过程分析仪器中只有少数分析方法被直接用于过程分析仪器。

过程分析仪器的分类与仪器分析的分类一样。按原理分类，目前可以分为以下八大类：① 电化学式；② 热学式；③ 磁学式；④ 光学式；⑤ 射线式；⑥ 电子光学式；⑦ 色谱质谱式；⑧ 其他方法。目前这几大类过程分析仪器已在工业流程中得到了广泛的应用，但大都用于过程的监测。与实现在线下直接质量控制对物质质量参数的检测要求有一定差距。一是单参量简单工业过程控制向多参量集中过程控制发展，要求过程分析仪器实现多组分参数的测定；二是直接质量过程控制要求检测参数直接进入控制系统，以实现高效低耗的精确控制，对快速、实时性有了较为严格的要求；三是预处理装置对于过程分析仪器的使用及新型仪器分析方法的应用起到较大作用。

流程工业的计算机过程控制实现，要求过程分析仪器具有数字化、智能化、网络化的性能，因此仪器的计算机化成为趋势。多种检测器组合式分析仪器、工业色谱仪、工业质谱仪、拉曼激光光谱仪等在线多组分分析仪器进入流程分析。微电子技术的进展，将半导体气敏、光敏、热敏等成分信息敏感元件加工于微小的硅芯片上，从而实现信息获取、信息处理、信息传输的集成化。这些新技术的推广，将有力推动过程分析仪器的发展与应用。

第8章 调节器

8.1 电动控制仪表概述

在自动化系统中,检测仪表将被控变量转换成测量信号后,一方面送显示仪表进行显示记录,另一方面还送到控制仪表,调节被控变量到预定的数值上。此处的控制仪表包括调节器、变送器、运算器、执行器等,它的发展经历了基地式控制仪表、单元组合式控制仪表、组装式综合控制装置、计算机控制系统等阶段。

基地式控制仪表是以指示、记录仪表为主体,附加控制机构所组成的装置。它的仪表结构比较简单,常用于单机自动化系统。

单元组合式控制仪表是将整套仪表按照功能划分成若干独立的单元,各单元之间用统一的标准信号连接。单元组合式控制仪表按照连接信号的不同可分为气动单元组合式控制仪表和电动单元组合式控制仪表两类。气动单元组合式控制仪表结构简单、价格便宜、性能稳定,且在本质上是安全防爆的,特别适用于易燃易爆的危险场所。但是,气动单元组合式控制仪表不便于信号的远传和与计算机的联用,已经逐步被电动单元组合式控制仪表所取代。而电动单元组合式控制仪表除了可以组合构成各种复杂的检测和控制系统外,还具有便于信号远传以及和气动单元组合仪表、工业控制计算机联用的优点,目前被广泛应用在石油、化工、轻工等工业部门。电动单元组合仪表的发展经历了DDZ-Ⅰ型、DDZ-Ⅱ型和DDZ-Ⅲ型三个发展阶段。本章将重点介绍DDZ-Ⅱ型和DDZ-Ⅲ型调节器。

组装式综合控制装置是在单元组合控制仪表的基础上发展起来的,它的最大的特点是控制和显示操作功能分离,结构上分为控制机柜和显示操作盘两大部分,可以实现对生产的集中显示和操作,大大提高了人机联系。

计算机控制系统是以微型计算机为核心的一种新型控制系统,广义地讲,集散控制系统、可编程序控制器、现场总线控制系统都是计算机控制系统的一种,将在第三篇详细介绍这几种控制系统,此处不再累述。

8.2　调节器的调节规律

在自动化控制系统中，调节器的作用就是将来自测量变送元件的测量值与系统的给定值相比较，产生一定的偏差信号，对该偏差按照某种规律进行数学运算，输出统一标准信号，然后去控制执行机构的动作，以实现对调节对象的温度、液位、压力、流量等的自动控制。

自动控制系统能否实现对被控变量的自动控制，以及控制过程的品质如何，不仅与对象特性有关，还与调节器的调节规律有密切的关系。

所谓调节器的调节规律，就是调节器的输出信号和输入信号之间的函数关系。在如图 8-1 所示的单回路控制系统中，调节器的输入信号为测量值 z 与给定值 x 相比较后产生的偏差信号 $e=x-z$，调节器的输出信号为送往执行器的信号 p。

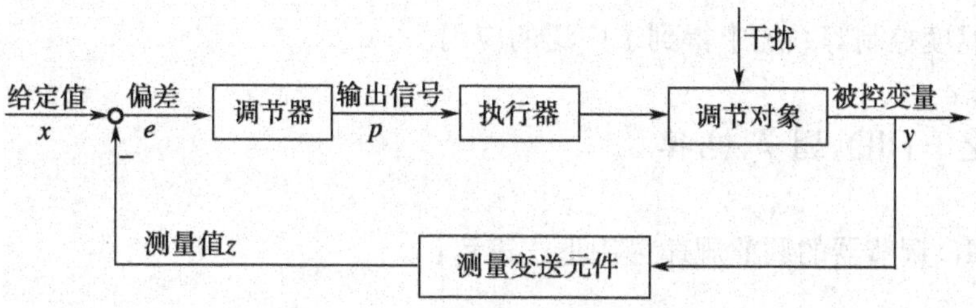

图 8-1　单回路控制系统方框图

在研究调节器的调节规律时，往往假定输入偏差 e 是一个初值为零的阶跃信号，输出信号通常指的是输出信号变化量 Δp。

若 $e>0$ 时，对应的输出信号变化量 $\Delta p>0$，则称调节器的调节规律环节为正作用；反之，若 $e<0$ 时，对应的输出信号变化量 $\Delta p>0$，则称调节器的调节规律环节为反作用。

调节器的基本调节规律有位式调节、比例调节(P)、积分调节(I)、微分调节(D)四种，各种调节器的调节规律均是由这些基本调节规律组合而成的，如比例积分 PI、比例积分微分 PID 等。

8.2.1　位式调节

位式调节中最常用的是双位调节，其调节规律如图 8-2 所示。当测量值大于给定值时，调节器的输出为最大(或最小)；当测量值小于给定值时，调节器的输出为最小(或最大)。调节器只有两个输出值，相应的执行机构只有开和关两个极限位置，因此又称开关控制。

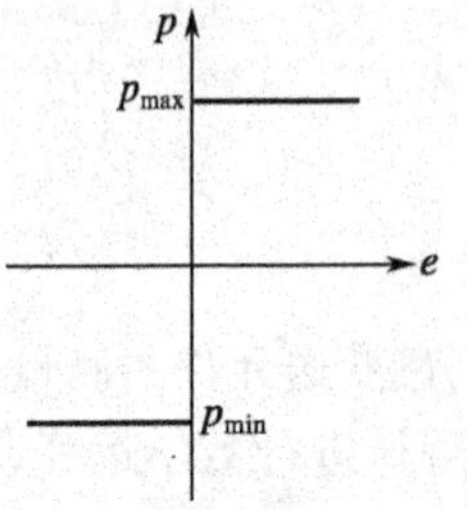

图 8-2　理想双位调节特性

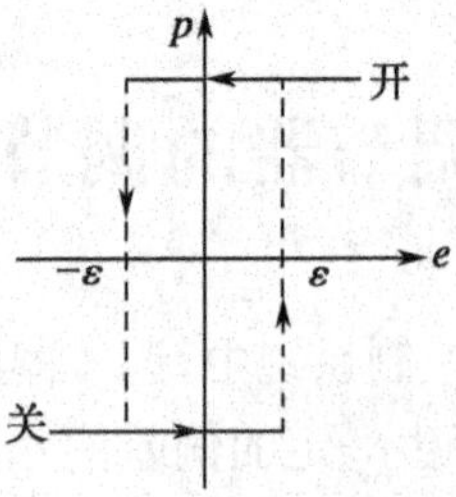

图 8-3　实际双位调节特性

在实际的双位调节系统中，由于执行机构开关动作非常频繁，系统中的运动部件（继电器、电磁阀等）通常损坏，因此实际的双位调节具有一个中间区。其调节特性如图 8-3 所示。偏差大于零时，输出在某一数值 ε 范围内保持不变，直到大于 ε 后，输出才变为最大，执行机构处于全开的位置；偏差小于零时，在某一数值 −ε 范围内保持不变，直到小于 −ε 后，输出才变为最小，执行机构处于全关的位置。

双位调节由于具有结构简单、成本较低、易于实现等优点，在工业生产的液位控制、压力控制、温度控制等系统中得到了广泛的应用。

8.2.2　PID 调节规律

理想 PID 调节器的调节规律可用下式表示：

$$\Delta p = K_P\left(e + \frac{1}{T_I}\int_0^t e\mathrm{d}t + T_D\frac{\mathrm{d}e}{\mathrm{d}t}\right) \tag{8-1}$$

或用传递函数表示为

$$W(s) = \frac{\Delta P(s)}{E(s)} = K_P\left(1 + \frac{1}{T_I s} + T_D s\right) \tag{8-2}$$

式中，第一项为比例(P)部分，第二项为积分(I)部分，第三项为微分(D)部分，各参数意义如下：

K_P——调节器的比例增益；

T_I——调节器的积分时间，以秒或分为单位；

T_D——调节器的微分时间，以秒或分为单位。

对上式还须说明两点：

(1) 调节规律通常是用增量的形式来表示的，若用实际输出 p 来表示，则应写为

$$p = K_P\left(e + \frac{1}{T_I}\int_0^t e\mathrm{d}t + T_D\frac{\mathrm{d}e}{\mathrm{d}t}\right) + p_0 \tag{8-3}$$

其中，p_0 是调节器输出的起始值，即 $t=0$ 瞬间，$e=0$，$\frac{\mathrm{d}e}{\mathrm{d}t}=0$ 时的输出值。

(2) 式(8-1)和式(8-2)是调节器调节规律为正作用时的输出表达式。若为反作用，则在 K_P 的前面加负号即可。为方便起见，在讨论各种调节规律时，设调节器调节规律处于正作用状态。

下面分别介绍 PID 调节器的各种调节规律。

1. 比例调节

只有比例调节规律的调节器，为 P 调节器。对 PID 调节器而言，当积分时间 $T_I \to \infty$ 时，微分时间 $T_D = 0$ 时，调节器呈 P 调节特性。P 调节器输出与输入的关系式为

$$\Delta p = K_P e \tag{8-4}$$

K_P为调节器的比例增益，是一个可调节的放大倍数。在实际调节器中，常用比例度(或称比例带)δ来表示比例作用的强弱，比例度就是调节器输入变化的相对值与相应的输出变化相对值之比的百分数，用式子表示为

$$\delta = \frac{\dfrac{e}{e_{max} - e_{min}}}{\dfrac{\Delta p}{p_{max} - p_{min}}} \times 100\% \tag{8-5}$$

其中，$e_{max} - e_{min}$——偏差变化范围；

$p_{max} - p_{min}$——输出信号变化范围。

在单元组合仪表中，由于 $e_{max} - e_{min} = p_{max} - p_{min}$，比例度$\delta$便表示为

$$\delta = \frac{1}{K_P} \times 100\% \tag{8-6}$$

可见，δ与K_P成反比。δ越小，K_P越大，比例作用就越强。

在研究调节器的调节规律时，人们往往给调节器输入一个阶跃偏差信号，研究输出信号的变化规律。对 P 调节器而言，在阶跃正偏差信号作用下的输出响应特性如图 8-4 所示，输出幅度的大小取决于 K_p(或δ)值的大小。

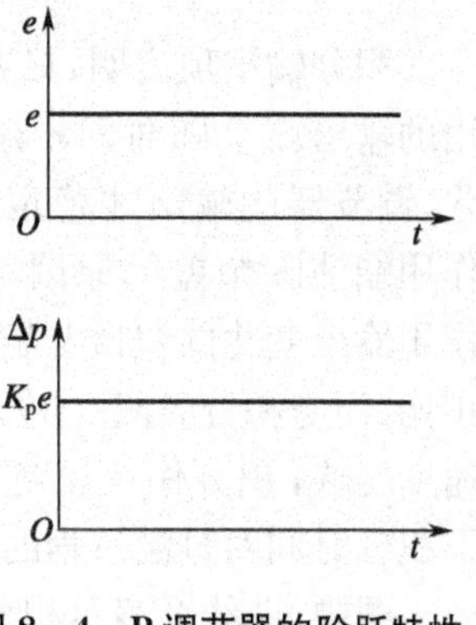

图 8-4　P 调节器的阶跃特性

由于 P 调节器的输出与输入成比例关系，只要有偏差存在，调节器的输入立即与输出成比例地变化，因此，比例调节作用及时迅速，这是它的一个显著特点。但是，这种调节器用在控制系统中，将会使系统出现余差。也就是说，当被控变量受干扰影响而偏离给定值后，不可能再回到原先的数值上，因为如果偏差变化量为零，调节器的输出不会发生变化，系统也就无法保持平衡。因此，P 调节器一般用在干扰较小且允许有余差的系统中。

为了减小余差，可减小δ(即增大K_p)。但是，减小δ将使系统的稳定性变差，容易产生振荡。比例度对过渡过程的影响如图 8-5 所示。

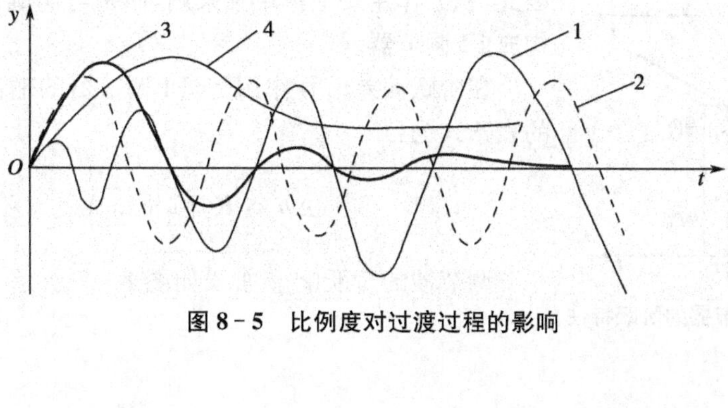

图 8-5　比例度对过渡过程的影响

图中，曲线 2 表示被控变量发生等幅振荡的情况，此时的比例度称为临界比例度 δ_k；比例度小于 δ_k，会发散振荡，如曲线 1 所示；比例度大于 δ_k 并增大到适当值时，过渡过程曲线比较理想，既没有太大的余差，又没有激烈的振荡，如曲线 3 所示；比例度太大时，被控变量变化缓慢，有较大的余差，如曲线 4 所示。我们希望得到的是被控变量比较平稳又余差不大，衰减比大约在 4∶1—10∶1 的曲线，如图中曲线 3。

2. PI 调节规律

具有比例积分调节规律的调节器为 PI 调节器。对 PID 调节器而言，当微分时间 $T_D=0$ 时，调节器呈 PI 调节特性。PI 调节器输出与输入之间的表达式为

$$\Delta p = K_P\left(e + \frac{1}{T_I}\int_0^t e\mathrm{d}t\right) \tag{8-7}$$

或用传递函数表示为：

$$W(s) = K_P\left(1 + \frac{1}{T_I s}\right) \tag{8-8}$$

调节器的输出 Δp 可表示为比例作用的输出 Δp_P 与积分作用的输出 Δp_I 之和：

$$\Delta p = \Delta p_P + \Delta p_I$$

积分输出项表明，只要偏差存在，积分作用的输出就会随时间不断变化，直到偏差消除，调节器的输出才稳定下来。这就是积分作用能消除余差的原因。上式还表明，积分作用输出变化的快慢与输入偏差 e 的大小成正比，而与积分时间 T_I 成反比。T_I 越短，积分速度越快，积分作用就越强。在相同比例度下积分时间对过渡过程的影响如图 8-6 所示。

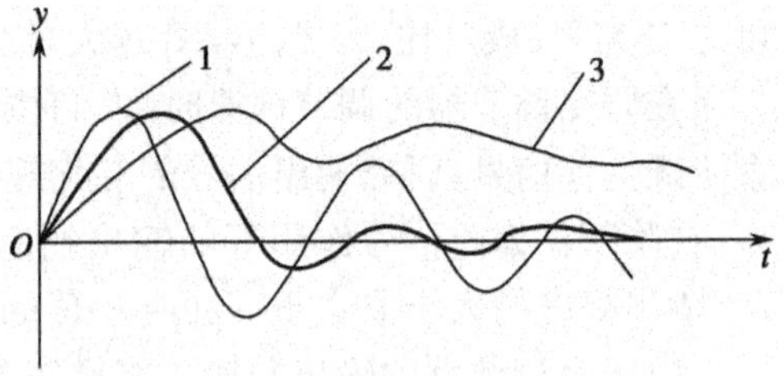

图 8-6 积分时间对过渡过程的影响

图中，曲线 2 表示积分时间 T_I 大小适当，此时被控变量的过渡过程比较理想；曲线 1 表示积分时间 T_I 太小的情况，虽然消除余差很快，但系统振荡加剧；曲线 3 表示积分时间 T_I 太大的情况，积分作用不明显，余差消除很慢。当积分时间 T_I 为无穷大时，就没有积分作用，成为纯比例调节器了。

由于积分输出是随时间积累而逐渐增大的，故积分调节的调节动作缓慢，调节不够及时，系统的稳定裕度下降。因此，积分作用一般不单独采用，而是与比例作用组合起来构成 PI 调节器。

在阶跃偏差信号作用下，PI 调节器的输出随时间变化的表达式为：

$$\Delta p = K_P\left(1 + \frac{t}{T_I}\right)e \tag{8-9}$$

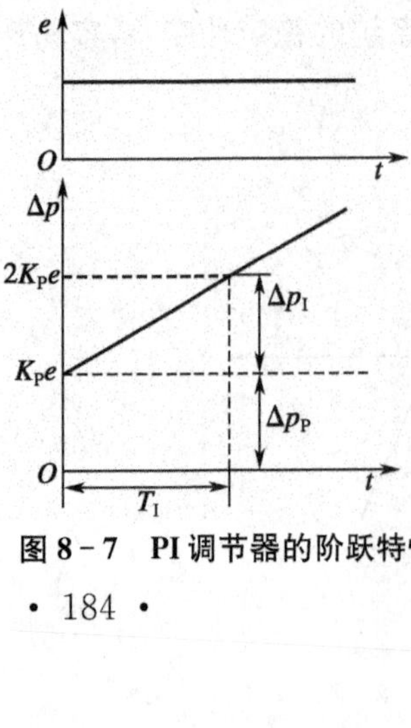

图 8-7 PI 调节器的阶跃特性

调节器的阶跃响应曲线如图 8-7 所示。在阶跃正偏

差信号加入的瞬间，输出突跳至某一值，这是比例作用($K_{P}e$)；以后随时间不断增加，为积分作用($K_{P}e/T_{I}$)t。若取积分作用的输出等于比例作用的输出，$\Delta p_{I}=\Delta p_{P}$，即

$$\frac{K_{P}e}{T_{I}}t = K_{P}e$$

可得

$$T_{I}=t$$

这就是定义和测量积分时间的依据。也就是说，在阶跃信号作用下，积分作用的输出值变化到等于比例作用的输出值所经历的时间就是积分时间，如图 8-7 所示。

3. PD 调节规律

具有比例微分调节规律的调节器为 PD 调节器。对 PID 调节器而言，当积分时间 T_{I} 取无穷大时，调节器呈 PD 调节特性。

(1) 理想 PD 调节特性

理想 PD 调节器的调节特性表达式为

$$\Delta p = K_{P}\left(e + T_{D}\frac{\mathrm{d}e}{\mathrm{d}t}\right) \tag{8-10}$$

或用传递函数表示为

$$W(s) = K_{P}(1 + T_{D}s) \tag{8-11}$$

其中包括比例作用的输出 $K_{P}e$ 和微分作用的输出 $K_{P}T_{D}(\mathrm{d}e/\mathrm{d}t)$ 两部分。

微分输出的大小与偏差变化速度 $\mathrm{d}e/\mathrm{d}t$ 及微分时间 T_{D} 成正比。微分时间越长，微分作用就越强。微分时间对过渡过程的影响如图 8-8 所示。

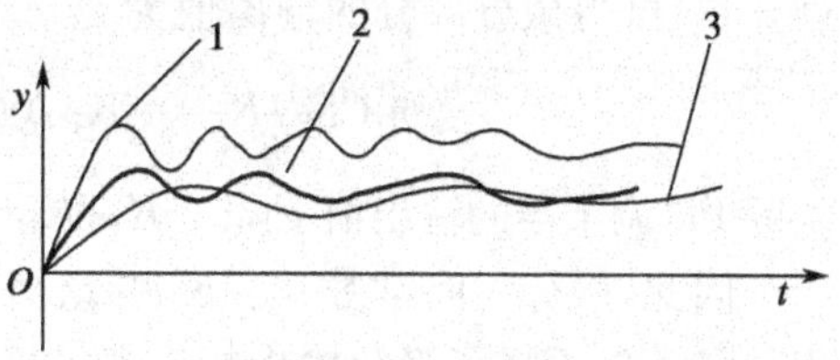

图 8-8　微分时间对过渡过程的影响

图中，曲线 2 表示微分时间大小合适的过渡过程；曲线 1 表示微分时间太大，微分作用太强，引起被控变量剧烈振荡的过渡过程；曲线 3 表示微分时间太小，对惯性大的调节对象的调节不够及时的过渡过程。

微分作用是根据偏差变化速度进行调节的，即使偏差很小，只要出现变化趋势，马上就有调节作用输出，故有超前调节之称。在温度、成分等滞后较大的控制系统中，往往引入微分作用，以改善控制过程的动态特性。但是，微分作用的输出不反映偏差的大小，即使偏差很大，只要没有变化，输出就为零。因此，微分作用一般不单独采用，而是与比例或比例积分组合使用。

当偏差为阶跃信号时，在出现阶跃的瞬间，偏差变化速度很大，理想 PD 调节器的输出也非常大。这在实际中是难以实现的，所以在工业上使用的是实际 PD 调节器。

(2) 实际 PD 调节特性

实际调节特性的传递函数为

$$W(s) = K_{P}\frac{1 + T_{D}s}{1 + \frac{T_{D}}{K_{D}}s} \tag{8-12}$$

式中，K_{D}——微分增益。

相当于对理想 PD 调节器串接了一阶惯性环节。在阶跃偏差信号作用下，求得实际 PD 调节器的输出为

$$\Delta p = K_{\mathrm{P}}e\left[1+(K_{\mathrm{D}}-1)\exp\left(-\frac{K_{\mathrm{D}}}{T_{\mathrm{D}}}t\right)\right] \tag{8-13}$$

调节器的阶跃响应曲线如图 8-9 所示。由图可知，调节器输出的初始值为 $K_{\mathrm{P}}K_{\mathrm{D}}e$，主要是微分作用的输出，曲线按指数规律下降，最后稳定在 $K_{\mathrm{P}}e$，为比例作用的输出。

微分增益 K_{D}表示，在阶跃信号的作用下，PD 调节器输出变化的初始值与最终值之比，即

$$K_{\mathrm{D}} = \frac{\Delta p(0)}{\Delta p(\infty)}$$

微分增益越大，微分作用越趋近于理想。在电动调节器中，一般 K_{D}取 5—10。

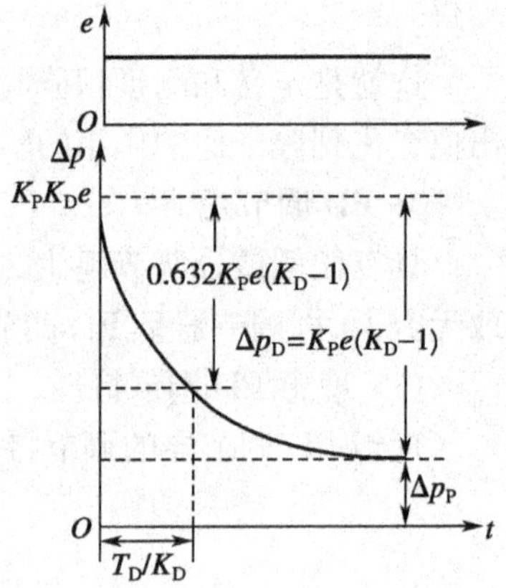

图 8-9 实际 PD 调节器的阶跃特性

下面讨论在实际 PD 调节器中微分时间 T_{D}的测定方法。

实际 PD 调节器的输出同样可看作 Δp_{P}和 Δp_{D}两部分之和。当 $t=T_{\mathrm{D}}/K_{\mathrm{D}}$时，从式(8-13)可得微分部分的输出值为

$$\Delta p_{\mathrm{D}}(T_{\mathrm{D}}/K_{\mathrm{D}})=K_{\mathrm{P}}e(K_{\mathrm{D}}-1)e^{-1}=0.368K_{\mathrm{P}}e(K_{\mathrm{D}}-1)$$

实际 PD 调节器的输出值下降了 $K_{\mathrm{P}}(K_{\mathrm{D}}-1)e-0.368K_{\mathrm{P}}e(K_{\mathrm{D}}-1)=0.632K_{\mathrm{P}}e(K_{\mathrm{D}}-1)$。

因此，微分时间常数 $T_{\mathrm{D}}/K_{\mathrm{D}}$的意义就是，在阶跃信号的作用下，实际 PD 调节器的输出从最大值下降了微分输出幅度的 63.2%所经历的时间。该时间常数再乘以微分增益 K_{D}即为微分时间 T_{D}。

4. PID 调节规律

理想 PID 调节器的调节特性表达式和传递函数已在式(8-1)和(8-2)中分别给出。实际 PID 调节器的表达式要复杂得多，本书不再列出。

实际 PID 调节器的阶跃响应曲线如图 8-10 所示。该曲线是由 PI 阶跃响应特性和 PD 阶跃响应特性叠加而成的。从图中可求得调节器的比例增益、积分时间和微分时间等参数。

PID 调节器集比例、积分和微分的优点于一身，既能快速进行调节，又能消除余差，具有较好的调节性能。在实际使用中，要适当调整比例度、积分时间、微分时间，才能获得理想的过渡过程曲线。

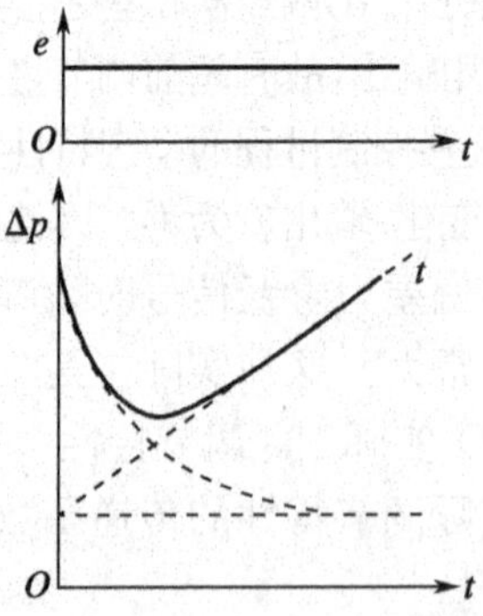

图 8-10 实际 PID 调节器的阶跃特性

8.3　模拟式调节器

8.3.1　DDZ-Ⅱ型和DDZ-Ⅲ型仪表的比较

DDZ-Ⅱ型和DDZ-Ⅲ型仪表的品种及在系统中的作用基本相同。但是,它们在仪表结构和功能、供电、信号制和传输方式、防爆形式等方面都有较大的区别。

1. 仪表结构和功能

经过各厂家的改进,DDZ-Ⅱ型调节器虽已采用和DDZ-Ⅲ型一样的大偏差指示表,并具有硬手操和软手操两种方式,但无保持电路,且手-自动的切换须事先平衡。

DDZ-Ⅲ型的基型调节器有全刻度指示式和偏差指示式两种,软手动-自动可直接切换,具有保持电路,而且,DDZ-Ⅲ型还有各种适应特殊控制需要的特种调节器,设有各种附加单元(如输入报警、偏差报警、输出限幅等)。

相对于DDZ-Ⅱ型仪表而言,DDZ-Ⅲ型仪表的品种齐全,结构更为合理,功能也更为丰富一些。

2. 供电

DDZ-Ⅱ型仪表由220 V交流电压单独供电。各单元均有电源变压器,故仪表易发热。

DDZ-Ⅲ型仪表由24 V直流电源统一供电,并备有蓄电池作为备用电源。由于各单元省掉了电源变压器,没有工频电源进入仪表,既解决了仪表发热问题,也为仪表的防爆提供了有利条件。

3. 信号制和传输方式

DDZ-Ⅱ型仪表的标准信号为0—10 mA的直流电流信号。信号传输采用电流传送、电流接收的串联制,现场变送器与控制室仪表之间采用电流信号进行传输,控制室接受同一信号的各仪表串联在回路中,如图8-11所示。图中,负载电阻R_{L1}—R_{L4}表示四个仪表。

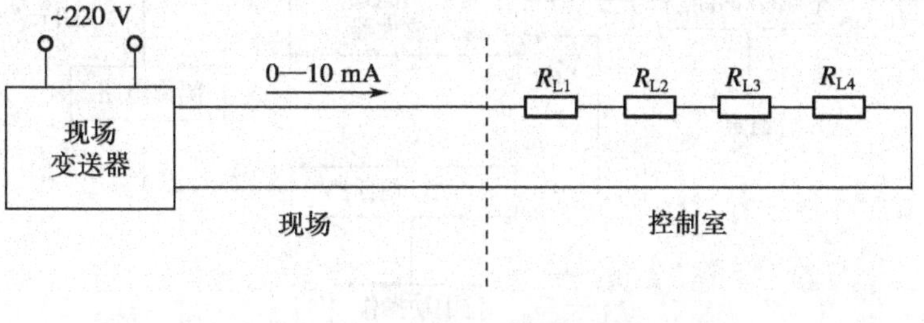

图8-11　DDZ-Ⅱ型仪表信号传输示意图

DDZ-Ⅲ型仪表的标准信号为4—20 mA的直流电流信号,控制室联络信号为1—5 V的直流电压信号,转换电阻为250 Ω。信号传输采用电流传送、电压接收的并联制,进入控制室的信号为电流信号,该信号再通过电阻转换成相应的电压信号,控制室各仪表并联在转换电阻上,如图 8-12 所示。

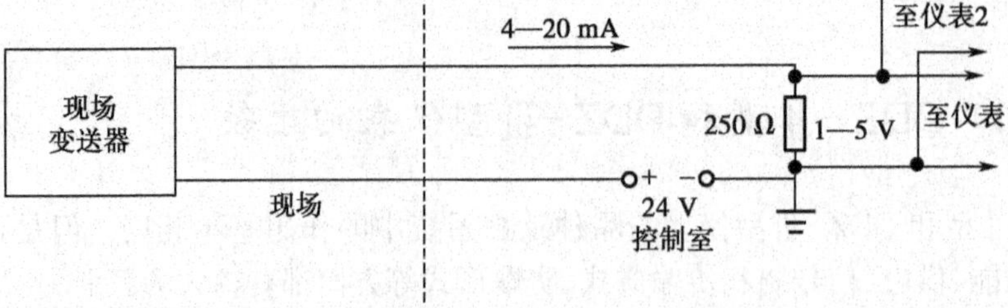

图 8-12　DDZ-Ⅲ型仪表信号传输示意图

4. 防爆型式

在防爆型式上,DDZ-Ⅱ型仪表是隔爆型的;DDZ-Ⅲ型仪表是安全火花防爆型的。所谓"安全火花",就是指火花的能量不足以对其周围可燃介质构成点火源。采取一定措施后,对在正常状态或事故状态所产生的"火花"均为"安全火花"的仪表,称为安全火花防爆仪表,也称为"本质安全防爆"仪表。

8.3.2 DDZ-Ⅱ型电动调节器

DDZ-Ⅱ型电动调节器有 DTL-121 型、DTL-321 型等。DTL-121 型是统一设计产品,DTL-321 型为其改进型。本书以 DTL-121 型为例进行简单介绍。

DTL-121 型调节器除了能对偏差进行 PID 运算外,还具有内外给定切换、正反作用选择、偏差指示、输出指示、手动操作等功能。

DTL-121 型调节器由输入回路、自激调制式直流放大器、隔离电路、PID 反馈电路、手动操作电路等组成,其构成框图如图 8-13 所示。

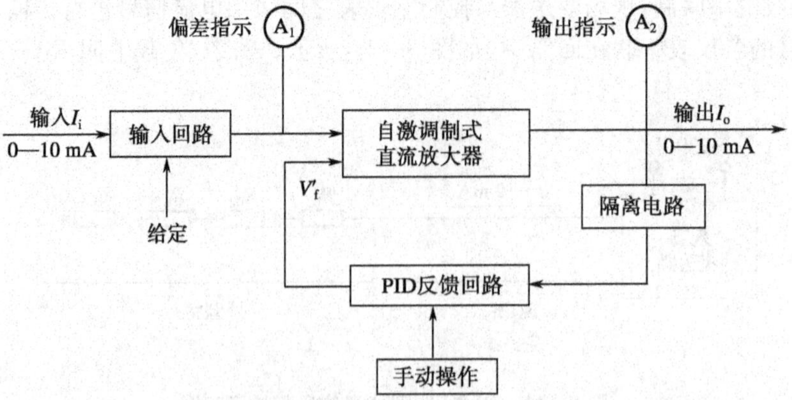

图 8-13　DTL-121 型调节器方框图

变送器送来的 0—10 mA 的直流电流信号，在输入回路内经 200 Ω 的电阻转换成 0—2 V 的直流电压信号，该电压与 0—2 V 的给定信号进行比较，产生的偏差 e 与反馈信号叠加后，经自激调制式直流放大器放大、整流、滤波后，得到 0—10 mA 的直流输出 I_o。同时，放大器输出信号中的与 I_o成正比的交流分量，经隔离电路和整流滤波后转换为直流电压信号，被送至 PID 反馈电路，其输出又加到放大器的输入端与偏差信号 e 相综合，从而使整机输出一个对偏差进行连续 PID 运算的控制信号。

根据系统需要，DTL-121 型调节器可用作 P 调节器、PI 调节器、PD 调节器或 PID 调节器。下面对调节器的各种调节规律进行分析。

1. P 调节规律

将调节器的积分时间 T_I置最大，(C_I被短路、R_I被开路)；微分时间 T_D置于 0(C_D被开路、R_D被短路)，此时认为调节器只有比例作用，输入输出的关系为

$$\Delta I_o = K_P \Delta I_I$$

在比例调节器中，比例度 δ(或比例增益 K_P)是唯一可以调整的参数，通过整定 δ 的大小改变输出与输入的关系。

2. PI 调节规律

将调节器的微分时间 T_D置于 0(C_D被开路、R_D被短路)，此时只有比例积分作用，其阶跃响应特性见图 8-7。

在比例积分调节器中，可通过调整比例度 δ 和积分时间 T_I的大小来获得满意的过渡过程。积分时间 T_I是表示调节器积分变化速度的动态参数，其测定原理已在上一节作了说明，具体测定方法是：固定比例度 $\delta=100\%$，输入一定的阶跃信号(如 2 mA)的同时开始计时，待输出增加到两倍的输入信号时记下所需的时间，这就是积分时间 T_I。

3. PD 调节规律

将调节器的积分时间 T_I置于最大，此时因积分作用很小，可认为只有比例微分作用，其阶跃响应曲线见图 8-9。

在比例微分调节器中，可通过调整比例度 δ 和微分时间 T_D的大小来获得满意的过渡过程。微分时间 T_D是表示微分作用持续时间的参数，其测定原理也在上一节作了说明，具体测定方法是：固定比例度 $\delta=100\%$，输入一定的阶跃信号(如 2 mA)，短接微分电容 C_D，此时输出应为 5 倍的输入信号(即 10 mA)，去掉短接线的同时开始计时，待输出降到原输出的一半(5 mA)时记下所需的时间，即为 T_D/K_D，该时间再乘以 K_D，即得实际微分时间 T_D。

4. PID 调节规律

比例度 δ、积分时间 T_I和微分时间 T_D均处于某一中间位置时，调节器具有 PID 调节规律，其阶跃响应曲线见图 8-10。

在比例积分微分调节器中，可通过调整比例度 δ、积分时间 T_I和微分时间 T_D的大小来获得满意的过渡过程。

8.3.3 DDZ-Ⅲ型电动调节器

Ⅲ型电动调节器与Ⅱ型电动调节器的品种及其在系统中的作用基本相同。Ⅲ型电动调节器包括基型调节器和一些有特殊功能的特种调节器。基型调节器有全刻度指示调节器和偏差指示调节器两个品种,它们的结构和线路相同,仅指示电路有些差异。

1. 基型调节器的盘面布置

基型调节器的正面表盘如图 8-14 所示。表盘上装有自动-软手动-硬手动切换开关 1,给定测量双针指示器 2,内给定设定轮 3,输出指示器 4,硬手动操作杆 5,软手动操作板键 6,外给定指示灯 7 和阀位指示器 8 等。

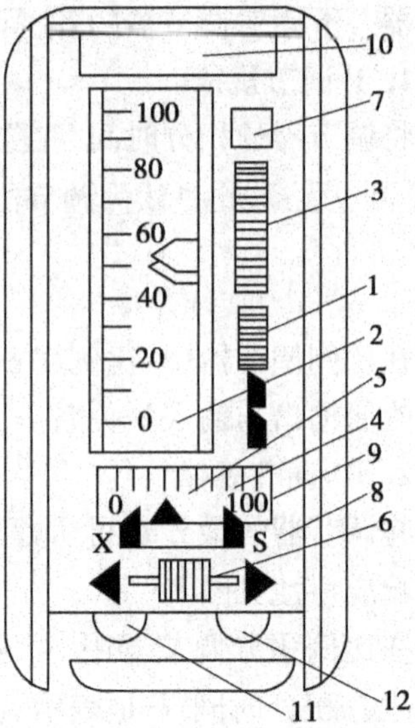

图 8-14 基型调节器正面图

1—自动—软手动—硬手动切换开关;2—给定、测量双针指示器;3—内给定设定轮;4—输出指示器;5—硬手动操作杆;6—软手动操作板键;7—外给定指示灯;8—阀位指示器;9—阀正常开度范围指针;10—位号牌;11—输入检测插孔;12—手动输出插孔

所谓软手操,是指调节器的输出电流与手动输入电压成积分关系。软手操状态时,按下软手动操作板键 6,调节器的输出便随时间按一定的速度增加或减少,若松开操作板键,则当时的信号值被保持。所谓硬手操,是指调节器的输出电流与手动输入电压成比例关系。硬手操状态时,调节器的输出量大小完全取决于硬手动操作杆 5 的位置,对应于此操作杆在输出指示器上的位置,就得到相应的输出。通常都是用软手操板键进行手动操作,只有在要求给出恒定不变的操作信号或者在紧急情况下才需要进行硬手动操作。

双针指示器中黑针为给定信号指针,红针为测量信号指针,它可以同时指示给定信号和测量信号,两个指示之差就是偏差;输出指示器可以指示调节器输出信号的大小;阀位指示器可以指示阀门的开度。

调节器的比例度旋钮、积分时间旋钮、微分时间旋钮、正反作用选择开关、内外给定选择开关等位于调节器机芯的右侧面,把机芯从壳体中拉出便可看到。利用这些开关和旋钮即可进行 PID 参数的整定。

此外,在表盘的下部检测输入信号用的插孔和手动输出插孔,以便对调节器进行检修。

2. 基型调节器的组成

基型调节器的构成框图如图 8-15 所示。

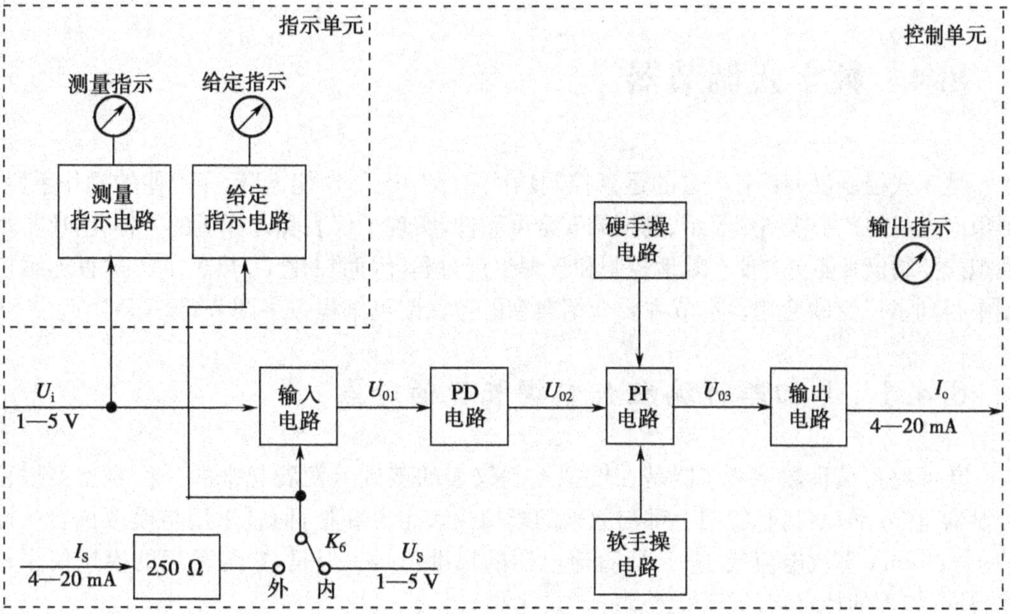

图 8－15　基型调节器方框图

从图中可以看出，基型调节器由控制单元和输入单元两大部分组成。控制单元包括输入电路、PD电路、PI电路、输出电路以及软手操和硬手操电路等。指示单元包括测量信号指示电路和给定信号指示电路。

测量信号和内给定信号都是1—5 V的直流电压信号，通过各自的指示电路，由双针指示表来显示。外给定信号为4—20 mA的直流电流信号，通过250 Ω的精密电阻转换成1—5 V的直流电压信号。内外给定由开关K_6来选择，外给定时仪表面板上的外给定指示灯亮。

调节器有“自动”、“软手操”、“硬手操”、“保持”四种工作状态。当调节器处于自动状态时，输入信号和给定信号在输入电路内进行比较后产生偏差信号，然后对该偏差信号进行PID运算得到相应的电压信号，最后通过输出电路转换成4—20 mA的直流输出电流信号。

3. 无平衡、无扰动切换

所谓无平衡切换，是指在自动-手动切换时，无须事先平衡，可以随时切换至所需位置。所谓无扰动切换，是指在自动-手动切换时，调节器的输出不会发生变化，因而生产过程不会有扰动。

在Ⅲ型调节器中，自动-软手动之间的相互切换是双向无平衡无扰动切换，从硬手动到软手动或自动的切换也具有无平衡无扰动特性。但是，从自动或者软手动向硬手动切换时，需要预先将硬手动操作杆对准自动或软手动输出指示值，这样才能得到无扰动切换。

8.4 数字式调节器

数字式控制仪表具有丰富的运算控制功能和数字通信功能、灵活而方便的操作手段、形象而直观的数字或图形显示、高度的安全可靠性，实现了仪表和计算机的一体化，比常规模拟式控制仪表能更方便有效地控制和管理生产过程，因而在化工、热工生产过程连续控制中得到了广泛的应用。本节主要介绍典型的单回路可编程数字调节器 SLPC。

8.4.1 单回路可编程数字调节器的特点

单回路可编程数字调节器是在模拟控制仪表的基础上发展起来的一种新型可编程控制器，在外形、结构和使用上都与原来的模拟仪表十分相似，而且采用与模拟仪表一样的 4—20 mA 直流电流或 1—5 V 直流电压的标准信号。但是，它与常规的模拟仪表相比，具有如下的特点：

(1) 常规模拟仪表的控制功能完全是由硬件(集成运放、电阻、电容等)组成并决定的。而 SLPC 充分发挥了内部计算机软件控制功能强的优点，在通用标准的硬件结构下，主要由软件实现各种不同的控制功能。并且，仪表生产商提供了固化在 ROM 中的各种运算模块，用户只要经过适当的选择和组合就可以灵活地组成各种控制系统。

(2) 微机化的数字调节器具有比模拟调节器更丰富的运算控制功能，同一台数字调节器可实现从简单的 PID 控制到串级控制、前馈控制以及变增益控制和史密斯补偿控制，可以从连续控制到采样控制、选择控制、批量生产控制。据估计，一台数字调节器充分利用时，其功能相当于 5—10 台模拟仪表。

(3) 模拟仪表基本上是各自分散、单独地进行回路控制，无法自动地实现集中管理和控制。数字调节器集中了自动控制、计算机技术和通信技术的最新成果，具备完善的数字通信功能，可以以数字通信的方式完成与集中的数字采集系统及上位计算机的信息交换，从而实现管理控制一体化。

(4) SLPC 采用极为简便的面向问题的用户程序设计语言 POL(Problem Crieted Language)，用户只要稍加培训就可以熟练使用。

(5) SLPC 构成的控制系统可靠性比模拟仪表构成的系统要高得多，而且使用维护都很方便。一方面，一台数字调节器可以代替几台模拟仪表，硬件电路软件化，可靠性大为提高；另一方面，利用数字调节器的各种功能模块，可自行开发联锁保护功能，一旦出现故障，调节器马上采取相应的保护措施。

8.4.2 单回路可编程数字调节器的基本组成

1. 硬件系统

单回路可编程数字调节器的硬件系统构成框图如图 8-16 所示，它主要包括主机、过程输入通道、过程输出通道、人机联系部件及通信部件等部分。

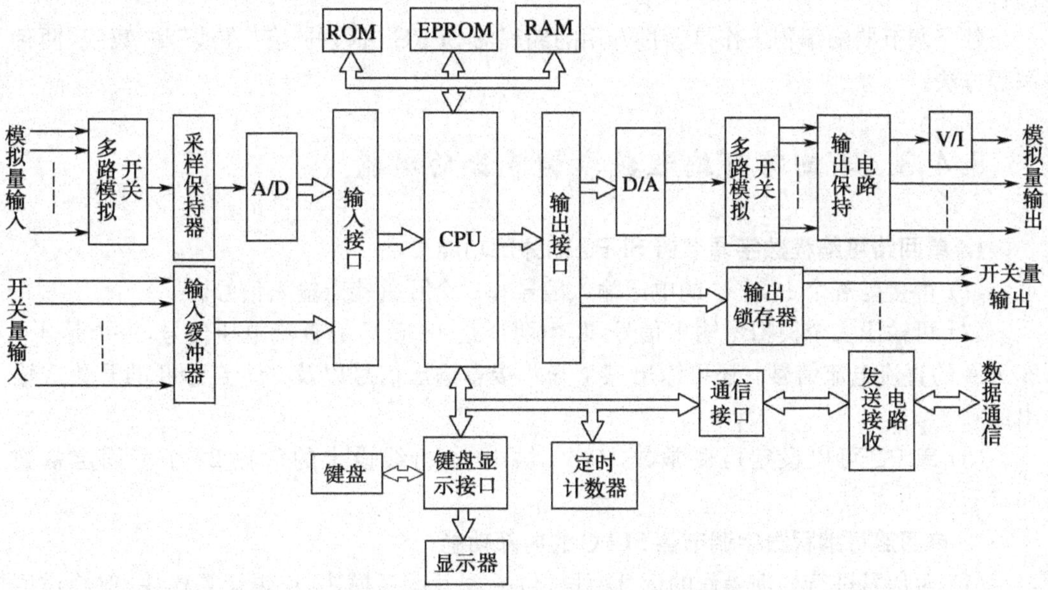

图 8-16 可编程调节器硬件构成框图

主机是整个数字调节器的中枢，所有的运算、控制、通信功能都是通过主机来实现的。主机部分由中央处理单元(CPU)、只读存储器(ROM、EPROM)、随机存储器(RAM)、定时/计数器(CTC)以及输入输出接口(I/O 接口)等组成。

过程输入通道接受模拟量和开关量输入信号，并分别通过模/数转换器(A/D)和输入缓冲器将模拟量和开关量转换成计算机能识别的数字信号，然后经输入接口输入主机。主机在程序控制下对输入数据进行运算处理、判断分析等一系列工作，运算结果经输出接口送到过程输出通道。一路由数/模转换器(D/A)转换成直流模拟电压作为模拟量输出信号，另一路经由锁存器直接输出开关量信号。

人机联系部件和通信部件分别用来对系统进行监视、操作和将调节器同其他数字仪表或装置联系起来。人机联系部件中的键盘、按钮用以输入必要的参数和命令，切换运行状态以及改变输出值；显示器用来显示过程参数、给定值、输出值、整定参数和故障标志等；通信部件既可输出各种数据，也可接受来自操作站或上位计算机的操作命令和控制参数。

2. 软件系统

单回路可编程数字调节器的软件系统包括系统程序和用户程序两大部分。

系统程序是数字调节器软件的主体部分，由系统的各种监控程序和中断处理程序组成，表现为各种功能相互独立的功能模块。

在系统软件所提供的大量运算与控制功能模块的基础上，用户可以使用 POL 语言，如在各种模拟仪表间通过硬接线组成系统那样，把各种程序模块连接起来，实现所需要的功能。这种利用标准功能模块组成系统的做法，在数字控制系统中称为“组态”。用户程序就是连接各功能模块的程序。用户编制用户程序的过程实际上就是系统组态的过程。

数字调节器的编程工作是通过专用的编程器 SPRG 进行的，有“在线”和“离线”两种编程方法。

8.4.3 单回路可编程数字调节器的功能

1. 单回路可编程数字调节器 SLPC 的外部功能

(1) 可接受五个 1—5 V 的电压输入信号和三个开关接点输入信号。

(2) 可输出三个模拟量输出信号，其中两个是 1—5 V 的直流电压信号，一个是 4—20 mA 的直流电流信号。还可输出三个开关接点输出信号以及一个自诊断的开关式输出信号。

(3) SLPC 可以设定可变常数 16 个、供 10 段折线设定的常数 22 个和固定常数 16 个。

2. 单回路可编程数字调节器 SLPC 的内部功能

(1) 对信号进行处理操作的运算模块，包括算术运算模块、逻辑运算模块、取绝对值模块、开平方模块、运算数的高/低选择模块、高/低限值模块、由 10 段折线组成的函数发生器模块、上/下限报警模块等。

(2) 实现反馈控制的控制模块，包括微分模块、一阶滞后模块、纯滞后模块、时间函数发生器模块、变化率限制模块等。

单回路可编程数字调节器 SLPC 的回路结构模式有基本控制模式(BSC)、串级控制模式(CSC)和选择控制模式(SSC)。在每种控制模式中，还可以选择不同的控制算法，即连续 PID 算法、带批量控制开关的 PID 算法和采样保持式 PID 算法。

同模拟调节器一样，PID 控制算法也是数字调节器的最基本的控制算法，它的基本形式是对模拟调节器的算式进行离散化而得到的，有位置式和增量式两种形式。

第 9 章　执行器

9.1　概述

执行器在自动控制系统中的作用相当于人的四肢，它接受调节器的控制信号，改变操纵变量，使生产过程按预定要求正常执行。执行器由执行机构和调节机构组成。执行机构是指根据调节器控制信号产生推力或位移的装置，而调节机构是根据执行机构输出信号去改变能量或物料输送量的装置，最常见的是调节阀。在生产现场，执行器直接控制工艺介质，若选型或使用不当，往往会给生产过程的自动控制带来困难。因此执行器的选择、使用和安装调试是个重要的问题。

执行器按其能源形式分为液动、气动和电动三大类，它们各有特点，适用于不同的场合。

液动执行器可以产生很大的推力，一般都是机电一体化的，但比较笨重，所以现在使用不多。但也因为其推力大，在一些大型场所因无法取代而被采用，如三峡的船闸用的就是液动执行器。

气动执行器（通常也称为气动调节阀）是以被压缩的空气作为能源来操纵调节机构，特点是执行器结构简单、动作平稳可靠、动作行程小，输出推力较大、易于维修、安全防爆系数高，而且价格低，广泛地被应用在化工、制药、炼油等工业生产中。气动执行器既可以直接同气动仪表配套使用，也可以和电动仪表或计算机配套使用，只要经过电—气转换器或者电—气阀门定位器将电信号转换为 0.02—0.1 MPa 标准气压信号，再使用气动执行器进行动作。薄膜气动执行器是化工厂中最常用的执行单元。

电动执行器将执行机构和调节机构分成独立的两个部分。采用电信号作为能源，将输入的直流电流信号转换为相应的位移信号。因此电动执行器信号传递迅速，其缺点是结构复杂、安全防爆性能差，故在化工、炼油中很少使用。

智能电动执行机构是一类新型终端控制仪表，根据控制电信号直接操作改变调节阀阀杆的位移。由于对控制系统的精确度和动态特性提出了越来越高的要求，智能电动执行机构能够获得最快响应时间，实现控制也更为合理、方便、经济，因而正受到用户的欢迎。

随着近几年来科学技术的不断发展，各类执行机构正逐步走向智能化的道路，而其中专门和气动执行器配套使用的智能阀门定位器和全电子电动执行器的出现更加速了执行机构智能化的发展，为执行器的应用开辟了新天地。

从1997年开始，为了适应我国工业生产大型化自动控制系统发展的需要，我国开始开发电液执行机构，并在一些行业得到应用，并可满足各种工业过程自动化的配套要求。但电液执行机构没有完成成套式智能控制，因而需要一些附属设备，如油箱、油泵及净化系统，使系统复杂。智能成套式电液执行器，由于采用机、电、液一体化技术，完成了成套式液压执行机构，并以其力量大、精确度高的优点可以替代气动执行器和角行程电动执行器。

9.2 气动执行器

气动薄膜调节阀的执行机构(弹性薄膜)和调节机构(调节阀)被整合在一起，呈上下结构，上部分为执行机构(也称膜头)，是执行器的推动装置，它按调节信号(如压缩空气压力)的大小产生相应的推力，推动调节机构动作。执行机构是将信号压力(通常为0.02—0.1 MPa)的大小转换为阀杆位移的装置。下部分为调节机构(也叫做阀体)，是执行器的调节部分，它直接与被调介质接触，调节流体的流量。它是将阀杆的位移转换为流过阀的流量的装置。

执行器上部与气压源相接，当气压增大时，会产生一个气压增量作用在橡胶膜片上，橡胶膜片发生形变，并产生一个推力推动阀杆产生位移，从而改变连接在阀杆上的阀芯与阀座之间的流通面积，这样就达到了调节流量的目的。

气动执行器一般还配备一定的辅助装置。通过这些辅助装置来改善执行器的执行效果。常用的辅助装置有阀门定位器和手轮机构。阀门定位器的作用是利用反馈的原理来改善执行器的性能，使执行器能按调节器的调节信号，实现准确的定位。手轮机构的作用是当调节系统因停电、停气、调节器无输出或执行机构失灵的时候，利用它可以手工的操纵调节阀，以维持生产的正常运行。

9.2.1 气动调节阀的结构

根据不同的生产要求，气动执行器的执行机构和调节机构又可以分为许多不同的形式：

1. 执行机构

气动执行器的执行机构主要分为薄膜式和活塞式两种，分别如图9-1，图9-2所示。活塞式行程长，适用于要求有较大推力的场合，不但可以直接带动阀杆，而且可以和涡轮蜗杆等配合使用，用于大口径、高压降调节阀或蝶阀的推动装置。而薄膜式行程较小，只能直接带动阀杆，它可以用做一般调节阀的推动装置，组成气动薄膜式执行器，习惯上称为气动薄膜调节阀，它的结构简单、价格便宜、维修方便、应用广泛。

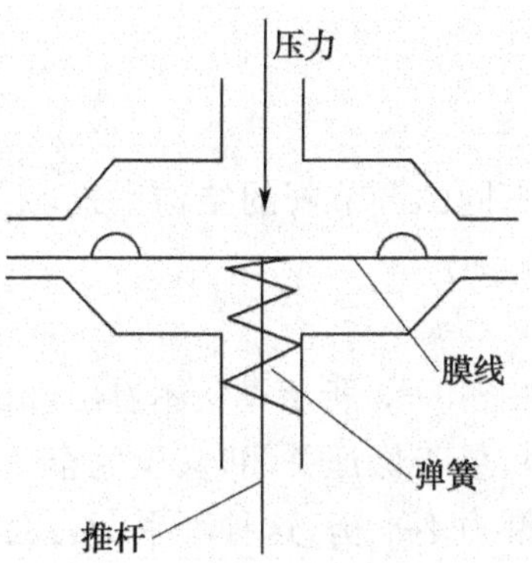

图 9-1　薄膜式执行机构

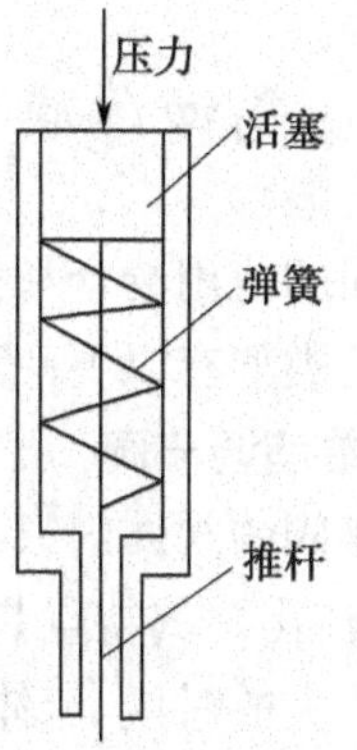

图 9-2　活塞式执行机构

除薄膜式和活塞式之外，还有长行程的执行机构。它们的行程长、转矩大，适合于输出 0—90°的转角和力矩，如用于蝶阀和风门的推动装置。

气动薄膜式调节阀的执行机构按作用形式来分可分为正作用和反作用两种形式。当来自调节器的信号压力增大时，阀杆向下动作的叫正作用执行机构；当来自调节器的信号压力增大时，阀杆向上动作的叫反作用执行机构。通常正作用的执行机构被应用在调节阀的口径较大的情况下。正作用执行机构的信号压力是通入波纹膜片上方的薄膜气室（如图 9-1 所示）；反作用执行机构的信号压力是通入波纹膜片下方的薄膜气室。通过更换个别零件，两者便能互相改装。国内生产的正作用式执行机构被称为 ZMA 型，反作用式执行机构被称为 ZMB 型。

薄膜式执行机构的工作原理为：输出位移与输入气压信号成比例关系。当信号压力（通常为 0.02—0.1 MPa）通入薄膜气室时，在薄膜上产生一个推力，使阀杆移动并压缩弹簧，直至弹簧的反作用力与推力相平衡，推杆稳定在一个新的位置。信号压力越大，阀杆的位移量也越大。阀杆的位移即为执行机构的直线输出的位移，也称行程。行程规格有 10 mm、16 mm、25 mm、40 mm、60 mm、100 mm 等。

另外还可以按有、无弹簧执行机构划分执行机构的类型，可分为有弹簧和无弹簧的执行机构，有弹簧的薄膜式执行机构最为常用，无弹簧的薄膜式执行机构常用于双位式调节。

2. 调节机构

调节机构实际上是一个局部阻力可以改变的节流元件，通常把它叫做调节阀。调节阀的阀杆上部与橡胶薄膜相连，下部与阀芯相连的，当阀芯在阀体内移动的时候，改变了阀芯与阀座之间的流通面积，即改变了阀的阻力系数，被控介质的流量也相应的跟着改变，从而达到调节工艺参数的目的。

3. 气动调节阀的调节方式

执行机构和调节机构按照不同的组合方式可以实现气开式和气关式两种调节。由于执行机构有正、反两种作用方式，调节机构也有正、反两种作用方式，因此可以有四种组合方式组成气开或气关型式的调节形式，气开式是输入气压越高时开度越大，而在气源断开时则全关，故称 FC 型；气关式是输入气压越高时开度越小，而在气源断开时则全开，故称 FO 型。

9.2.2 气动薄膜调节阀的类型

根据不同的使用场合和使用要求，需要选择不同的调节阀的结构型式，主要的气动薄膜调节阀的类型有以下几种：

1. 直通单座调节阀

直通单座阀的阀体内只有一个阀芯与阀座，如图 9-3 所示。从图看出，流体从左侧流入，从右侧流出。其特点是结构简单、泄漏量小，易于保证关闭，甚至完全切断。缺点是在压差比较大的时候，流体对阀芯上下作用的推力不平衡，这种不平衡力会影响阀芯的移动。因此这种阀一般应用在小口径、低压差的场合。

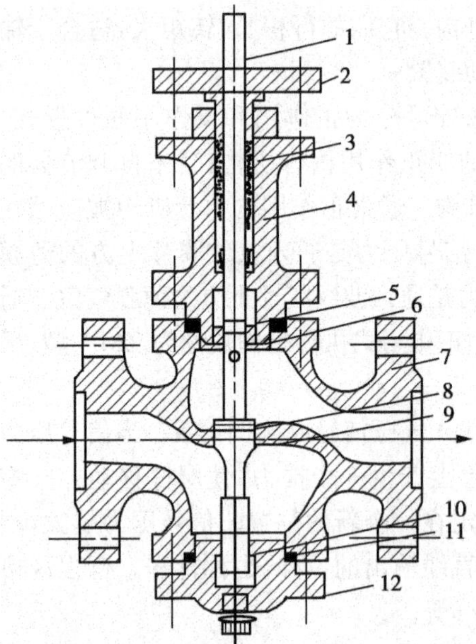

图 9-3 直通单座调节阀

1—阀杆；2—压板；3—填料；4—上阀盖；5、11—斜孔；6、10—衬套；7—阀体；8—阀芯；9—阀座；12—下阀盖

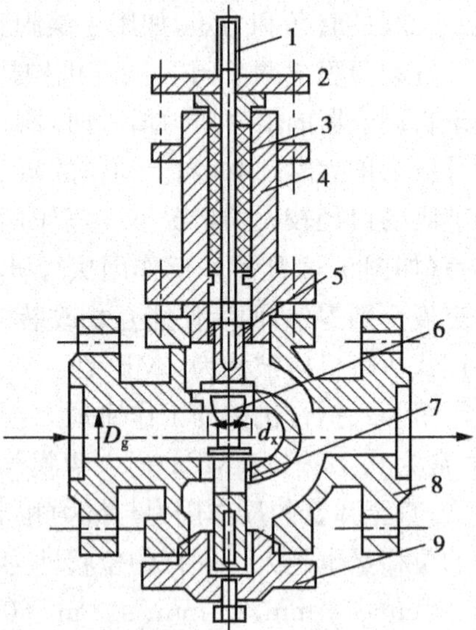

图 9-4 直通双座调节阀

1—阀杆；2—压板；3—填料；4—上阀盖；5—衬套斜孔；6—阀芯；7—阀座；8—阀体；9—下阀盖

2. 直通双座调节阀

阀体内有两个阀芯和阀座，如图 9-4 所示。由图看出，流体从左侧流入，经过上下阀芯后流体再汇合到一起，再从调节阀的右侧流出。直通双座调节阀是最常用的一种类型。其特点是由于流体流过的时候，作用在上、下两个阀芯上的推力方向相反而大小近于相等，可以相互抵消，所以不平衡力小。但是，由于加工的限制，上下两个阀芯阀座不易保证同时密闭，因此泄漏量较大。

根据阀芯和阀座的相对位置，这种阀可分为正作用与反作用式（或称正装与反装）两种形式。当阀体直立，阀杆下移时，阀芯与阀座间的流通面积减小的称为正作用，图 9-4 所示的为正作用式的情况。如果将阀芯倒装，则当阀杆下移时，阀芯与阀座间流通面积增大，称为反作用式。

3. 其他类型的调节阀

(1) 角形调节阀　角形阀的两个接管呈直角形，流体从底部进入，然后流经阀芯后从阀侧流出，如图 9-5 所示。这种阀的流路简单、阻力较小，适用于安装现场管道要求用直角连接、介质为高黏度、高压差和含有少量悬浮物和固体颗粒状的场合。

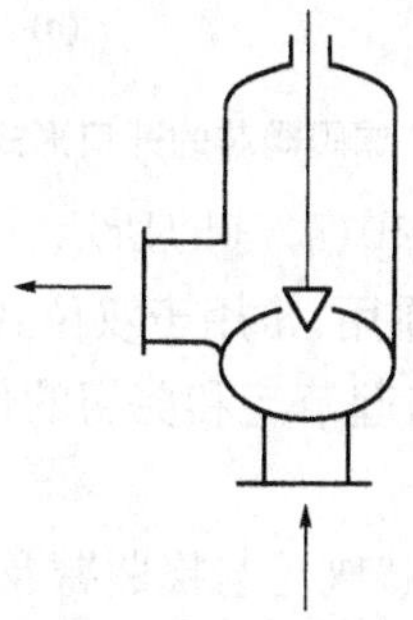

图 9-5　角形调节阀

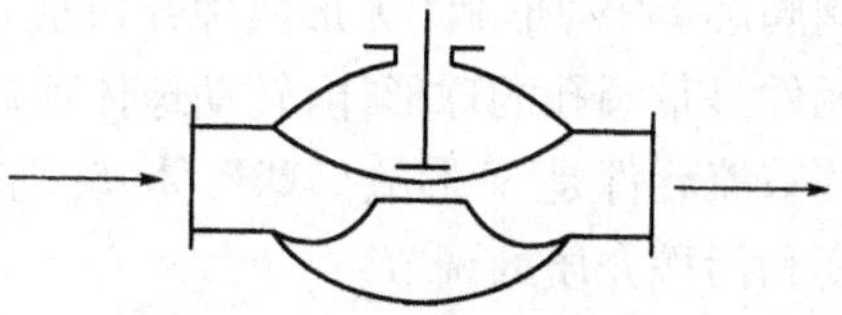

图 9-6　隔膜调节阀

(2) 隔膜调节阀　它采用耐腐蚀衬里的阀体和隔膜，如图 9-6 所示。隔膜阀的特点是结构简单、流阻小，流通能力比同口径的其他种类的阀要大。由于介质用隔膜与外界隔离，故无填料，介质也不会泄露。这种阀耐腐蚀性强，适用于强酸、强碱、强腐蚀性介质的调节，也能用于高黏度及悬浮颗粒状的介质的调节。

选用隔膜阀时，应注意执行机构须有足够的推力。一般隔膜阀直径 $D_g > 100$ mm 时，均采用活塞式执行机构。由于受衬里材料性质的限制，这种阀的使用条件是：温度 $T < 150$℃，压力 $p < 1$ MPa。

(3) 三通调节阀　三通阀有三个流体入口。其流通方式有两种：合流(两种介质混合成一路)型和分流(一种介质分成两路)型，分别如图 9-7(a)、(b)所示。可用一个三通阀来实现两个直通阀的功能，适用于配比调节与旁路调节。

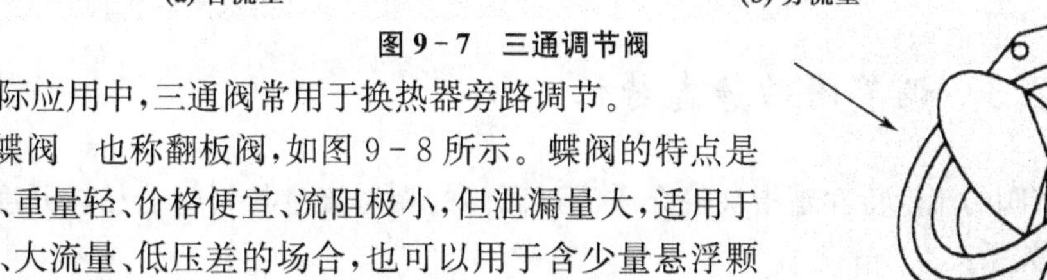

(a) 合流型　　(b) 分流型

图 9-7　三通调节阀

在实际应用中，三通阀常用于换热器旁路调节。

(4) 蝶阀　也称翻板阀，如图 9-8 所示。蝶阀的特点是结构简单、重量轻、价格便宜、流阻极小，但泄漏量大，适用于口径较大、大流量、低压差的场合，也可以用于含少量悬浮颗粒介质的调节。

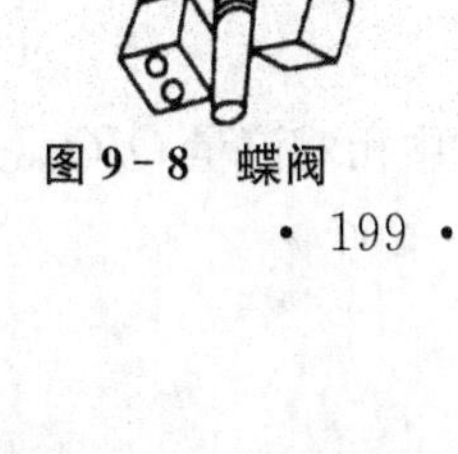

图 9-8　蝶阀

(5) 球阀　球阀是阀芯与阀体都呈球形的调节阀，转动阀芯使之与阀体处于不同的相对位置时，就具有不同的流通面积，以达到流量调节的目的，如图 9－9 所示。

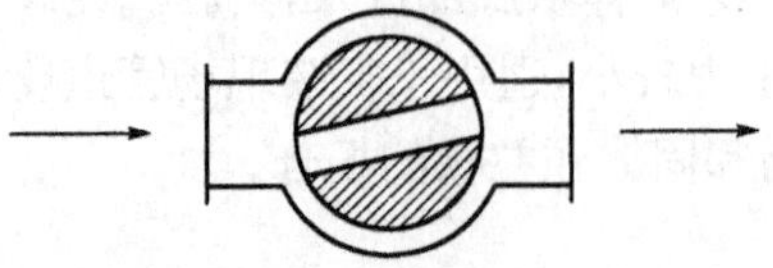

图 9－9　球阀

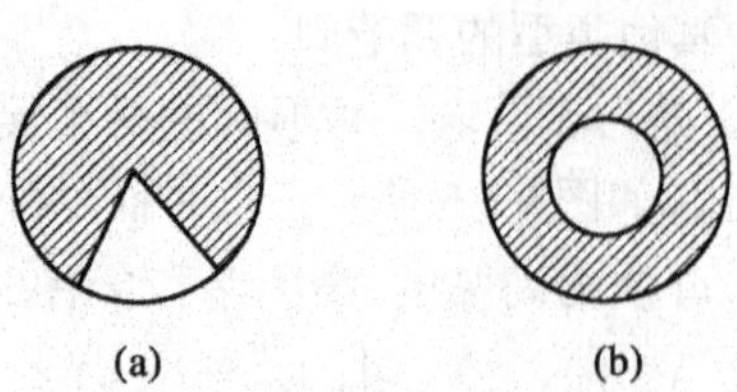

图 9－10　球阀阀芯的开口形式

球阀阀芯有“V”形和“O”形两种开口形式，分别如图 9－10(a)、(b)所示。O 形球阀的节流元件是带圆孔的球形体，转动球体可起调节和切断的作用，常用于双位式调节。V 形球阀的节流元件是 V 形缺口球形体，转动球心使 V 形缺口起节流和剪切的作用，适用于高黏度和污秽介质的调节。

(6) 凸轮挠曲阀　通常也叫偏心旋转阀。它的扇形球面状阀芯与挠曲臂及轴套一起铸成，固定在转动轴上，如图 9－11 所示。凸轮挠曲阀的挠曲臂在压力作用下能产生挠曲变形，使阀芯球面与阀座密封圈紧密接触，密封性好。同时，它的重量轻、体积小、安装方便，适用于高黏度或带有悬浮物的介质流量调节。

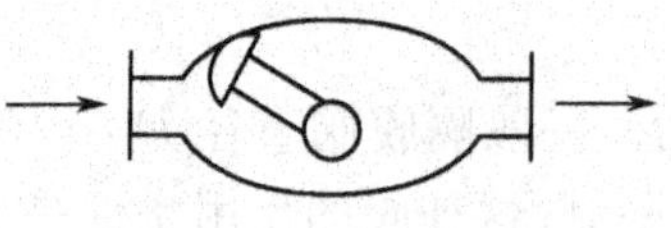

图 9－11　凸轮挠曲阀

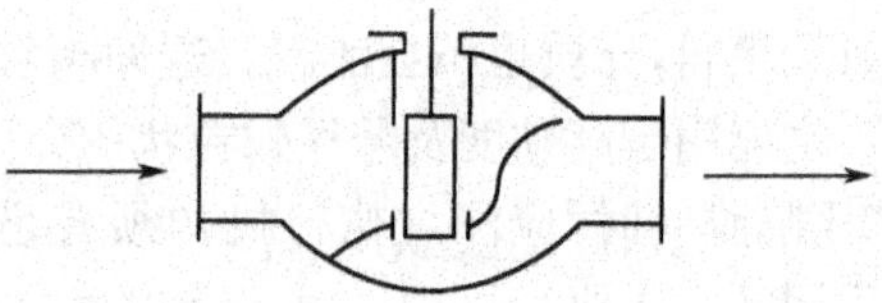

图 9－12　笼式阀

(7) 笼式阀　又名套筒形调节阀，它的阀体与一般的直通单座阀相似，如图 9－12 所示。笼式阀内有一个圆柱形套筒(笼子)。套筒壁上有一个或几个不同形状的孔(窗口)，利用套筒导向，阀芯在套筒内上下移动，由于这种移动改变了笼子的节流孔面积，就形成了各种特性并实现流量调节。笼式阀的可调比大、振动小、不平衡力小、结构简单、套筒互换性好，更换不同的套筒(窗口形状不同)即可得到不同的流量特性，阀内部件所受的气蚀小、噪音小，是一种性能优良的阀，特别适用于要求低噪音及压差较大的场合，但不适用高温、高黏度及含有固体颗粒的流体。

除以上所介绍的阀以外，还有一些特殊的调节阀。例如小流量阀适用于小流量的精密调节，超高压阀适用于高静压、高压差的场合。

9.2.3　调节阀的静态特性

调节阀的流量特性是指被控介质流过阀门的相对流量与阀门的相对开度(相对位移)间的关系：

$$\frac{Q}{Q_{\max}} = f\left(\frac{l}{L}\right) \tag{9-1}$$

式中相对流量 $Q/Q_{\max}$ 是调节阀某一开度时流量 Q 与全开时 $Q_{\max}$ 之比。相对开度 l/L 调

节阀某一开度行程 l 与全开行程 L 之比。

一般来说，改变调节阀阀芯与阀座间的流通截面积，便可调节流量。但实际上还有多种因素影响，例如在节流面积改变的同时还发生阀前后压差的变化，而这又将引起流量变化。为了便于分析，先假定阀前后压差固定，然后再引申到真实情况，于是有理想流量特性与工作流量特性之分。

1. 调节阀的理想流量特性

在不考虑调节阀前后压差变化时得到的流量特性称为理想流量特性。它取决于阀芯的形状，如图 9-13，主要有直线、等百分比(对数)、抛物线及快开等几种。

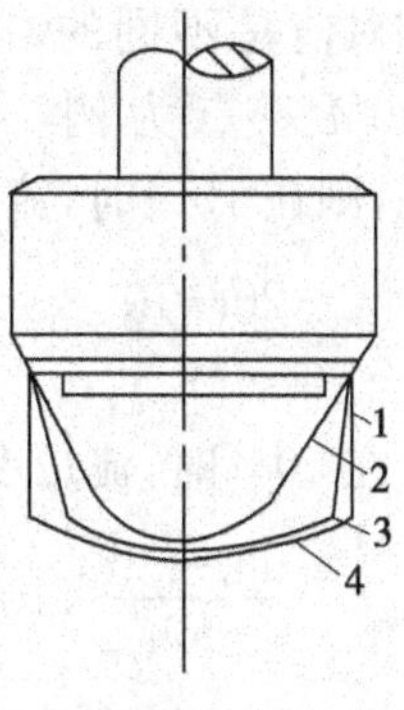

图 9-13　不同流量特性的阀芯形状

1—快开；2—直线；3—抛物线；4—等百分比

(1) 线性流量特性

线性流量特性是指调节阀的相对流量与相对开度成线性关系，即单位位移变化所引起的流量变化是常数。用数学式表示为

$$\frac{d\left(\frac{Q}{Q_{max}}\right)}{d\left(\frac{l}{L}\right)}=K \tag{9-2}$$

式中，K——常数，即调节阀的放大系数。

将式(9-2)积分可得

$$\frac{Q}{Q_{max}}=K\frac{l}{L}+C \tag{9-3}$$

式中，C——积分常数。

从式(9-3)可知，当边界条件为：$l=0$ 时，$Q=Q_{min}$(Q_{min}为调节阀能调节的最小流量)；$l=L$ 时，$Q=Q_{max}$(Q_{max}为调节阀可调节的最大流量)。边界条件代入式(9-3)，可分别得

$$C=\frac{Q_{min}}{Q_{max}}=\frac{1}{R}$$
$$K=1-C=1-\frac{1}{R} \tag{9-4}$$

式中，R——调节阀所能调节的最大流量 Q_{max} 与最小流量 Q_{min} 的比值，称为调节阀的可调范围或可调比。

这里我们需要注意的是，Q_{min} 并不等于调节阀全关时的泄漏量，一般它是 Q_{max} 的 2%—4%。国产调节阀理想可调范围 R 为 30(这是对于直通单座、直通双座、角形阀和阀体分离阀而言的。隔离膜阀的可调范围为 10)。

将式(9-4)代入式(9-3)，可得

$$\frac{Q}{Q_{max}}=\frac{1}{R}\left[1+(R-1)\frac{l}{L}\right] \tag{9-5}$$

式(9-5)表明 Q/Q_{max} 与 l/L 之间呈线性关系，在直角坐标上是一条直线(如图 9-14 中直线 2 所示)。要注意的是当可调比 R 不同时，特性曲线在纵坐标上的起点是不同的。

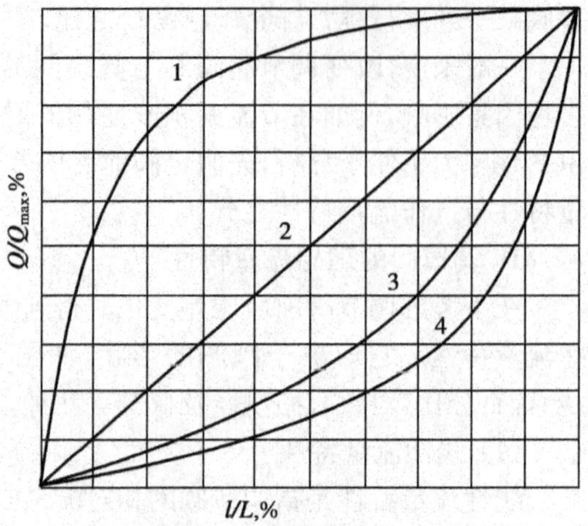

图 9-14 理想流量特性

1—快开;2—直线;3—抛物线;4—等百分比

当 $R=30$,$l/L=0$ 时,$Q/Q_{max}=0.33$。为便于分析和计算,假设 $R=\infty$,即特性曲线以坐标原点为起点,此时当位移变化 10%所引起的流量变化总是 10%。但流量变化的相对值是不同的,以行程的 10%、50%及 80%三点为例,若位移变化量都为 10%,则在 10%时,流量变化的相对值为

$$\frac{20-10}{10}\times100\%=100\%$$

在 50%时,流量变化的相对值为

$$\frac{60-50}{50}\times100\%=20\%$$

在 80%时,流量变化的相对值为

$$\frac{90-80}{80}\times100\%=12.5\%$$

可见,在流量小时,流量变化的相对值大;在流量大时,流量变化的相对值小。也就是说,当阀门在小开度时调节作用太强;而在大开度时调节作用太弱,这是不利于调节系统的正常运行的。从调节系统来讲,当系统处于小负荷时(原始流量较小),要克服外界干扰的影响,希望调节阀动作所引起的流量变化量不要太大,以免调节作用太强产生超调,甚至发生振荡;当系统处于大负荷时,要克服外界干扰的影响,希望调节阀动作所引起的流量变化量要大一些,以免调节作用微弱而使调节不够灵敏。直线流量特性不能满足以上要求。

(2) 等百分比流量特性(对数流量特性)

等百分比流量特性是指单位相对行程变化所引起的相对流量变化与此点的相对流量成正比关系,即调节阀的放大系数随相对流量的增加而增大。用数学式表示为

$$\frac{\mathrm{d}\left(\frac{Q}{Q_{max}}\right)}{\mathrm{d}\left(\frac{l}{L}\right)}=K\frac{Q}{Q_{max}} \tag{9-6}$$

将式(9-6)积分得

$$\ln\frac{Q}{Q_{max}}=\left(K\frac{l}{L}+C\right)$$

将前述边界条件代入,可得

$$C=\ln\frac{Q_{min}}{Q_{max}}=\ln\frac{1}{R}=-\ln R,K=\ln R$$

最后得

$$\frac{Q}{Q_{max}}=R^{\left(\frac{l}{L}-1\right)} \tag{9-7}$$

相对开度与相对流量成对数关系。曲线斜率(图 9-14 中曲线 4 所示)即放大系数随

行程的增大而增大。在同样的行程变化值下，流量小时，流量变化小，调节平稳缓和；流量大时，流量变化大，调节灵敏有效。

(3) 抛物线流量特性

Q/Q_{max} 与 l/L 之间成抛物线关系，在直角坐标上为一条抛物线，它介于直线及对数曲线之间。数学表达式为：

$$\frac{Q}{Q_{max}}=\frac{1}{R}\times\left[1+(\sqrt{R}-1)\times\frac{l}{L}\right]^{2}$$

(4) 快开流量特性

这种流量特性在开度较小时就有较大流量，随开度增大，流量很快就达到最大，故称为快开特性。快开特性的阀芯形式是平板形的，适用于迅速启闭的切断阀或双位调节系统。

2. 调节阀的工作流量特性

在实际生产中，调节阀前后压差总是变化的，这时的流量特性称为工作流量特性。

(1) 串联管道的工作流量特性

以图 9-15 所示串联系统为例来讨论，系统总压差 Δp 等于管路系统(除调节阀外的全部设备和管道的各局部阻力之和)的压差 Δp_2 与调节阀的压差 Δp_1 之和(图 9-16)。以 s 表示调节阀全开时阀上压差与系统总压差(即系统中最大流量时动力损失总和)之比。以 Q_{max} 表示管道阻力等于零时调节阀的全开流量，此时阀上压差为系统总压差。于是可得串联管道以 Q_{max} 作参比值的工作流量特性，如图 9-17 所示。

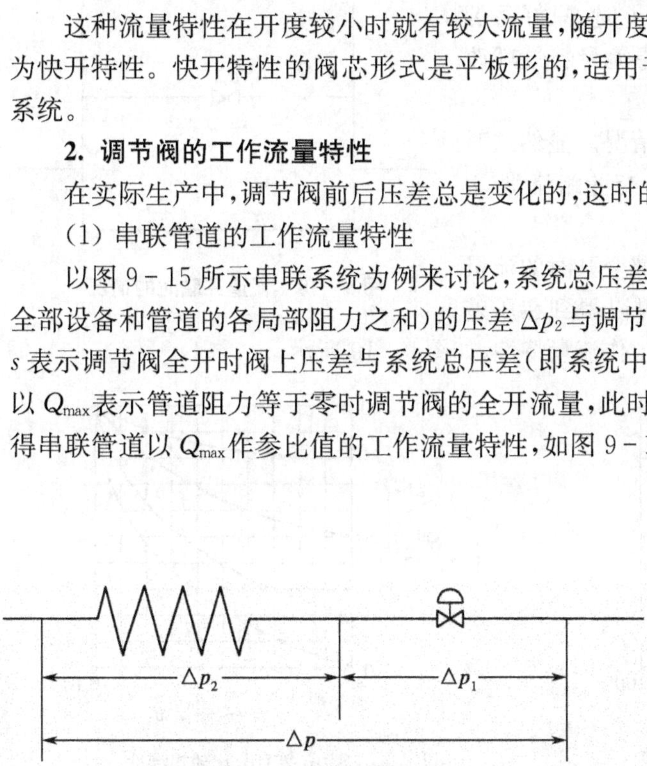

图 9-15　串联管道的情况

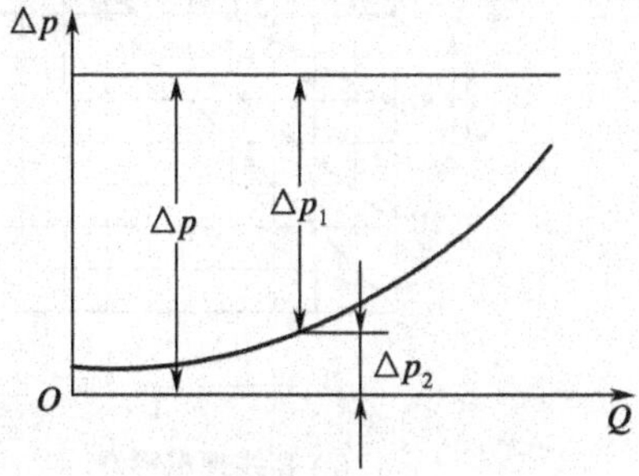

图 9-16　管道串联时控制阀的工作

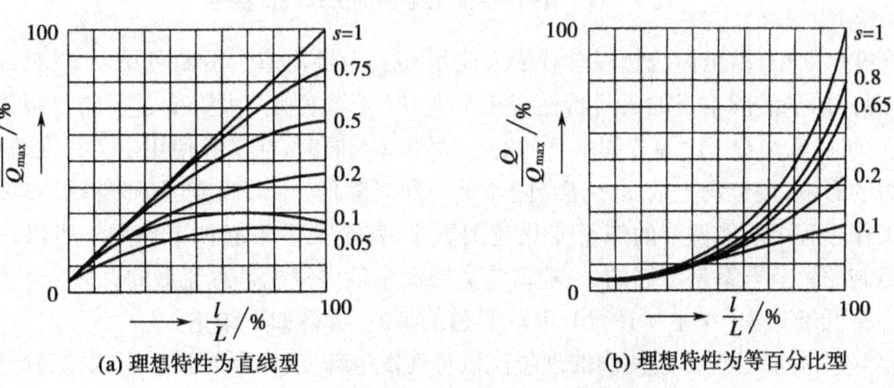

图 9-17　管道串联时控制阀的工作流量特性

图中 $s=1$ 时，管道阻力损失为零，系统总压差全加在阀上，工作特性与理想一致。随着 s 值的减小，直线特性渐渐趋近于快开特性，等百分比特性渐渐接近于直线特性。所以，在实际使用中，一般希望 s 值不低于 0.3—0.5。

在现场使用中，如调节阀选得过大或生产在低负荷状态，调节阀将工作在小开度。有时，为了使调节阀有一定的开度而把工艺阀门关小些以增加管道阻力，使流过调节阀的流量降低，这样，s 值下降，使流量特性畸变，调节质量恶化。

(2) 并联管道的工作流量特性

调节阀一般都装有旁路，以便手动操作和维护。当生产量提高或调节阀选小了时，只好将旁路阀打开一些，此时调节阀的理想流量特性就改变成为工作特性。

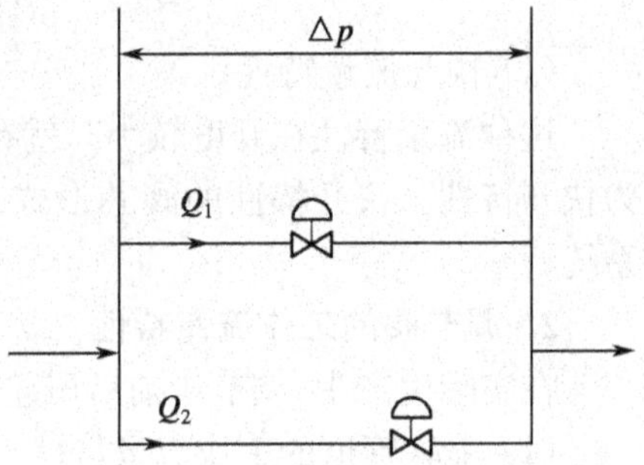

图 9-18　管道并联时的情况

图 9-18 表示并联管道时的情况。显然这时管路的总流量 Q 是调节阀流量 Q_1 与旁路流量 Q_2 之和，即 $Q=Q_1+Q_2$。

若以 x 代表并联管道时调节阀全开时的流量 Q_{1max} 与总管最大流量 Q_{max} 之比，可以得到在压差 Δp 为一定，而 x 为不同数值时的工作流量特性，如图 9-19 所示。

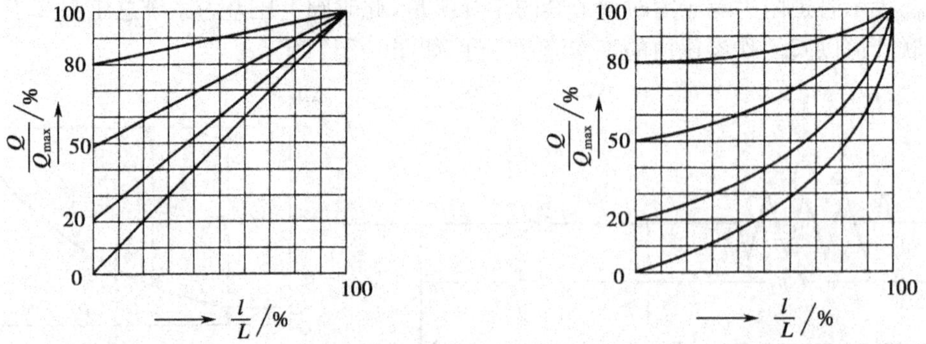

(a) 直线理想特性　　(b) 等百分比理想特性

图 9-19　管道并联时控制阀的工作流量特性

图 9-19 中，纵坐标流量以总管最大流量 Q_{max} 为参比值。由图可见，x 减小，即旁路阀逐渐打开，虽然阀本身的流量特性变化不大，但可调范围大大降低了。调节阀关死，即 $l/L=0$ 时，流量 Q_{min} 比调节阀本身的 Q_{1min} 大得多。同时，在实际使用中总存在着串联管道阻力的影响，调节阀上的压差还会随流量增加而降低，使可调范围下降得更多些，调节阀在工作过程中所能调节的流量变化范围更小，甚至几乎不起调节作用。所以，采用打开旁路阀的调节方案是不好的，一般认为旁路流量最多只能是总流量的百分之十几，即 x 值最小不低于 0.8。综上所述，串、并联管道的情况，可得如下结论：

(1) 串、并联管道都会使阀的理想流量特性发生畸变，串联管道的影响尤为严重。

(2) 串、并联管道都会使调节阀的可调范围降低，并联管道尤为严重。

(3) 串联管道使系统总流量减少，并联管道使系统总流量增加。

(4) 串、并联管道会使调节阀的放大系数减小，即输入信号变化引起的流量变化值减少。串联管道时，调节阀若处于大开度，则 s 值降低对放大系数影响更为严重；并联管道时调节阀若处于小开度，则 x 值降低对放大系数影响更为严重。

9.2.4　调节阀的动态特性和变差

1. 调节阀的动态特性

调节阀的动态特性表示在动态过程中信号压力与阀杆位移的关系。调节阀的橡胶膜头是一个空间，它可以被看做一个气容，从调节器到调节阀膜头间的引压管线有气容和气阻，所以管线和膜头是一个由气阻和气容组成的一阶滞后环节，其时间常数的大小取决于气阻和气容，当信号管线太长或太粗，膜头气室太大时，气阻气容就大，调节阀的时间常数也就大。这样在调节阀接受调节器的控制信号的时候，由膜头充气到阀杆走完全行程的过程很长，增加了系统广义过程的容量滞后，对控制不利。

通常用来减小时间常数的措施有如下三项：

(1) 尽量缩短引压管线的长度，例如在采用电动调节器时，电-气转换器应装在调节阀附近。

(2) 先用合适厚度的气动管线，如 $\phi 8\times 1$。管径过细，使气阻增大，效果不好，管径过粗，气阻虽然减小，但气容增大，完成气压变化所需要的时间就长，也不适宜。

(3) 加装传输滞后补偿器。如引压管线很长，或橡胶膜头很大，可在阀门附近装设继动器，或采用阀门定位器。从调节器至继动器，只有管线，没有膜头，气容小，时间常数小。从继动器至阀门，管线短，气阻小，时间常数也小。总的时间常数要比两者直接连接时小得多。

2. 调节阀的变差

调节阀的阀杆是一个可移动的部件，它与填料之间总有一定的摩擦。当阀门的填料压得过紧，或长时间未润滑时，干摩擦力很大，膜头上较小的气压变化推不动阀杆。这时会产生正反行程的变差，即在阀杆上升和下降时对应于同样阀杆位置的气压不一样。调节阀变差增大，对调节过程会产生不良影响，即使是时间常数和时滞都很小的流量过程，调节过程也会出现明显的时间间隔变化。对于时间常数和时滞大的温度过程，控制作用则更不及时，会引起持续振荡。

9.2.5　调节阀的选择

气动薄膜调节阀选用的正确与否是很重要的。选用调节阀时，一般要根据被调介质的特点（温度、压力、腐蚀性、黏度等）、调节要求、安装地点等因素，参考各种类型调节阀的特点合理地选用。在具体选用时，一般考虑下列几个主要方面的问题。

1. 调节阀的结构选择

调节阀的结构选择需要考虑到两点：

(1) 调节介质的工艺条件，如温度、压力及介质的物理、化学特性(如腐蚀性、黏度等)来选择。例如强腐蚀介质可采用隔膜阀、高温介质可选用带翅形散热片的结构形式。

(2) 调节阀的结构形式确定以后，还需要确定调节阀的流量特性(即阀芯的形状)。一般是先按调节系统的特点来选择阀的希望流量特性，然后再考虑工艺配管情况来选择相应的理想流量特性，使调节阀安装在具体的管道系统中，畸变后的工作流量特性能满足调节系统对它的要求。目前使用比较多的是等百分比流量特性。

2. 调节阀的气开式和气关式的选择

气动执行器有气开式和气关式两种类型。有压力信号时阀关，无信号压力时开的为气关式。反之，为气开式。

气开、气关的选择主要从工艺生产上安全要求出发。考虑原则是：信号压力中断时，应保证设备和操作人员的安全。如果阀处于打开位置时危害小，则应选用气关式，以使气源系统发生故障，气源中断时，阀门能自动打开，保证安全。反之阀处于关闭时危害小，则应选用气开阀。例如，加热炉的燃料气或燃料油应采用气开式调节阀，即当信号中断时应切断进炉燃料，以免炉温过高造成事故。又如调节进入设备易燃气体的调节阀，应选用气开式，以防爆炸，若介质为易结晶物料，则选用气关式，以防堵塞。

3. 调节阀流量特性和口径的选择

调节阀口径选择得合适与否将会直接影响到调节效果。口径选择得过小，会使流经调节阀的介质达不到所需要的最大流量。在大的干扰情况下，系统会因介质流量(即操纵变量的数值)的不足而失控，因而使调节效果变差，此时若企图通过开大旁路阀来弥补介质流量的不足，则会使阀的流量特性产生畸变；口径选择得过大，不仅会浪费设备投资，而且会使调节阀经常处于小开度工作，调节性能也会变差，容易使调节系统变得不稳定。

调节阀的口径选择是由调节阀流量系数 C 决定的。流量系数 C 的定义为：在给定的行程下，当阀两端压差为 100 kPa，流体密度为 1 g/cm^3 时，流经调节阀的流体流量(以 m^3/h 表示)。例如，某一调节阀在给定的行程下，当阀两端压差为 100 kPa 时，如果流经阀的水流量为 40 m^3/h，则该调节阀的流量系数 C 值为 40。

调节阀的 C 表示调节阀容量的大小，是表示调节阀流通能力的参数。因此，调节阀流量系数 C 亦可称调节阀的流通能力。

调节阀全开时的流量系统 C_{100}(即行程为 100% 时的 C 值)，称为调节阀的最大流量系数 C_{max}。C_{max} 与调节阀的口径大小有着直接的关系。因此，调节阀口径的选择实质上就是根据特定的工艺条件(即给定的介质流量，阀前后的压差以及介质的特性参数等)进行 C_{max} 值的计算，然后按调节阀生产厂家的产品目录，选出相应的调节阀口径，使得通过调节阀的流量满足工艺要求的最大流量且留有一定的裕度，但裕度不宜过大。

C 值的计算与介质的特性、流动的状态等因素有关，具体计算时请参考有关计算机手册或应用相应的计算机软件。

9.3　电动执行器

电动执行器与气动执行器一样，是调节系统中的一个重要部分。它接收来自调节器的0—10 mA或4—20 mA的直流电流信号，并将其转换成相应的角位移或直行程位移，去操纵阀门、挡板等调节机构，以实现自动调节。电动执行器的执行机构和调节机构是分开的两部分，其执行机构分角行程和直行程两种。

电动执行器有角行程、直行程和多转式等类型。角行程电动执行机构以电动机为动力元件，将输入的直流电流信号转换为相应的角位移(0—90°)，这种执行机构适用于操纵蝶阀、挡板之类的旋转式调节阀。直行程执行机构接收输入的直流电流信号后，使电动机转动，然后经减速器减速并转换为直线位移输出，去操纵单座、双座、三通等各种调节阀和其他的直线式调节机构。多转式电动执行机构主要用来开启和关闭闸阀、截止阀等多转式阀门，由于它的电机功率比较大，最大的有几十千瓦，一般多用作就地操作和遥控。

几种类型的电机执行机构在电气原理上基本上是相同的，只有减速器不一样。以下简单介绍一下角行程的电动执行机构。

角行程电动执行机构主要由伺服放大器、伺服电动机、减速器、位置发送器和操纵器组成，如图9-20所示。其工作过程大致如下：伺服放大器将由调节器传输来的输入信号与位置反馈信号进行比较，当无信号输入的时候，由于位置反馈信号也为零，放大器无输出，电机不转；如有信号输入，且与反馈信号比较产生偏差，使放大器有足够的输出功率，驱动伺服电动机，经减速后使减速器的输出轴转动，直到与输出轴相连的位置发送器的输出电流与输入信号相等为止。此时输出轴就稳定在与该输入信号相对应的转角位置上，实现了输入电流信号与输出转角的转换。

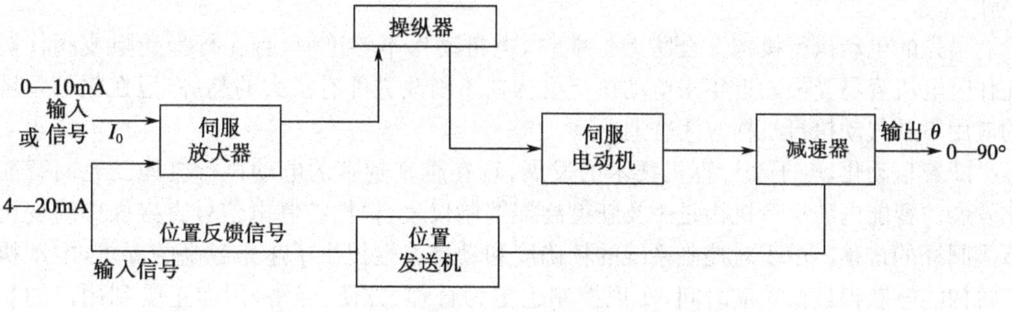

图9-20　角行程电动执行机构组成示意图

位置发送器是能将执行机构输出轴的位移转变为0—10 mA DC(或4—20 mA DC)反馈信号的装置，它的主要部分是差动变压器，其原理如图9-21所示。

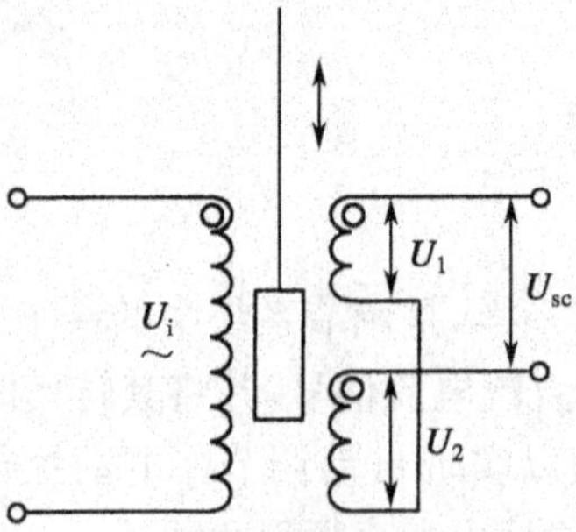

图 9-21　差动变压器原理图

在差动变压器的原边加一交流稳压电源后，其副边分别会感应出交流电压 U_1、U_2，由于两副边绕组匝数相等，故感应电压 U_{sc} 的大小将取决于铁芯的位置。

铁芯的位置是与执行机构输出轴的位置相对应的。当铁芯在中间位置时，因两副边绕组的磁路对称，故在任一瞬间穿过两副边绕组的磁通都相等，因而感应电压 $U_1=U_2$。但因两绕组反向串联，它们所产生的电压相互抵消，因而输出电压 U_{sc} 等于零。

当铁芯自中间位置有一向上的位移时，使磁路对两绕组不对称，这时上边绕组中交变磁通的幅值将大于下面绕组中交变磁通的幅值，两绕组中的感应电压将是 $U_1>U_2$，因而有输出电压 $U_{sc}=U_1-U_2$ 产生。

反之，当铁芯下移时，两绕组中的感应电压将是 $U_2>U_1$，此时输出电压的相位与上述相反，其大小为 $U_{sc}=U_2-U_1$。

信号 U_{sc} 经过整流、滤波电路可以得到 0—10 mA 的直流电流信号，它的大小与执行机构输出位移相对应。这个信号被反馈到伺服放大器的输入端，以与输入信号相比较。

电动执行机构不仅可与调节器配合实现自动调节，还可以通过操纵器实现调节系统的自动调节和手动调节的相互切换。当操纵器的切换开关置于手动操作位置时，由正反操作按钮直接调节电机的电源，以实现执行机构输出轴的正转或反转，进行遥控手动操作。

早先的电动执行机构安全防爆性能差，电机动作不够迅速，且在行程受阻或阀杆被扎住时电机容易受损。近年来电动执行机构在不断改进并有扩大的趋势，但在化工领域的应用不及气动执行机构应用普遍。

随着自动化、电子和计算机技术的发展，现在越来越多的电动执行机构已经向智能化发展。智能电动执行机构是一类新型终端控制仪表，根据控制电信号直接操作改变调节阀阀杆的位移。由于对控制系统的精确度和动态特性提出了越来越高的要求，电动执行机构能够获得最快响应时间，实现控制也更为合理、方便、经济，因而正受到用户的欢迎。这样还可免去采用气动执行器必需配置良好的气源设备投资和现场气路管线安装的麻烦。

新型智能执行器采用双 CPU、电子限力矩保护、电子行程限位、数字式位置发送器、相位自动鉴别、红外线遥控调试以及故障诊断、自动切换处理多种保护措施等关键技术，提高了产品的稳定性、可靠性和精确度等级。通过防爆及射频干扰、静电放电、快速瞬变脉冲群等试验，基本误差小于±1.5%，回差为 1%，使用环境温度为－25—700℃，这些指标均达到国际先进水平。

智能电动执行器则利用微机技术和现场通信技术扩大功能,实现双向通信、PID 调节、在线自动标定、自校正与自诊断等多种控制技术要求的功能,有效提高控制水平,现已越来越受到用户的选用和关注。

9.4 电-气转换器及电-气阀门定位器

在实际系统中,电与气两种信号常是混合使用的,这样可以取长补短。因而有各种电-气转换器及气-电转换器把电信号(0—10 mA DC 或 4—20 mA DC)与气信号(0.02—0.1 MPa)进行转换。电-气转换器可以把电动变送器传来的电信号变为气信号,送到气动调节器或气动显示仪表;也可把电动调节器的输出信号变为气信号去驱动气动调节阀,此时常用电-气阀门定位器,它具有电-气转换器和气动阀门定位器两种作用。

9.4.1 电-气转换器

电-气转换器的结构原理如图 9-22 所示,它按力矩平衡原理工作。当 0—10 mA 直流电流信号通入置于恒定磁场里的测量线圈中时,所产生的磁通与磁钢在空气隙中的磁通相互作用而产生一个向上的电磁力(即测量力)。由于线圈固定在杠杆上,使杠杆绕十字簧片偏转,于是装在杠杆另一端的挡板靠近喷嘴,使其背压升高,经过放大器功率放大后,一方面输出,一方面反馈到正负两个波纹管,建立起与测量力矩相平衡的反馈力矩。于是输出信号(0.02—0.1 MPa)就与线圈电流成一一对应的关系。

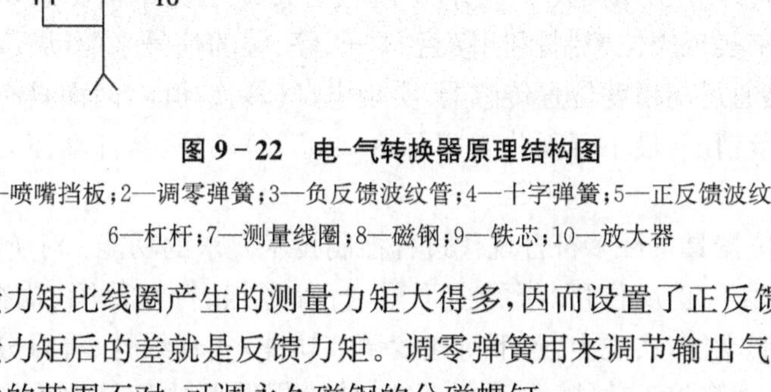

图 9-22 电-气转换器原理结构图

1—喷嘴挡板;2—调零弹簧;3—负反馈波纹管;4—十字弹簧;5—正反馈波纹管;6—杠杆;7—测量线圈;8—磁钢;9—铁芯;10—放大器

由于负反馈力矩比线圈产生的测量力矩大得多,因而设置了正反馈波纹管,负反馈力矩减去正反馈力矩后的差就是反馈力矩。调零弹簧用来调节输出气压的初始值。如果输出气压变化的范围不对,可调永久磁钢的分磁螺钉。

9.4.2 电-气阀门定位器

1. 电-气阀门定位器

配薄膜执行机构的电—气阀门定位器的动作原理如图 9 - 23 所示，它是按力矩平衡原理工作的。当信号电流通入力矩马达 1 的线圈时，它与永久磁钢作用后，对主杠杆产生一个力矩，于是挡板靠近喷嘴，经放大器放大后，送入薄膜气室使推杆向下移动，并带动反馈杆绕其支点 4 转动，连在同一轴上的反馈凸轮也作逆时针方向转动，通过滚轮使副杠杆绕其支点偏转，拉伸反馈弹簧。当反馈弹簧对主杠杆的拉力与力矩马达作用在主杠杆上的力两者力矩平衡时，仪表达到平衡状态，此时，一定的信号电流就对应一定的阀门位置。

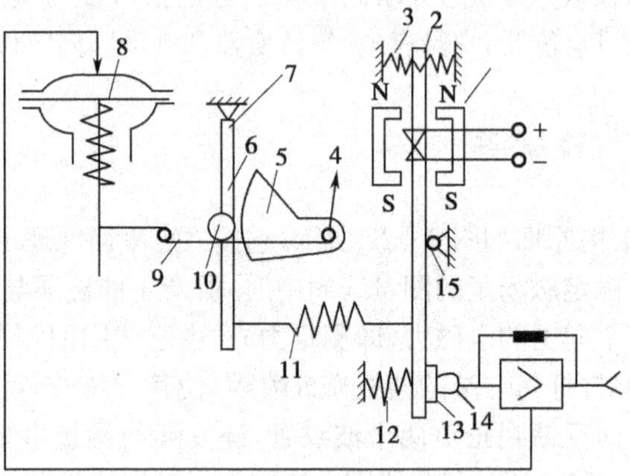

图 9 - 23 电-气阀门定位器

1—力矩马达；2—主杠杆；3—平衡弹簧；4—反馈凸轮支点；5—反馈凸轮；
6—副杠杆；7—副杠杆支点；8—薄膜执行机构；9—反馈杆；10—滚轮；
11—反馈弹簧；12—调零弹簧；13—挡板；14—喷嘴；15—主杠杆支点

2. 智能阀门定位器

智能阀门定位器是新一代智能化、气动执行机构不可缺少的配套产品。它内装高集成度的微控制器，采用电平衡(数字平衡)原理代替传统的力平衡原理，将电控命令转换成气动定位增量来实现阀位控制；利用数字式开、停、关的信号来驱动气动执行机构的动作；阀位反馈直接通过高精度位置传感器，实现电/气转换功能，因而具有提高输出力、提高动作速度和调节精度(最小行程分辨率可达 0.05%)，克服阀杆摩擦力，实现正确定位等特点。

智能阀门定位器具备许多符合现代过程控制技术要求的功能：对所有控制参数都可组态的功能(如死区、正反作用、报警上下限、行程零点、行程范围、执行机构类型选择等)，实现分程控制功能，实现上行、下行速度调节功能，实现线性、等百分比、快开等特性修正功能，还能实现自校正功能、自诊断功能、故障报警及故障处理功能、多种通信支持功能等。

由于智能阀门定位器的功能完善，对降低投资、节约能源、提高过程控制水平能带来极大益处，现已越来越受到用户的关注，并被选用。同时，它与智能变送器一起将彻底改变现场仪表的状况，促使过程控制早日进入现场总线控制系统的新时代。

3. 阀门定位器的作用

在以下情况下需要采用阀门定位器：

(1) 需要对阀门作精确的调整的场合。

(2) 管道口径较大或阀门前后压差较大等会产生较大不平衡力的场合。

(3) 为防止泄漏而需要将填料压得很紧，例如高压、高温或低温等场合。

(4) 调节介质黏度较高等情况。

电-气阀门定位器一方面具有电-气转换器的作用，可用电动调节器输出的 0—10 mA DC 或 4—20 mA DC 信号去操纵气动执行机构；另一方面还具有气动阀门定位器的作用，可以使阀门位置按调节器送来的信号准确定位(即输入信号与阀门位置成一一对应的关系)。同时，改变图 9-23 中反馈凸轮 5 的形状或安装位置，还可以改变调节阀的流量特性和实现正反作用(即输出信号可以随输入信号的增加而增加，也可以随输入信号的增加而减少)。

9.5 变频器

变频器(VVVF：Variable Voltage and Variable Frequency)，改变电压改变频率，即变压变频。通常，把电压和频率固定不变的工频交流电变换为电压或频率可变的交流电的装置称作“变频器”。为了产生可变的电压和频率，该设备首先要把电源的交流电变换为直流电(DC)，这个过程叫整流。把直流电(DC)变换为交流电(AC)的装置，其科学术语为“逆变器”(inverter)。一般逆变器是把直流电源逆变为一定的固定频率和一定电压的逆变电源。对于逆变为频率可调、电压可调的逆变器称为变频器。由于变频器设备中产生变化的电压或频率的主要装置叫“inverter”，故该产品本身就被命名为“inverter”，即：变频器。变频器也可用于家电产品。使用变频器的家电产品中，不仅有电机(如空调等)，还有荧光灯等产品。变频器的工作原理被广泛应用于各个领域。如计算机电源的供电，变频器用于抑制反向电压、频率的波动及电源的瞬间断电。

9.5.1 变频器的基本结构

1. 控制电路

控制电路完成对主电路的控制。它将信号传给整流器、中间电路和逆变器，同时接受来自这些部分的信号，如图 9-24 所示。变频器都是由控制电路利用信号来开关逆变器的半导体器件，这是所有变频器的共同点。

2. 整流器

整流器与单相或三相交流电源相连接，产生脉动的支流电压。整流电路将交流电变换成直流电(交-直变换)。

3. 中间电路

直流中间电路对整流电路的输出进行平滑滤波。将整流电压变换成支流电流;使脉动的支流电压变得稳定平滑,供逆变器使用;将整流后固定的支流电压变换成可变的交流电压。

4. 逆变器

逆变器产生电动机电压的频率,逆变电路将直流电再逆变成交流电(直-交变换)。

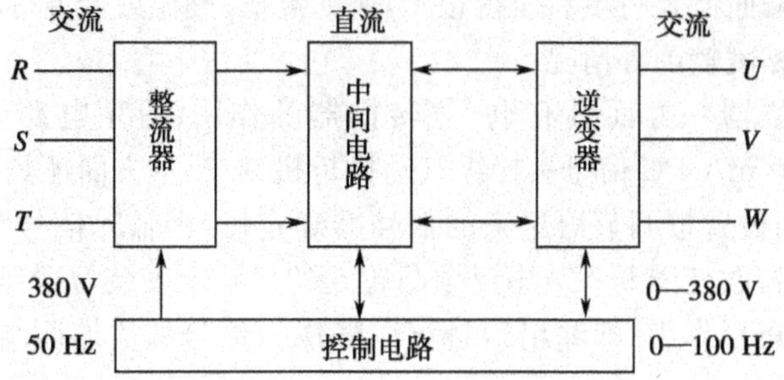

图 9-24 "交—直—交"变频器的结构

9.5.2 变频调速特性

按照电机理论,电机转速公式为

$$n=\frac{60f(1-s)}{p}$$

式中,p——电动机的极对数;

s——转差率;

f——供电电源频率;

n——电动机的实际转速。

从公式可以看出,电机转速与频率近似成正比,改变频率即可平滑地调节电机转速,从而可以连续方便地改变运送介质的流量。泵的转速 n、流量 Q、压力 H 以及轴功率 P 具有如下关系:$Q\propto n$,$H\propto n^2$,$P\propto n^3$,即流量与转速成正比,压力与转速平方成正比,轴功率与转速立方成正比。通过改变电动机转速就可方便地改变泵的出水量,可以有效保证系统期望的工况,降低系统的电动损耗。在监控系统中使用变频调速(变频器)有以下优点:

(1) 可方便地实现电机软启动、自由停车。电机均通过变频器或软启动从 0—50 Hz 作缓慢加速启动,减少了机泵因突然高速启动所带来的影响,减少了直接启动时启动电流对电网的冲击。

(2) 可提高功率因数,改善电动机电源质量,保证电动机的功率与实际负荷相匹配,达到系统节能运行的目的。

(3) 可消除机泵的喘振现象，使机泵运行处于最佳工况状态。

(4) 可方便地实现自动控制，使被调节量得到更平稳的调节，增强了系统的稳定性和可靠性。使用变频调速技术不仅调节方便，而且节能效果也是很明显的，设电动机额定功率为 P_N，额定转速为 n_N，转速为 n 时实际输出功率为 P，则节能(用功率表示)ΔP 可以表示为

$$\Delta P = P_N - \left(\frac{n}{n_N}\right)^3 P_N = \left(1 - \left(\frac{n}{n_N}\right)^3\right) P_N$$

如取

$$\frac{n}{n_N} = \frac{2}{3}$$

则 $\Delta P = 0.67P_N$，即节能效果在理想情况下可达到 67%，可见只要采用变频调速技术，用变频调速其节能效果是很显著的。

9.5.3　变频器的分类

变频器的分类方法有多种，按照主电路工作方式分类，可以分为电压型变频器和电流型变频器；按照开关方式分类，可以分为 PAM(Pulse Amplitude Modulation)控制变频器、PWM(Pulse Width Modulation)控制变频器和高载频 PWM 控制变频器；按照工作原理分类，可以分为 v/f 控制变频器、转差频率控制变频器和矢量控制变频器等；按照用途分类，可以分为通用变频器、高性能专用变频器、高频变频器、单相变频器和三相变频器等。

9.5.4　变频器中常用的控制方式

1. 非智能控制方式

在交流变频器中使用的非智能控制方式有 v/f 协调控制、转差频率控制、矢量控制、直接转矩控制等。

(1) v/f 控制

v/f 控制是为了得到理想的转矩——速度特性，基于在改变电源频率进行调速的同时，又要保证电动机的磁通不变的思想而提出的，通用型变频器基本上都采用这种控制方式。v/f 控制变频器结构非常简单，但是这种变频器采用开环控制方式，不能达到较高的控制性能，而且，在低频时，必须进行转矩补偿，以改变低频转矩特性。

(2) 转差频率控制

转差频率控制是一种直接控制转矩的控制方式，它是在 v/f 控制的基础上，按照已知异步电动机的实际转速对应的电源频率，并根据希望得到的转矩来调节变频器的输出频率，就可以使电动机具有对应的输出转矩。这种控制方式，在控制系统中需要安装速度传感器，有时还加有电流反馈，对频率和电流进行控制，因此，这是一种闭环控制方式，

可以使变频器具有良好的稳定性，并对急速的加减速和负载变动有良好的响应特性。

(3) 矢量控制

矢量控制是通过矢量坐标电路控制电动机定子电流的大小和相位，以达到对电动机在 d、q、0 坐标轴系中的励磁电流和转矩电流分别进行控制，进而达到控制电动机转矩的目的。通过控制各矢量的作用顺序和时间以及零矢量的作用时间，又可以形成各种 PWM 波，达到各种不同的控制目的。例如形成开关次数最少的 PWM 波以减少开关损耗。目前在变频器中实际应用的矢量控制方式主要有基于转差频率控制的矢量控制方式和无速度传感器的矢量控制方式两种。

基于转差频率的矢量控制方式与转差频率控制方式两者的定常特性一致，但是基于转差频率的矢量控制还要经过坐标变换对电动机定子电流的相位进行控制，使之满足一定的条件，以消除转矩电流过渡过程中的波动。因此，基于转差频率的矢量控制方式比转差频率控制方式在输出特性方面能得到很大的改善。但是，这种控制方式属于闭环控制方式，需要在电动机上安装速度传感器，因此，应用范围受到限制。

无速度传感器矢量控制是通过坐标变换处理分别对励磁电流和转矩电流进行控制，然后通过控制电动机定子绕组上的电压、电流辨识转速以达到控制励磁电流和转矩电流的目的。这种控制方式调速范围宽，启动转矩大，工作可靠，操作方便，但计算比较复杂，一般需要专门的处理器来进行计算，因此，实时性不是太理想，控制精度受到计算精度的影响。

(4) 直接转矩控制

直接转矩控制是利用空间矢量坐标的概念，在定子坐标系下分析交流电动机的数学模型，控制电动机的磁链和转矩，通过检测定子电阻来达到观测定子磁链的目的，因此省去了矢量控制等复杂的变换计算，系统直观、简洁，计算速度和精度都比矢量控制方式有所提高。即使在开环的状态下，也能输出 100% 的额定转矩，对于多拖动具有负荷平衡功能。

(5) 最优控制

最优控制在实际中的应用根据要求的不同而有所不同，可以根据最优控制的理论对某一个控制要求进行个别参数的最优化。例如在高压变频器的控制应用中，就成功的采用了时间分段控制和相位平移控制两种策略，以实现一定条件下的电压最优波形。

(6) 其他非智能控制方式

在实际应用中，还有一些非智能控制方式在变频器的控制中得以实现，例如自适应控制、滑模变结构控制、差频控制、环流控制、频率控制等。

2. 智能控制方式

智能控制方式主要有神经网络控制、模糊控制、专家系统、学习控制等。在变频器的控制中采用智能控制方式在具体应用中有一些成功的范例。

(1) 神经网络控制

神经网络控制方式应用在变频器的控制中，一般是进行比较复杂的系统控制，这时对于系统的模型了解甚少，因此神经网络既要完成系统辨识的功能，又要进行控制。而且神经网络控制方式可以同时控制多个变频器，因此在多个变频器级联时进行控制比较适合。但是神经网络的层数太多或者算法过于复杂都会在具体应用中带来不少实际困难。

(2) 模糊控制

模糊控制算法用于控制变频器的电压和频率，使电动机的升速时间得到控制，以避免升速过快对电机使用寿命的影响以及升速过慢影响工作效率。模糊控制的关键在于论域、隶属度以及模糊级别的划分，这种控制方式尤其适用于多输入单输出的控制系统。

(3) 专家系统

专家系统是利用所谓“专家”的经验进行控制的一种控制方式，因此，专家系统中一般要建立一个专家库，存放一定的专家信息，另外还要有推理机制，以便于根据已知信息寻求理想的控制结果。专家库与推理机制的设计是尤为重要的，关系着专家系统控制的优劣。应用专家系统既可以控制变频器的电压，又可以控制其电流。

(4) 学习控制

学习控制主要是用于重复性的输入，而规则的 PWM 信号(例如中心调制 PWM)恰好满足这个条件，因此学习控制也可用于变频器的控制中。学习控制不需要了解太多的系统信息，但是需要 1—2 个学习周期，因此快速性相对较差，而且，学习控制的算法中有时需要实现超前环节，这用模拟器件是无法实现的。

9.5.5　变频器控制的展望

随着电力电子技术、微电子技术、计算机网络等高新技术的发展，变频器的控制方式今后将向以下几个方面发展。

1. 数字控制变频器的实现

现在，变频器的控制方式用数字处理器可以实现比较复杂的运算，变频器数字化将是一个重要的发展方向，目前进行变频器数字化主要采用单片机 MCS51 或 80C196MC 等，辅助以 SLE4520 或 EPLD 液晶显示器等来实现更加完善的控制性能。

2. 多种控制方式的结合

单一的控制方式有着各自的优缺点，并没有“万能”的控制方式，在有些控制场合，需要将一些控制方式结合起来，例如将学习控制与神经网络控制相结合，自适应控制与模糊控制相结合，直接转矩控制与神经网络控制相结合，或者称之为“混合控制”，这样取长补短，控制效果将会更好。

3. 远程控制的实现

计算机网络的发展，依靠计算机网络对变频器进行远程控制也是一个发展方向。通过 RS-485 接口及一些网络协议对变频器进行远程控制，这样在有些不适合于人类进行现场操作的场合，也可以很容易的实现控制目标。

4. 绿色变频器

随着可持续发展战略的提出，对于环境的保护越来越受到人们的重视。变频器产生的高次谐波对电网会带来污染，降低变频器工作时的噪声以及增强其工作的可靠性、安全性等问题，都试图通过采取合适的控制方式来解决，设计出绿色变频器。

变频器的应用范围很广，虽然在实际使用过程中变频器故障率非常低，但是要想在生产中利用好、使用好变频器，熟悉变频器的结构原理，了解其常见故障。对技术人员特别是与之相关联的仪表自控人员，更有利于自控系统的设计与应用。在满足工艺的前提下，合理有效配置变频系统，才能使设备发挥更大的效率。

例题与习题

(一) 例题部分

1. 测量某处压力共进行了100次，其算术平均值为100.00 mmHg，测出最大一次是100.09 mmHg，试估计在这100次测量中落在100±0.03 mmHg之间约有多少次？落在100±0.09 mmHg之间约有多少次？落在100±0.03—100±0.09 mmHg之间约有多少次？

解： 因为测量出现的最大值为100.09 mmHg，而3σ是偶然误差的极限误差，故$3\sigma=0.09$，即$\sigma=0.03$。

由误差理论，多次测量中落在$\pm\sigma$区间内的可能性是68.3%，落在$\pm3\sigma$区间内的可能性是99.7%，故在100次测量中约有68次落在100±0.03 mmHg范围内，几乎100次都落在100±0.09 mmHg范围内，有100－68＝32次落在100±0.03—100±0.09 mmHg之间。

2. 设有一台精度等级为0.5级的电子电位差计，量程为0—1 000℃，在正常情况下进行检验，测得的最大绝对误差为＋6℃，问该电子电位差计是否合格？

解： 仪表允许的最大绝对误差为$\Delta T_{max}=N\times\delta_{允}=1\,000\times(\pm0.5\%)=\pm5℃$。

现测得的最大绝对误差为6℃＞5℃，故该电子电位差计不合格。

3. 如习题图2-1所示的两种测温方法，问A表和B表的指示值哪一个高？为什么？

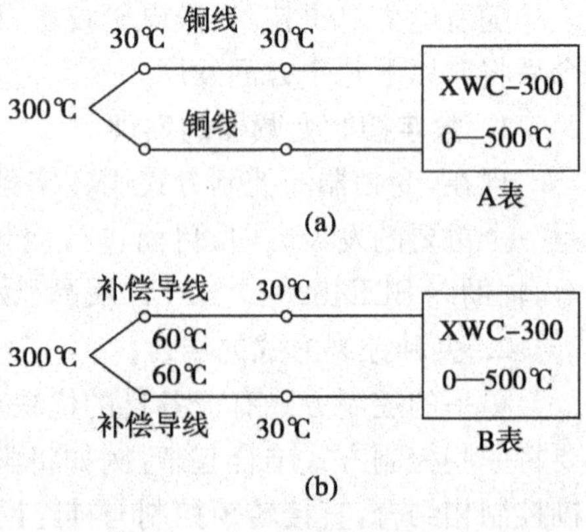

习题图2-1 两种测温方法

解： A表指示与B表指示值一样高。习题图2-1(a)中热电偶的热端温度为300℃，冷端温度为30℃；习题图2-1(b)中热电偶热端温度也为300℃，冷端由于接了补偿导线，其热电特性与热电偶相同，相当于延伸到了30℃的地方，故二者输入显示仪表的热电势完全相同，因此A表与B表的指示值一样高。

4. 现用一只分度号为K的热电偶测量某炉温，已知热电偶冷端温度为20℃，显示仪表(本身不带冷端温度补偿装置)读数为400℃，(1) 若没有进行冷端温度补偿，试求实际炉温为多少？(2) 若利用补偿电桥(0℃时平衡)进行了冷端温度补偿，实际炉温又为多少？为什么？

解： 由K热电偶的分度表可知，$E(400,0)=16.395$ mV，$E(20,0)=0.798$ mV

(1) 设实际温度为 T℃。若没有进行冷端温度补偿，则输入显示仪表的电势为热电偶所产生的热电势，即

$$E_{入} = E(T,20) = E(T,0) - E(20,0)$$

由显示仪表读数为 400℃可知，$E_{入}=E(400,0)$，于是

$$E(T,0) - E(20,0) = E(400,0)$$

即 $$E(T,0)=E(20,0)+E(400,0)=0.798+16.395=17.193\ \text{mV}$$

查 K 热电偶的分度表可知，对应的实际温度 $T=418.9$℃。

(2) 设实际温度为 T℃。若进行了冷端温度补偿，则输入显示仪表的电势为热电偶所产生的热电势 $E(T,20)$加上补偿电桥的输出电势 $E_{补}$，即

$$E_{入}=E(T,20)+E_{补}$$

由补偿原理可知，补偿电桥的输出电势为 $E_{补}=E(20,0)$；

由显示仪表读数为 400℃可知，$E_{入}=E(400,0)$，于是

$$E(T,20)+E(20,0) =E(400,0)$$

即 $$E(T,0)=E(400,0)$$

因此，对应的实际温度 $T=400$℃。

5. 用分度号为 K 的热电偶进行测温，误用了分度号为 E 的补偿导线接配在型号为 K 的电子电位差计(本身带冷端温度补偿)上，如习题图 2-2 所示。已知电子电位差计读数为 650℃，问实际被测值为多少？

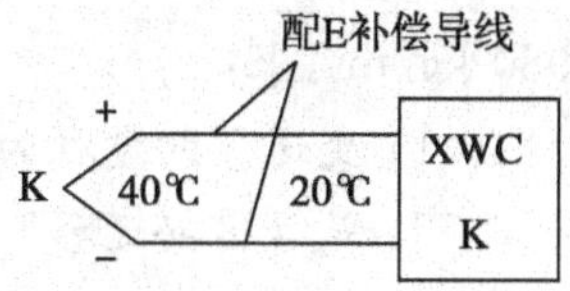

习题图 2-2　热电偶测温

解：由电子电位差计的读数为 650℃可知，输入电子电位差计的电势为 $E_{入}=E_K(650,20)$。

设被测实际值为 T，由外接线路可知，$E_{入}=E_K(T,40)+E_E(40,20)$，于是

$$E_K(T,40)+E_E(40,20)=E_K(650,20)$$

即 $E_K(T,0)=E_K(40,0)-E_E(40,20)+E_K(650,20)=1.611-1.227+26.224=26.608\ \text{mV}$

查 K 热电偶的分度表可得，$T=640.2$℃。

6. 某压力容器压力波动不大，压力控制指标为 6 MPa，要求测量误差不大于 0.18 MPa，试选用一台合适的单圈弹簧管压力表。

解：(1) 选用压力表应先确定仪表类型，题中已经给定。

(2) 再确定仪表的量程范围。

因为压力波动不大，最大工作压力不超过满量程的$\frac{2}{3}$，即 $6<\left(\frac{2}{3}\right)N$，故 $N>6\times\left(\frac{3}{2}\right)=9$ MPa，选用量程范围为 0—10 MPa 的压力表。

(3) 最后确定仪表的精度等级。

工艺允许的相对误差最大值为

$$\delta_{允}=\pm\frac{0.18}{10-0}\times100\%=\pm1.8\%$$

所以仪表的精度等级应选 1.5 级。

7. LZB-50 型转子流量计，转子材料为不锈钢，密度为 7 920 kg/m^3，测量范围对于密度为 1 000 kg/m^3 的水来说是 16 000—160 000 m^3/h，试求对于密度为 640 kg/m^3 的液体，其测量范围是多少？

解：设转子、水、被测液体的密度分别为 ρ_f、ρ_0、ρ，由液体流量的修正公式可知密度修正系数

$$K=\sqrt{\frac{(\rho_f-\rho)\rho_0}{(\rho_f-\rho_0)\rho}}=\sqrt{\frac{7\,920-640}{(7\,920-1\,000)\times640}}=1.28$$

$$Q_{测\min}=KQ_{0\min}=1.28\times16\,000=20\,480\ m^3/h$$

$$Q_{测\max}=KQ_{0\max}=1.28\times160\,000=204\,800\ m^3/h$$

因此，对于密度为 640 kg/m^3 的液体，其测量范围是 20 480—204 800 m^3/h。

8. 用单法兰液位计测量开口容器内液位，如习题图2-3所示，其最低液位和最高液位到仪表的距离分别为 $h_1=1$ m，$h_2=3$ m，若被测介质的密度 $\rho=980$ kg/m^3，求：

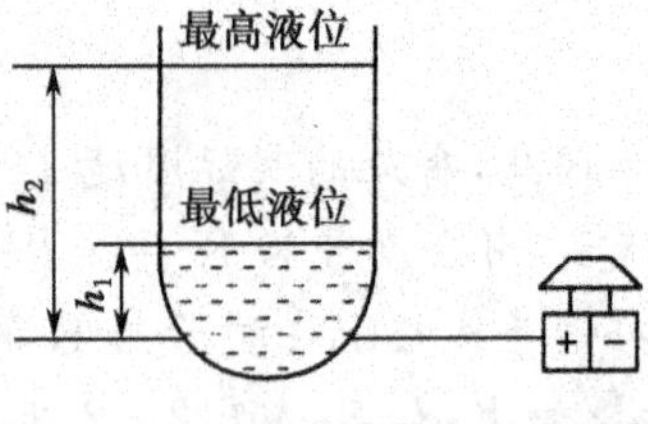

习题图 2-3　用单法兰液位计测量液位

(1) 变送器的量程为多少？

(2) 是否需要迁移？迁移量为多少？

解：(1) $\Delta p=(h_2-h_1)\rho g=(3-1)\times980\times9.807=19\,221.7$ Pa

(2) 当液位最低时，液位计正、负压室的受力分别为

$p_+=h_1\rho g+p_0=1\times980\times9.807=9\,610.7$ Pa

$p_-=p_0$

$\Delta p=p_+-p_-=9\,610.7\ \text{Pa}>0$

所以，该压力变送器需要正迁移，迁移量为 9 610.7 Pa。

9. 如习题图 2-4 所示为电子电位差计的原理图，当稳压源无输出时，仪表会出现什么现象？

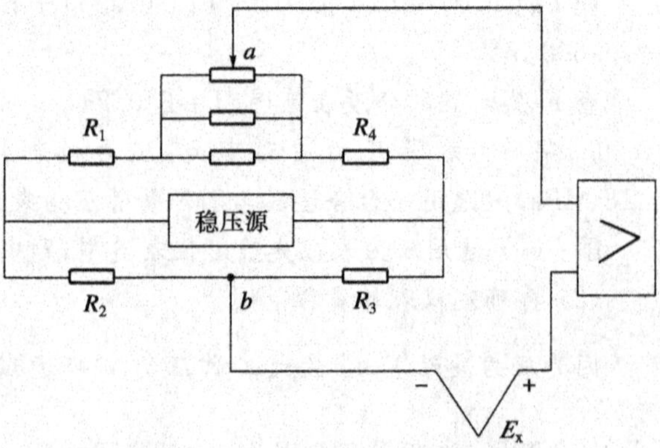

习题图 2-4　电子电位差计原理图

解：由电子电位差计的测量原理可知，电路平衡时，$U_{ab}=E_x$。稳压源无输出时，U_{ab} 为零，任何电势信号输入时电桥均无电位差与之平衡。因此，放大器始终有输入，可逆电机将带动滑动触点向仪表刻度终点移动。

10. 用电子电位差计配热电偶测

温，若热电偶热端温度升高 2℃，室温下降 2℃，仪表的指示值如何变化？

解： 电子电位差计本身带有冷端温度补偿装置，其指示值只是随热电偶热端温度而变化，对室温的变化可以自动补偿，因此仪表的指示值约升高 2℃。

11. 简述电子自动平衡电桥的工作原理。

解： 当被测温度增加时，R_t阻值也增加，电桥失去平衡而产生不平衡电压，这一不平衡电压由电桥的对角线引至放大器放大，然后去推动可逆电机，再由电机带动滑线电阻的滑动触点移动，从而改变电桥的上支路两个桥臂值的比例，使电桥重新达到平衡状态。可逆电机同时带动指针指示出温度变化的数值。当被测温度为仪表刻度的始端时，热电阻的阻值最小，滑动触点移向滑线电阻 R_P的左端。当被测温度升高为仪表刻度的最大值时，热电阻的阻值最大，滑动触点移向滑线电阻 R_P的右端。

12. 比例度、积分时间、微分时间这三者的大小对系统过渡过程分别有哪些影响？

解： (1) 比例度对系统过渡过程的影响：比例度是反映比例控制作用强弱的一个参数，比例度越大(即放大倍数 K_P越小)，表示比例控制作用越弱，则过渡过程曲线越平稳，但余差也越大。反之，比例度越小(即放大倍数 K_P越大)，表示比例控制作用越强，过渡过程曲线也就越振荡，这样使得系统的稳定性变差，但可适当地减小余差。如果比例度过小，就可能出现发散振荡。

(2) 积分时间对系统过渡过程的影响：积分时间是用来表示积分控制作用强弱的一个参数，积分时间越大，积分速度越小，积分作用不明显，余差消除得慢。积分时间越小，也就表示着积分速度越大，这样积分作用就明显，易于消除余差，但是系统振荡加剧，使得系统的稳定性下降，动态性能也变差。

(3) 微分时间对系统过渡过程的影响：微分时间是用来表示微分控制作用强弱的一个参数。当一个系统中存在偏差，并且是变化的，那么微分作用马上进行调节，如果偏差是固定的，即使数值很大，微分作用也没有输出，所以微分作用不能单独使用。如果增加微分时间，能克服对象的滞后，改善系统的控制质量，从而提高系统的稳定性。但是，微分时间太大，会引起系统的过渡过程的强烈振荡，反而使调节质量变差。

13. DTL-121 型电动调节器处于反作用状态，当 $\delta=80\%$，$T_i=2$ min，$T_d=0$ 时，在 $t=t_0$时刻加入一幅值为 1 mA 的阶跃信号，如习题图 2-5(a)所示，若调节器的起始工作点为 6 mA，试画出调节器的输出波形图。

解： 由题可知，调节器具有 PI 作用，

$t=t_0$时调节器的输出为

$$p=-(1/\delta)\Delta e+p_0=-(1/0.8)\times1+6=4.75\ \text{mA}$$

$t=t_0+T_i=t_0+2$ 时刻的输出为

$$p=-2(1/\delta)\Delta e+p_0=-2\times(1/0.8)\times1+6=3.5\ \text{mA}$$

波形图如习题图 2-5(b)所示。

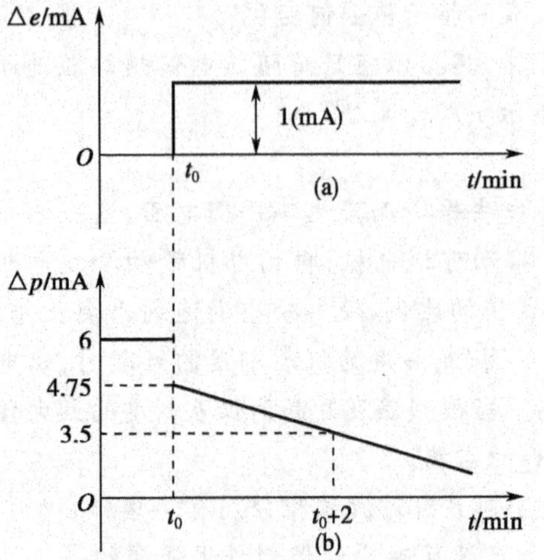

习题图 2-5 调节器输入输出波形图

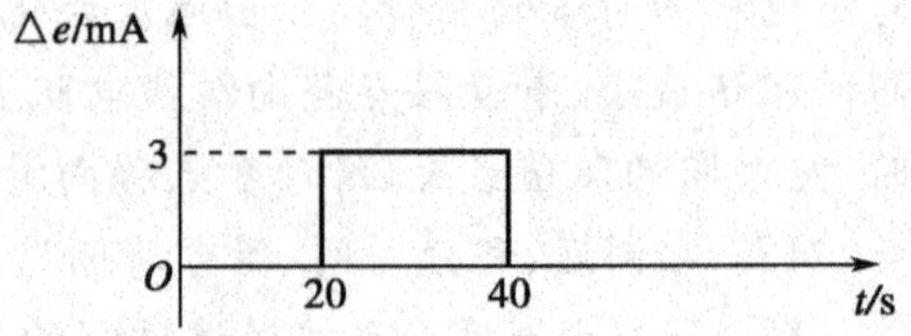

习题图 2-6 输入波形图

14. DTL-121 型电动调节器处于正作用状态，$\delta=100\%$，$T_i=30$ s，$T_d=0$，若调节器的起始工作点为 6 mA，试画出调节器在如习题图 2-6 输入下的输出波形图。

解：该输入可看成如下两个输入的叠加，在第一个输入下调节器的输出表达式为

$$\Delta p_1=\begin{cases}0 & t<20\text{ s}\\ \dfrac{1}{\delta}\left(\Delta e+\dfrac{1}{T_i}\int_{20}^{t}\Delta e\mathrm{d}t\right)=3+\dfrac{1}{10}t-2=1+\dfrac{1}{10}t & t\geqslant 20\text{ s}\end{cases}$$

在第二个输入下的表达式为

$$\Delta p_2=\begin{cases}0 & t<40\text{ s}\\ \dfrac{1}{\delta}\left(\Delta e+\dfrac{1}{T_i}\int_{40}^{t}\Delta e\mathrm{d}t\right)=-3-\dfrac{1}{10}t+4=1-\dfrac{1}{10}t & t\geqslant 40\text{ s}\end{cases}$$

故在题中的给定输入下输出表达式为

$$\Delta p=\Delta p_1+\Delta p_2=\begin{cases}0 & t<20\text{ s}\\ 1+\dfrac{1}{10}t & 20\text{ s}\leqslant t<40\text{ s}\\ 1+\dfrac{1}{10}t+1-\dfrac{1}{10}t=2 & t\geqslant 40\text{ s}\end{cases}$$

$$\Delta p=\Delta p_1+\Delta p_2=\begin{cases}6 & t<20\text{ s}\\ 7+\dfrac{1}{10}t & 20\text{ s}\leqslant t<40\text{ s}\\ 8 & t\geqslant 40\text{ s}\end{cases}$$

故输出波形图如习题图 2-7 所示。

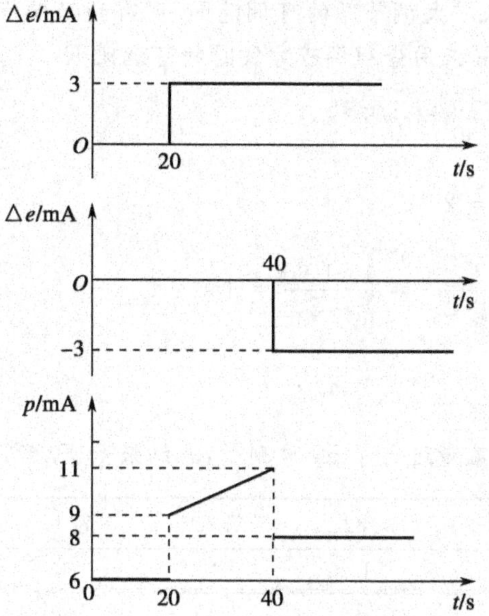

习题图 2-7　输出波形图

15. 一台 DDZ-Ⅲ型电动调节器，微分增益 $K_d=10$，假定初始输出值为 4 mA，比例度 $\delta=50\%$，$T_i=0.2$ min，$T_d=2$ min。在 $t=0$ 时加 0.5 mA 的阶跃信号，试依次画出 P、PI、PD 作用下的响应曲线。

解：(1) 只有比例作用时输出为

$$P_P=\Delta P_P+P_0=\frac{1}{\delta}e+4=\frac{1}{0.5}\times0.5+4=5\ \text{mA}$$

(2) $t=0$ 时的输出为最大微分输出：

$$P_{max}=K_d\times\Delta P_P+P_0=10\times1+4=14\ \text{mA}$$

(3) $t=12$ s 时，恰好 $t=T_i=T_d/K_d$，故这时的比例积分输出为

$$P_{PI}=2\Delta P_P+P_0=2+4=6\ \text{mA}$$

比例微分输出为

$$P_{max}-(P_{max}-P_P)\times63.2\%=8.3\ \text{mA}$$

(4) 根据上面的数据画出如习题图 2-8 所示的响应曲线：

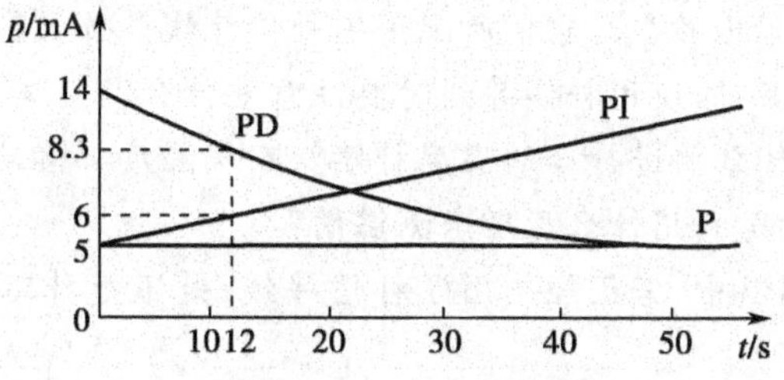

习题图 2-8　响应曲线

16. 分程调节可用来扩大调节阀的可调范围，现有两只调节阀，已知 $C_{1max}=15$，$C_{2max}=60$，$R_1=R_2=30$，试计算采用分程调节方案时的可调比 R。

解： $C_{1min}=\frac{C_{1max}}{R_1}=\frac{15}{30}=0.5$

$C_{2min}=\frac{C_{2max}}{R_2}=\frac{60}{30}=2$

$R=\frac{C_{max}}{C_{min}}=\frac{C_{1max}+C_{2max}}{C_{1min}}=\frac{15+60}{0.5}=150$

（二）习题部分

1. 某次测量中共对某量进行了 50 次测量，其结果如下表所示：

观测值	7.31	7.32	7.33	7.34	7.35	7.36
次　数	0	1	3	6	9	11
观测值	7.37	7.38	7.39	7.40	7.41	7.42
次　数	10	6	2	1	1	0

(1) 求观测值的算术平均值；

(2) 求观测值的均方根误差；

(3) 估计在测量过程中可能出现的最大误差为多少？

2. 有两台测温仪表，其测量标尺的范围分别为 0—500℃和 0—800℃，已知其绝对误差最大值 $\Delta T_{max}=5$℃，试问哪一台仪表测温准确？为什么？

3. 某压力表的测量范围为 0—1 MPa，精度等级为 1.0 级，试问此压力表允许的最大绝对误差是多少？若用标准压力计来校验该压力表，在校验点为 0.5 MPa 时，标准压力计上的读数为 0.508 MPa，试问被校压力表在这一点是否符合 1.0 级精度？

4. 用测温仪表来测量某反应器的温度，如果工艺上允许的最大测量误差为 6℃。现用一只测量范围为 0—1 000℃，精度为 0.5 级的测温仪表来进行测量，问能否符合工艺上的误差要求？

5. 如果某反应器工作压力为 0.6—0.8 MPa，允许最大绝对误差为 0.01 MPa。现用一只测量范围为 0—1.6 MPa，精度为 1.0 级的压力表来进行测量，问能否符合工艺上的要求？若采用一台测量范围为 0—1.0 MPa，精度为 1.0 级的压力表，能否符合要求？为什么？

6. 热电偶的热电特性与哪些因素有关？

7. 常用的热电偶有几种？与它们所配用的补偿导线是什么？

8. 在用热电偶测温时，使用补偿导线时要注意些什么？

9. 热电偶测温为什么要进行冷端温度补偿？冷端温度补偿的方法有几种？

10. 热电偶温度计是利用什么原理来测温的？

11. 在热电偶的测温中，若已经使用了补偿导线，是不是就不需要冷端温度补偿了？请说明理由。

12. 如果用 K 热电偶测量温度，其仪表指示值为 600℃，而冷端温度为 36℃，则实际温度为 636℃，对不对？为什么？正确值应为多少？

13. 补偿电桥是怎么实现热电偶的冷端温度补偿的？试简述其补偿原理。

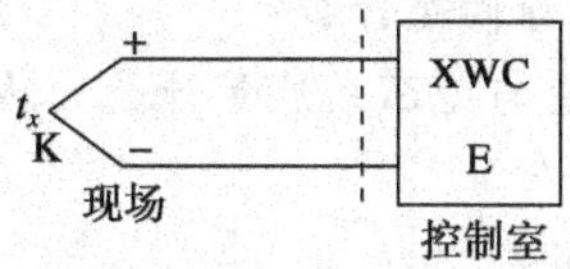

习题图 2-9　测温系统

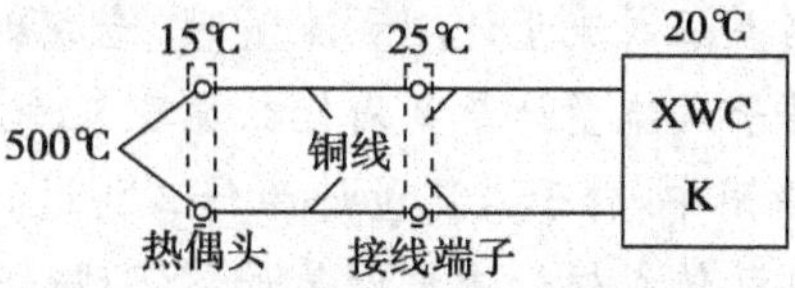

习题图 2-10　热电偶测温

14. 现用 K 热电偶测温，但错用了与 E 热电偶配套的电子电位差计（本身带冷端温度补偿）指示，其测温系统如习题图 2-9 所示。已知室温为 30℃，当仪表指示为 200℃时，问实际温度为多少？

15. 某厂用 K 热电偶测温，未用补偿导线而用普通电线，显示仪表为 K 型的电子电位差计，接线如习题图 2-10 所示，问电子电位差计应指示多少度？

16. 某测温系统如习题图 2-11 所示，问此时电子电位差计读数为多少？

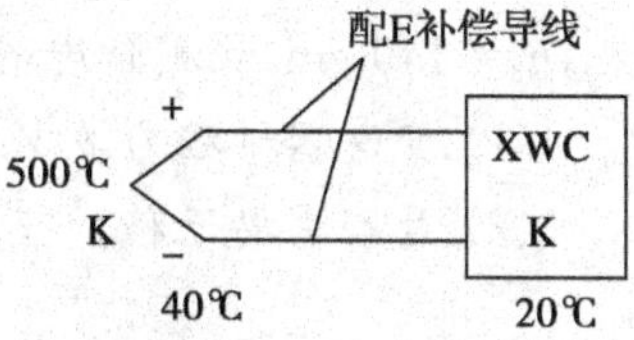

习题图 2-11　测温系统

17. 热电阻温度计是利用什么原理来测温的？常见的热电阻有哪些？

18. 热电阻测温时，为什么一定要用三线制？如果不用三线制，对测温有什么影响？

19. 在用热电阻测温时，由于没有采用三线制，当连接热电阻的导线电阻因环境温度升高而增大时，其指示值将怎样变化？

20. DDZ-Ⅱ型和 DDZ-Ⅲ型电动温度变送器的输出信号范围分别是多少？与 DDZ-Ⅱ型相比，DDZ-Ⅲ型电动温度变送器有什么优点？

21. 热电偶温度变送器和热电阻温度变送器的输入信号各是什么？输出信号又是什么？

22. 什么是绝对压力、表压和真空度？它们之间的关系又是怎样？

23. 简述普通弹簧管压力表的工作原理。

24. 现有一只测量范围为 0—1.6 MPa，精度为 1.5 级的普通弹簧管压力表，校验后，其结果为：

	上行程					下行程				
被校表读数(MPa)	0.0	0.4	0.8	1.2	1.6	1.6	1.2	0.8	0.4	0.0
标准表读数(MPa)	0.000	0.385	0.790	1.210	1.595	1.595	1.215	0.810	0.405	0.000

试问这只表合格否？它能否用于某空气罐的压力测量（该空气罐工作压力为 0.8—1.0 MPa，测量的绝对误差不允许大于 0.05 MPa）？

25. 选用和安装压力表应注意哪些事项？

26. 电动压力变送器是怎样实现负反馈的？

27. 什么叫节流现象？标准的节流装置有几种？

28. 差压式流量计是由哪些部分构成的？它利用什么原理来测量流量？

29. 某孔板在制造时其孔径比计算值小了些，问其流量指示会比计算流量（刻度流量)偏高还是偏低？为什么？

30. 差压式流量计在安装使用时应注意哪些？

31. 用差压式流量计测量流量时，造成测量误差的原因是什么？

32. 转子式流量计是利用什么原理来测流量的？它与差压式流量计最大的区别是什么？实际使用中，转子式流量计为什么要进行示值修正？

33. 电远传式转子流量计是如何实现信号的远传的？

34. 试比较涡轮流量计、电磁流量计、漩涡流量计各自的特点和适用场合。

35. 如何正确安装电磁流量计？

36. 椭圆齿轮流量计是利用什么原理测流量的？

37. 什么叫正迁移和负迁移？它们之间有什么不同？

38. 零点迁移的实质是什么？

39. 如习题图 2-12 所示用差压变送器测闭口容器液位，已知 $h_1=100$ cm，$h_2=200$ cm，$h_3=140$ cm，被测介质密度 $\rho=0.85$ g/cm^3，负压管内隔离液为水，求：

(1) 变送器量程为多少？

(2) 是否需要迁移？若需要，迁移量为多少？若不需要，请说明理由。

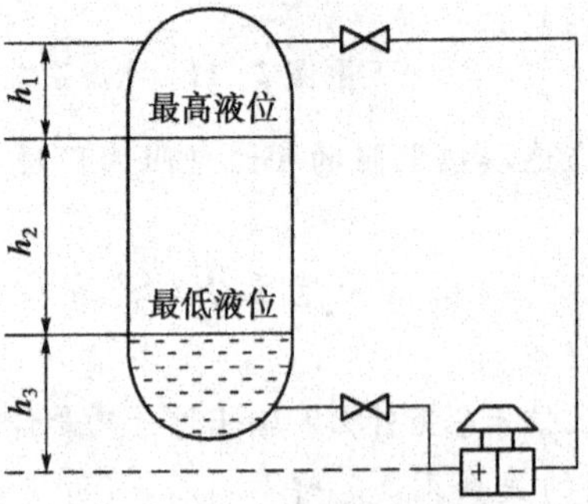

习题图 2-12　用差压变送器测液位

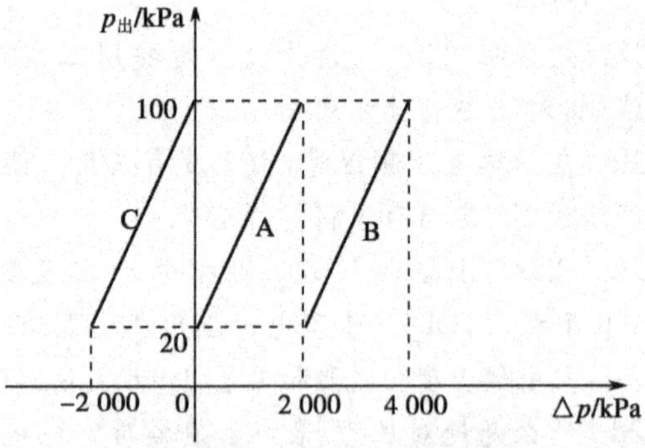

习题图 2-13　迁移量计算

40. 根据习题图 2-13 所示的曲线特性，说明各曲线所表示的迁移情况，并求出曲线表示的迁移量。

41. 按工作原理分物位测量仪表有几类？它们的工作原理又是怎样的？

42. 试简述电容式物位计的测量原理。

43. 试简述液罐称重仪的测量原理。

44. 试说明电子电位差计桥路中 R_2、R_3、R_4、R_M、R_G 的作用。

45. 电子电位差计是如何实现对热电偶冷端温度的自动补偿？

46. 如果电子电位差计的电源电压增加，则仪表的上、下限及量程如何变化？当用它来测温时指示值比实际值高还是低？

47. 电子电位差计的量程有哪些电阻决定？

48. 电子电位差计配用不同的热电偶，冷端温度补偿电阻值是否相同？为什么？

49. 用电子电位差计配热电偶测温，室温为 25℃，对于始点为 0℃的电子电位差计，当输入端短路时仪表指示何处？为什么？若要使仪表指示 0℃，该怎么办？

50. 试比较习题图 2-14 中 A 表与 B 表的读数，哪个读数更大？为什么？

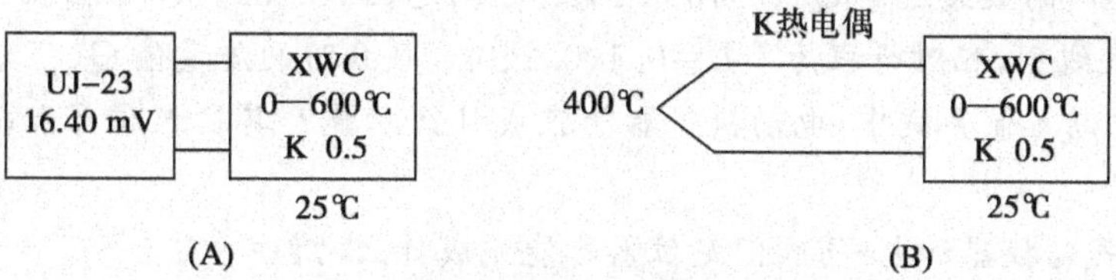

习题图 2-14　比较读数

51. 总结一下电子电位差计和电子自动平衡电桥的异同点。

52. 试分别写出 P 调节特性、PI 调节特性、理想 PD 调节特性和理想 PID 调节特性的表达式，并说明它们适用于什么场合。

53. 为什么说比例调节规律是最基本的调节规律？

54. 什么是比例调节的余差？为什么比例调节会产生余差？

55. 什么是 PID 调节器的比例度？在单元组合仪表中，比例度与比例增益是怎样的关系？

56. 调节器在控制系统中起什么作用？

57. DTL-121 型调节器有哪几部分组成？各部分的作用是什么？

58. 什么是调节器的无平衡、无扰动切换？在 DDZ—Ⅲ型电动调节器中哪些切换是无平衡、无扰动切换？

59. DDZ-Ⅲ型调节器的软手动和硬手动有什么区别？它们分别在什么情况下使用？

60. 一台反作用 PI 调节器，初始输出值为 8 mA，$\delta=50\%$，$T_i=2$ min，在 $t=1$ 分时加入如习题图 2-15 所示的阶跃信号，试画出调节器的输出波形图。

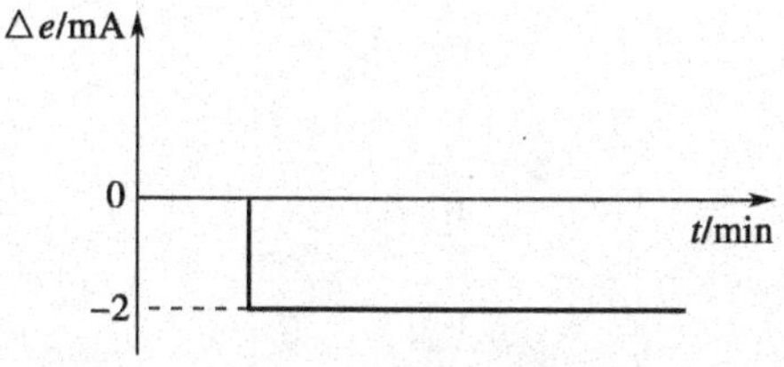

习题图 2-15　阶跃信号

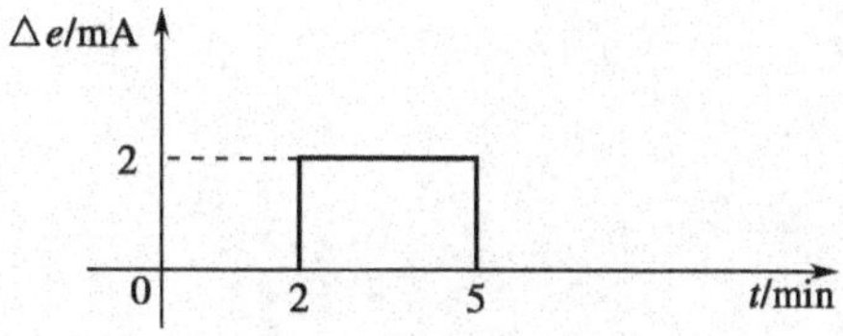

习题图 2-16　输入信号

61. 一台理想正作用 PI 调节器，$\delta=50\%$，$T_i=2$ min，若调节器的起始工作点为 0 mA，试画出调节器在如习题图 2-16 输入下的输出波形图。

62. 一个比例式的Ⅱ型温度调节器，测量的全量程为 0—1 000℃，当指示值变化 100℃，调节器的比例度为 50%时，求相应的调节器输出将变化多少？当指示值变化多少度时，调节器输出变化达到全范围？

63. 具有比例积分作用的Ⅱ型调节器，其比例度为 60%，积分时间为 2 min。稳态时，输出为 5 mA。某一时刻输入偏差增加了 0.5 mA，问其比例输出是多少？经过 4 min 后，调节器输出将是多少？（假定调节器处于正作用）

64. 什么叫气开阀？什么叫气关阀？根据什么原则选择调节阀的气开气关形式？

65. 什么叫调节阀的流量特性？什么叫理想流量特性？什么叫实际流量特性？常见

的理想流量特性有哪些？

66. 已知阀的最大流量 $Q_{max}=100\ m^3/h$，可调范围 $R=30$。计算在理想情况下阀的流量特性为直线型，相对行程为 $l/L=0.1$、0.2、0.8、0.9 时的流量值 Q。

67. 在自动控制系统中，电动执行器能完成什么功能？其输入信号和输出信号分别是什么？

68. 电-气转换器和电-气阀门定位器各能完成什么功能？

69. 变频器的功能是什么？

第三篇　计算机控制

计算机控制系统的发展与计算机技术的发展紧密相连。在计算机发展初期，其可靠性较差，体积庞大，价格昂贵，仅能用于科学计算与数据处理。后来由于大规模集成电路技术的突破，计算机发展迅速，大致每十年更新换代一次。今天的计算机可靠性高、体积小、价格低廉，计算机控制日益普及，仪表与计算机的界线越来越模糊，一方面，仪表智能化，仪表中普遍采用 CPU 为核心器件；另一方面，计算机仪表化，计算机已经应用到控制系统的几乎每一个角落，计算机应用于生产过程的实时控制与分布式控制成为可能。

20 世纪 60 年代的计算机控制系统能实现高级控制，可以进行信息通信，实现集中控制、显示和操作，控制精度高，从而使生产过程综合控制水平得到提高。但是，在大型化工厂或装置中，一台计算机往往要集中控制几十甚至上百个回路，显然，事故发生的危险性也高度集中，一旦计算机控制系统出现故障，控制、监视和操作都无法进行，给生产带来很大影响，甚至造成全局性的重大事故。为了提高计算机控制系统的可靠性，有必要采用双机运行或用模拟仪表作后援，这样增大了维修工作量，增加了成本，但是仍没有很好解决危险分散和可靠性问题。因此，计算机控制系统的实际运用很少。

20 世纪 60 年代末，开发研制了专门用于逻辑控制的可编程控制器(Programmable Logic Controller，即 PLC)。这是一种适用于工业现场环境下的计算机控制系统，对工业恶劣环境的适应性非常强，可靠性大大提高。它采用了便于编程的梯形图、布尔助记符等编程语言，工程技术人员很容易接受和理解。同时，它可以作为下位机完成分散的控制功能。目前，PLC 的功能已经越来越完善，应用也很普遍。

20 世纪 70 年代，为了提高控制系统的安全性和可靠性，研制出主要应用于过程工业的集散控制系统(Distributed Control System，即 DCS)。实现了控制分散，危险分散，操作、监测和管理集中，解决了常规模拟仪表系统控制功能单一和计算机控制系统危险集中的局限性，能够实现连续控制、间歇(批量)控制、顺序控制、数据采集处理、先进控制，将操作、管理与生产过程密切地结合起来。20 世纪 80 年代 DCS 逐步成熟，应用较多。

20 世纪末期，信息技术飞速发展，引起了自动化系统结构的变革，人们将专用微处理器置入传统的测量和控制仪表，使它们都具有数字计算和数字通信的能力。把多个测量控制仪表连接成网络系统，并按公开、规范的通信协议，在位于现场的多个微机化测量控制设备之间以及现场仪表与远程监控计算机之间实现数据传输与信息交换，形成各种适应实际需要的自动控制系统。这就是所谓的现场总线控制系统。现场总线控制系统的出现，导致自动控制系统体系结构和功能结构发生了重大变革，形成了真正的全数字化自动控制系统和管控一体化系统。

第 10 章　过程计算机控制系统

10.1　概述

随着半导体技术的发展，计算机运算速度的加快和可靠性的提高，1962 年开始采用直接数字控制（Direct Digital Control，即 DDC），即用一台计算机配以适当的输入输出设备，从生产过程中经输入通道获取信息，按照预先规定的控制算法计算出控制量，并通过输出通道，直接作用在执行机构上，实现对整个生产过程的闭环控制。

随着集成电路的发展，计算机的运算速度加快，体积变小，工作更可靠，价格更便宜。到了 20 世纪 60 年代末期，出现了专门用于工业生产过程控制的小型计算机，即工业控制计算机，它是指在工业现场中用于生产过程监测和控制的计算机。这些工业控制计算机弥补了商用计算机的缺点，广泛应用在化工、冶金、医药、纺织等领域，为生产过程的优化，节约能源，提高产品质量，提高劳动生产率等都发挥了很大的作用。

计算机的发展与控制理论相结合，使控制水平越来越高，一些新型的设备和生产方式，像工业机器人、柔性生产系统等正在推广应用，而计算机控制技术也正逐步成为改造与优化生产过程的主要手段。

10.2　过程计算机控制系统的特点

在计算机参与控制以前，人们所利用的常规模拟控制系统越来越表现出它的局限性。例如一个简单的加热炉炉温控制系统，模拟量控制过程是根据生产工艺要求的炉温给出一个炉温设定值，控制系统自动投入调节过程。但是，当生产工艺要求炉温不为一恒定值，而是按某种规律变化的值时，必须不时地调整设定值，如果控制精度要求很高，则大大地增加了人的劳动强度和控制难度。

模拟量控制系统的不足之处有：首先是难以实现复杂的调节和控制规律；其次是模拟量仪表盘的数目越来越多，不易实现集中监视和集中操作；第三是各分系统之间不便于实现通讯联系，因而不易实现分级控制和综合自动化；第四是控制方案的更改比较困难等。

相反的，计算机控制系统较之模拟量控制系统具有下列优点：

(1) 实现最优控制。计算机控制系统的灵魂是控制算法,它可以方便地通过编制相应的程序来实现,计算机控制不仅能实现模拟调节系统中经常采用的PID控制算法,而且还可方便地通过程序在线调整其中的系数。除此之外,在复杂的环境下,被控对象的数学模型不清楚或参数变化时,可以在各种先进控制算法中选择合适的方案进行控制,如自适应控制、神经网络控制、模糊控制等。这些都是模拟调节器无法胜任的。

(2) 实现集中监视和操作。一个模拟量调节器只能控制一个被控量,采用计算机控制时,由于它具有分时控制功能,可以控制几个或成十上百个控制量,把生产过程的各个被控对象都管理起来,组成一个统一的控制系统,便于集中操作管理。

(3) 控制灵活。计算机控制系统还可以通过人机对话方式,方便地修改控制参数。由于计算机具备记忆功能、逻辑功能和判断功能,如要实现设定值不断变化的功能,通过编程则很容易实现。对于有些生产过程,例如大滞后的对象、各参数之间相互关联的对象,采用模拟量控制系统往往达不到满意的控制效果,这时用计算机控制便能发挥它的独特优点。

(4) 控制精度高。计算机控制属于数字控制,不受温度和电源电压波动的影响,增加位数便能提高相应的精度。

10.3 过程计算机控制系统的组成

典型的过程计算机控制系统的形式如图10-1所示。

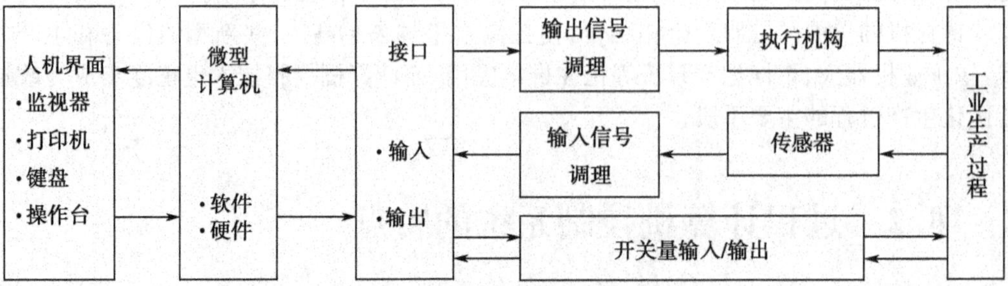

图10-1 过程计算机控制系统组成原理图

由图10-1可以看出,过程计算机控制系统由微型计算机(控制器)和工业生产过程(被控对象)组成。控制系统以微机为中心,有两个方向的信号传送:一个是输入信号,包括经过信号调理后的传感器的检测信号,开关量输入信号,键盘输入信号,操作台控制信号;另一个是输出信号,包括输出控制动作信号到执行机构,输出开关量信号,输出显示信息到监视器和打印机。输入信号经过滤波、整形、放大和隔离,被转换成计算机可以处理的数字量,计算机对这些数字量进行处理、运算,或对输入开关量信号进行比较,得到输出结果,用以控制执行机构或输出到各种显示设备、打印机、记录仪等外设上。

工业控制微型计算机由硬件部分和软件部分组成。

10.3.1 硬件部分

硬件部分由主机、外部设备、过程输入输出设备、人机联系设备和通信设备等几个主要部分组成。

1. 主机

由中央处理单元(CPU)和内存组成,是工业控制微型机的主要部分。主机根据输入设备送来的实时反映生产过程工作状况的各种信息,以及预定的控制算法,自动地进行信息处理和运算,及时地选用相应的控制策略,并立即通过输出设备向生产过程发出控制命令。

2. 外部设备

常用的外部设备可按功能分为三类:输入设备、输出设备和外存储器。

常用的输入设备是键盘终端,用来输入程序、数据和操作指令;常用的输出设备是打印机、绘图机、CRT 显示器等,它们以字符、曲线、表格和图形等形式来反映生产过程工况和控制信息;常用的外存储器是磁盘、磁带等,它们兼有输入和输出两种功能,用来存放程序和数据,作为内存储器的后备存储设备。

3. 过程输入输出设备

计算机与生产过程的信息传递是通过过程输入输出设备进行的,它在两者之间起到桥梁和纽带的作用。

过程输入设备包括模拟量输入通道(简称 A/D 通道)和开关量输入通道(简称 DI 通道),分别用来输入模拟量信号(如温度、压力、流量、液位和成分等)和开关量或数字量信号。

过程输出设备包括模拟量输出通道(简称 D/A 通道)和开关量输出通道(简称 DO 通道),D/A 通道把数字信号转换成模拟信号后再输出,DO 通道则直接输出开关量信号或数字量信号。

4. 人机联系设备

操作员与计算机之间的信息交换是通过人机联系设备进行的。例如,CRT 显示器和键盘,专用的操作显示面板或操作显示台等。其作用一是显示生产过程的状况,二是供生产操作人员操作,三是显示操作结果。人机联系设备也称人机接口。

过程控制计算机的操作员可分为两种,一种是系统操作员,另一种是生产操作员。系统操作员负责建立控制系统,如编制程序和系统组态等;生产操作员则负责保证生产过程正常运行,进行与此有关的操作。这两者可以共用一台操作设备,但是为了操作安全和操作方便,一般是分开的。

5. 通信设备

现代化工业生产过程的规模比较大,对生产过程的控制和管理也很复杂,往往需要几台或几十台计算机才能完成控制和管理任务。这样,在不同的地理位置、不同功能的计算机或设备之间就需要通过通信设备进行信息交换。为此,需要把多台计算机或设备连接起来,构成计算机通信网络。

10.3.2 软件部分

软件是指计算机程序系统,是计算机控制系统的神经中枢,整个控制系统的动作都是在软件的指挥下进行的。软件优劣不仅关系到硬件功能的发挥,而且也关系到计算机控制系统的控制品质和管理水平。软件通常分为系统软件和应用软件两大类。

1. 系统软件

系统软件一般包括汇编语言、高级算法语言、过程控制语言、数据结构、操作系统、数据库系统、通信网络软件和诊断程序等。计算机设计人员负责研制系统软件,而过程控制系统设计人员则要了解系统软件并学会使用,从而更好地编制应用软件。

2. 应用软件

应用软件是系统设计人员针对某个生产过程而编制的控制和管理程序,它的优劣直接影响控制品质和管理水平。应用软件一般包括过程输入程序、过程控制程序、过程输出程序、人机接口程序、打印显示程序和各种公共子程序等。其中,过程控制程序是应用软件的核心,是各种控制算法的具体实现;过程输入、输出程序分别用于过程输入、输出通道,一方面为过程控制程序提供运算数据,另一方面执行控制命令。

10.4 过程计算机控制系统的基本类型

计算机参与生产过程控制有各种不同的控制方案,分类方法有很多种,例如按控制方式、控制规律和控制关系进行分类,通常是按计算机参与控制的方式分类,这里分述如下。

10.4.1 计算机数据采集系统

数据采集是计算机应用于生产过程中最早的一种类型。这种系统的工作情况大致是计算机周期性地通过传感器检测生产过程某些参量,经过采样器采样,再经过 A/D 转换后送入计算机,计算机进行必要的数据处理,比如数据滤波、量纲变换和超限比较等,定时显示和打印,也可以按操作人员的要求随时打印、选点显示等。当发生事故或超限时,则发出声、光报警讯号。帮助操作人员了解生产现场情况,也可以将过程参数输出给外存储器,系统地积累资料,以备今后进一步分析、计算使用。

10.4.2 操作指导控制系统

操作指导控制系统是在“数据采集”基础上发展起来的,它不仅提供现场情况和进行异常报警,而且还按照预先建立的数学模型和控制算法进行运算和处理,将得出的最优设定值打印和显示出来,操作人员根据计算机给出的操作指导,并且根据实际经验,经过分析判断,由人直接改变调节器的给定值或操作执行机构。当对生产过程的数学模型了解不够彻底时,采用这种控制能够得到满意结果,所以,操作指导系统具有灵活、安全和可靠等优点,但仍具有人工操作、控制速度受到限制、不能同时控制多个回路的缺点。

10.4.3 直接数字控制系统(DDC)

直接数字控制系统是在操作指导系统的基础上发展起来的,这类控制是计算机把运算结果直接输出去控制生产过程,简称 DDC 系统。这类系统属于闭环控制系统,计算机系统对生产过程各参量进行检测,根据规定的数学模型,如 PID 算法进行运算,然后发出控制信号,直接控制生产过程。它的主要功能不仅能完全取代模拟控制规律,如前馈控制、非线性控制等,也把显示、打印、报警和设定值的设定等功能都集中到操作控制台上,实现集中监督和控制,给操作人员带来了极大的方便。但 DDC 对计算机可靠性要求很高,否则会影响生产。

10.4.4 计算机监督控制系统(SCC)

监督控制系统(SCC)也称为计算机设定值控制系统。在这类系统中,计算机的输出用来直接改变模拟调节器或 DDC 的设定值。它有两种形式:SCC 加模拟调节器的系统和 SCC 加 DDC 的系统。前者中计算机对生产过程各参量进行检测,按工艺要求或数学模型算出各控制回路的设定值,然后直接送给各调节器进行生产过程控制。后者中 SCC 计算机的输出可直接改变 DDC 的设定值,两台计算机间的信息联系可通过数据传输直接实现,这种系统通常是一台 SCC 计算机可以控制数台 DDC 计算机,一旦 DDC 发生故障,可用 SCC 计算机替代 DDC 的功能,以确保生产的正常进行。

10.4.5 分级控制系统

由于生产过程既存在控制问题,也存在大量的管理问题,因此可以采用各类计算机组成分级控制系统。分级控制是大系统中的一种结构,控制与管理相结合可使自动化的程度进一步提高。分级控制系统通常由管理级(MIS)、监督级(SCC)和直接数字控制级(DDC)三级控制组成。MIS 级分车间级、厂级和公司级,它的任务是相应级的生产计划、生产调度和指挥 SCC 计算机工作等。SCC 级的功能是集中生产过程信息,对生产过程进行优化,实现自适应或最优控制等,它指挥 DDC,接受 MIS 级命令并向 MIS 级汇报。DDC 级处于最下级,用于直接控制生产过程。

10.4.6 集散控制系统(DCS)

集散控制系统也称分布式控制系统,其设计思想是“危险分散”,用来对生产过程进行集中监视、操作、管理和分散控制。集散控制系统将在后续章节中详细介绍,此处不详述。

10.4.7 可编程控制器(PLC)

早期的 PLC 用于非过程工业领域，随着过程自动化的普及和 PLC 功能的扩展，目前 PLC 在过程控制中的应用也不断增长。可编程控制器将在后续章节中详细介绍，此处不详述。

10.4.8 现场总线控制系统(FCS)

现场总线控制系统是真正的分散控制、集中管理系统，它是 DCS 的更新换代产品，是 21 世纪控制系统的主流与今后的发展方向，是一种开放的、彻底分散的、具有可互操作性的分布式控制系统。现场总线控制系统将在后续章节中详细介绍，此处不详述。

10.5 数字式 PID 控制系统整定

PID 控制算法是计算机控制中广泛应用的基本算法，而数字式 PID 控制是由连续系统 PID 控制发展起来的，具有原理简单、易于实现、鲁棒性强和适用面广等优点。在大多数工业生产控制中效果较为满意，因此长期以来被广泛应用。它不仅被工程技术人员所掌握，而且生产工艺操作人员也较易熟悉。不过用计算机实现 PID 控制，不仅仅是简单地把 PID 控制数字化，而是进一步与计算机的计算与逻辑控制功能结合起来，使之发展与改进，变得更加灵活多样，更能满足生产过程控制提出的各种要求。

10.5.1 数字 PID 控制算法

模拟 PID 控制器的理想算式为：

$$u(t)=K_P\left[e(t)+\frac{1}{T_I}\int_0^t e(t)\mathrm{d}t+T_D\frac{\mathrm{d}e(t)}{\mathrm{d}t}\right] \qquad (10-1)$$

式中，$u(t)$——控制量(控制器输出)；

$e(t)$——给定值的被控量与偏差，即：$e(t)=r(t)-y(t)$；

K_P——比例增益，K_P 与比例带成倒数关系，即 $K_P=1/\delta$；

T_I——积分时间；

T_D——微分时间。

针对式(10-1)，可直接以矩形面积 $\sum_{i=0}^{n} Te(i)$ 代替积分项，在时域将(10-1)式转变成便于计算机实现的差分方程，得

$$u(k)=K_P\left\{e(k)+\frac{T}{T_I}\sum_{j=0}^{k}e(j)+\frac{T_D}{T}[e(k)-e(k-1)]\right\}+u_0 \qquad (10-2)$$

式中，u_0——初始值；

T——采样周期；

$u(k)$——k 时刻数字 PID 控制器的输出。

式(10-2)中 $u(k)$ 对应于执行机构的位置，故称为位置式算法。在计算的过程中需要累加的输入误差 $\sum_{j=0}^{k} e(j)$，计算费时且占用的内存较多，而且计算机得任何故障都会使执行机构大幅度变化，这显然对于安全生产不利，因此必须改进以上算法。

由式(10-2)可写出前一时刻的输出量

$$u(k-1)=K_P\left\{e(k-1)+\frac{T}{T_I}\sum_{j=0}^{k-1}e(j)+\frac{T_D}{T}[e(k-1)-e(k-2)]\right\}+u_0 \tag{10-3}$$

将式(10-2)减去式(10-3)得到第 k 时刻的输出增量

$$\begin{aligned}\Delta u(k)&=K_P\left\{[e(k)-e(k-1)]+\frac{T}{T_I}e(k)+\frac{T_D}{T}[e(k)-2e(k-1)+e(k-2)]\right\}\\&=K_P[e(k)-e(k-1)]+K_Ie(k)+K_D[e(k)-2e(k-1)+e(k-2)]\end{aligned} \tag{10-4}$$

式中，$K_I=K_P\dfrac{T}{T_I}$——积分系数；

$K_D=K_P\dfrac{T_D}{T}$——微分系数。

实际输出量应为

$$u(k)=u(k-1)+\Delta u(k) \tag{10-5}$$

式(10-4)称为数字 PID 的增量式算法，虽与式(10-2)位置式算法相比只做一点改变，但带来了不少优点：① 计算机只输出增量，误动作时影响小，必要时可增设逻辑保护；② 手动/自动切换时冲击小；③ 算式不需要累加，只需记住四个历史数据，即 $e(k-2)$，$e(k-1)$，$e(k)$ 和 $u(k-1)$，占用内存少，计算方便。在实际系统中，如执行机构为步进电机，则可以自动完成式(10-4)的计算功能。

10.5.2　数字 PID 控制器参数整定

与模拟 PID 控制器参数整定相同，数字 PID 控制器参数整定就是选择式中 K_P、T_I 和 T_D 的值，使计算机控制系统输出响应 $y(k)$ 满足性能指标要求。

在整定数字 PID 控制算式各参数的同时，必须考虑采样周期 T 的影响。这是因为计算机控制系统的控制品质不仅取决于对象的动态特性和 PID 算式的参数，而且与采样周期 T 的大小有关。

1. 采样周期的选择

采样周期 T 是两次采样之间的时间间隔。香农采样定理指出：对一个具有有限频谱

$(-\omega_{max}<\omega<\omega_{max})$的连续信号进行采样，采样频率必须大于或等于信号所含最高频率的两倍$(\omega \geqslant 2\omega_{max})$，即$T<\frac{\pi}{\omega_{max}}$。采样定理从理论上给出了采样周期的上限。从控制性能考虑，采样周期T应尽可能地短，这样接近于连续控制，不仅控制效果好，而且可采用模拟PID控制参数的整定方法。但采样周期越短，对计算机的运算速度和存储容量要求越高。从执行机构的特性要求看，由于过程控制通常采用气动或电动调节阀，它们的响应速度较低。如果周期过短，执行机构来不及响应，仍达不到控制的目的，所以采样周期也不能过短。

采样周期的选取还应考虑被控对象的时间常数T_P和纯滞后时间τ。当$\tau=0$或$\tau<0.5T_P$时，可选T介于$0.1T_P$到$0.2T_P$之间，当$\tau>0.5T_P$时，可选T等于或接近τ。

还应注意，采样周期的选取应与PID参数的整定综合考虑。最后应通过现场试验确定最合适的采样时间。

2. 数字PID控制器参数的整定方法

在计算机控制系统中，数字PID控制器的参数常采用工程整定法，下面分别介绍其中的两种方法。

(1) 扩充临界比例度法　这是一种基于系统临界振荡参数的闭环整定法。这种方法实质上是模拟控制器中采用的临界比例度法的推广，用来整定数字PID算式中的T、K_P、T_I和T_D。具体步骤如下：

① 选择合适的采样周期，控制器作纯比例作用，使系统闭环工作；

② 逐渐增大比例增益K_P，直到控制系统达到稳定边界出现等幅振荡，此时的比例增益为临界比例增益K_K，振荡周期称为临界振荡周期T_K；

③ 选择控制度。控制度是以模拟控制器为基础，定量衡量计算机数字控制系统与模拟控制器对同一对象的控制效果。控制效果的评价函数常采用$\min\int_0^{\infty}e^2(t)\mathrm{d}t$（最小误差平方和），那么

$$控制度=\frac{\left[\min\int_0^{\infty}e^2(t)\mathrm{d}t\right]_{数字}}{\left[\min\int_0^{\infty}e^2(t)\mathrm{d}t\right]_{模拟}}$$

如前所述，采样周期T的长短会影响系统的控制品质。同样是最佳整定，计算机数字控制系统的控制品质要低于模拟系统的控制品质，即控制度总是大于1，且控制度越大，相应的数字控制系统品质越差。当控制度为1.05时，就是指数字控制与相应的模拟控制效果相当；若控制度为2.0，表明数字控制效果比模拟控制差一倍。从提高计算机控制系统品质出发，控制度可选得小些，但就系统的稳定性看，控制度宜选大些。

④ 根据选定的控制度，参照表10-1计算T、K_P、T_I和T_D的值。

⑤ 按求得的参数值，在计算机控制系统设置系数运行，并观察控制效果。如果控制系统稳定性差（表现为振荡现象），可适当加大控制度，重复步骤④，直到获得满意的控制效果。

表 10-1　扩充临界比例度法 PID 参数计算公式

控制度	调节规律	T/T_K	K_P/K_K	T_I/T_K	T_D/T_K
1.05	PI	0.03	0.55	0.88	—
	PID	0.14	0.63	0.49	0.14
1.20	PI	0.05	0.49	0.91	—
	PID	0.043	0.47	0.47	0.16
1.50	PI	0.14	0.42	0.99	—
	PID	0.09	0.34	0.43	0.20
2.00	PI	0.22	0.36	1.05	—
	PID	0.16	0.27	0.40	0.22
模拟控制器	PI	—	0.57	0.83	—
	PID	—	0.70	0.50	0.13

(2) 扩充响应曲线法　扩充响应曲线法是模拟控制器响应曲线法的扩广，是一种开环整定方法。预先测得广义对象的阶跃响应曲线，并以带纯滞后时间 τ 和时间常数 T_P 的一阶惯性环节近似，从曲线求得 τ 和 T_P，然后根据 τ、T_P 和 T_P/τ 的值，查表 10-2 便可求得数字 PID 控制算式中的 T、K_P、T_I 和 T_D。

表 10-2　扩充响应曲线法 PID 参数计算公式

控制度	调节规律	T/τ	$K_P/T_P/\tau$	T_I/τ	T_D/τ
1.05	PI	0.10	0.84	3.40	—
	PID	0.05	1.15	2.00	0.45
1.20	PI	0.20	0.73	3.60	—
	PID	0.16	1.00	1.90	0.55
1.50	PI	0.50	0.68	3.90	—
	PID	0.34	0.85	1.62	0.65
2.00	PI	0.80	0.36	4.20	—
	PID	0.60	0.57	1.50	0.82
模拟控制器	PI	—	0.60	3.30	—
	PID	—	0.90	2.00	0.40

10.6　计算机控制系统设计的一般步骤

计算机控制系统的软、硬件结构将根据不同的对象有所不同，但系统设计的步骤大体上相同，一般包括以下几方面。

10.6.1　确定控制任务

进行系统设计之前，首先要对控制对象进行深入调查、分析，熟悉工艺流程，了解具体的控制要求，确定系统所要完成的任务，包括系统要实现的功能、控制速度、控制精度、现场环境、完成设计的时间要求等。根据这些任务写好设计任务说明书，作为整个控制系统设计的依据。

10.6.2 系统的总体方案设计

根据系统设计任务书进行总体方案设计。

1. 选择系统的软、硬件组成方式

根据系统的价格和时间要求，选择适当的方式组成系统。在时间要求比较紧的情况下，尽量选购现成的软、硬件系统进行组合；而在经费紧张的情况下，可以考虑自己设计电路模块。值得注意的是，软、硬件工作比例的划分也将对系统的价格和实现时间产生重要的影响。

2. 选择微处理器

微处理器的可靠性决定系统的可靠性，如民用品和工业用品的微处理器对环境及电气性能要求的区别很大，选择微处理器首先考虑其可靠性。不同的微处理器，其字长、速度、中断能力等都有差异。在价格相差不大的情况下，应选择字长较长、速度较高、中断处理能力强的微处理器，以适应工业控制系统实时控制的需求。新型、高性能的微处理器层出不穷，应根据需求加以选择。

3. 确定存储器容量

根据系统功能的复杂程度和数据量的大小选择存储器的容量：程序越复杂，只读存储器容量越大；控制的过程中数据处理越多，读写存储器容量应越大。在存储器总容量受限制时，要综合考虑两种存储器容量的分配。

4. 选择外围接口电路

外围接口电路的性能直接影响系统的精度、速度和控制的可靠性，由此，要根据控制系统的精度、速度要求选择接口电路。如要求系统控制精度在1%以上，必须选择10位以上A/D、D/A通道。在选择外围接口电路时，还要根据现场环境条件，考虑电路设计的抗干扰措施，提高系统的可靠性能。

5. 选择传感器

传感器的选择一方面要满足系统的控制精度、控制速度等性能要求，另一方面要尽量降低成本。换句话说，选择传感器并不是越精越好，要综合价格和性能两方面因素。在有条件的情况下，尽可能地选样数字传感器，有利于系统控制精度和抗干扰性能的提高。

6. 选择软件开发环境

不同的软件开发环境，对系统设计的周期影响很大。如有的开发系统只具有汇编语言的编辑和编译功能，因此，使用者只能用汇编语言来完成程序的描述。如果程序功能和结构都很复杂，汇编语言程序编辑和调试都会占用很长时间，使设计周期增长。如果选择具有高级语言开发环境的开发系统，由于程序编写容易、易读、易修改，使程序开发工作进展快捷、工作周期缩短。

对于嵌入式计算机控制系统，在进行没有任何基础软件平台的软件设计时，可考虑采用已有的实时操作系统(Real Time Operation System，RTOS)内核(如适合 Intel51 内核的 RTOS Rtx51 Tiny)来进行应用软件设计，能降低软件的开发难度、缩短开发周期。在 PC 机上开发软件，也存在选择开发环境的问题，如选择组态软件是缩短应用软件开发周期的方法之一。

10.6.3 硬件设计及调试

当系统成本比较低或者控制功能比较特殊，而市场上买不到现成的电路模板或模块时，可以自己设计相应的电路模板。

用于电路设计的计算机辅助设计软件多种多样，目前比较流行的有 PROTEL 等。用计算机辅助绘图不但走线均匀，易于修改，而且具有可移植件，可以减少很多重复劳动，同时也可以使技术文档管理由图纸式向电子式转化，方便管理和保存。

硬件电路板设计好后，需经过加工制作及焊接元件之后，才可以进行硬件的静态和动态测试。在硬件测试环境下可以验证硬件电路设计的基本正确与否。应编制一些专门针对硬件电路进行操作的专用功能的正确的小程序段，对相应的硬件进行动态测试。在测试中，发现问题应及时解决、及时修正，直到将整个系统调试满意为止。

10.6.4 软件设计

软件设计要根据系统总的设计要求，确定软件所要完成的各种功能及完成这些功能的逻辑和时序关系，并用软件流程图表述出来。

按软件流程图中不同的功能，分别设计相应的软件功能模块，如模拟量输入模块、模拟量输出模块、数据处理模块、通讯模块和键盘处理模块等。每一种模块都可以单独进行调试，各种模块分别调试好后，再按流程图逻辑和时序关系将它们正确组合、连接、调试。

10.6.5 确定控制算法

计算机控制系统不同于一般的计算机信息管理系统，它要实现实时控制功能。因此，除了要了解系统的有关信息外，还要根据系统的指标要求依据输入条件对输出进行控制决策，按照一定的算法得到控制量并施加到被控对象上。

控制算法可分为有模型控制算法(如 PID 算法等)和无模型控制算法(如专家系统等)，应依据不同的控制对象和控制条件来选择不同的控制算法。

自适应控制、模糊控制、神经元网络、PID 控制等各种算法都有其优势和不足，在实际应用中应用最多的还是 PID 算法以及改进型 PID 算法等，究竟在控制系统中选用哪种控制算法要根据被控对象的情况而定。

在控制算法选定后，在有条件的情况下最好能进行必要的计算机仿真研究(如采用 MATLAB 进行)，以探索必要的控制参数值和检查系统的性能指标结果。

10.6.6 现场安装调试

首先要按工艺流程图将系统正确安装，然后对系统进行粗调和精确调试，根据实际对象确定各种控制参数，调整显示值或保存数据等。

硬件调试和软件调试都可以在实验室环境下用对现场情况进行模拟的方式进行，并进行必要的联合调试工作，半实物仿真是系统调试的重要基础，而最终的系统级调试要在现场完成。

10.6.7 建立完整的技术档案

在进行系统的设计、安装和调试的时候，要为相应的部分建立完整的技术档案并存档保管。这些技术档案包括各种软件清单、注释、硬件图纸、元件清单及系统安装工艺图及说明等。完整的技术档案是使系统具有可维护性、可升级性的前提及保证。

第 11 章　集散控制系统

11.1　概述

11.1.1　集散控制系统的发展

随着大规模集成电路的问世，微处理器的诞生，控制技术、显示技术、计算机技术、通信技术（即所谓 4C 技术）等的进一步发展，为了继承常规模拟仪表和计算机控制系统的优点，进一步提高控制系统的安全性和可靠性，降低成本，美国霍尼威尔公司（HONEYWELL INC.）于 1975 年首次向世界范围推出了以微处理器为基础的集散控制系统（Distributed Control System，简称 DCS）——TDC2000 系统。随后世界各大公司也相继推出了各自的集散控制系统，而且硬件和软件功能不断完善和强化。

集散控制系统推出以来，结构和性能日臻完善，其发展大体可分为三个阶段：

(1) 1975—1976 年，集散系统的诞生时期。

(2) 1977—1984 年，集散系统飞速发展时期。随着信息处理技术和计算机网络技术的发展，一方面更新集散系统的原有硬件和软件；另一方面积极开发高一层次的信息管理系统。

(3) 1985 年至今，综合信息管理系统的推出。在原有的过程控制层和过程控制管理层的基础上增加了第三层——综合信息管理层，更多地关心高层信息的格式、传输、处理、存贮、共享等问题。

由于具有结构开放、网络化、通信趋于标准化、高性能价格比、高可靠性、组态灵活、人机界面友好、操作简易方便等一系列优点，集散控制系统在世界范围内的炼油、石油、化工、电力、钢铁、纺织、食品加工等行业得到了广泛的采用。20 世纪 80 年代中后期，我国的各大炼油厂、石化企业、钢铁公司等也陆续引进了各种 DCS 系统，实现对生产过程的集中操作管理和分散控制，取得了良好的技术经济效益。其中应用最多的是日本横河公司的CENTUM 系统、美国 HONEYWELL 公司的 TDC－3000 系统及罗斯蒙特公司的 Delta V 系统。

集散控制系统还在进一步发展，特别是在系统小型化和微型化、现场变送器智能化、现场总线标准化、通信网络标准化、DCS 与 PLC 互相渗透、引入专家系统和人工智能等方面会进一步完善。

11.1.2　集散控制系统的特点

DCS之所以成为当前主流的过程工业自动化控制与管理设备，关键在于它有如下的特点。

1. 采用智能技术

集散控制系统采用了以微处理器为核心的“智能技术”，凝聚了计算机的先进技术，成为计算机应用较完善、丰富的领域。这是集散控制系统有别于其他系统装置的最大特点。

集散控制系统中的现场控制单元、过程输入输出接口、带 CRT 操作站以及数据通信接口等均采用 16 位或 32 位微处理器，有记忆、数据运算、逻辑判断功能，可以实现自适应、自诊断、自检测等“智能”功能。

2. 采用分级递阶结构

集散控制系统采用分级递阶结构，是从系统工程出发，考虑系统控制功能分散、危险分散、提高可靠性、强化系统应用灵活性、降低投资成本、便于维修和技术更新等而提出的。

分级递阶结构通常分为四级。第一级为过程控制级，根据上层决策直接控制过程或对象的状态；第二级为优化控制级，根据上层给定的目标函数或约束条件、系统辨识的数学模型得出优化控制策略，对过程控制进行设定点控制；第三级为自适应控制级，根据运行经验，补偿工况变化对控制规律的影响，维持系统在最佳状态运行；第四级为工厂管理级，其任务是决策、计划、管理、调度与协调，根据系统总任务或总目标，规定各级任务并决策协调各级任务。

3. 丰富的功能软件包

集散控制系统具有丰富的功能软件包，它能提供控制运算模块、控制程序软件包、过程监视软件包、显示程序包、信息检索和报表打印程序包等。

应用软件模块化后，用户只需根据系统设计的要求进行组态，就能达到程序设计的目的。集散控制系统组态有两种方法：功能模块法和用高级语言进行程序设计。控制功能模块的连接方式通常是菜单法或填表法；常用的高级语言有 C 语言、FORTRON、BASIC、梯形逻辑语言及专用控制语言。

4. 采用局部网络通信技术

集散控制系统的数据通信网络是典型的局域网。当今的集散控制系统都采用了工业局域网技术进行通信，传输实时控制信息，进行全系统综合管理，对分散的过程控制单元和人机接口单元进行控制、操作管理。信道传输速率可达 5—10 Mb/s，响应时间仅为数百微秒，误码率低于 10^{-8}—10^{-10}。大多数集散控制系统的通信网络采用光纤传输媒质，通信的安全性和可靠性大大提高，通信协议也向标准化方向前进。

采用先进局域网技术是集散控制系统优于模拟仪表控制系统和传统计算机控制系统的最大特点之一。

5. 强大的人机接口功能

随着微处理器的迅速发展，操作站中 CPU 广泛采用 32 位微处理器，处理速度大大加快；随着人机工程学的不断发展，易操作性大大提高；随着显示技术的不断发展，可以显示更丰富的画面。

目前，每个操作站可监视的工位号达 16 000 个，趋势点达 2 300 个，流程图画 300—400 个，每幅画面有 200 个数据，96 个图素，彩色 20 英寸 CRT 有 16 种颜色显示，带触摸式、跟踪球或鼠标器操作画面，带有窗口功能，分级报警功能，全画面可在 1 秒钟内调出显示，通常有总貌显示、报警汇总、操作编组、点调整、趋势编组、趋势记录点、操作指导信息、流程图等画面。用户根据需要，在流程图画面上还可以组态各种窗口，如报警、趋势、仪表图、过程变量、辅助变量等窗口。还有丰富的打印输出功能、电子音响报警功能、语音输出功能、系统维护功能等。

6. 采用高可靠性技术

通常，系统的可靠性用平均无故障时间间隔(MTBF)和平均故障修复时间(MTTR)来表征。目前集散控制系统的MTBF达100 000 h以上，MTTR一般只有5 min左右。

保证高可靠性，首先是硬件的工艺结构可靠。集散控制系统使用高度集成化的元器件，采用表面安装技术，大量使用CMOS器件减小功耗，并且在很高的水准上对每个元部件进行一系列可靠性的测试等。

保证高可靠性的另一个重要技术就是冗余技术。集散控制系统中各级人机接口、控制单元、过程接口、电源、控制用I/O插件均采用冗余化配置；信息处理器、通信接口、内部通信总线、系统通信网络均采取冗余化措施。

保证高可靠性还采用容错技术来保证软件的冗余。集散控制系统采用故障自检、自诊断技术，包括符号检测技术、动作间隔和响应时间的监视技术、微处理器及接口和通道的诊断技术、故障信息和故障判断技术等。

7. 信息化、集成化、全数字化

新一代DCS已经不仅仅是一个自动控制系统，而是一个相当好的管理控制一体化平台，可以很好地帮助企业提高综合管理水平。新一代DCS的集成化表现在集成了多种控制技术，而不仅仅是某一公司开发的技术与产品，以便有更好的适应能力。新一代DCS的全数字化表现在纳入了FCS。

11.2　集散控制系统的基本构成

虽然集散系统的品种繁多，但系统的基本结构还是雷同的，可以简化成图11－1的形式。

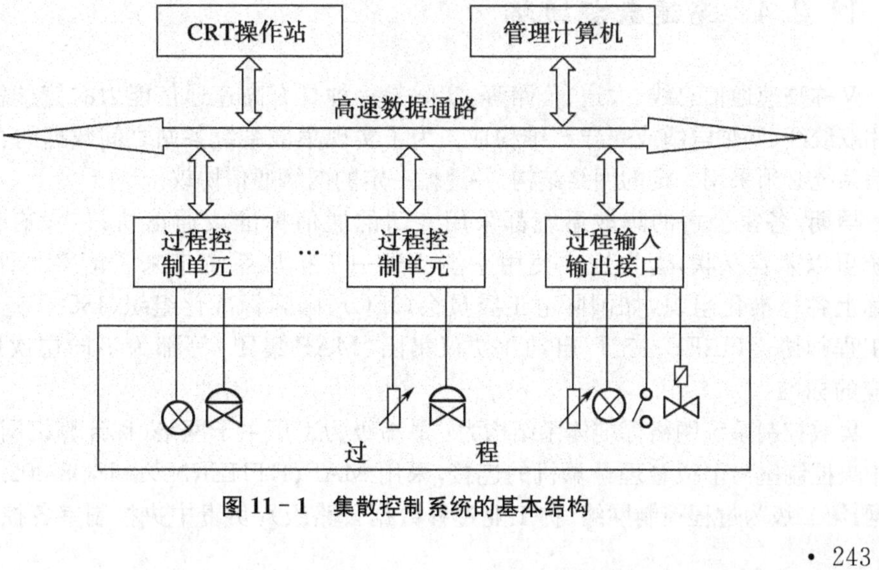

图11－1　集散控制系统的基本结构

由图 11-1 可见,集散控制系统一般由以下五大部分组成:

11.2.1 过程输入/输出接口

过程输入/输出接口又称数据采集站,是为过程非控变量专门设置的数据采集系统,它不但能完成数据采集和预处理,而且还可以对实时数据完成进一步加工处理,供 CRT 操作站显示和打印,实现开环监视。要求采集系统容量大,采样速率高,能适应于各种类型的过程变量和各种工艺条件。为了减轻通信系统的负担,一般采用"非正常情况报告"的传送方式,由过程接口单元自身对采集的数据进行预处理和存储。

11.2.2 过程控制单元

又称基本控制器或闭环控制站,是集散系统的核心部分,主要完成连续控制功能、顺序控制功能、算术运算功能、报警检查功能、过程 I/O 功能、数据处理功能和通信功能等。该单元在各种集散系统中差别较大:控制回路有 2—64 个。固有算法有 7—212 种,类型有 PID、非线性增益、位式控制、选择性控制、函数计算、多项式系数、Smith 预估。工作周期为 0.1—2 秒。

11.2.3 操作站

是集散系统的人机接口装置,一般配有高分辨率、大屏幕的彩色 CRT、操作者键盘、工程师键盘、打印机、硬拷贝机和大容量存储器。操作员可以在显示器上选择各种操作和监视用的画面、信息画面和用户画面等;控制工程师或系统工程师可利用工程师键盘实现控制系统组态、操作站系统的生成和系统的维护。

11.2.4 高速数据通路

又称高速通信总线、大道、公路等,实际是一种具有高速通信能力的信息总线,一般采用双绞线、同轴电缆或光导纤维构成。为了实现集散系统各站之间数据的合理传送,通信系统必须采用一定的网络结构,并遵循一定的网络通信协议。

早期,各家公司的集散系统都采用专门的通信标准或通信协议,没有任何两个系统可以兼容互联,这为用户使用系统或进一步扩展系统带来了诸多不便。为此,国际上各标准化组织,如国际电工委员会(IEC)、国际标准化组织(ISO)、美国电子电气工程师协会(IEEE)、工厂自动化协议集团(MAP 集团)等都为不同层次网络制定相应的标准。

集散控制系统网络标准体系结构为:最高级为工厂主干网络(称计算机网络级),负责中央控制室与上级管理计算机的连接,采用 MAP、ETHERNET、ISO8 802.4 宽带通信网;第二级为过程控制网络(称工业过程数据公路级),负责中央控制室各控制装置间的相互连接，能支持集中智能、分散智能、分级智能及其组合的控制系统；最低一级为现场总线级，负责安装在现场的智能检测器和智能执行器与中央控制室控制装置间的相互连接。

11.2.5 上位计算机

又称管理计算机，它功能强、速度快、存储容量大，可通过专门的通信接口与高速数据通路相连，采集各种数据信息，可以用各种高级语言编程，执行工厂的集中管理和实现最优控制、顺序控制、后台计算以及软件开发的特殊功能。

11.3 TDC 3000 系统概况

TDC 3000 系统是霍尼威尔公司在原有的 TDC 2000 系统的基础上推出的一套集散控制系统，该系统在世界范围内被广泛地应用，销售量居 DCS 制造厂之首。

TDC 3000 系统构成如图 11-2 所示。

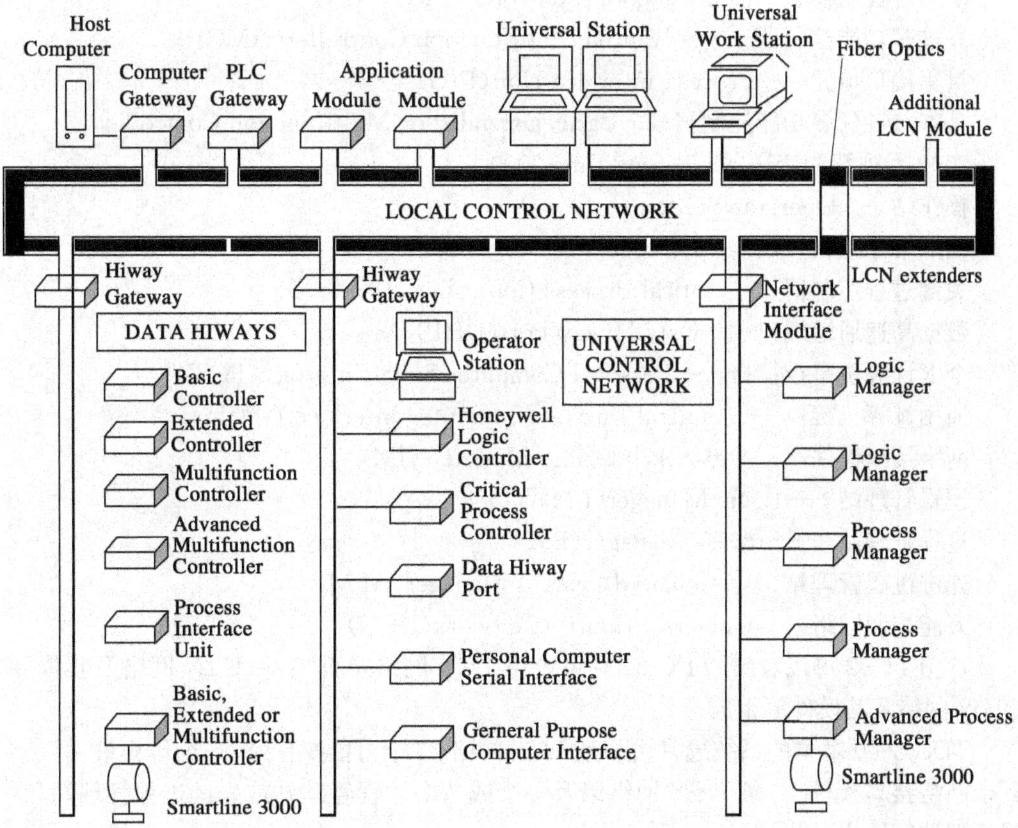

图 11-2 TDC 3000 系统构成图

图中：

上位计算机——Host Computer

计算机接口——Computer Gateway(CG)

PLC 接口——PLC Gateway(PLCG)

应用模件——Application Module(AM)

历史模件——History Module(HM)

万能操作站——Universal Station(US)

万能工作站——Universal Work Station(UWS)

局部控制网络——Local Control Nerwork(LCN)

光缆——Fiber Optics

LCN 扩展器——LCN Extenders(LCNE)

附加 LCN 模件——Additional LCN Module

数据高速通道——Data Hiways(DHW)

高速通道接口——Hiway Gateway(HG)

基本控制器——Basic Controller(CB)

扩展控制器——Extended Controller(EC)

多功能控制器——Multifunction Controller(MC)

先进多功能控制器——Advanced Multifunction Controller(AMC)

过程接口单元——Process Interface Unit(PIU)

基本、扩展、多功能控制器——Basic,Extended or Multifunction Controller

3000 系列智能变送器——Smartline 3000

操作站——Operator Station

霍尼韦尔逻辑控制器——Honeywell Logic Controller

关键过程控制器——Critical Process Controller

数据高速通道端口——Data Hiway Port(DHP)

个人计算机串行接口——Personal Computer Serial Interface(PCSI)

通用计算机接口——General Purpose Computer Interface(GPCI)

网络接口模件——Network Interface Module(NIM)

逻辑管理站——Logic Manager(LM)

过程管理站——Process Manager(PM)

先进过程管理站——Advanced Process Manager(APM)

万能控制网络——Universal Control Network(UCN)

从图 11－2 可以看出，TDC 3000 系统由 LCN 网络及其模件、UCN 网络及其模件、DHW 网络及其模件等组成。

TDC 3000 基本的系统通常由一条 LCN 网络、二个万能操作站、一个历史模件、一个冗余网络接口模件、一条 UCN 网络以及一个或数个过程管理站或先进过程管理站和逻辑管理站等组成，如图 11－3 所示。

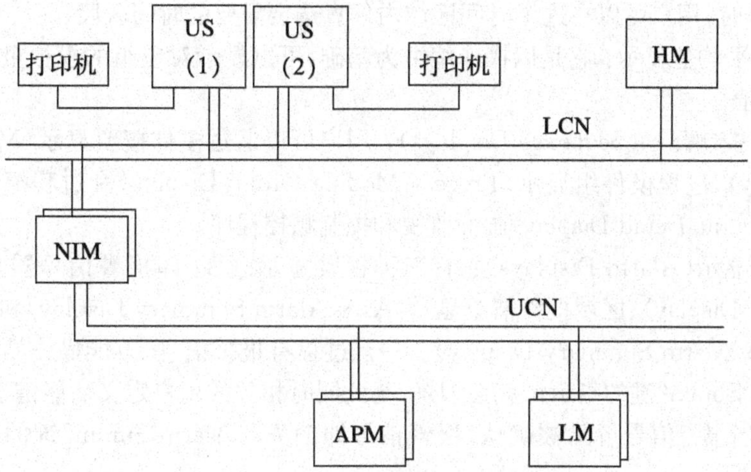

图 11－3　TDC－3000 基本系统的构成

由于 DHW 通信网络是 TDC 3000 基本系统(即 TDC 2000 系统)采用的，与 LCN、UCN 通信网络技术相比属于初级网络，且已逐渐被 UCN 通信网络取代，在此不作详细介绍。下面简要介绍 LCN、UCN 通信网络及其模件。

11.3.1　LCN 通信网络及其模件

LCN 通信网络及其模件由局部控制网络 LCN、万能操作站(US)、万能工作站(UWS)、历史模件(HM)、应用模件(AM)、网络接口模件(NIM)、高速通道接口(HG)、计算机接口(CG)、可编程逻辑控制器接口(PLCG)等组成。LCN 通信网络及其模件不与现场过程直接相接，主要提供与过程网络之间的连接、LCN 网络上模件之间的通信、系统的人机接口、先进控制策略和综合信息处理功能。

1. 局部控制网络(LCN 网络)

局部控制网络用以支持 LCN 网络上模件之间的通信，遵循 IEEE 802.4 通信标准，采用总线型通信网络，“令牌传送”协议。

2. 万能操作站(US)

万能操作站是 TDC 3000 系统的主要人机接口，是整个系统的一扇窗口，具有三方面的功能，即操作员属性的功能、工程师属性的功能和系统维护功能。

(1) 操作员属性的功能

当万能操作站内存装入操作员属性系统软件且键锁位置在操作员位置时，系统有如下功能。

① 过程操作显示

a. 操作显示(Operating Displays)：包括总貌显示、编组显示、详细显示和用户画面显示。任何一种显示画面都可以方便地对系统进行操作。

b. 趋势显示(Trend Displays)：它是以时间坐标图形方式显示过去的一段时间里部分参数的变化，区域和单元趋势最多可达 24 个数据点，组趋势有 4 到 8 个数据点，趋势时间最多 24 小时，用户可以在这个时间区域内任意选定需要的时间区段。

c. 小时平均值显示：它是以操作编组为基础，可以显示对应组的模拟量的过程变量的小时平均值。

d. 顺序控制显示（Sequence Displays）：用户可以通过模件概要显示（Module Summary Display）、过程模件组显示（Process Module Group Display）和过程模件详细显示（Process Module Detail Display）画面监视和控制顺控程序。

e. 报警显示（Alarm Displays）：有三种报警显示画面，即报警信号器显示（Alarm Annunciator Display）、区域报警清单显示（Area Alarm Summary Display）和单元报警清单显示（Unit Alarm Summary Display）。一旦过程有报警信息，万能操作站的操作员键盘上“Alarm Summ”键的指示灯就会闪烁，与此同时相关的用户定义功能键也闪烁，蜂鸣器会发声。当报警信号解除被确认，报警信号即消失，“Alarm Summ”键的指示灯停止闪烁。

f. 帮助画面显示（Help Displays）：该画面显示应用软件设计者提供给操作员的辅助性画面，它可以与标准画面及用户操作画面相连，为操作员提供帮助信息。

g. 操作信息画面显示（Operating Report）：该画面为操作者提供有关顺控程序的操作信息，包括信息状态字、发出信息的时间、信息所属的操作单元、相关的数据点位号及信息内容。

② 系统状态显示

a. 操作站总貌显示：该画面用来显示 LCN 网络上所有操作站的状态信息。

b. 操作站状态和分配显示：该画面显示当前操作站状态及分配情况、操作站外设状态。

c. 单元分配显示：该画面中，同一 LCN 网络上任一过程单元中的数据点在任一操作站上都能看到。

d. LCN 模件状态显示：该画面可以显示每个 LCN 模件的状态及地址信息。

e. UCN 状态及详细显示：该画面详细显示网络接口模件（NIM）、万能控制网络（UCN）及先进过程管理站（APM）、过程管理站（PM）、逻辑管理站（LM）的状态信息。

f. 高速数据通道状态显示：该画面可以显示高速通道接口、高速通道等的状态信息。

③ 系统功能显示

显示的内容归纳起来有以下四个方面：

a. 概要显示。

b. 报表功能显示。

c. 历史事件显示。

d. 总貌和操作组编辑。

（2）工程师属性的功能

① 系统组态

系统组态就是完成 LCN 上模件的地址定义、控制单元中的卡件位置的定义、操作站的定义、区域数据的定义、操作单元的定义及系统过程操作和外部设备相关的一些辅助性定义。系统组态是应用软件编制的基础，它为后阶段的软件编制如数据点组态提供了相应的软件和硬件环境。

② 建立数据点

数据点建立是应用软件的核心，系统进行监视和控制的一切数据均来自于数据点。系统工程师可通过三种方法完成数据点组态：首先可通过触发工程师属性主菜单的相应靶标来调用不同种类数据点的组态表，用填表的方式完成数据点组态；第二可通过建立例外点来完成数据点组态；第三可通过建立样本点来完成数据点组态。

③ 建立画面显示

在万能操作站显示器右上角的图形编辑菜单为用户提供了一条编辑动态过程操作画面的途径。通过它，用户可以建立、修改和删除用户画面。

④ 编写、编译、装载控制语言程序

在网络组态文件主菜单中下部的 Builder Commands 为过程和应用工程师提供了编写、编译、装载控制语言程序的功能，还可以通过万能操作站对编译程序进行调试。

⑤ 建立标准报表和自由报表

用户可以通过事先组态好的数据表、日志和打印趋势，将其需要的数据和信息组织起来建立自由格式的报表。

⑥ 文件编辑

文件编辑功能为用户提供了 10 个字处理环境，包括拷贝、移动、字符串查找等功能。

⑦ 调用系统功能画面

如果万能操作站的内存为 3 MW，则可以装入工程师属性的系统软件，万能操作站提供部分在操作员属性环境的系统功能，方便工程师的操作。如果万能操作站的内存为 4 MW，就可以装入万能属性的系统软件，具备操作员和工程师环境下的所有功能。

⑧ 辅助功能

万能操作站还提供一些辅助应用功能，如列卷目和文件、卡盘和软盘格式化、文件存取、历史数据存取等。

(3) 系统维护功能

在 US 上装有工程师属性的系统软件或万能属性的系统软件，维护工程师可调出系统维护主菜单，实现如下功能：

① 调出维护建议画面显示。

② 调出相关信息画面显示。

③ 故障设备详细错误信息显示。

④ 过程连接装置状态显示。

3. 万能工作站(UWS)

万能工作站是 TDC 3000 系统的又一个人机接口，具有 US 的全部功能，主要是为工厂办公室管理设计的。UWS 具有如下功能：

(1) 过程工程师功能

该操作画面主要显示系统组态、数据点建立、画面建立、控制语言(CL)编程、日志和报表格式、文件编辑、实用程序、系统功能等，过程工程师可以借助这些画面来建立过程和系统数据库，建立画面显示和报表，编制、编译和完成 CL 程序等。

(2) 维护工程师功能

该操作画面主要显示维护建议、存储器、系统维护日志等，维护工程师可以借助这些画面来诊断 LCN 模件、UCN、DATA HIWAY 和过程连接设备上的问题，显示和打印发生故障时的有关信息等。

(3) 过程管理工程师功能

该操作画面主要显示连续过程操作、趋势和报表、时序、报警、系统功能等，管理员和操作员可以借助这些画面来对过程进行监视、处理和过程分析、监视过程、时序、系统报警和操作信息，显示和打印历史过程、过程趋势、平均值、报表和日志，监视控制室和过程中控室系统状态，装载其他系统模件操作程序和数据库等。

4. 应用模件(AM)

应用模件 AM 用来完成 UCN 和 DHW 网络的模件不能完成的高级控制功能以及复杂和多变量运算功能，从而提高过程控制及管理水平。

5. 历史模件(HM)

历史模件 HM 是 TDC 3000 系统的存储单元，它是系统软件、应用软件和过程历史数据等的存储地。

11.3.2 万能控制网络及模件

万能控制网络 UCN 是 Honeywell 公司 1988 年推出的新型过程控制和数据采集系统，由先进过程管理站(APM)、过程管理站(PM)、逻辑管理站(LM)、网络接口模件(NIM)及通信系统组成。

1. 过程管理站(PM)

过程管理站(PM)是 UCN 网络的核心设备，主要用于工业过程控制和数据采集，有很强的控制功能和灵活的组态方式，还有丰富的输入/输出功能。

PM 数据点是 PM 进行数据采集和过程控制的基础，根据 PM 的功能结构可将 PM 数据点分为 I/O 数据点和 PMM 数据点两部分。其中 I/O 数据点包括以下几种：

(1) 模拟输入点

模拟输入点包括高电平和低电平模拟输入点，模拟输入就是将从现场接收的模拟信号转换成工程单位以供 DCS 系统使用。

(2) 智能变送器接口点

智能变送器接口点提供了与 Honeywell 公司 ST 3000 系列温度、压力和流量智能变送器和 TDC 3000 直接进行通信的接口。

(3) 模拟输出点

模拟输出点是将输出值转化为 4—20 mA 的输出信号用于对现场调节阀等进行控制。模拟输出点输出的可以是 PM 调节数据点或 AM 调节数据点的运算结果，也可由用户程序和操作员直接输出。

(4) 数字输入点

数字输入点可以将从现场获得的数字量(状态变化量)转变成其他 PM 数据点可以使用的变量。

数字输入点有状态输入、保持输入和累计输入三种。其中,状态输入点反映的是经过正反作用转换的现场状态值;状态保持输入反映的是能保持一定时间的状态输入信号;数字累计输入反映的是现场的状态变化次数。

(5) 数字输出点

数字输出点有两种类型:可调宽度的脉冲输出和状态输出。可调宽度的脉冲输出是接收 PM 调节数据点的输出信号来调整输出脉冲的宽度;状态输出可由组合数据点、逻辑点和调节数据点来控制。

(6) 脉冲输入点

脉冲输入点用来接收涡轮流量计、椭圆齿轮流量计等的脉冲输入信号并将这些脉冲量转换成流量的工程单位。

2. 先进过程管理站(APM)

先进过程管理站 APM 是 Honeywell TDC 3000 最新的用于工业过程控制和数据采集的工具,为监视和控制提供了更灵活的 I/O 功能。

APM 具有如下的功能:

(1) 执行数据采集和过程控制的功能,包括常规调节控制功能,逻辑控制功能,顺序控制功能,与驻留在 UCN 网络上的其他设备进行点对点的通信功能。

(2) 通过串行接口,提供与 MODBUS 子系统的双向通信的功能。

(3) 在万能操作站或万能工作站上与工程师或操作员进行完全的通信。

(4) 支持在 LCN 控制网络上通过 AM 或上位机实现的高级控制策略。

(5) APM 可以使用具有高性能的优化软件包。例如,驻留在 AM 中的"LOOPTUNE-Ⅱ"为在 APM 中的 PID 控制算法提供三种不同的自整定方法。

除了以上与 PM 相同的功能外,它还具有如下的功能:

(1) 数字输入顺序事件处理。

(2) 设备管理点。

(3) CL 程序数组点。

(4) 非 TDC 3000 设备接口能力(串行)。

(5) 大存储量(是 PM 的四倍多)。

(6) 字符串变量。

(7) 时间变量。

与 PM 数据点类似,APM 数据点也可分为 I/O 数据点和 APMM 数据点两部分。其中,I/O 数据点包括:

(1) 模拟输入点

高电平与低电平模拟输入处理器执行如下功能:信号转换、PV 源选择、PV 钳位、工程单位转换、PV 值状态、PV 滤波、PV 坏值、PV HI/LO、PV HIHI/LOLO、PV 变化率+/—、软件检查。

(2) 智能变送器接口点

智能变送器接口(STI)支持PV处理、工程单位转换以及其他模拟输入处理器支持的报警功能。为提高安全性,该接口处理器也提供坏的PV值和坏的数据库处理功能。

(3) 串行设备接口点

串行设备接口(SDI)处理器为采用串行通信的现场设备提供有效的连接方法。这些设备的输入经过变换进入I/O的数据库,可由APM直接用于计算和控制。这些数据可用作US显示、高级控制应用、分析和报表。

(4) 串行接口IOP

串行接口IOP提供与MODBUS子系统通信的接口。每个串行接口IOP最多支持两个FTA,每个FTA有一个MODBUS的接口,最多有16个数组点。

串行接口支持直接的数字通信,采用这种方法后,串行通信的数据可用作APM的控制策略和采集数据。

(5) 脉冲输入点

采用脉冲输入处理器可以利用高精度脉冲型的检测设备实现精确控制,这可以提高产品的质量,减少原料浪费。PI处理器可以进行工程单位的转换、报警检查、滤波和数据的有效性检查。PI还可以向变送器提供24 V DC的电源。

(6) 模拟输出点

模拟输出处理器提供如下的功能:实际输出电流的读回检查;输出线性化(五段折线);故障时的输出默认值(保持或断电);模式以及与之相关的支持手动、DDC控制的功能、软件检查。

(7) 数字输入点

数字输入处理器提供如下的功能:事件计数(累积)、按钮和状态输入、状态输入时间死区报警、输入的正反作用、PV源选择、状态输入的状态报警、事件监视顺序为20 ms。

APM有一专用的数字输入处理器,该处理器除了具有传统的数字输入处理器的功能外,最大的特点是可提供高分辨率的顺序事件的监视,时间的分辨率可以为1 ms。

(8) 数字输出点

数字输出器提供如下功能:输出的类型(可以组态每个输出),包括开关型、脉冲型和脉冲调制型;故障时的输出默认值(保持或断电);输出读回检查。

部分APMM数据点与PM数据点相同,这里不再作详细说明,下面仅对APMM数据点增加的设备管理点、数组点、字符串点和时间点作说明。

(1) 设备管理点

设备管理点为离散设备的管理提供了最大的灵活性,在同一位号下结合了复合数字点的显示和逻辑控制的功能。

(2) 数组点

使用数组点可以更灵活、更容易地访问用户定义的结构化数据。这对高级控制和批量顺序控制是非常有用的。例如,数组点可以用于存贮计算变量和批量控制的配方数据。数组点的数据可作为控制策略、本地的数据获取以及作为历史数据存储的数据源。此外,数组点的一部分还可用作串行接口的通信。

(3) 字符串点

字符串变量的加入提高了连续与批量控制 CL 控制程序的灵活性。字符串变量的8、16、32或64个字符可以用于比较,并可由 APM 的 CL 语言修改。用 CL 语言,用户可以操作和存贮属于用户过程的特殊信息。

(4) 时间点

时间变量允许 CL 程序访问时间和日期信息。CL 程序可用过去的时间和当前的时间,可按用户需要进行时间和日期的加减运算。时间变量允许用户按日期、时间执行 CL 程序。通过允许逻辑算法访问日期、时间信息,用户可以构成控制计划表。

3. 逻辑管理站(LM)

逻辑控制站(LM)是用于逻辑控制的现场控制站,LM 具有 PLC 控制的优点,同时 LM 在 UCN 网络上,可以方便地与系统中各模件进行通信,使 DCS 与 PLC 更有机地结合,并能使其数据集中显示、操作和管理。它提供逻辑处理,梯形逻辑编程,执行逻辑程序,与 LCN、UCN 中模件进行通信等功能,能构成冗余化结构。

(1) LM 的几种工作状态

逻辑管理器有以下四种工作状态:RUN、PROGRAM、RUN/PROGRAM、DISABLE。

RUN 状态是 LM 的主要工作方式,LM 处于该状态时,处理器模块将扫描执行存放于 MM 中的用户程序,当扫描全信号"返回至程序头"或"内存已扫描完"时就结束这一扫描周期。

PROGRAM 状态是 LM 的编程状态,在这个状态中,系统输出信号可以选择保持输出、清零或接收编程器上的强制信号,用户可在这个状态编写阶梯程序并装入系统。

RUN/PROGRAM 状态是允许用户在线修改程序的状态,在这个状态,处理器模块仍进行程序处理,但 I/O 接点也同样受控于编程器的强制信号。

DISABLE 状态时,输出信号可根据 PIOM 模块上的设定保持或清零。这时,输出信号将不能再以强制或其他方式改变。

(2) LM 数据点

同其他 UCN 模件一样,LM 也以数据点为基础进行逻辑处理。LM 中有下列形式的数据点:

数字输入点、数字输出点、数字复合点、模拟输入点、模拟输出点、链接点、状态标志点、数值数据点、时间数据点。

以上数据点在概念和处理过程上与 PM 同类数据点基本相同,这里不再详述。

11.4　集散控制系统的组态

11.4.1　集散控制系统硬件组态

集散控制系统的硬件组态是根据系统的规模及控制要求而进行的硬件选择,主要包括通信系统的选择,人机接口的选择,过程接口的选择,集散控制系统与 PLC、PGC 及上位机的通信接口的选择,电源系统的选择,上位机及可编程序控制器的选择,集散控制系统控制单元的选择等。

集散控制系统在进行硬件组态时,应综合考虑各方面的因素。首先要满足系统的控制要求,选择性能价格比最佳的配置;其次,DCS 未来的发展趋势,是朝着监控一体化的生产管理系统,即计算机集成制造系统(Computer Integrated Manufacturing System,即 CIMS)的方向发展,故选择通信系统还应考虑在未来的 CIMS 中的位置;另外,还应考虑操作人员的易操作性,系统的易维护性等。

11.4.2 集散控制系统的应用软件组态

DCS 应用软件组态就是在系统硬件和系统软件的基础上,将系统提供的功能块用软件组态的方式连接起来以达到过程控制的目的。如一个模拟控制回路的组态,就是将模拟输入卡与选定的控制算法连接起来,再通过模拟输出卡将控制输出的结果送至执行器。

1. 应用软件组态的几种方式

(1) 直接在 DCS 上通过操作站组态

DCS 应用软件组态最好的方式是直接在 DCS 上通过操作站进行。

(2) 通过填写表格进行组态准备工作

在一般工程中,由于受工厂调试时间和施工现场条件的限制,用户并不能通过操作站直接进行组态。为此,DCS 生产厂为用户提供了针对本系统的组态表,用户可以通过填写表格来进行组态准备工作。

(3) 利用 PC 机进行组态

利用 PC 机进行组态的仅仅是少数几个生产厂,这些生产厂为用户提供一套软件和转换设备,用户可以在 PC 机上模拟操作站进行软件组态,并将组态结果转换成 DCS 可以接收的编码。与填写表格相比,使用 PC 机可以缩短键入过程,为工厂调试赢得时间。

2. 应用软件的组态

应用软件的组态包括以下几个部分:

(1) 网络组态文件(NCF)组态

NCF 组态就是对一个系统操作环境和操作特性的定义,它包括单元名称组态、区域名称组态、操作站名称组态、LCN 节点组态、系统参数组态和卷目组态。

(2) 数据点组态

数据点组态就是工艺过程数据点及系统内部数据点进行参数组态,其内容随系统构成和工艺过程及控制要求的不同而不同。它一般包括:HG 数据点组态、逻辑块组态、应用模件数据点组态、计算机模件数据点组态、数据点分配及 PM 组态、UCN 网络数据点组态。

(3) 用户画面、自由格式报表和键定义组态

(4) 区域数据库和历史组组态

(5) 控制程序的编制

控制程序的编制包括 PM 程序编制(CL/AM)和 AM 程序编制(CL/AM)。该内容由命令处理菜单下的字处理软件完成。

第 12 章　可编程控制器

12.1　概述

可编程控制器(PLC)是一种专门为在工业环境下自动化应用而设计的专用计算机装置。由于它具有功能强大、操作方便、可靠性高等优点，可编程序控制器目前已成为工业自控领域中广泛应用的自动化装置。

可编程控制器的发展来自两方面：从可编程控制器发展而来的控制器，被称为可编程逻辑控制器，即 PLC，主要功能是逻辑运算；而从模拟仪表发展而来的可编程控制器，被称为单回路或多回路控制器，主要功能是模拟运算，通常不归入 PLC 中。可编程控制器的名称缩写为 PC(Programmable Controller)，但是，为了与个人计算机的缩写 PC 相区别，通常还把可编程控制器简称为 PLC。

12.1.1　可编程控制器的发展史

美国的数字设备公司(DEC 公司)于 1969 年研制出了第一台可编程控制器 PDP－14。其后，美国的 Modicon 公司也推出了同名的 084 控制器，日本于 1971 年推出了 DSC－8 控制器，西欧国家的各种可编程控制器也于 1973 年研制成功，我国在 1974 年开始研制并于 1977 年研制出第一台具有实用价值的可编程控制器。PLC 技术在美国的汽车制造业试用成功后得到了迅速发展，世界各国都推出了自己的可编程控制器，而且其功能越来越完善。

从控制功能来看，可编程控制器的发展经历了以下四个阶段：

(1) 从第一台 PLC 问世到 20 世纪 70 年代中期是可编程控制器的初创阶段。这一阶段的产品主要用于逻辑运算和计时、计数运算。

(2) 从 20 世纪 70 年代中期到 70 年代末期是可编程控制器的扩展阶段。这一阶段产品的扩展功能包括数据的传送、数据的比较和运算、模拟量的运算等。

(3) 从 20 世纪 70 年代末期到 80 年代中期是可编程控制器的通信阶段。这一阶段可编程控制器在通信方面有了很大的发展，初步形成了分布式的通信网络系统。但是，由于制造厂商各自采用不同的通信协议，各产品的互通比较困难。另外，在该阶段，数学运算的功能得到了较大的扩充，产品的可靠性进一步提高。

(4) 20世纪80年代中期以后是可编程控制器的开放阶段。这主要表现在通信系统的开放,使各制造厂的产品可以通信。在这一阶段,产品的规模增大,功能不断完善,大中型的产品多数有大屏幕显示功能,产品的扩展也因通信功能的改善而变得方便。此外,还采用了标准的软件系统,增加了高级编程语言等。

目前,随着技术的进步和市场竞争的激烈化,PLC、DCS、IPC(工控机)之间正展开一场大混战,它们之间相互覆盖、渗透与替代,界线越来越不分明。

12.1.2 可编程控制器的特点

1. 可靠性

可靠性高是PLC的主要特点,与通用的计算机控制系统相比,其可靠性提高的主要原因是:

(1) 采用为工业恶劣操作环境而专门设计的硬件,采取了一系列提高可靠性的措施。例如,采用先进的工艺制造流水线制造的高可靠性的元件;对干扰采用了屏蔽、隔离和滤波等技术;采用了电源的掉电保护;采用了存储器内容的保护;采用了"看门狗"和其他自诊断措施;便于维修的设计等等。

(2) 在软件设计方面,也采取了一系列提高可靠性的措施。例如,采用软件滤波、进行软件自诊断、简化编程语言、保护和恢复信息、处理报警和运行信息等。

2. 易操作性

PLC的易操作性主要表现在以下三方面:

(1) 操作方便

PLC输入程序的操作非常方便,编程器至少提供了输入信息的显示,大中型的PLC编程器还采用大屏幕显示,因此,程序的输入可直接显示;PLC更改程序的操作也很方便,可直接根据所需的地址编号、继电器编号或接点号进行搜索或顺序寻找,然后进行更改。

(2) 编程方便

可编程控制器有多种程序设计语言可供使用。对电气技术人员来说,梯形图由于与电气原理图较为接近,容易掌握和理解;采用布尔助记符编程语言时,由于符号是功能的简单缩写,十分利于编程人员的记忆和使用;虽然功能表图、功能模块图和高级语言的应用尚未普及,但由于它们具有功能清晰,易于理解等特点,正为广大工程技术人员所接纳和采用,并发挥出更有效的作用。

(3) 维修方便

可编程控制器所具有的自诊断功能对维修人员维修技能的要求降低了。当系统发生故障时,通过软件或硬件的自诊断,维修人员可很快找到故障所在的部位,为迅速排除故障和修复节省了时间。

为便于维修工作的展开,有些可编程序控制器的制造厂提供了维修用的专用仪表或设备,提供了故障树等维修用的资料。

3. 灵活性

可编程控制器的灵活性主要表现在下列三方面:

(1) 编程的灵活性

PLC采用的编程语言有梯形图、布尔助记符、功能表图、功能模块图和语句描述编程语言，只要掌握其中一种语言就可以编程。

(2) 扩展的灵活性

PLC可根据应用的规模进行容量的扩展，功能的扩展，应用和控制范围的扩展。它不仅可通过增加输入输出卡件增加点数，通过扩展单元来扩大容量和功能，而且可以通过多台可编程控制器的通信来扩大容量和功能，甚至可以通过集散控制系统或其他上位机的通信来扩展它的功能。

(3) 操作的灵活性

操作的灵活性是指设计、编程和安装施工的工作量大大减少，操作十分灵活方便。

(4) 机电一体化

可编程控制器是专门为工业控制而设计的控制设备，机械和电气部件被有机地结合在一起，适应了机电一体化——仪表、电子、计算机综合的要求，体积大大减小，功能不断完善，已成为当今运动控制、工业机器人、过程控制等领域的主要设备。

12.1.3　可编程控制器的主要功能

可编程序控制器的功能主要表现在以下几个方面：

1. 开关逻辑和顺序控制

可编程控制器最广泛的应用就是在开关逻辑和顺序控制领域，主要功能是进行开关逻辑运算和顺序逻辑控制。

2. 模拟量控制

新一代PLC也已较广泛地用于过程控制。在过程控制点数不多，开关量控制较多时，PLC可作为模拟量控制的控制装置。采用模拟输入输出卡件可实现PID等反馈或其他模拟量的控制运算。

3. 信号联锁

信号联锁是安全生产的保证，高可靠性的可编程控制器在信号联锁系统中发挥了很大的作用。

4. 通信

可编程控制器可以作为下位机，与上位机或同级的可编程控制器进行通信，完成数据的处理和信息的交换，实现对整个生产过程的信息控制和管理。

12.2　可编程控制器的组成原理

可编程控制器综合应用了自动化、计算机和通讯等各个领域的成熟技术，形成了以微处理器为核心的高度模块化的机电一体化装置。广义地讲，可编程控制器也是一种计算机，只不过它是一种工业控制用的专用计算机，它的实际组成与一般微型计算机基本相同，也由硬件和软件两大部分组成。

12.2.1 可编程控制器的硬件结构

图 12-1 为 PLC 控制系统典型结构图。主要由基本控制单元、扩展单元和外部设备三部分组成。下面分别介绍它们的基本结构和操作功能。

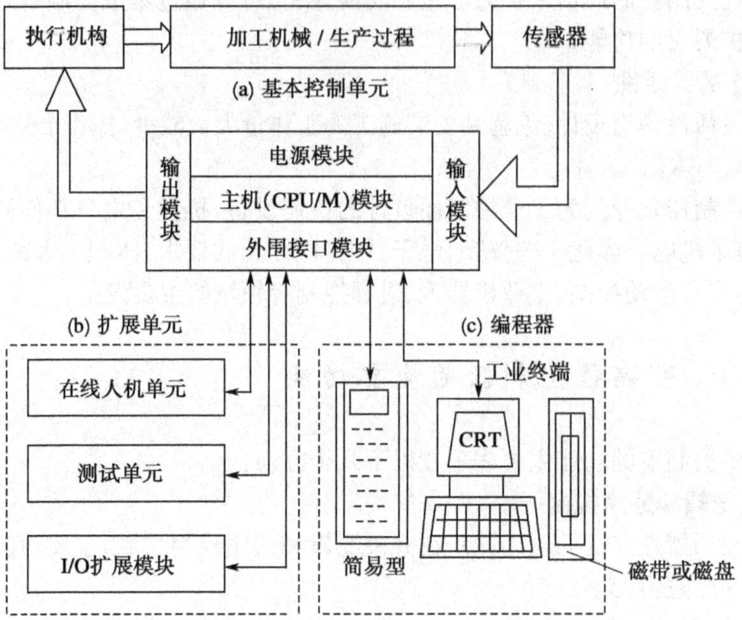

图 12-1 PLC 控制系统结构框图

1. 基本控制单元

PLC 的基本控制单元是一个能独立与受控生产过程或机械构成 PLC 控制系统的工作部件，如图 12-1(a)所示。它可由主机、输入、输出、外围接口和整机电源等五个主要模块组成。

(1) 主机模块

包括微处理器 CPU 和存储器两部分。其主要操作功能按三种不同的工作方式分别为：

① 在编程方式中，接收并存储从编程器送入的用户程序和数据。

② 在运行方式中，以扫描方式接收现场输入装置的状态或数据，并存入输入缓冲区内；在系统软件支持下，为用户提供定时器、计数器及数量众多的内部辅助继电器；解释执行用户程序，产生相应的内部控制信号，并根据程序执行结果更新状态标志和输出缓冲区的内容；采用集中刷新的方法更新输出控制操作；进行必要的监控和故障自诊断，如电源状态、CPU 及内部电路工作状态、电池失电及输入用户程序的语法控制等。

③ 在监控运行方式中，除按正常方式运行用户程序外，可按监控操作要求，显示指令

执行情况或内部器件工作的某些状态。

PLC 的主机模块在硬件结构上与一般的微机系统几乎完全一样，小型低档的 PLC 采用 Z80-CPU、8039、8031 等 8 位通用微处理器或单片机；中大型的 PLC 则采用高速双极型位片式微处理器(如 AMD2900、AMD2901、AMD2903 等)或高档微处理器。

PLC 的存储器分为系统程序存储器和用户程序存储器。前者用来存储 PLC 的操作系统或监控程序，并已经由制造厂家设计和固化在 EPROM 中，用户一般不能直接进入。在 PLC 的说明书中所说的存储容量，是指用户程序存储器的大小。另外，用户程序调试好后可将其固化在 EPROM 或 EEPROM 中。

在用户程序的执行过程中，系统还需要在 RAM 中开辟一个专门区域，用作 I/O 缓冲区(也称数据表格)。

(2) 输入模块

从工业现场传感器输入的操作命令或状态信息，经过输入模块的缓冲和隔离后进入 PLC 的主机。所输入的大多是开关量(如按钮、行程开关和继电器触点的通/断)，也可以是数字量(如拨码开关等)，还有些是模拟量(4—20 mA 电流或 0—5 V 电压)。

(3) 输出模块

PLC 把运算处理的结果送至工业过程的现场执行机构是通过输出模块实现的。除了一部分高性能的 PLC 配置模拟量输出模块外，实际应用中规格品种繁多的开关量输出模块，是 PLC 的重要组成部分。

(4) 外围接口模块

PLC 的基本控制单元常需要外围接口模块才能与编程器和扩展单元等部件连接。外围接口按信息传递方式可分为并行和串行两种方式。

① 并行接口

PLC 基本控制单元的数据总线、相应的控制总线和部分地址总线通过扁平电缆直接与外围部件接口。并行口传输数据简便、迅速，但传输距离较短。小型 PLC 袖珍编程器可通过并行接口直接与主机相连。扩展的 I/O 模块也可以经由并行接口与基本单元连接，以扩展整机的 I/O 容量。

② 串行接口

近程的串行通信可直接通过 RS-232C 或 RS-422 进行，远程的串行通信则须通过调制解调器，用通信电缆以至光纤实现相互连接，传送距离从十几米到几公里。

PLC 与智能化的编程器、远程 I/O 机架、通用微机系统等的连接，均需通过串行接口实现。在高性能 PLC 中，通信模块作为一种智能化的 I/O 模块，满足 PLC 与外设或 PLC 内部的各种信号交换的需要。

(5) 电源模块

PLC 的电源模块大致可分为三部分：处理器电源、I/O 模块电源和 RAM 后备电源。通常，构成基本控制单元的处理器与少量的 I/O 模块，可由同一个处理器电源供电。扩展的 I/O 机架必须使用独立的 I/O 电源。

一般地，处理器电源要有足够的功率裕度，并应有较高的静态和动态稳定度。为了满足 PLC 内部电子线路的工作需要，有的系统采用串联稳压式线性电源，新型的电源大都采用开关式稳压电源，其功率密度和转换效率较高，输入电压允许偏差可达－20%—＋20%，但可能产生较强的射频干扰，且对瞬变过程的恢复时间较长。

RAM 后备电源有两种：一次性电池系统和可充电电池系统。前者的能量密度为后者的 10 倍，目前在 PLC 中使用广泛。

2. 扩展单元

由于 PLC 所面对的是多样化的控制要求及环境条件，而基本单元的性能总是有限的，所以各家制造厂商竞相开发出了名目繁多的扩展单元。其中，有的只是增加一些硬件电路；有的除无 CPU 外，与基本单元很相似；有的则是高度智能化的，甚至自带编程器。

3. 外部设备

PLC 的外部设备主要是编程器、彩色图形显示器和打印机等。

(1) 编程器

它是编制、调试用户程序的外部设备，是人机交互的窗口。通过编程器可以把新的外部程序输入到可编程序控制器的 RAM 中，或者对 RAM 中的已有程序进行编辑；还可以对 PLC 的工作状态进行监视和跟踪，这对调试和试运行用户程序是非常有用的。编程器分为简易型和智能型两种。简易型的编程器只能连在可编程序控制器上使用，一般由简易键盘和发光二极管矩阵或液晶显示器构成；智能型的编程器可以联机使用，也可以脱机使用。近年来，智能型的编程器一般采用微型计算机加上相应的应用软件构成，既可以用于编制调试用户程序，又可以完成彩色图形显示、通信联网、打印输出控制和事务管理等多项功能。

(2) 彩色图形显示器

大中型 PLC 通常配接彩色图形显示器，用以显示模拟生产过程的流程图、实时过程参数、趋势参数及报警参数等过程信息，使得现场控制情况一目了然。

(3) 打印机

PLC 可配接打印机等外部设备，用以打印、记录过程参数、系统参数以及报警事故记录等。

PLC 还可以配置其他外部设备，例如，配置盒式磁带机或磁盘驱动器用于存储用户的应用程序和数据；配置 EPROM 写入器，用于将程序写到 EPROM 中。

12.2.2 可编程控制器的软件系统

可编程控制器除了硬件系统外，还需要软件系统的支持，它们相辅相成，缺一不可，构成可编程控制器。可编程控制器的软件系统由系统程序（又称系统软件）和用户程序（又称应用软件）两大部分组成。

1. 系统程序

系统程序由可编程控制器的制造厂商编制，固化在 PROM 或 EPROM 中，安装在可编程控制器上，随产品提供给用户。系统程序包括系统管理程序、用户指令解释程序和供系统调用的标准程序模块等。

(1) 系统管理程序

它的主要功能如下：

① 时间分配的运行管理，即控制可编程序控制器的输入、输出、运算、自检及通信的时序。

② 存储空间的分配管理，即生成用户环境，规定各种参数和程序的存放地址，将用户使用的数据参数和存储地址转化为实际的数据格式及物理存放地址。

③ 系统的自检程序，即对系统进行出错检验、用户程序语法检验、句法检验、警戒时钟运行等。

(2) 用户指令解释程序

它是将用户各种编程语言编制的应用程序翻译成中央处理单元能执行的机器指令。

(3) 供系统调用的标准程序模块

它是由许多独立的程序块组成，各自完成包括输入、输出、特殊运算等不同的功能。可编程控制器的各种具体工作由这部分来完成。

由于通过改进系统程序可以在不改变硬件系统的情况下大大改善可编程控制器的性能，所以制造厂商对系统程序的编制极为重视，其产品的系统程序也在不断升级和完善。

2. 用户程序

用户程序是根据生产过程控制的要求由用户使用制造厂商提供的编程语言自行编制的应用程序。用户程序包括开关量逻辑控制程序、模拟量运算程序、闭环控制程序和操作站系统应用程序等。

(1) 开关量逻辑控制程序：它是可编程控制器用户程序中最重要的一部分，一般采用梯形图、助记符或功能表图等编程语言编制，不同 PLC 的制造厂商提供的编程语言有不同的形式，至今还没有一种能全部兼容的编程语言。

(2) 模拟量运算程序及闭环控制程序：它通常是在大中型 PLC 上实施的程序，由用户根据需要按可编程控制器提供的软件和硬件功能进行编制。编程语言一般采用高级语言或汇编语言，一些制造厂商为方便用户编程，也提供相应编程软件供用户编制模拟量运算和 PID 控制等程序。

(3) 操作站系统程序：它是大型可编程控制器系统经过通信联网后，由用户为进行信息交换和管理而编制的程序。它包括各类画面的操作显示程序，一般采用高级语言实现。一些厂商也提供了人机界面的有关软件，用户可以根据制造厂商提供的软件使用说明进行操作站的系统画面组态和编制相应的应用程序。

12.2.3 可编程控制器的编程语言

可编程控制器有多种程序设计语言可供使用。考虑到 PLC 的主要使用对象是广大电气技术人员，最常用的编程语言为梯形图和指令语句表，有的还可以用逻辑图和状态流程图编程。在高档 PLC 中，还提供具有较强的运算和数据转换等功能的专用高级语言或通用计算机程序设计语言供编程。

1. 梯形图

在传统的电器控制系统中，工程技术人员普遍采用电磁式继电器及相应的梯形图来实现 I/O 的逻辑控制。现代的 PLC 梯形图几乎照搬了继电器梯形图的形式，因而现场的操作和维护人员不会感到陌生。传统的继电器控制逻辑是由硬接线完成的，而用类似的梯形图编程的可编程控制器则利用内部计算机中可编程序的存储器，通过软件方法实现相应的控制的。实践证明，这种软接线的 PLC 梯形图程序实现容易，修改灵活方便，是广大工程技术人员的首选编程语言。

图 12－2 给出了一组对照的梯形图。

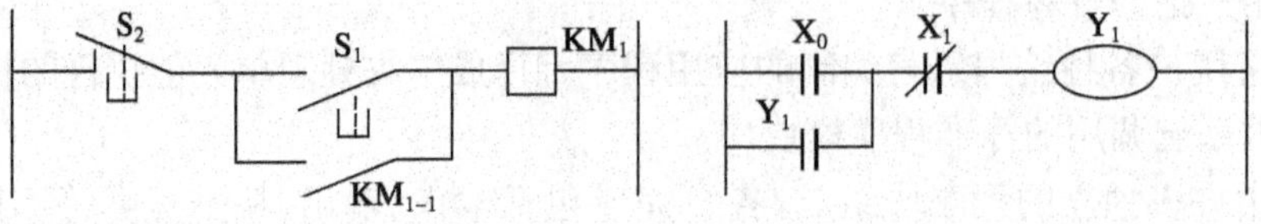

(a) 继电器梯形图　　(b) PLC 梯形图

图 12－2　两种梯形图

其中，图 12－2(a)为继电器梯形图。使用两个按钮分别作为启动 S_1、停止 S_2 操作输入，KM_1 为接触器，在大功率时代之以中间继电器的线圈和节点。由电器控制知识可知，该梯形图反映了控制回路的逻辑结构，所使用的是接触器的辅助触点，其主触点只在主回路中出现，用于接通大功率电机、电磁线圈等。

图 12－2(b)为 PLC 梯形图。除了在接点的排列顺序上与图(a)稍有不同外，结构几乎完全一样，操作功能也基本相当。在此，用 X_0 和 X_1 表示通过 PLC 输入接点进入 PLC 内部的输入状态信息，用 Y_1 表示可通过 PLC 输出继电器对外设的控制操作。通常，PLC 的每个输出继电器 Y_1 直接对外连接的只有一个端点(该梯形图上没有出现)，在梯形图中只出现该继电器的内部接点，或称输出继电器的辅助节点。

PLC 的梯形图中，同名的节点可不加区别地反复引用，而且借助内部计算机的强大处理能力，为用户的编制提供非常丰富的编程元件及指令功能。

2. 指令语句表

采用助记符形式表示机器的操作指令，也是计算机编程常用的方法。PLC 的指令在形式上类似于微机的汇编语言，但相比之下更为简单而易于使用。

下列指令语句表为与图 12－2 对应的 PLC 程序。

序号	指	令	注 释
000	LD	X_0	行起始指令，取常开接点 X_0 状态
001	OR	Y_1	并联常开接点 Y_1，逻辑或
002	AND·NOT	X_1	串联常闭接点 X_1，逻辑与
003	OUT	Y_1	输出到线圈 Y_1，该行结束

上述程序中，注释部分仅用来帮助阅读理解指令或程序的操作功能；序号反映每条指令的相对存储地址，通常按从小到大顺序书写；每条指令都由操作码和操作数组成，操作码反映 CPU 完成的功能，用助记符来表示，操作数反映操作的对象，与它们在内存中的地址有关。

不同的可编程控制器有不同的指令系统，它们对于操作码和操作数的表示方法、取值范围都有不同的规定。

表 12-1 给出了三种 PLC 部分指令的对照。

表 12-1 典型 PLC 的逻辑指令

欧姆龙公司	GE 公司	三菱公司	功能说明
LD	STR	LD	以常开触点开始一个逻辑行
LD NOT	STR NOT	LDI	以常闭触点开始一个逻辑行
OUT	OUT	OUT	输出
AND	AND	AND	串联常开触点
OR	OR	OR	并联常开触点
AND NOT	AND NOT	ANI	串联常闭触点
OR NOT	OR NOT	ORI	并联常闭触点
AND LD	AND STR	ANB	并联支路的串联
OR LD	OR STR	ORB	串联支路的并联

3. 数字逻辑设计法

应用逻辑代数式（或布尔方程）来表示数字控制系统的 I/O 关系，是进行逻辑设计的常用方法。例如，有表达式

$$Y_1=(X_0+Y_1)\cdot\overline{X}_1$$
$$Y_2=X_2\cdot\overline{Y}_1$$

在此，用原变量表示常开接点，反变量表示常闭接点。这种代数方程很容易转换成逻辑图的形式，如图 12-3 所示。有的可编程控制器允许用户使用类似逻辑图的方法进行用户程序的编写和输入。

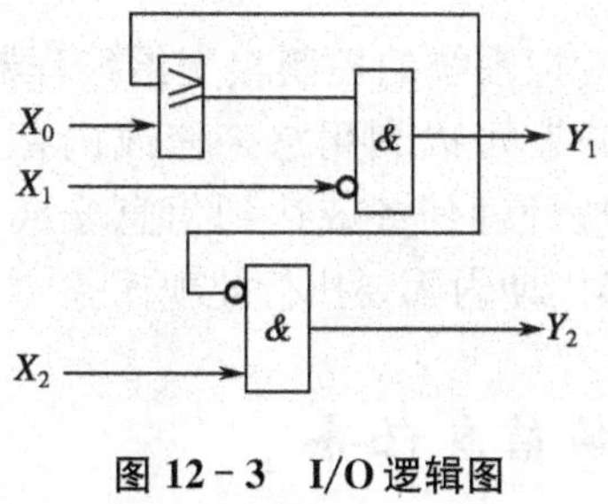

图 12-3 I/O 逻辑图

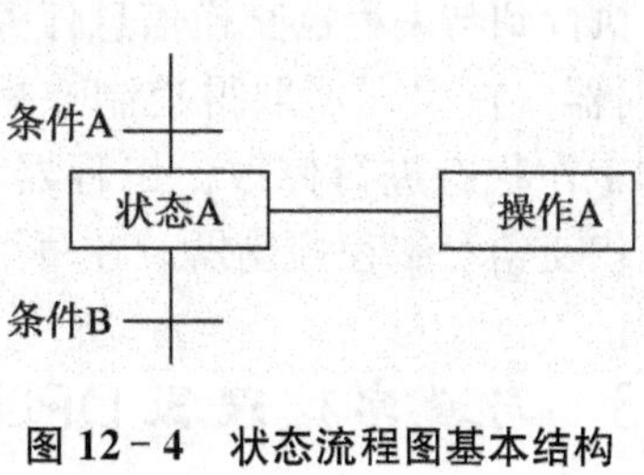

图 12-4 状态流程图基本结构

4. 状态流程图

对于控制要求比较高的场合，可采用状态流程图的方法设计 PLC 用户程序。该方法就是将整个控制程序划分为若干状态步，每步实现相应的局部操作，并为顺序转换到下一步创造条件。此时，PLC 将按逐步推进的方式来执行整个用户程序。如图 12-4 为状态流程图编程的基本结构，左侧主干框为“状态 A”，其右边的“操作 A”为该状态中所规定的操作。“条件 A”为进入状态 A 的条件，“条件 B”为顺序进入下一状态的转换条件，

它们分别用在顺序指向竖线中加一短横线及文字说明表示。

状态流程图还必须通过梯形图或指令语句表加以“细化”，才能最终完成具体的程序设计。这种编程方法有些类似于一般的流程图设计，也可以称为顺序功能流程图设计法。

5. 高级语言

在PLC的编程中引入面向过程的高级语言，使PLC的编程语言更加“自然语言”化，而且可以扩大PLC的运算能力和数据转换等功能。

12.3 可编程控制器的工作原理

可编程控制器的工作方式是周期扫描方式。在系统程序的监控下，PLC周而复始地按固定顺序对系统内部的各种任务进行查询、判断和执行，这个过程实质上是一个不断循环的顺序扫描过程。一个顺序扫描过程称为一个扫描周期。

可编程控制器在一个扫描周期内基本上要执行以下六个任务。

12.3.1 运行监控任务

为了保证系统可靠工作，可编程控制器内部设置了系统定时计时器WDT(Watch Dog Timer)，由它来监视扫描周期是否超时。PLC在每个扫描周期内都要对WDT进行复位操作，如果不能执行该任务，则WDT的计时会超过设定值，即扫描周期超过了规定时间，表明系统的硬件或用户软件发生了故障。

12.3.2 与编程器交换信息任务

当PLC执行到与编程器交换信息任务时，就把系统的控制权交给编程器，并启动信息交换的定时器。在编程器取得控制权后，用户就可以利用它来修改内存中的应用程序，对系统的工作状态进行修改。编程器在完成处理任务或达到信息交换的规定时间后，就把控制权交给可编程控制器。在每个扫描周期内都要执行此项任务。

12.3.3 与数字处理器DPU交换信息任务

一般大中型可编程控制器多为双处理器系统。一个是字节处理器CPU，为系统的主处理器；一个是位处理器DPU，为系统的从处理器。与数字信息处理器交换信息的任务主要是数字处理器的寄存器信息与主系统的寄存器信息和开关量信息的交换。这个任务占用的时间随信息交换量而变化。在一般小型可编程控制器中是没有这个任务的。

12.3.4 与外部设备接口交换信息任务

该任务主要是 PLC 与上位计算机、其他 PLC 或一些终端设备,如彩色图形显示器、打印机等交换信息。这一任务的大小和占用时间的长短随主机外设的数量和数据通信量而变化。如果没有连接外部设备,则该任务跳过。

12.3.5 执行用户程序任务

可编程控制器在每个扫描周期内都要把用户程序执行一遍。用户程序的执行是按用户程序的实际逻辑关系结构由前向后逐步扫描处理的,运行结果装入输出状态暂存区中,系统的全部控制功能都在这一任务中实现。

12.3.6 输入输出任务

PLC 内部开辟了两个暂存区:输入信号状态暂存区和输出信号状态暂存区。用户程序从输入信号状态暂存区中读取输入信号状态,运算处理后将结果放入输出信号状态暂存区中。输入输出状态暂存区与实际输入输出单元的信息交换是通过执行输入输出任务实现的。输入输出任务还包括对输入输出扩展接口的操作,即实现主机的输入输出状态暂存区与简单输入输出扩展机中的输入输出单元或与智能型输入输出扩展机中的输入输出状态区之间的信息交换。可编程控制器在每个扫描周期都执行该任务。

12.4 可编程控制器应用系统设计方法

可编程控制器是一种高度微机化的产品,与一般的计算机控制系统的开发过程相似,大致分为以下四个步骤。

12.4.1 总体设计

总体设计的主要目标是:对设计任务及其要求进行深入的了解和分析,并对任务进行分解,按系统的大小划分成若干子任务;确认系统对输入输出控制的性能与数量的要求;确认系统对处理机的运算速度、存储容量等性能指标的要求。

12.4.2 硬件设计

进入硬件设计阶段后,应按照总体设计的要求,选择适用的可编程控制器基本单元以及相应的 I/O 模块,完成 PLC 与应用系统中机电设备的电气原理与接线图设计,最后形成必要的文档资料。

在小型PLC应用系统设计时，可参考相近系统选用基本控制模块和扩展模块，其允许的I/O点数和用户程序的容量一般有较大的余量。只有在大中型PLC应用系统设计时，才须详细考虑其各个模块。

12.4.3 软件设计

软件设计的主要任务就是进行用户程序的设计，对于大部分PLC而言也就是完成PLC梯形图设计。按自下而上的原则，先完成各子任务的功能模块设计，然后分步调试并连接。可利用通用微机系统或与PLC配套的智能终端对用户程序进行脱机的仿真测试，形成磁盘文件并打印输出，完成必要的文件记录。

12.4.4 联机调试

联机调试就是把整个应用程序的软、硬件连接在一起，在实际应用的环境下进行整机的功能测试及必要的例行试验。对于测试中发现的问题，通常总是要求局部地修改程序，有时甚至要重新进行软件设计。

完成系统调试后，应整理、完善文件资料，培训操作维护人员。

在可编程控制器应用系统的设计过程中，开发人员比较容易掌握各硬件模块的性能和使用，因而也较容易组织控制系统的硬件结构。需要花大力气解决的主要问题是，在选定了PLC的品种和规格后，如何在系统提供的软件基础上编制满足控制要求的应用软件。

第13章 现场总线控制技术与工业以太网

13.1 现场总线概述

13.1.1 现场总线控制系统的发展概况

现场总线是在20世纪80年代中期在国际上发展起来的。随着微处理器和计算机功能不断增强和价格的急剧降低，计算机和计算机网络系统得到迅速发展，而处于生产过程底层的测控自动化系统，采用一对一连线，用电压、电流的模拟信号进行测量控制，或采用自封闭式的集散控制系统，难以实现设备之间以及系统与外界之间的信息交换，使自动化系统成为“信息孤岛”。现场总线就是为了实现整个企业的信息集成，实施综合自动化而出现的一种通信系统，它是应用在生产现场、在微机化测量控制设备之间实现双向串行多节点数字通信的系统，也被称为开放式、数字化、多点通信的底层控制网络。

现场总线导致了传统控制系统结构的变革，形成了新型的网络集成式全分布控制系统——现场总线控制系统FCS(Fieldbus Control System)。它就是将挂接在总线上、作为网络节点的智能设备连接为网络系统，并进一步构成自动化系统，实现基本控制、补偿计算、参数修改、报警、显示、监控、优化及管控一体化的综合自动化功能。这是继基地式气动仪表控制系统、电动单元组合式模拟仪表控制系统、集中式数字控制系统、集散控制系统后的新一代控制系统。

由于现场总线控制系统适应了工业控制系统向分散化、网络化、智能化发展的方向，它一经产生便成为全球工业自动化技术的热点，受到全世界的普遍关注。目前典型的现场总线有：

(1) ProfiBus总线。ProfiBus是德国国家标准DIN 19245和欧洲标准EN 50170的现场总线标准。

(2) 基金会现场总线(FF)。基金会现场总线标准是由总线基金会(Fieldbus Foundation)组织开发的，是在过程自动化领域得到广泛支持和具有良好发展前途的技术。目前最大的应用系统超过1万个总线设备。

(3) Lonworks总线。Lonworks是美国ECHELON公司推出的开放式智能控制网络，是一种具有强劲实力的现场总线技术。

(4) CAN 总线。CAN 总线是由德国 BOSCH 公司推出的控制局域网络。

13.1.2 现场总线控制系统的特点

1. 现场总线系统的结构特点

现场总线打破了传统控制系统的结构形式。传统模拟系统采用一对一的设备连线，按控制回路分别进行连接。位于现场的测量变送器与位于控制室的控制器之间，控制器与位于现场的执行器、开关、马达之间均为一对一的物理连接。现场总线由于采用了智能现场设备，能够把原先 DCS 系统中处于控制室的控制模块、各输入输出模块置入现场设备，加上现场设备具有通信能力，现场的测量变送仪表可以与阀门等执行机构直接传送信号，因而控制系统功能能够不依赖控制室的计算机或控制仪表，直接在现场完成，实现了彻底的分散控制。图 13-1 为现场总线控制系统与传统控制系统的结构对比。

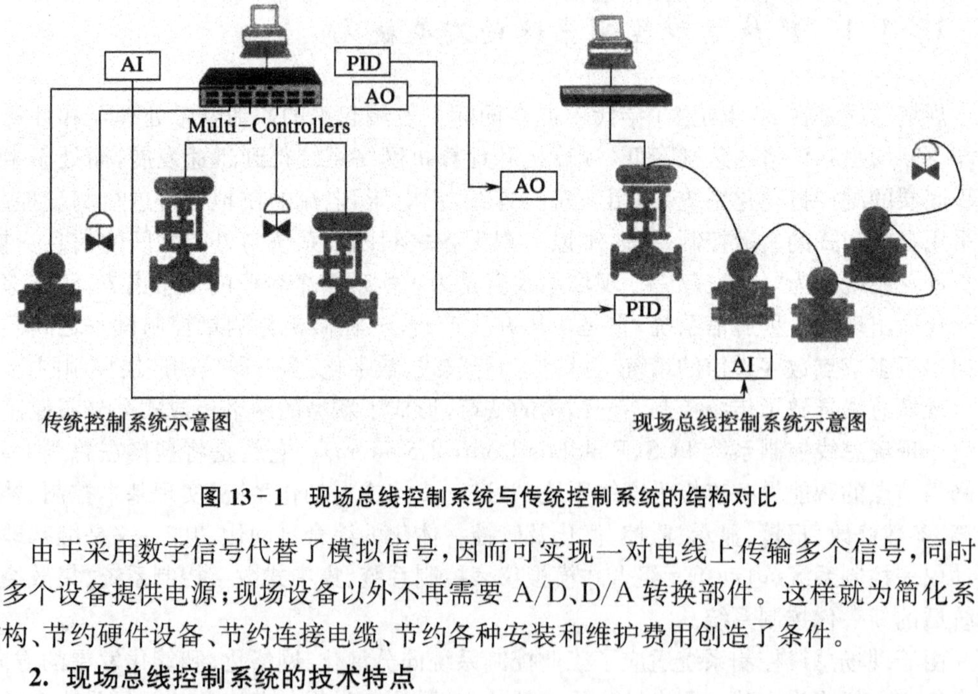

图 13-1 现场总线控制系统与传统控制系统的结构对比

由于采用数字信号代替了模拟信号，因而可实现一对电线上传输多个信号，同时又为多个设备提供电源；现场设备以外不再需要 A/D、D/A 转换部件。这样就为简化系统结构、节约硬件设备、节约连接电缆、节约各种安装和维护费用创造了条件。

2. 现场总线控制系统的技术特点

(1) 系统的开放性。一个开放系统是指它可以与世界上任何地方遵守相同标准的其他设备或系统连接。通信协议一致公开，各不同厂家的设备之间可以实现信息交换。现场总线开发者就是要致力于建立统一的工厂底层网络的开放系统。用户可根据自己的需要和考虑，把来自不同供应商的产品组成大小随意的系统，通过现场总线构筑自动化领域的开放互联系统。

(2) 互可操作性与互用性。互可操作性是指实现互联设备间、系统间的信息传送与沟通。而互用性则意味着不同生产厂家的性能类似的设备可实现互相替换。

(3) 现场设备的智能化与功能自治性。现场总线控制系统将传感测量、补偿计算、过程处理与控制等功能分散到现场设备中完成，仅靠现场设备即可完成自动控制的基本功能，并可随时诊断设备的运行状态。

(4) 系统结构的高度分散性。现场总线已构成一种新的全分散性控制系统的体系结构，它从根本上改变了现有 DCS 集中与分散相结合的集散控制系统体系，简化了系统结构，提高了可靠性。

(5) 对现场环境的适应性。工作在生产现场前端，作为工厂网络底层的现场总线，是专为现场环境而设计的，可支持双绞线、同轴电缆、光缆、射频、红外线、电力线等，具有较强的抗干扰能力，能采用两线制实现供电和通信，并可满足本质安全防爆要求等。

13.1.3　现场总线控制系统的组成

现场总线一般应被看做是一个系统、一个网络或一个网络系统，它应用于现场测量或控制目的，通常称之为现场总线控制系统(Fieldbus Control System，FCS)，有时也简称为现场总线系统或现场总线网络。它主要由三部分组成：现场智能仪表、控制器、现场总线监控与组态计算机。

仪表、控制器、计算机通过现场总线网卡及通信协议软件连接到网上，因此，现场总线网卡及通信协议软件是现场总线控制系统的基础和神经中枢。

监控、组态计算机的软件包括：用计算机进行配置、网络组态提供平台的组态工具软件；将配置与组态信息根据现场总线协议/规范(Protocol/Specification)的通信要求进行处理，再从计算机通过总线电缆传送至总线设备的组态通信软件；控制器编程软件；用户程序软件(PLC 应用程序)；设备接口通信软件；设备功能软件；运行于监控计算机(上位机)具有实时显示现场设备运行状态参数、故障报警信息，并进行数据记录、趋势图分析及报表打印等功能的监控组态软件。

同时，开放式现场总线控制系统还具有组态技术，包括数据库组态及控制算法组态，生成的参数和算法不仅可以在控制器中运行(即软 PLC)，还可以在远程 I/O(如 ET 200M)或智能设备上运行，按照现场总线标准定义的功能块可以在智能仪表及执行机构中进行运算，实现真正的分布式控制。

13.2　工业以太网

以太网及 TCP/IP 通信技术在 IT 行业获得了巨大的成功，成为 IT 行业应用中首选的网络通信技术。近年来，由于国际现场总线技术标准化工作没有达到人们理想中的结果，以太网及 TCP/IP 技术逐步在自动化行业中得到应用，并发展成为一种技术潮流。工业以太网已提供了针对制造业控制网络的数据传输的以太网标准。该技术基于工业标准，利用了交换以太网结构，有很高的网络安全性、可操作性和实效性，已能很好地满足工业现场自动控制的需求。

13.2.1 以太网的发展历史

以太网的发展史主要分为以下阶段：

(1) Xerox PARC 创建首个以太网(1972—1977)。

(2) DEC、Intel 和 Xerox 将以太网标准化(1979—1983)。

(3) 1989 年 ISO 以标准号 ISO8023 采纳 802.3 以太网标准，至此，IEEE(Institute of Electrical and Electronics Engineers)标准 802.3 正式得到国际上的认可。

(4) 交换式和全双工制以太网出现(1990—1994)。

(5) 快速型以太网出现(1992—1995)。

(6) 千兆位以太网出现(1999)。

13.2.2 以太网的介质访问控制协议

以太网对介质的访问控制采用了载波监听多路访问/冲突检测协议 CSMA/CD，其主要思想可用“先听后说，边说边听”来形象地表示。

“先听后说”是指在发送数据之前先监听总线的状态。在以太网上，每个设备可以在任何时候发送数据。发送站在发送数据之前先要检测通信信道中的载波信号，如果没有检测到载波信号，说明没有其他站在发送数据，或者说信道上没有数据，该站可以发送。否则，等待一个随机的时间后再重复检测，直到能够发送数据为止。

由于数据在网中的传输需要时间，总线上可能会出现两个或两个以上的站点监听到总线上没有数据而发送数据帧，因此就可能发生冲突，“边说边听”就是指在发送数据的同时检测总线上的冲突，即一边将信息输送到传输介质上，一边从传输介质上接收信息，然后将二者进行比较，如果两者一致，说明没有冲突；否则说明总线发生了冲突。一旦检测出冲突后，CSMA/CD 立即停止数据发送，并向总线发送一组阻塞信号，让其他各站知道总线已发生冲突。总线各站点“听”到阻塞信号后，均等待一随机的时间，然后再冲发受影响的数据帧。这一段随机的时间通常由网卡中的一个算法来决定。CSMA/CD 的优势在于站点无需依靠中心控制就可进行数据发送。

13.2.3 以太网在自动化领域的应用

目前，工业以太网在自动化领域已有不少成功应用实例，主要集中在以下几个方面：

(1) 车间级生产信息集成：主要由专用生产设备、专用测试设备、条码器、PC 机及以太网络设备组成。主要功能是完成车间级生产信息及产品质量信息的管理。

(2) 管理层信息网络：即支撑工厂管理层 MIS 系统的计算机网络，主要完成如 ERP 的信息系统。

(3) SCADA 系统：特别是一些区域广泛、含有计算机广域网技术、无线通信技术的 SCADA 系统，如城市供水或污水管网的 SCADA 系统、水利水文信息监测 SCADA 系统等。

(4) 个别的控制系统网络：个别要求高可靠性和一定实时性的分布式控制系统也有采用以太网＋TCP/IP 技术，并获得很好效果的，如水电厂的计算机监控系统。

鉴于工业以太网的快速发展和关键问题的突破，工业自动化领域控制级以上的通信网络正在逐步统一到工业以太网，并正在向下逐渐延伸。工业以太网技术正在加快推广应用，使用哪一种工业以太网协议规范作为标准提到了议事日程。在工业控制领域，以太网技术的发展不可能脱离原来的 DCS、PLC 和 FCS 控制与管理系统基础，各国的工业自动化系统公司为了保护已有投资利益和扩大自己公司产品的应用范围，纷纷提出工业以太网技术方案，从而出现了现场总线在转向工业以太网的同时，又将现场总线之争让路给工业以太网的局面。

1. Modbus/TCP 工业以太网

Modbus 为美国 Modicon 公司于 20 世纪 70 年代发表的用于 PLC 产品的通信协议，由于其功能比较完善，很容易实现，且适合于不少工业用户所需要的通信类型，所以被许多系统供应商采纳，得到了很广泛的应用。

为了适应企业信息化和工厂自动化融为一体的需要，法国 Schneider 公司于 2002 年 5 月发表了 Modbus/TCP 规范。Modbus/TCP/IP 基本上是用简单方式将 Modbus 帧嵌入 TCP 帧。这是一种面向连接的传送，它们需要响应。使用 UDP 不需要响应，其差错检验通常在应用层完成，这就需要有供应商负责应用层。上述请求/响应技术很适用于 Modbus 的主站/从站特性，交换式 Ethernet 为用户提供确定性特征。在 TCP 帧中使用开放的 Modbus 可提供一种系统规模可伸缩的方案，有 10—100 个网络结点，无需采用多目的传送(Multicast)技术。

2. Ethernet/IP 工业以太网

以太网工业协议(Ethernet/IP)是一种开放的工业网络标准，它支持显性和隐性报文，并且使用目前流行的商用以太网芯片和物理媒体。Ethernet/IP 是一种开放协议，它使用现有的成熟技术：① IEEE 802.3 物理和数据链路协议；② Ethernet TCP/IP 协议组；③ 控制和信息协议(CIP)，它提供 I/O 报文和信息、对等层通信报文。

Ethernet/IP 成功之处在于 TCP/UDP/IP 之上附加 CIP，提供一个公共的应用层，CIP 的控制部分用于实时 I/O 报文和隐性报文。CIP 的信息部分用于报文交换，也称作显示报文。Controlnet、Devicenet 和 Ethernet/IP 都使用该协议通信，三种网络分享相同的对象库，对象和装置行规(Device profile)使得多个供应商的装置能在上述三种网络中实现即插即用。

3. FF HSE 工业以太网

1998 年，美国 Fieldbus Foundation(FF)决定采用高速以太网(HSE)技术开发 H2 现场总线，作为现场总线控制系统控制级以上通信网络的主干网，控制级以下仍使用解决了两线制供电的 H1 现场总线，从而构成了信息集成开放的体系结构。现场级网络 H1 以 31.25 kbps 速度工作，支持过程控制应用。HSE 网络遵循标准的以太网规范，并根据过程控制的需要适当增加了一些功能，但这些增加的功能可以在标准的 Ethernet 结构内无缝地进行操作，因而 FF HSE 可以使用当前流行的商用(COTS)以太网设备。

100 Mbps以太网拓扑采用交换机构成星形连接，这种交换机具有防火墙功能，以阻断特殊类型的信息出入网络。HSE 使用标准的 IEEE 802.3 信息传输、标准的 Ethernet 接线和通信媒体。

4. ProfiNet 工业以太网

PNO(Profibus National Organization)组织于 2001 年 8 月发表的 ProfiNet 规范是用于 Profibus 纵向集成的、开发的、一致的综合系统解决方案。ProfiNet 将工厂自动化和企业信息管理较高层 IT 技术有机地融为一体，同时又完全保留了 Profibus 现有的开放性。ProfiNet 特别重视有关保护投资的要求，以确保现有工厂的继续运行，同时还要求现有的系统可以集成已经安装的系统。

ProfiNet 支持开放的、面向对象的通信，这种通信建立在普遍使用的 Ethernet TCP/UDP/IP 基础上，优化的通信机制还可以满足实时通信的要求。基于对象应用的 DCOM 通信协议是通过该协议标准建立的。以对象的 PDU 形式表示的 ProfiNet 组件根据对象协议交换其自动化数据。自动化对象即 COM 对象作为 DCOM 协议定义的形式出现在通信总线上。连接对象活动控制(ACCO)确保了已组态的互相连接的设备间通信关系的建立和数据交换。传输本身是由事件控制的，ACCO 也负责故障后的恢复，包括质量代码和时间标记的传输、连接的监视、连接丢失后的再建立以及相互连接的测试和诊断。

综上所述，ProfiNet 规范将现有的 Profibus 协议与微软的自动化对象模型 COM/DCOM 标准、TCP/IP 通信协议以及工控软件互操作规范 OPC 技术等有机地结合成一体。ProfiNet 试图实现向所有的自动化装置都是透明的、面向对象的、全新的结构体系。

13.2.4 以太网应用于工业自动化中的关键问题及发展方向

1. 以太网实时通信服务

交换式以太网、全双工以太网和虚拟局域网技术的出现，以及自适应的 100 Mbit/s 快速以太网的成功运行降低了以太网响应时间过长、吞吐量低、冲突率高的不利影响，使得以太网可以应用于实时性要求较高的工业控制领域。在 ProfiNet V2.0 中，采用加入实时通道(Real Time)和等时同步实时 IRT(Isochronous Real Time)的技术，减小了处理通信栈所需的时间，使网络实时性得到根本的改善。

2. 统一的应用层、用户层协议规范

工业自动化控制系统包括数据传输的通信和指令传输的通信，为了满足通信一致性和可互操作性，需要制定统一的高层协议规范，以满足开放系统的要求。

3. 网络可用性

即网络生存性，包括工业以太网的可靠性、可恢复性、可维护性等。即保证一个网络系统中任何组件发生故障时，不会导致应用程序、操作系统，甚至网络系统的崩溃瘫痪。环形冗余以太网技术的发展在一定程度上解决了可靠性问题。

4. 与 IT 技术结合

目的是建立现场级和管理级以及工程设计系统和操作员系统之间统一的通信网络，并将这些总线级网络集成到 IT 网络之中，用户可以从中央部门通过 Internet 网络执行上层管理任务。例如,共同管理在不同地点的自动化设备、实现上位生产策略、规划市场举措,直至建立电子商务。在工业自动化方面最新设想的目标是,削减目前存在的通向自动化各层次路径上的异种网络接口,以跨越不同的生产层面,并借助于以太网建立统一的通信,如 PROFInet 就是一个满足各生产层面要求的网络平台。

5. 应用在工业现场过程控制底层

建立现场车间级生产信息网络,对现场设备,如生产设备、测试设备、条码器、PC 及以太网设备进行控制,完成车间级生产信息及产品质量信息的管理。

13.3 基金会现场总线

自 20 世纪 80 年代以来,有几种现场总线技术已经逐渐形成影响,并在一些特定的应用领域显示了自己的优势。它们具有各自的特点,由于技术原因和商业利益,目前难以一时统一。下面主要介绍具有一定权威性的基金会现场总线(FF,Foundation Fieldbus)。

基金会现场总线标准是由总线基金会(Fieldbus Foundation)组织开发的,它的目标是致力于开发出统一标准的现场总线。FF 分为低速 H1 总线和高速 H2 总线,低速总线协议 H1 主要用于过程自动化,高速总线主要用于制造自动化。总线基金会组织于 1996 年一季度颁布了低速总线 H1 的标准,安装了示范系统,将不同厂商的符合 FF 规范的仪表互连为控制系统和通信网络,使 H1 低速总线进入实用阶段。但原来规划的 H2 总线已被现场总线基金会所放弃,取而代之的是基于以太网的 HSE,2000 年现场总线基金会公布了高速以太网的技术规范 HSE。

H1 总线为现场设备提供两种供电方式:总线供电与非总线供电。采用总线供电的设备同时从总线上获得工作能源,即总线上既传送数字信号,同时又为现场设备供电。H1 总线上,数字信号以 31.25 kHz 的频率、峰-峰电压为 0.75—1 V 的幅值加载到 9—32 V的直流供电电压上。一条 H1 总线段,长度不超过 1 900 m,一个网段上的总线设备总数不得多于 16 个。

13.3.1 基金会现场总线的通信系统

为了实现通信系统的开放性,基金会现场总线的通信模型是参考了 ISO/OSI 参考模型,并在此基础上根据自动化系统的特点进行演变后得到的。ISO/OSI 参考模型是国际标准化组织 ISO 为实现开放系统互联所建立的分层模型,简称 OSI 参考模型。该参考模型将开放系统的通信功能划分为七个层次,从邻接物理媒体的层次开始,分别为物理层、数据链路层、网络层、传输层、会话层、表示层和应用层。

1. H1 总线

H1 总线的参考模型只具备 ISO/OSI 参考模型中的三层,即物理层、数据链路层和应用层,并按现场总线的实际要求,把应用层划分为两个层次——总线访问子层和总线报文规范子层。不过，它在原有 ISO/OSI 参考模型第七层应用层之上又增加了新的一层——用户层。这样 FF 现场总线的参考模型可视为四层。其中，物理层(PL)规定了信号如何发送；数据链路层(DLL)规定如何在设备中共享网络和调度通信；应用层(AL)规定了在设备之间交换数据、命令、事件信息以及请求应答中的信息格式；用户层(UL)用于组成用户需要的应用程序，如规定标准的功能块、设备描述，实现网络管理、系统管理等。

实际上，在相应软硬件的开发过程中，往往把除去最下端的物理层和最上端的用户层之后的中间部分作为一个整体，统称为通信栈。这时，FF 现场总线的参考模型可简单地视为三层。

变送器、执行器等都属于现场总线的物理设备。

2. 高速以太网

HSE 采用了基于 Ethernet 和 TCP/IP 的六层协议结构的通讯模型。其中 1 至 4 层为标准的 Internet 协议；第五层是现场设备访问会话 FDAS，为现场设备访问代理 FDAA 提供会话组织和同步服务；第六层是应用层。

13.3.2 基金会现场总线系统的组态与运行

基金会现场总线系统应该是一个完整、协调而有序工作的自动化系统与网络系统。在系统启动运行之前，要对作为系统组成部分的每个自控设备、网络节点规定其在系统中的作用与角色，设置某些特定参数，然后按一定的程序，使各部分设备进入各自的工作状态，并集成为一个有序工作的系统。这就是系统的组态与运行要完成的任务。

1. 系统的组态

系统组态就是从系统整体需要的角度，为其组成成员分配角色、选择希望某个设备所承担的工作，并为她们完成这些工作设置好静态参数、动态初始参数以及不易丢失的参数值。基金会现场总线按设备参数组态的不同阶段，规定了组态的四个层次：制造商定义层组态、网络定义层组态、分布式应用定义层组态和设备定义层组态。不同层次规定不同的组态信息。

在把设备连接到处于工作状态的网络之前，采用带有系统专门信息的装载设备，对某个现场设备进行的组态，称为离线组态。离线组态主要装载两类信息：一类用于规定该设备在系统中所完成的功能；另一类用于规定该设备与这个系统中其他设备间如何相互作用。

2. 网段与系统的启动

系统启动时，组成这个系统的各总线段分别启动。总线段接通电源时，位于这个总线段上的链路主设备如果判断出没有链路活动调度器 LAS 在工作，就马上进入竞争 LAS 的过程。一般说来，第一个接通电源的链路主设备将赢得竞争而成为 LAS，因为此时其他设备还没有进入到竞争之中。如果某个链路主设备被设计为首选链路主管，当它进入在线状态时，将对当时的 LAS 发出请求，让它退出 LAS 而把 LAS 角色转交给这个首选链路主管。LAS 是总线的通信活动中心。

成为 LAS 的链路主管，开始运用负责时间发布的数据链路协议数据单元（TD DLPDU），为它的本地总线段提供数据链路时间。当含有系统时间的主管 LAS 加入到网络时，它也开始发布时间。在根部接口上收到 TD DLPDU 的网桥，对它自己的本地时钟进行必要的调整后，再对它的下游端口重新发布时间。

应用时钟主管负责发布应用时钟时间和相应的数据链路时间，如果它所采用的不是经过同步的数据链路时间，或者若应用时钟时间的某些接收者没有得到同步过的数据链路时间，则应用时钟时间将不是完全同步的。

13.3.3　设备描述与 FF 产品开发

1. 设备描述

在基金会现场总线的现场设备开发中，一项重要内容就是开发现场设备的设备描述（DD）。设备描述是基金会现场总线为实现互可操作性而提供的一个重要工具。由于要求现场总线设备具备互可操作性，必须使功能块参数与性能规定标准化。同时，它也为用户和制造商加入新的功能块或参数提供了条件。设备描述为虚拟现场设备中的每个对象提供了扩展描述。它包括参数标签、工程单位、要显示的十进制数、参数关系、量程和诊断菜单。

设备描述由现场总线基金会规定的设备描述语言 DDL 实现。DDL 语言是一种程序语言，用它描述通过现场总线接口可访问的信息。

设备描述由两个部分组成：一部分是由基金会提供的，它包括由设备描述语言 DDL 描述的一组标准块及参数定义；另一部分是由制造商提供的，它包括由设备描述语言 DDL 描述的设备功能的特殊部分。这两部分结合在一起，完整地描述了设备的特性。

2. 基金会现场总线的产品系列与开发

要构成基金会现场总线控制系统，不可能由完成自动化功能的传统模拟仪表直接连接在现场总线上，而必须开发一系列符合标准规范、具有通信能力的开放式新型产品。采用 OEM 产品集成开发，是目前较为流行的一种产品开发办法。由于基金会现场总线设备不同于传统自动化仪表的最大特色是通信，因而围绕 FF 协议的通信栈软件、通信控制芯片等，将形成一系列 OEM 产品、最终用户产品以及相应的配件、附件，以便构成完整的自动化系统。从产品集成和系统应用的角度，大致有以下种类的软、硬件可形成产品系列的组成部分：

（1）通信控制器的 IC 芯片；

（2）符合 FF 协议的通信栈软件；

（3）构成智能仪表、符合 FF 协议的通信圆卡；

（4）符合 FF 规范的智能类仪表，如各种规格的温度、压力、流量、成分变送控制器，调节阀等；

（5）总线与计算机的接口，如 FF 规范的 PC 接口卡；

（6）网络设备类，如中继器、网关、网桥等；

（7）主机运行管理软件、组态软件、人机接口软件；

(8) 现场总线供电电源;

(9) 本安防爆栅;

(10) 附件类,如终端器、电缆、接线端子、电缆连接器等;

(11) 工具类,如组态对话器、总线分析仪等。

其中,通信栈软件是最重要的软件模块之一,是实现 FF 协议的通信软件。现场总线设备制造商一般并不自己开发通信栈软件,而是购置经过认证的通信栈软件。

为了保证基金会现场总线系统的开放性和一致性,一个符合基金会现场总线协议的设备开发,大致经过以下步骤:

(1) 通信软件开发者开发符合 FF 协议的通信栈软件。

(2) 将通信栈提交给授权测试代理,如德国的 Fraunhofer 研究所,作一致性测试。

(3) 将测试报告交基金会注册登记,取得 FF Stack 认证标志。

(4) 设备开发制造商购买已取得认证的通信栈软件、通信控制芯片,开发相应的软硬件,形成 OEM 产品或最终产品,包括智能现场设备与网络产品。

(5) 在形成产品的过程中,要为开发的现场设备创建设备描述 DD,将 DD 送交基金会注册登记,并由基金会定期颁发 DD 库光盘,发行已注册产品目录。

(6) 将设备提交 FF 或其他测试代理作互可操作性测试,取得互可操作性合格证书。

上述要求都是为了保证系统开放所必须遵循的。这种开放产品给用户带来了选择的自由,系统集成商或用户完全按自己的需要与意愿,选购 FF 现场总线设备、主机、系统运行、组态软件,组成现场总线控制系统。

13.3.4 现场总线控制系统软件

可以说现场总线最具特色的是其通信部分的硬软件,但当现场信号传入计算机后,还要进行一系列的处理。它作为一个完整的控制系统,仍然需要具有类似于 DCS 或其他计算机控制系统那样的控制软件、人机接口软件。当然,现场总线控制系统软件有继承 DCS 等控制软件的部分,也有在它们的基础上前进发展和具有自己特色的部分。现场总线控制系统软件是现场控制系统集成、运行的重要组成部分。

现场总线控制系统软件主要由以下部分组成:

(1) 组态软件。包括通信组态与控制系统组态,用来生成各种控制回路和通信关系。开发人员要明确系统要完成的控制功能,各控制回路的组成结构,各回路采取的控制方式与策略以及节点与节点间的通信关系,以便实现各现场仪表间、现场仪表与监控计算机间以及计算机与计算机间的数据通信。

(2) 维护软件。用于对现场控制系统软硬件的运行状态进行监测、故障诊断以及某些软件测试维护工具等。

(3) 仿真软件。用于对现场总线控制系统的部件,如通信节点、网段、功能模块等进行仿真运行,作为对系统进行组态、调试、研究的工具。

(4) 现场设备管理软件。它是对现场设备进行维护管理的工具。

(5) 监控软件。这是必备的直接用于生产操作和监视的控制软件包,其功能十分丰富，主要有：

① 实时数据采集。将现场的实时数据送入计算机，并置入实时数据库的相应位置。

② 常规控制计算与数据处理。如标准 PID、积分分离、超前滞后、比例、一阶或二阶惯性滤波、高选或低选、输出限位等。

③ 优化控制。在数学模型的支持下，完成监控层的各种先进控制功能，如卡边控制、专家系统、预测控制、人工神经网络控制和模糊控制等。

④ 逻辑控制。完成如开停车等顺序启停过程。

⑤ 报警监视。监视生产过程的参数变化，并对信号越限进行相应的处理，如声光报警等。

⑥ 运行参数的画面显示。包括对带有实时数据的流程图、棒图、历史趋势显示等。

⑦ 报表输出。用来完成报表的打印输出。

⑧ 操作与参数修改。用来实现操作人员对生产过程的人工干预，修改给定值、控制参数、报警限等。

另外，文件管理、数据库管理等内容也是现场总线控制系统监控软件的组成部分。在有些工厂的监控软件中，还配备有统计质量控制软件。这是一种按数理统计方法分析现场采集质量变量数据的软件，可以监视和评判系统的控制与运行状态，指导操作人员全面掌握生产情况，排除故障，并且，它还能以科学方法评估生产过程的能力，指导系统改进，生产出高质量的产品。实时统计质量控制软件主要包括在线与历史数据预处理、各种统计控制图、直方图、事件触发采样、在线 SQC 报警、过程能力分析和用户评述记录等。

13.4　现场总线控制系统的应用

现场总线控制系统与常规控制系统、DCS 系统在系统构成、功能、控制策略等方面有许多类似之处。现场总线控制系统的最大特点在于它的控制单元在物理位置上可与测量变送单元以及操作执行单元合为一体，因而可以在现场构成完整的基本控制系统。又由于它具有较高通信能力，可以与多个现场智能设备沟通、综合信息、便于构成多个变量参与的复杂控制系统与精确测量系统。另外，由于现场总线仪表的数字通信特点，它不仅可以传递测量的数值信息，还可以传递设备标识、运行状态、故障诊断状态等信息，因而可以构成智能仪表的设备资源管理系统。

下面以锅炉汽包水位的三冲量控制系统为例，介绍现场总线控制系统在设计、安装、运行方面的特色以及如何实现现场总线控制系统。

图 13－2 为汽包水位三冲量控制系统的典型的控制方案，它把与水位控制相关的三个主要因素，即汽包水位、给水流量、蒸汽流量，都引入到控制系统，作为控制计算的依据，可以取得较好的控制效果。这里采用的是由两个控制器按串级方式构成的控制系统。

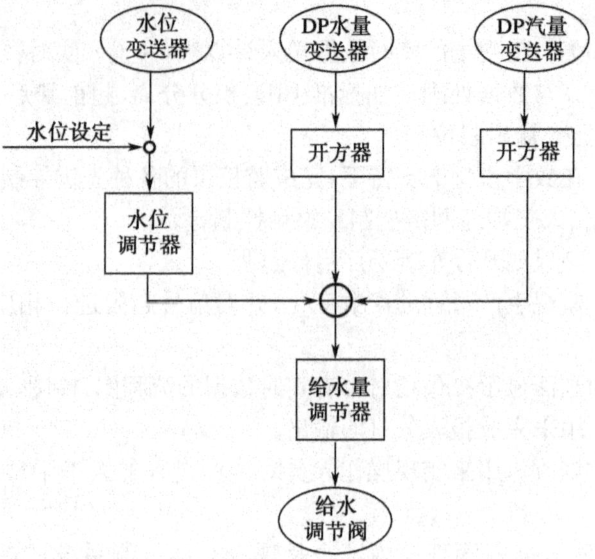

图 13－2　锅炉汽包水位的三冲量系统控制方案

在控制系统方案选定之后，接下来的设计还有：

(1) 根据控制方案选择必需的现场智能仪表

一个经典的三冲量水位控制系统需要一个液位变送器、两个流量变送器和一个给水调节阀。现场总线控制系统同样也需要这些变送器、执行器。对一般模拟仪表控制系统来说，由于汽包水位、蒸汽流量、给水流量的测量信号本身波动频繁，需要阻尼器对测量信号进行预处理；按工厂常规采用的孔板加差压变送器测量流量的办法，要使测量信号与流量呈线性关系，需加开方器；此外，还需要形成串级的主、副两个调节器。而对现场总线控制系统来说，实现阻尼、开方、加减和 PID 运算等功能完全靠嵌入在现场变送器、执行器中的功能块软件完成，现场就是三台总线智能变送器和一台总线智能阀门。可减少硬件投资，节省安装工时与费用。

(2) 选择计算机与网络配件

为满足现场智能设备组态、运行、操作的需求，一般还需要选择一台或多台与现场总线网段连接的计算机。随着工业 PC 机在控制领域的日趋普及，许多不同通信协议的现场总线控制系统都采用安插在 PC 总线插槽中的 PC 现场总线接口板，把工业 PC 机与现场总线网段连接为能完成组态、运行和操作等功能的完整的控制与网络系统。PC 现场总线接口板可有几个现场总线通道，能把几条现场总线网段集成在一起。电源、终端器、缆线等也是现场总线的基本硬件。图 13－3 为现场总线基本硬件构成图。图中两台配置相同的工业 PC 机主要是为系统的安全冗余而设置的。图中所表示的现场总线 PCI 接口卡具有 4 个通道，每个 PCI 接口卡可与 4 条总线网段相接。

当然，采用插接在 PC 机总线插槽中的现场总线 PCI 卡，把现场总线网段直接与 PC 机相连，只是方案之一。考虑到方便现场配线等原因，另一种流行的硬件配置办法是设计某种通信控制器，其一侧与现场总线网段连接，另一侧按通常采用的 PC 机联网方式，如通过以太网方式，采用 TCP/IP 协议、网络 BIOS 协议，完成现场总线网段与 PC 机之间的信息交换。图 13-4 表示了这种控制系统的硬件配置。

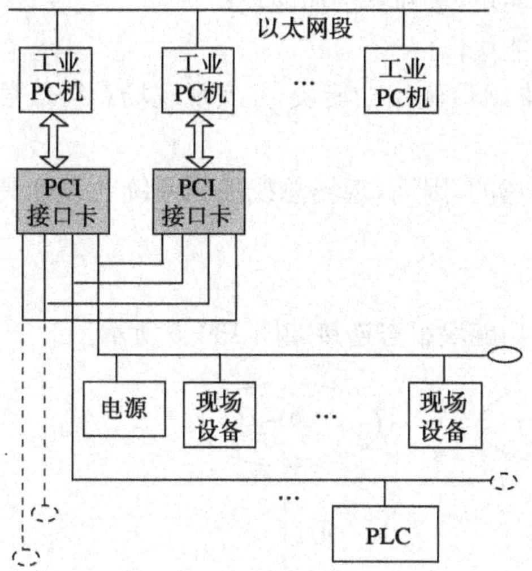

图 13-3　采用 PCI 卡的 FCS

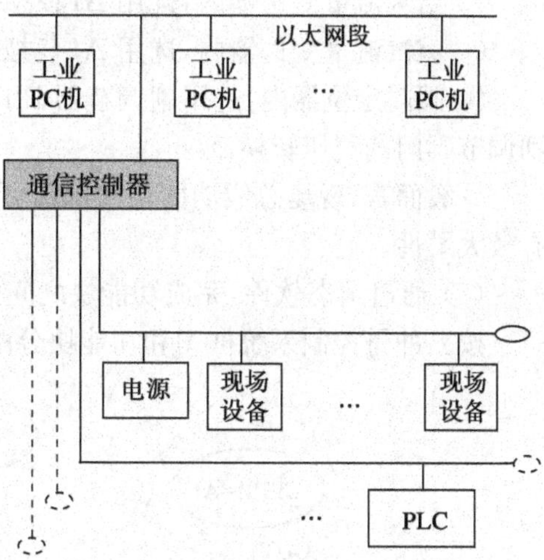

图 13-4　采用通信控制器的 FCS

为优化通信，减少信号的往返传递，尽可能将同一控制系统中信号相关的现场设备就近安排在同一总线段上。除了上面提到的水位变送器、流量变送器、给水调节阀外，由于锅炉控制系统中还有用于联锁系统开关量控制的 PLC，它也需要与现场变送器等交换信息，可采用 PLC 与现场总线网段接口，使 PLC 成为现场总线网段的节点成员。

(3) 选择开发组态软件、控制操作的人机接口 MMI 软件

软件是控制系统资源中不可缺少的。现场总线作为开放系统，希望软件尽可能摆脱专用软件的束缚，走上规范、开放的软件平台。鉴于硬件采用了 PC 机，因而 Windows 系列的应用软件成为首选的强大资源。

已经有多个操作界面友好、颇具影响的人机接口软件成为商品供用户选择。在选择中要注意到 MMI 软件平台的开放性，能与多个应用软件共享数据信息。

组态软件是现场总线控制系统的特色软件，它主要负责完成以下任务：① 在应用软件的界面上选中所连接的现场总线设备；② 对所选设备分配位号；③ 从设备的功能库中选择功能块；④ 实现功能块连接；⑤ 按应用要求为功能块赋予特征参数；⑥ 对现场设备下载组态信息。

窗口式软件采用图形化界面，易于操作，简单明了，便于用户熟悉掌握，因此，组态工具一般采用窗口式软件。

(4) 根据控制系统结构和控制策略所需功能块以及现场智能设备具备的功能块库的条件，分配功能块所在位置

分配在同一设备中的功能块连接属内部连接，其信号传输无须通过总线通信；而位于不同设备的功能块之间的连接属于外部连接，其信号传输须通过总线进行通信。分配功能块位置时应注意减少外部连接，优化通信流量。

具体到三冲量水位控制系统，功能块分配方案如下：

① 汽包液位变送器内，选用AI模拟输入功能块，主调节器PID功能块；

② 给水流量变送器内，选用AI模拟输入功能块，求和算法功能块；

③ 蒸汽流量变送器内，选用AI模拟输入功能块；

④ 阀门定位器内，选用副调节器PID功能块，AO输出功能块，并实现现场总线信号到调节阀门的气压转换。

一般而言，现场总线功能块的选用可以是任意的，因而，现场总线控制系统的设计具有较大柔性。

(5) 通过组态软件，完成功能块之间的连接

按三冲量控制系统框图和功能块分配方案，功能块组态连接如图13-5所示。

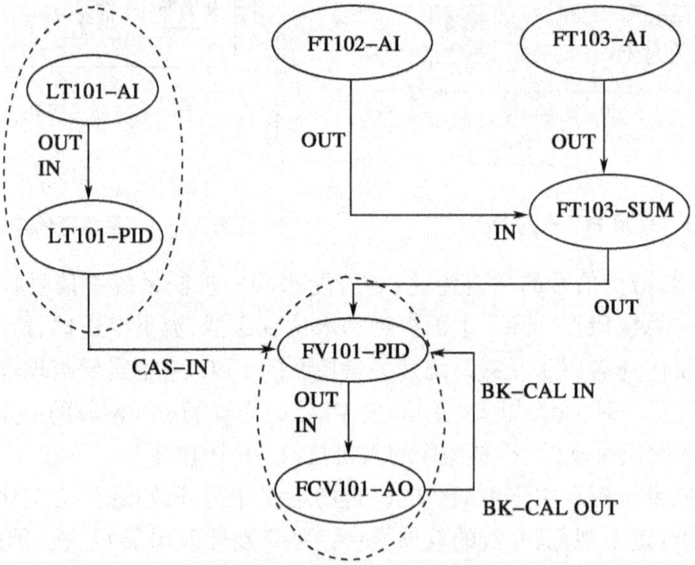

图13-5 功能块的分布与连接

图13-5中虚线表示物理设备，实线表示功能块，实线内标有位号和功能块名称。这里，水位变送器的位号为LT101，蒸汽、给水变送器的位号分别为FT102、FT103，给水调节阀的位号为FV101。BK-CAL IN，BK-CAL OUT分别表示阀位反馈信号的输入与输出；CAS-IN表示串级输入。实行组态时，只需在窗口式图形界面上选择相应设备中的功能块，在功能块的输入输出间简单连线，便可建立信号传递通道，完成控制系统的连接组态。

(6) 通过功能块的特征化，为每个功能块确定相应参数

每种功能块有各自的功能，也有各自的特征参数，组态的另一项任务就是要确定功能块中的特性与参数。图13-6为给水流量测量变送器的AI功能块，可以通过组态决定AI功能块的特征参数，如测量输入范围、输出量程、工程单位、滤波时间、是否需要开方处理等。

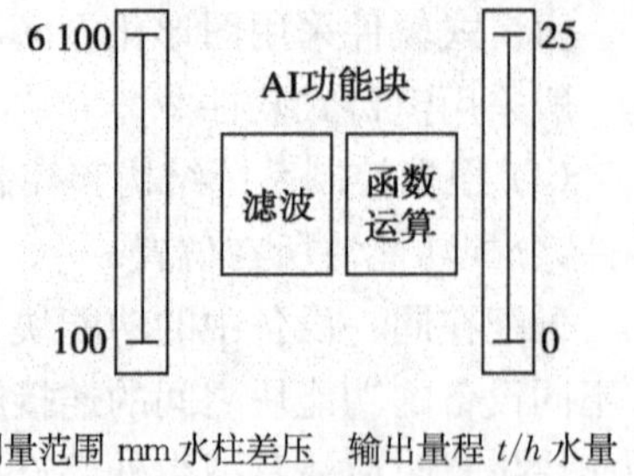

图13-6 AI功能块的特征化

(7) 网络组态

由于现场总线是工厂底层网络，网络组态的范围包括现场总线网段，也包括作为人机接口操作界面的PC机及与它相连的网段。内容有分配网络节点号，决定链路活动主管、后备链路活动主管等。

(8) 下载组态信息

组态的最后操作是下载组态信息，即将组态信息的代码送到相应的现场设备，并启动系统运行。

例题与习题

1. 计算机控制系统较之模拟量控制有哪些优点？表现在哪些方面？

2. 典型的过程计算机控制系统由哪些部分组成？它们是如何协调工作的？

3. 工业控制计算机由哪些部分组成？各部分有什么功能？

4. 按计算机参与控制的方式分类，过程计算机控制系统有哪些类型？各种类型的计算机控制系统有哪些功能？

5. 请写出位置式和增量式数学PID控制算法的表达式。

6. 请画出编写数字式PID控制算法程序的流程图。

7. 如何选择过程计算机控制系统的采样周期？

8. 常用的数字PID参数整定方法有哪些？分别如何整定？

9. 计算机控制系统设计的一般步骤有哪些？

10. 与普通计算机控制系统相比，集散控制系统有哪些特点？它的高可靠性体现在哪些方面？

11. 集散控制系统一般由哪些部分组成？各部分完成什么功能？

12. 什么叫集散控制系统的硬件组态？

13. 什么叫集散控制系统的软件组态？软件组态有哪几种方式？软件组态包括哪些内容？

14. TDC 3000集散控制系统的LCN通信网络及其模件的主要功能是什么？它由哪些部分组成？

15. TDC 3000集散控制系统的万能操作站具有哪些功能？

16. TDC 3000集散控制系统的万能工作站具有哪些功能？

17. TDC 3000集散控制系统的万能控制网络及模件包含哪些部分？各部分起到什么作用？

18. 什么是DCS系统的硬件组态？它包含哪些内容？

19. 什么是DCS系统的应用软件组态？应用软件组态包含哪些内容？有哪几种组态方式？

20. 可编程控制器的发展经历了哪些阶段？

21. 可编程控制器有哪些特点？

22. 可编程控制器能完成什么功能？

23. 可编程控制器的硬件结构是由哪些部分构成的？各部分有什么功能？

24. 可编程控制器的编程语言有哪几种？

25. 可编程控制器是以什么方式工作的？它在一个扫描周期内完成哪些任务？

26. 可编程控制器应用系统的开发经历哪几个步骤？

27. 目前市场上典型的现场总线有哪些？

28. 现场总线控制系统与传统的控制系统在结构上有什么不同？

29. 现场总线控制系统有什么特点？

30. 现场总线控制系统由哪些部分组成？

31. 现场总线控制系统中监控、组态计算机的软件包括哪些？

32. 以太网对介质的访问控制采用什么协议？说明它的基本原理。

33. 工业以太网在自动化领域的应用主要集中在哪几个方面？

34. 典型的工业以太网协议有哪些？

35. 以太网应用于工业自动化中的关键问题有哪些？

36. 以一个单回路控制系统为例，说明现场总线控制系统与其他控制系统在构成方面有什么不同？

试 卷 一

一、单项选择题(每小题 1 分,共 10 分)

1. 下列(　　)不是测量仪表的技术性能指标。

A. 仪表精度　　B. 灵敏度　　C. 响应时间　　D. 测量方法

2. 对于始点为 0℃的电子电位差计,当输入端短路时,仪表指针应指在(　　)。

A. 始点　　B. 室温　　C. 终点　　D. 原位置

3. 关于调节阀等百分比理想流量特性,下列叙述正确的是(　　)。

A. 相对流量与相对行程成正比

B. 单位行程变化所引起的流量变化与当时流量成正比

C. 相同的行程变化产生相同的流量变化

D. 调节阀的放大系数为一常数

4. 某 DDZ-Ⅲ型 PI 调节器,处于正作用状态,$\delta=50\%$,$T_I=2$ min,在 $t=1$ min 时加入幅值为 2 mA 的干扰,试问在干扰刚加入的瞬间调节器输出应为(　　)。

A. 5 mA　　B. 8 mA　　C. 13 mA　　D. 6 mA

5. 若用 K_c 表示比例增益,T_I 表示积分时间,T_D 表示微分时间,T 表示采样周期,增量式数字 PID 算法的表达式为(　　)。

A. $\Delta u(k)=K_c[e(k)-e(k-1)]+K_c\dfrac{T_I}{T}e(k)+K_c\dfrac{T}{T_D}\Big[e(k)-2e(k-1)+e(k-2)\Big]$

B. $\Delta u(k)=K_c[e(k)-e(k-1)]+K_c\dfrac{T}{T_I}e(k)+K_c\dfrac{T_D}{T}\Big[e(k)-2e(k-1)+e(k-2)\Big]$

C. $\Delta u(k)=K_c[e(k)-e(k-1)]+K_c\dfrac{T}{T_I}e(k)+K_c\dfrac{T_D}{T}\Big[e(k)-e(k-1)+e(k-2)\Big]$

D. $\Delta u(k)=K_c[e(k)-e(k-1)]+\dfrac{T}{T_I}e(k)+\dfrac{T_D}{T}\Big[e(k)-2e(k-1)+e(k-2)\Big]$

6. 如果控制系统的给定值不断随机的发生变化,则称该系统为(　　)。

A. 定值控制系统　　B. 随动控制系统

C. 程序控制系统　　D. 前馈控制系统

7. 过渡过程常出现如下几种形式:

① 非振荡衰减过程　　② 衰减振荡过程

③ 等幅振荡过程　　④ 发散振荡过程

⑤ 非振荡发散过程

其中,属于稳定过程的有(　　)。

A. ①③　　B. ②④　　C. ③⑤　　D. ①②

8. 温度控制系统如卷图 1 - 1 所示，当物料为温度过低时易析出结晶颗粒的介质、调节介质为过热蒸汽时，则调节阀和调节器的作用形式为（　　）。

A. 气关调节阀，正作用调节器

B. 气开调节阀，反作用调节器

C. 气开调节阀，正作用调节器

D. 气关调节阀，反作用调节器

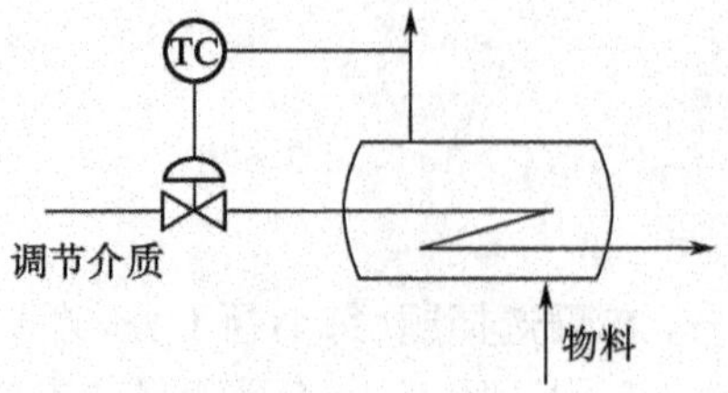

卷图 1 - 1

9. 卷图 1 - 2 所示为丙烯冷却器的控制方案示意图，图中所采用了（　　）控制方案完成控制。

A. 串级

B. 选择性

C. 分程

D. 均匀

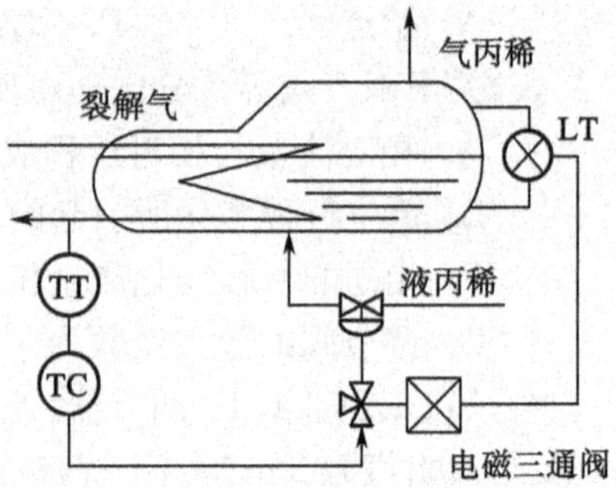

卷图 1 - 2

10. 在分程控制方案的应用场合中，不包括下列的那一种说法？（　　）

A. 提高调节阀的可调性

B. 交替使用不同的控制方案

C. 满足生产过程不同阶段的需要

D. 使两种物料保持一定的比例

二、填空题（每空 1 分，共 10 分）

11. 在相同的条件下，用同一仪表对某一工艺参数进行正反行程的测量，相同的被测量值得到的正反行程测量值的最大差值称为________。

12. 弹簧管压力表测量有腐蚀性介质时，应加装有中性介质的________。

13. DDZ - Ⅱ型仪表由 220 V 交流电压单独供电，DDZ - Ⅲ型仪表由________统一供电。

14. 过程计算机控制系统由________和工业生产过程组成。

15. 被控对象的输入包括调节变量和________。

16. 把系统的输出信号回送到系统的输入端并添加到输入信号中称为________。

17. 根据被研究对象的物理化学性质和运动规律来建立系统数学模型的方法称为________。

18. 由于系统中物料或者能量的传递需要克服一定的阻力而产生的滞后被称为________。

19. 工程整定方法有经验方法、临界比例度法和________等三种方法。

20. 在串级控制系统中，主控制器的作用方向是由________的作用方向决定的。

三、判断题(每小题 1 分,共 10 分)

21. 差压式液位计进行液位测量时,都需要进行零点迁移来改变测量范围。 ( )

22. 电容式物位计只能进行导电液体液位的测量。 ( )

23. 阀门定位器可改变调节阀对信号压力的响应范围,实现分程控制。 ( )

24. 可编程控制器的工作方式是周期扫描方式。 ( )

25. 在控制系统中,被控制的物理装置称为被控对象。 ( )

26. 雷达控制系统是定值控制系统的典型应用。 ( )

27. 放大系数 K 是描述过程动态特性的参数。 ( )

28. 确定调节阀的气开气关作用的依据是生产的安全性。 ( )

29. 在串级控制系统中,无论主环还是副环都是定值控制系统。 ( )

30. 积分饱和现象并不是选择性控制系统所特有的。 ( )

四、简答题(每小题 5 分,共 20 分)

31. 什么叫调节器的调节规律?常见的调节器调节规律有哪些?写出增量式 PID 调节规律的表达式。

32. 根据卷图 1-3 所示的差压变送器的曲线特性,说明各曲线所表示的迁移情况,并说明曲线表示的迁移量。

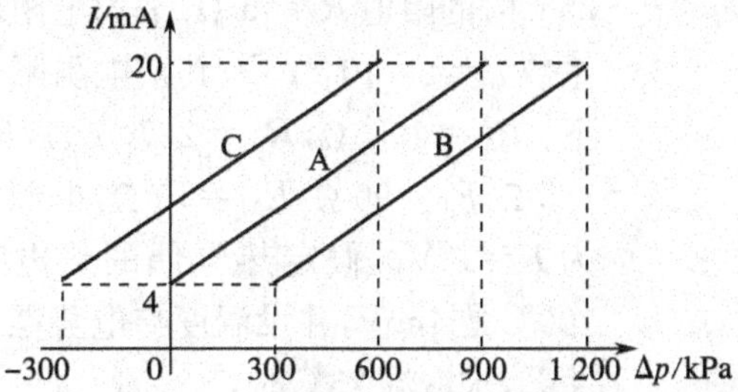

卷图 1-3

33. 如卷图 1-4 所示的塔釜温度控制系统是否有错?错在何处,如何改正,为什么?

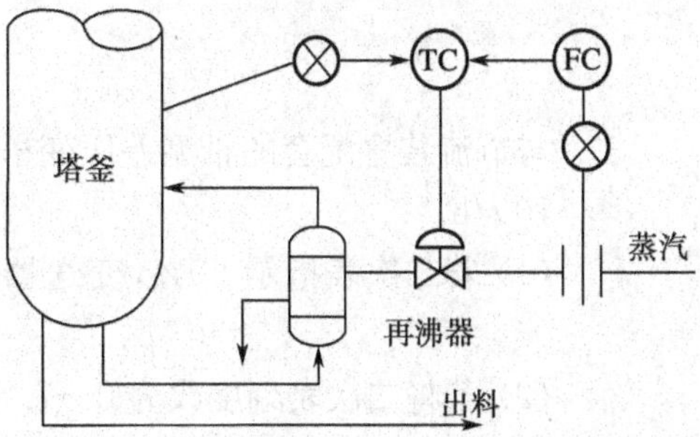

卷图 1-4

34. 解释 NCF 组态的含义。

五、计算分析题(每小题 10 分,共 50 分)

35. 如卷图 1-5 所示,若错用了 E 热电偶的补偿导线,当热电偶冷端短接时,电子电位差计指在 20℃上(机械零位在 0℃),热电偶热端温度为 885℃时,试求电子电位差计指在多少℃?

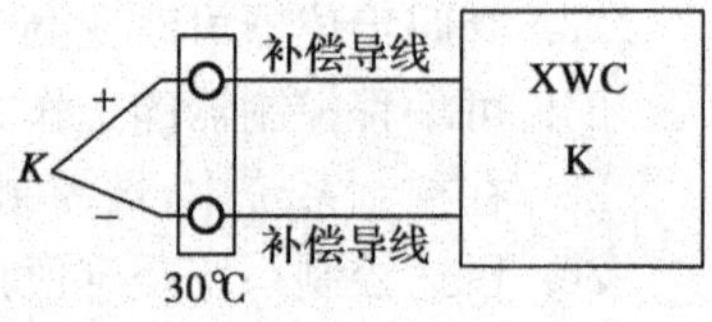

卷图 1-5

附 K 热电偶分度表

温度(℃)	20	30	875	880	885	890	895
E_K(mV)	0.798	1.203	36.323	36.524	36.724	36.925	37.125
E_E(mV)	1.192	1.801	66.859	67.245	67.630	68.015	68.399

36. 如卷图 1-6 所示电子电位差计线路原理图。其中 R_2 为冷端温度补偿电阻,25℃时的阻值 $R_2=5\ \Omega$,平均电阻温度系数 $\alpha=4\times10^{-3}/℃$,其余电阻阻值如下:$R_3=495\ \Omega$,$R_4=237.5\ \Omega$,$R_G=3.5\ \Omega$,$R_P=90\ \Omega$,$R_M=10\ \Omega$,电源电压为 $E=1$ V。假定热电偶的热电势每 100℃是 4 mV,并设温度与电势是线性关系,求室温 25℃时,

(1) 指针移到 A 点时的温度;

(2) 指针移到 B 点时的温度;

(3) 仪表量程为多少?

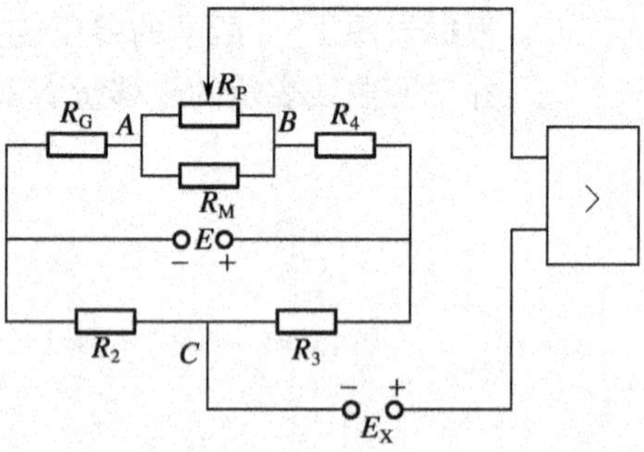

卷图 1-6

37. 与节流装置配套的Ⅲ型差压变送器的测量范围为 0—39.24 kPa,二次刻度为 0—10 t/h。

(1) 若二次表指示 50%,变送器输入差压 Δp 为多少?变送器输出电流 I_0 为多少?

(2) 若将二次表刻度改为 0—7.5 t/h,应如何调整?

38. 某聚合反应釜内进行放热反应，釜温过高会发生事故，因此采用夹套水冷却。由于釜温控制要求较高，而且冷却水压力，温度波动较大，故设计控制系统如卷图 1-7 所示。

试回答：

(1) 这是一个什么类型的控制系统？画出其方块图，说明主变量和副变量是什么？

(2) 确定调节阀的气开气关形式；

(3) 确定调节器的正反作用；

(4) 当主要干扰是冷却水温度波动，简述其控制过程。

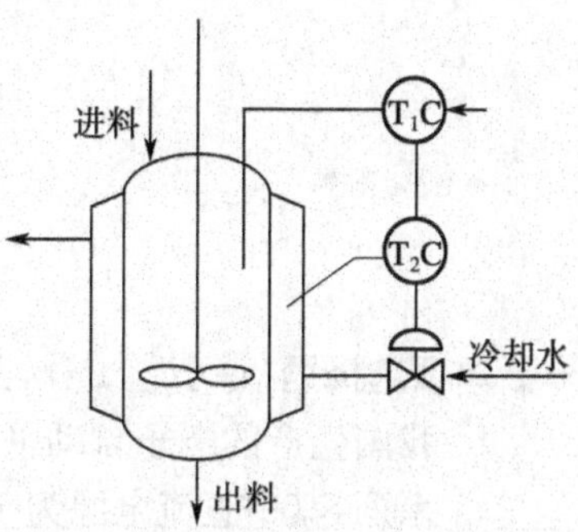

卷图 1-7

39. 如卷图 1-8 所示为锅炉汽包液位调节系统，试回答以下问题：

(1) 如果采用简单控制系统则会出现“虚假液位”现象，这是为什么？

(2) 试设计双冲量控制系统实现控制，画出流程图；

(3) 确定阀门的气开气关形式；

(4) 确定控制器的正反作用。

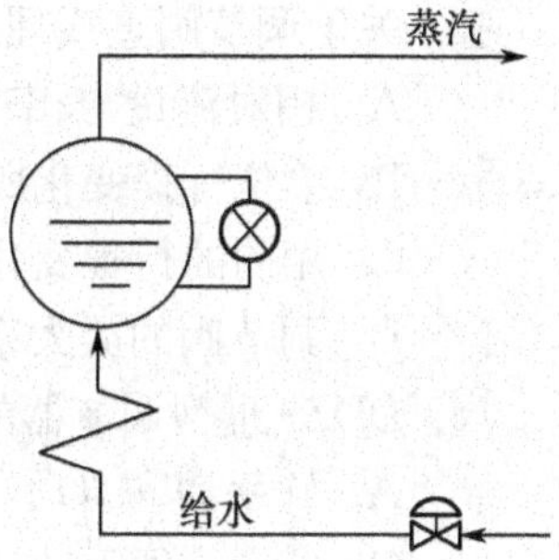

卷图 1-8

试 卷 二

一、单项选择题(每小题 1 分,共 10 分)

1. 我国生产的电子自动平衡电桥有 XD(交流平衡电桥)系列和 XQ(直流平衡电桥)系列,其中直流电源为 1 V,交流电源为(　　)V。

A. 1　　B. 220

C. 360　　D. 6.3

2. 对于始点为 0℃的电子电位差计,当输入端短路时,仪表指针应指在(　　)。

A. 始点　　B. 室温

C. 终点　　D. 原位置

3. 关于调节阀直线理想流量特性,下列叙述错误的是(　　)。

A. 相对流量与相对行程成正比

B. 单位行程变化所引起的流量变化与当时流量成正比

C. 相同的行程变化产生相同的流量变化

D. 调节阀的放大系数为一常数

4. DDZ-Ⅲ型调节器的下列切换中,(　　)不是无平衡无扰动切换。

A. 软手动→自动　　B. 硬手动→软手动

C. 自动→硬手动　　D. 硬手动→自动

5. 计算机把运算结果直接输出去控制生产过程,称为(　　)。

A. 操作指导控制系统　　B. 计算机监督控制系统

C. 分级控制系统　　D. 直接数字控制系统

6. 在基金会现场总线通信协议中,(　　)规定如何在设备中共享网络和调度通信。

A. 物理层　　B. 数据链路层

C. 应用层　　D. 用户层

7. 下列关于时间常数 T 的说法,下列说法中(　　)是错误的。

A. 对于干扰通道,时间常数大则利于调节

B. 对于调节通道,时间常数大则系统较为稳定

C. 对于调节通道,时间常数小则系统易于控制

D. 时间常数 T 指当对象受到阶跃输入作用之后被控量达到新稳态值的 63.2%所需要的时间

8. 如卷图 2-1 所示的液位控制系统是一个(　　)。

A. 定值控制系统

B. 随动控制系统

C. 程序控制系统

D. 随机控制系统

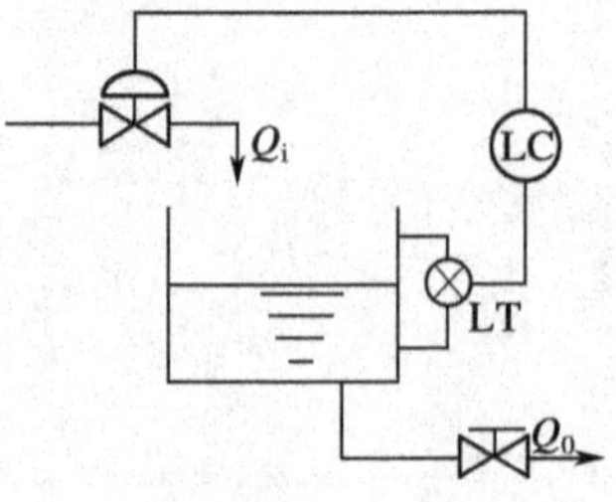

卷图 2-1

9. 温度控制系统如卷图 2－2 所示，当物料为温度过高时易结焦或分解的介质，调节介质为待加热的软化水时，调节阀和调节器的作用形式为(　　)。

A. 气关调节阀，反作用调节器

B. 气开调节阀，反作用调节器

C. 气开调节阀，正作用调节器

D. 气关调节阀，正作用调节器

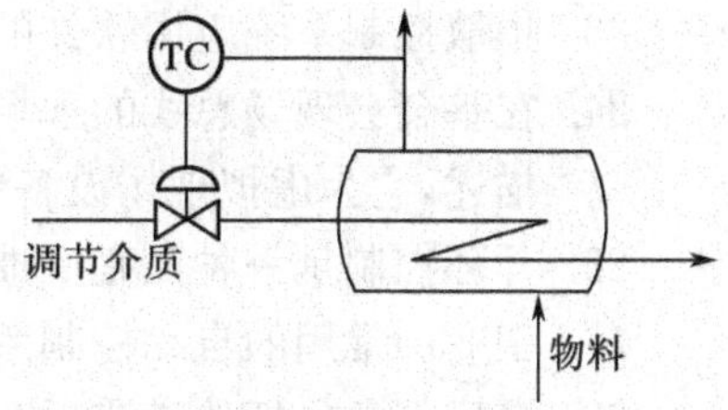

卷图 2－2

10. 如卷图 2－3 为一个加热器控制系统，通过将进料与蒸汽进行换热达到对物料进行加热的目的，希望出料温度恒定。其中已知进料流量为最主要的干扰，有人据此设计了如图所示的控制系统。这是一个(　　)。

A. 前馈控制系统　　B. 反馈控制系统

C. 闭环控制系统　　D. 单回路控制系统

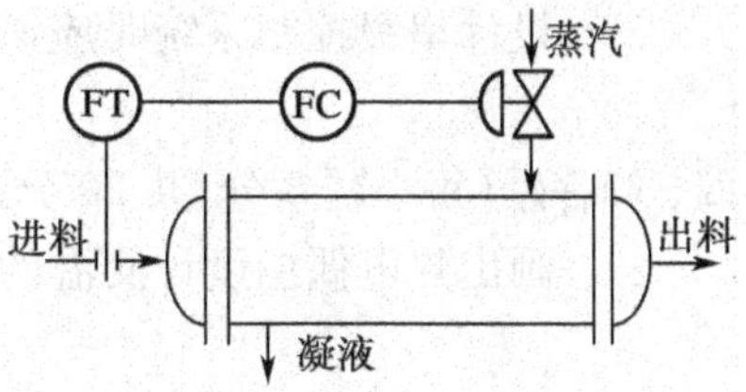

卷图 2－3

二、填空题(每空 1 分，共 10 分)

11. 双金属温度计是利用物质的________特性测温的。

12. 单元组合式控制仪表按照连接信号的不同可分为气动单元组合式控制仪表和____________________两类。

13. 电动执行器接受来自调节器的 0—10 mA 或 4—20 mA 的直流电流信号，将其转换成相应的________或直行程位移，去操作阀门挡板等调节机构，以实现自动调节。

14. 计算机与生产过程之间的信息传递是通过______________设备进行的，它在两者之间起到桥梁和纽带的作用。

15. 如果由于反馈的存在，使系统的输出信号单调的朝着某一个方向变化，这样的反馈称为________。

16. 设定值或给定值与测量值之差被称为________。

17. 数学模型的建模方法包括机理建模和________。

18. 第一个超调量和第二个超调量的比值称为________，它体现了过渡过程的衰减程度。

19. 调节器参数整定包括理论计算方法________两大类方法。

20. 串级控制系统中，副控制器经常使用的调节规律是________________。

三、判断题(每小题 1 分，共 10 分)

21. 用差压式流量计测液体流量时，取压点应在工艺管道的中心线以上，与水平夹角约成 45°。(　　)

22. DDZ－Ⅲ型调节器的所有工作状态的相互切换都是无平衡无扰动的。(　　)

23. 集散控制系统应用软件的组态只能在 DCS 上通过操作站进行组态。（ ）

24. 在基金会现场总线的现场设备开发中，一项重要内容就是开发现场设备的设备描述，它为虚拟现场设备中的每个对象提供扩展描述。（ ）

25. 开环控制是一种没有反馈的简单控制。（ ）

26. 工业中常用的自动控制系统以正反馈控制系统居多。（ ）

27. 滞后现象包括传递滞后和容量滞后。（ ）

28. 在简单控制系统方块图中，调节器方块可以完全等同于调节规律方块。（ ）

29. 串级控制系统中，副控制器的输出是主控制器的给定。（ ）

30. 设计串级控制系统时应该把所有干扰包括在副环中。（ ）

四、简答题（每小题 5 分，共 20 分）

31. 画出热电偶温度计测温的基本线路并说明各部分的作用。

32. 卷图 2-4 是电子电位差计的示意图，它的测量范围是 0—1 000℃，当输入电势 E_X 为 0 mL 时，仪表指示值如何，为什么？如何使仪表指针指向 0℃？

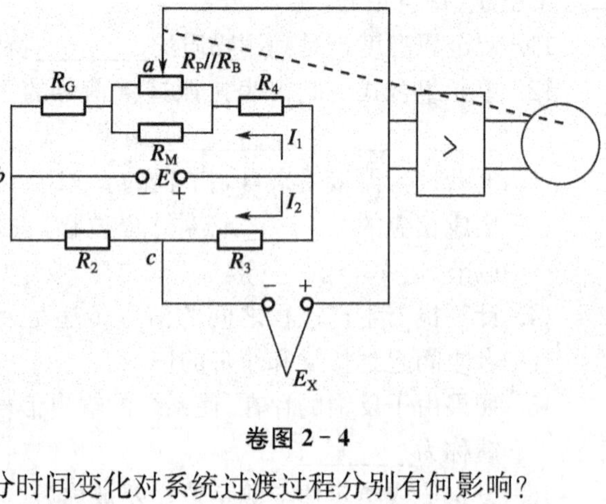

卷图 2-4

33. 调节器的比例度、积分时间、微分时间变化对系统过渡过程分别有何影响？

34. 如卷图 2-5 所示为加热炉温度控制系统。根据工艺要求，出现故障时炉子应该熄火，试说明调节阀的气开气关形式、调节器的正反作用，并简述调节系统的工作过程。

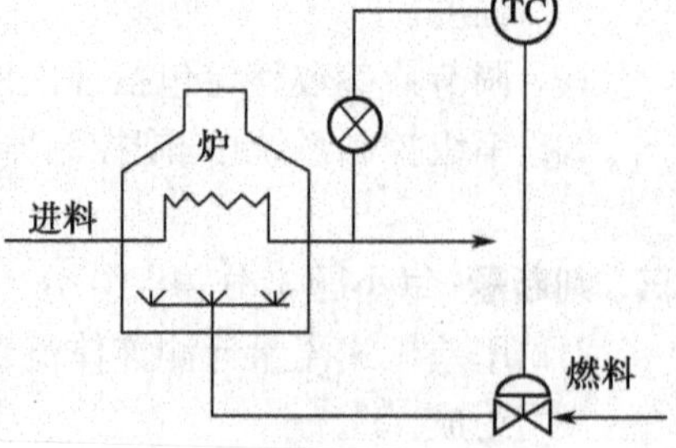

卷图 2-5

五、计算分析题(每小题 10 分,共 50 分)

35. 如卷图 2－6 所示用差压变送器测量闭口容器内的液位。为防止被测介质进入导管和仪表机体而影响测量,故从正压导管内打密度为 $\rho_2=790\ \mathrm{kg/m^3}$ 的冲洗液,负压导管内打密度为 $\rho_1=1.128\ \mathrm{kg/m^3}$ 的气体(打气体是为了节约液体冲洗液)。已知 $h_1=0.2\ \mathrm{m}$,$h_2=2\ \mathrm{m}$,$h_3=1.5\ \mathrm{m}$,被测介质密度 $\rho_3=1\,050\ \mathrm{kg/m^3}$,则

(1) 液位计的量程为多少?

(2) 是否需要迁移?迁移量为多少?

(3) 如果液面的高度 $h=0.5\ \mathrm{m}$ 时,Ⅲ型差压变送器的输出为多少?

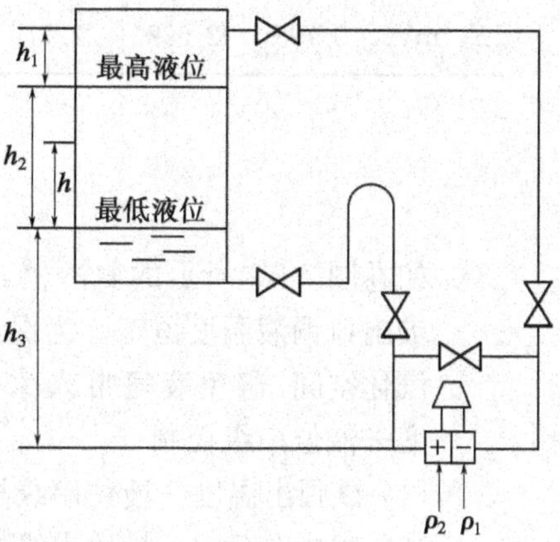

卷图 2－6

36. 某发酵过程工艺规定操作温度为(40±2)℃。考虑到发酵效果,控制过程中温度偏离给定值最大不能超过 6℃。现设计一个定值控制系统,在阶跃扰动作用下的过渡过程曲线如卷图 2－7 所示。试确定该系统的最大偏差、衰减比、余差、过渡时间(按照被控变量进入±2%新稳态值即达到稳态来确定)。

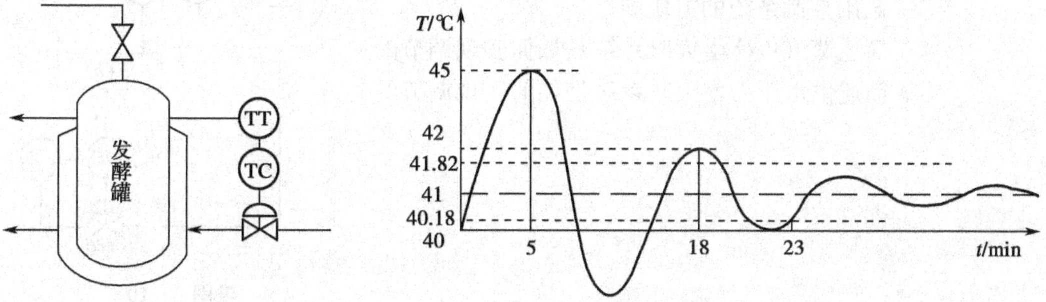

卷图 2－7

37. 如卷图 2－8 所示的测温系统中,热电偶的分度号为 K,当被测实际温度是 600℃时,仪表指示为多少?

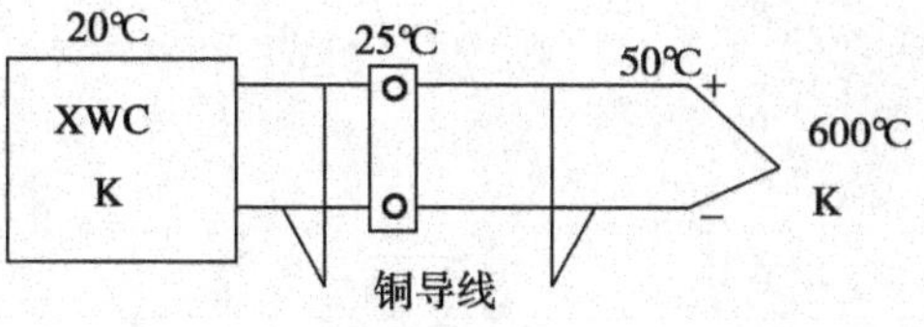

卷图 2－8

温度℃	20	50	550	560	570	580	590	600	610
E_K(mV)	0.798	2.022	22.772	23.198	23.624	24.050	24.476	24.902	25.327

38. 如卷图 2-9 所示的氨冷器,用液氨冷却铜液,要求出口铜液温度恒定。为保证氨冷器内有一定的汽化空间,避免液氨带入冰机造成事故,采用温度—液位串级控制。

(1) 试画出温度—液位串级控制系统的示意图;

(2) 试画出温度—液位串级控制系统的方块图;

(3) 确定气动调节阀的气开气关形式;

(4) 确定调节器的正反作用。

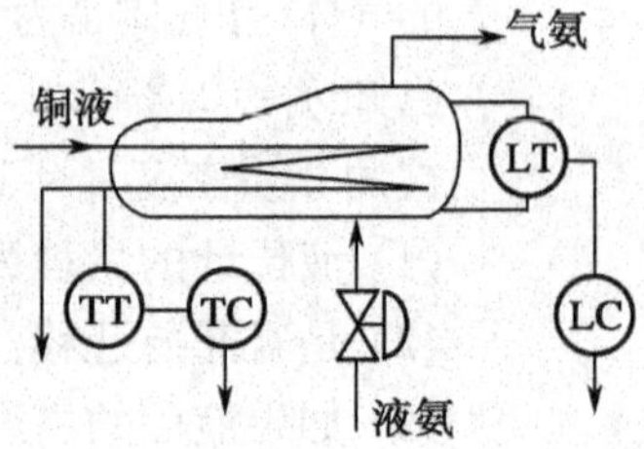

卷图 2-9

39. 卷图 2-10 为一个锅炉汽包液位的三冲量控制系统,试回答以下问题:

(1) 三个冲量的具体含义是指什么?

(2) 画出控制系统的方块图;

(3) 简述蒸汽负荷增大时系统是如何实现调节的;

(4) 简述供水压力增大时系统是如何实现调节的。

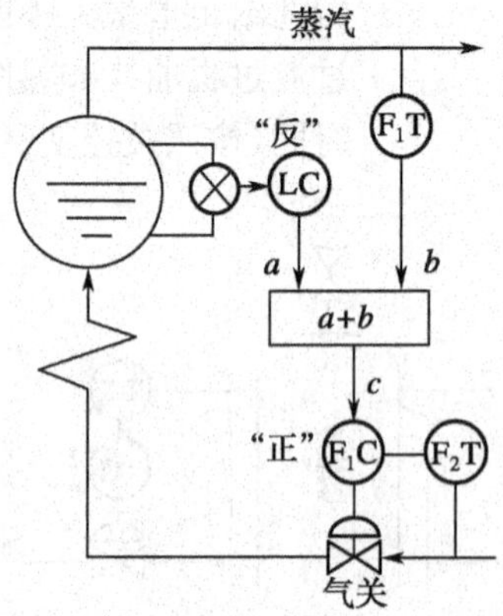

卷图 2-10

试 卷 三

一、单项选择题(每小题 1 分,共 10 分)

1. 热电阻测温时为了消除连接导线阻值变化而产生的误差,要求固定每根导线的阻值,且必须采用(　　)线制。

A. 一　　B. 二　　C. 三　　D. 四

2. 如卷图 3-1 所示 K 型电子电位差计配 K 型热电偶测温,连接导线为普通铜导线,仪表的指示值约为(　　)℃。

A. 990

B. 1 100

C. 1 000

D. 980

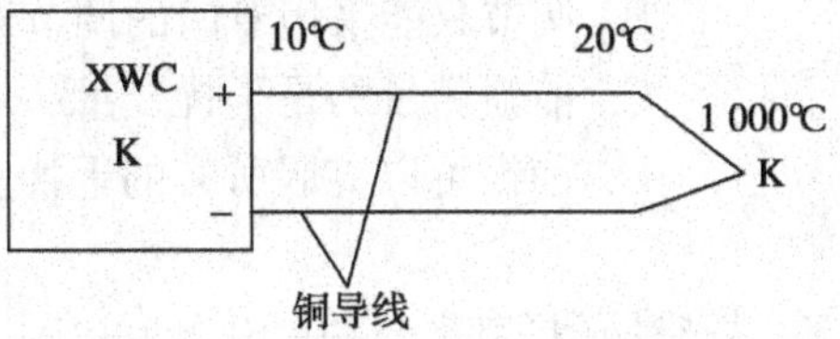

卷图 3-1

3. 电—气转换器按照(　　)原理工作。

A. 电压平衡　　B. 平衡电桥

C. 电磁效应　　D. 力矩平衡

4. 某 PID 调节器,若积分时间 $T_I \to \infty$,微分时间 $T_D = 0$ 时,调节器呈(　　)调节特性。

A. 比例　　B. 比例积分

C. 比例微分　　D. 比例积分微分

5. 下列(　　)不是可编程控制器可用的编程语言。

A. 梯形图　　B. 状态流程图　　C. 指令语句表　　D. 机器语言

6. 当控制系统的设定值是一个已知的时间函数,则该控制系统为(　　)。

A. 定值控制系统　　B. 随动控制系统

C. 程序控制系统　　D. 前馈控制系统

7. 在自动控制系统中,通常用(　　)表示液位控制器。

A. LC　　B. PC　　C. TC　　D. FC

8. 温度控制系统如卷图 3-2 所示,当物料为温度过低时易析出结晶颗粒的介质、调节介质为待加热的软化水时,则调节阀和调节器的作用形式为(　　)。

A. 气关调节阀,正作用调节器

B. 气开调节阀,反作用调节器

C. 气开调节阀,正作用调节器

D. 气关调节阀,反作用调节器

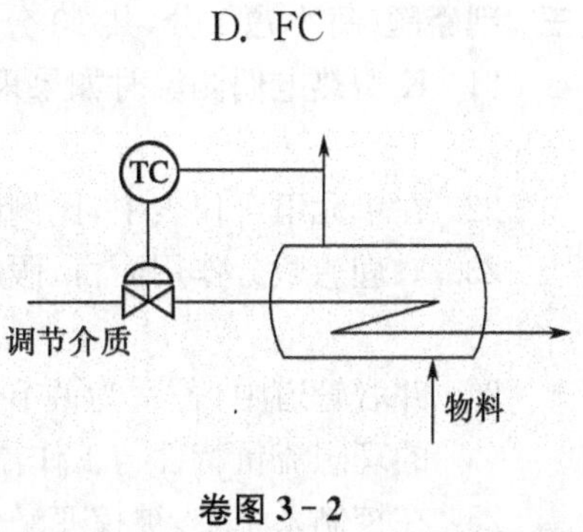

卷图 3-2

9. 卷图 3-3 所示为一个加热炉控制系统，它采用了(   )控制方案。
   A. 单闭环比值
   B. 双闭环比值
   C. 变比值
   D. 均匀

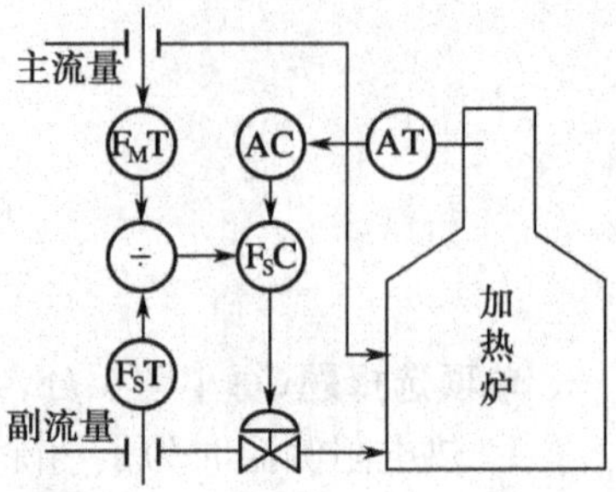

卷图 3-3

10. 与反馈控制系统相比较，下列说法中(   )不是前馈控制的特点。
   A. 按照干扰作用进行调节，一般比反馈调节及时
   B. 调节只能采用专门的调节器
   C. 前馈测量的是干扰变量
   D. 前馈可以克服所有的干扰

二、填空题(每空 1 分，共 10 分)

11. ________压力表是利用弹性元件在被测介质的压力作用下产生弹性形变的原理而制成的。
12. 组装式综合控制装置最大的特点是控制和显示操作功能分离，结构上分为控制机柜和__________两大部分。
13. DDZ-Ⅲ型调节器在____________________切换时，需要预先将硬手动操作杆对准自动或软手动输出指示值，这样才能得到无扰动切换。
14. 可编程控制器最广泛的应用就是在开关逻辑和________领域。
15. ________也称为设定值或期望值，是人们希望控制系统实现的目标。
16. 过渡过程最终的新稳态值和过渡过程开始之前的原稳态值之差称为________。
17. 在 DDZ-Ⅲ调节器中，比例度 δ 和比例放大系数 K_p 之间的关系是 ________。
18. 在一个控制系统中同时使用开关型和连续型的选择性控制，则构成的选择性控制系统称为____________________。
19. 与反馈控制测量被控变量不同，前馈控制测量的是________变量。
20. 串级控制系统的整定方法包括两步整定法和________。

三、判断题(每小题 1 分，共 10 分)

21. K 型热电偶测温时如果采用 E 型的电子电位差计则会产生很大的测量误差。 (   )
22. 在单元组合仪表中，比例度 δ 与放大倍数 K_P 成倒数关系。 (   )
23. 对理想微分作用而言，假如偏差固定，即使数值很大，微分作用也没有输出。 (   )
24. 并联管道中，若 x 为调节阀全开时的流量与总管最大流量之比，则 $x=0$ 时，阀门的理想流量特性与工作流量特性一致。 (   )
25. 在控制系统中，被控变量是被控制的物理装置或物理过程。 (   )

26. 当系统的最大超调量与最大偏差相等时，系统的余差值等于 0。 (　　)

27. 若一个对象的特性可以用微分方程 $a_0\dfrac{\mathrm{d}y^2(t)}{\mathrm{d}t^2}+a_1\dfrac{\mathrm{d}y(t)}{\mathrm{d}t}a_2y(t)=Kx(t)$ 来描述，则它是一个一阶系统。 (　　)

28. 在进行调节器参数整定时，衰减曲线法先通过实验得到临界比例度和临界周期，然后根据经验总结出来的关系求出调节器各个参数。 (　　)

29. 串级控制系统的副环是一个随动控制系统，副控制器一般采用 PI 调节规律。 (　　)

30. 无论前馈控制还是反馈控制都是闭环控制。 (　　)

四、简答题(每小题 5 分，共 20 分)

31. 什么叫调节阀的流量特性？请写出线性流量特性与等百分比流量特性的数学表达式。

32. 卷图 3－4 所示为一个液位调节回路，工艺要求故障情况下送出的气体也不许带有液体。试确定调节阀的气开气关形式和调节器的正反作用，再简单说明这个调节回路的工作过程。

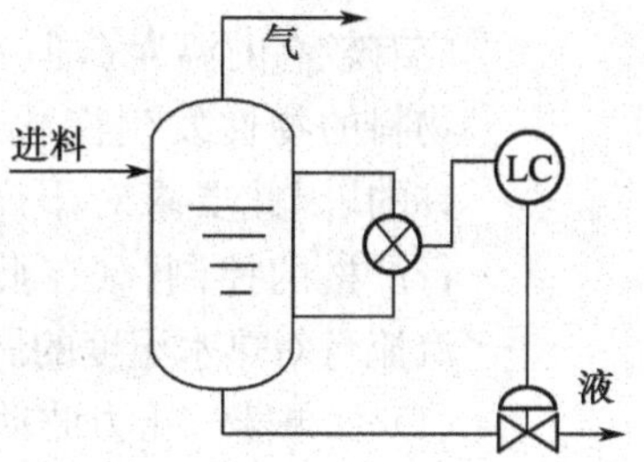

卷图 3－4

33. 什么叫调节阀的变差？调节阀变差对调节过程有什么影响？

34. 对于简单控制系统，请简述调节变量的选择原则。

五、计算分析题(每小题 10 分，共 50 分)

35. 如卷图 3－5 所示的测温系统中，热电偶的分度号为 K，误用了分度号为 E 的补偿导线，当被测实际温度是 600℃时，仪表指示为多少？

附 K 热电偶分度表

温度℃	20	50	580	600	620
E_E(mV)	1.192	3.047	43.470	45.085	46.697
E_K(mV)	0.798	2.022	24.050	24.902	25.751

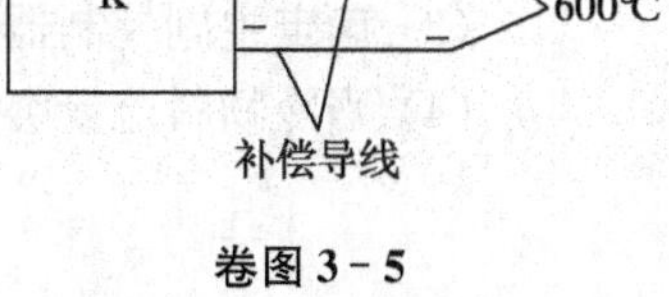

卷图 3－5

36. 如卷图 3-6 所示为双法兰变送器测容器液位的示意图，已知介质密度为 ρ_1，膜盒内填充液密度为 ρ_0，容器内部压力为 p_0，变送器距下法兰的距离为 H_1，距上法兰的距离为 H_2，两法兰间的距离为 H_0，求该变送器的量程，并判断该变送器是否需要零点迁移，迁移量为多少？

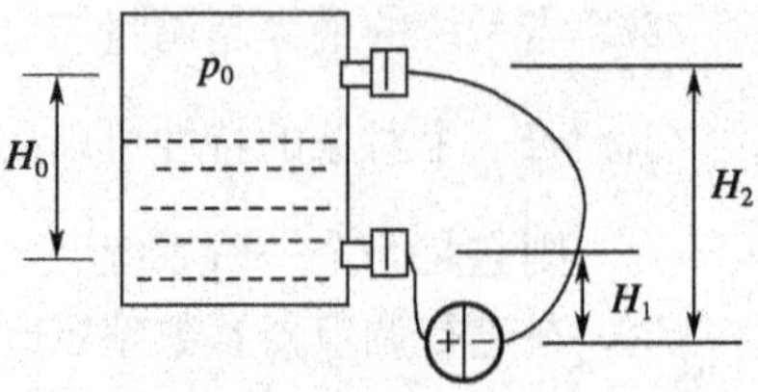

卷图 3-6

37. 某干燥器的流程图如卷图 3-7 所示，干燥器采用夹套加热和真空抽吸并行的方式来干燥物料。夹套内通入的是经列管式加热器加热后的热水，加热器采用的是饱和蒸汽。为了提高干燥速度，应有较高的温度 θ，但 θ 过高会使物料的物性发生变化，这是不允许的，因此要求对干燥温度 θ 进行严格的控制。（在此系统中蒸汽流量对热水温度的影响比冷水流量要大。）

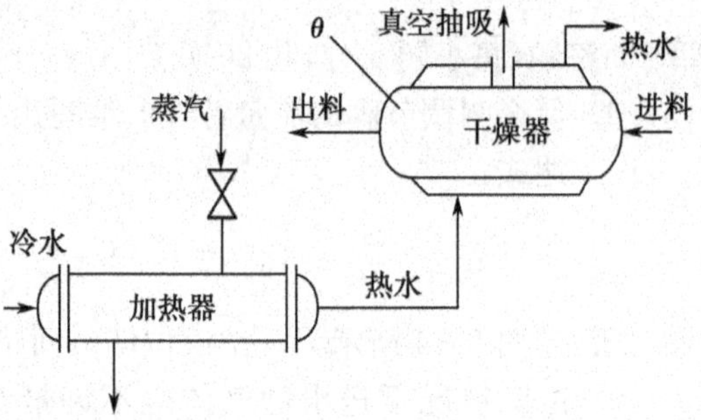

卷图 3-7

(1) 如果蒸汽压力波动是主要干扰，应采用何种控制方案，为什么？

(2) 如果冷水流量波动是主要干扰，应采用何种控制方案，为什么？

(3) 如果冷水流量和蒸汽压力都经常波动，应采用何种控制方案，为什么？画出控制流程图，确定控制器的正反作用。

38. 如卷图 3-8 所示的加热器串级控制系统。

(1) 画出该控制系统的方块图，说明主变量、副变量分别是什么？主副控制器各是哪个控制器；

(2) 如果工艺上要求加热器温度不能过高，否则易发生事故，确定阀门的气开气关形式；

(3) 确定主副控制器的正反作用；

(4) 当冷物料流量突然增加时，简述控制系统的控制过程。

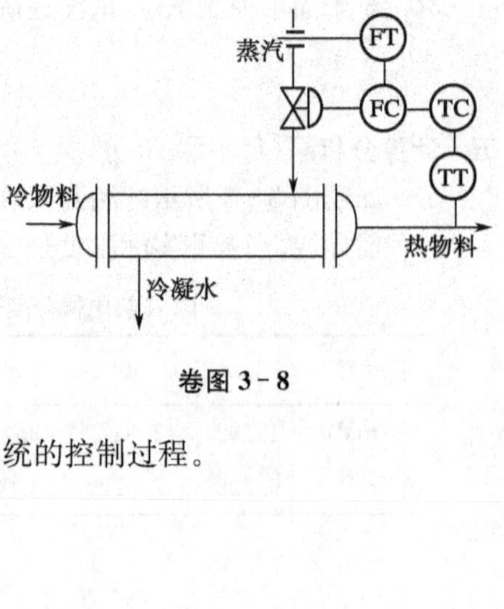

卷图 3-8

39. 如卷图 3-9 所示的是一个丙烯冷却器温度控制系统，目的是使裂解气温度下降并稳定在一定的温度上。在控制过程中，绝对不允许出口气丙烯出现带液现象，试回答以下问题：

(1) 这是一个什么类型的选择性控制系统？

(2) 画出此系统的方块图；

(3) 试判断阀门的气开气关和控制器的正反作用；

(4) 试说明系统的工作过程。

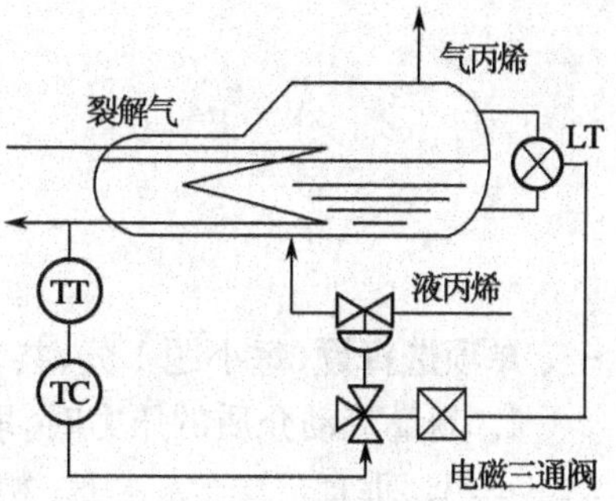

卷图 3-9

试 卷 四

一、单项选择题(每小题 1 分,共 10 分)

1. 测量流动介质的压力时,取压孔方向与流体流动方向(   )。
A. 垂直　　B. 相同　　C. 相反　　D. 无关

2. 热电偶结构中,(   )的作用是防止两根热电极短路。
A. 热电极　　B. 绝缘子　　C. 保护套管　　D. 接线盒

3. 下列(   )不需要采用阀门定位器。
A. 需要对阀门作精确调整的场合
B. 调节介质黏滞较高的场合
C. 管道口径较大或阀门前后差压较大等会产生较大不平衡力的场合
D. 需要双位控制的场合

4. (   )是集散系统的核心部分,主要完成连续控制功能、顺序控制功能、算术运算功能、报警检查功能、过程 I/O 功能、数据处理功能和通信功能等。
A. 过程控制单元　　B. 过程输入输出接口
C. 操作站　　D. 上位计算机

5. (   )是可编程控制器编制、调试用户程序的外部设备,是人机交互的窗口。
A. 外围接口模块　　B. 彩色图形显示器
C. 编程器　　D. 输入输出模块

6. 在基金会现场总线通信协议中,(   )规定了在设备中交换数据、命令、事件信息以及请求应答中的信息格式。
A. 物理层　　B. 数据链路层　　C. 应用层　　D. 用户层

7. 如卷图 4-1 所示的简单控制系统方块图中,B 位置所代表的环节为(   )。

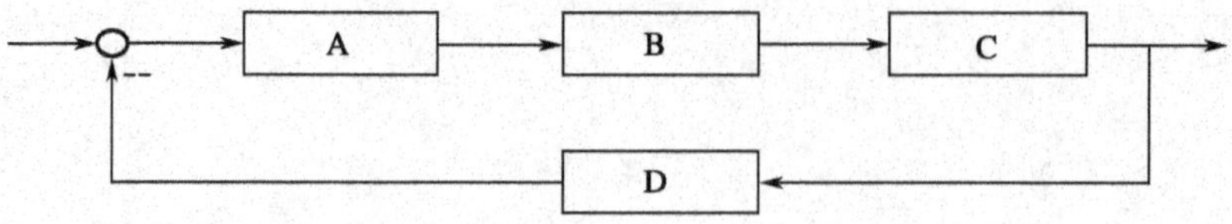

卷图 4-1

A. 测量变送器　　B. 控制器　　C. 对象环节　　D. 执行器

8. 下列关于滞后时间 τ 的说法,(   )是错误的。
A. 纯滞后和传递滞后是两个不同的概念
B. 包括纯滞后和容量滞后
C. 容量滞后是由于系统中物料或能量的传递要克服一定的阻力产生的
D. 带有纯滞后的一阶系统的响应曲线与无纯滞后的一阶系统的响应曲线相比,

形状完全相同

9. 调节系统中,调节器正反作用的确定是依据(　　)。

A. 实现闭环回路的正反馈　　B. 实现闭环回路的负反馈

C. 系统的放大倍数恰到好处　　D. 生产的安全性

10. 卷图 4-2 所示为一个冷却器温度控制系统,正常情况下要求冷剂流量维持恒定,但裂解气冷却后的出口温度不可以低于 15℃,以防裂解气中所含的水分生成水合物堵塞管道。此控制系统是一个(　　)控制系统。

A. 开关选择性

B. 连续选择性

C. 串级

D. 分程

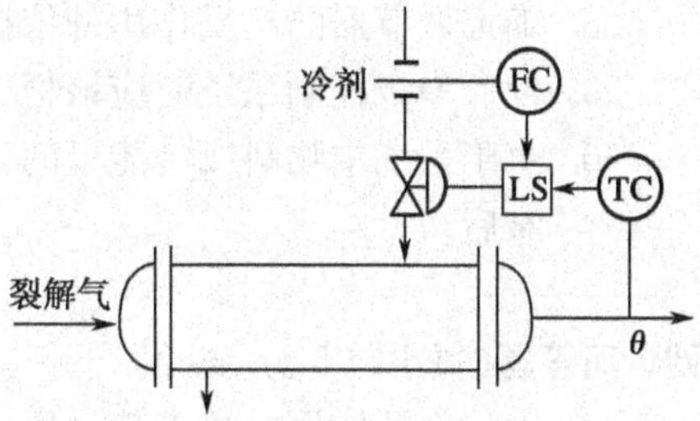

卷图 4-2

二、填空题(每空 1 分,共 10 分)

11. 如果偶然误差的标准误差用 σ 表示,则将________看成是偶然误差的极限误差。

12. DDZ-Ⅲ型热电偶温度变送器将温度信号转换成________ mA 或 1—5 V 的统一标准信号输出,送到显示仪表和控制仪表,实现对温度的显示或控制。

13. 对 PID 调节器而言,当积分时间 T_I 处于中间任意位置,微分时间 $T_D=0$ 时,调节器呈________调节特性。

14. TDC 3000 集散控制系统中,________是万能控制网络 UCN 的核心设备,主要用于工业过程控制和数据采集,有很强的控制功能和灵活的组态方式,还有丰富的输入/输出功能。

15. 在控制系统中,被控制的物理装置称为________。

16. 按照给定值对控制系统进行分类,如果给定值按事先设定好的程序变化,则控制系统为________。

17. 当系统的最大超调量与最大偏差相等时,系统的余差值等于________。

18. 确定调节阀气开气关形式主要应考虑________。

19. 常用的抗积分饱和措施有限幅法和________。

20. 与反馈控制能够克服所有干扰不同,前馈控制能够克服________种干扰。

三、判断题(每小题 1 分,共 10 分)

21. 相同的温度下,所有种类的热电偶都产生相同的热电势。(　　)

22. 若被测介质是标准状态下的水或空气,则转子式流量计的刻度不需要修正。(　　)

23. 调节阀的流量特性取决于调节阀的口径。(　　)

24. 集散控制系统应用软件的组态可以用 PC 机进行组态。(　　)

25. 由控制系统的方块图可知，调节变量是被控对象的输出。 （ ）
26. 根据被控变量给控制系统进行分类，控制系统可以分为定值控制系统、随动控制系统和程序控制系统。 （ ）
27. 分程控制可以用于提高调节阀的可调性。 （ ）
28. 确定调节器的正反作用的依据是实现闭环回路的负反馈。 （ ）
29. 设计串级控制系统时应该把所有干扰包括在副环中。 （ ）
30. 由于系统中物料或者能量的传递需要克服一定的阻力而产生的滞后被称为传递滞后。 （ ）

四、简答题（每小题 5 分，共 20 分）

31. 为什么要使用电接点信号压力表，试简述其工作原理。

32. 调节器参数整定的任务是什么？调节器参数整定包括那两类？工程上常用的调节器参数整定有哪几种方法？

33. 卷图 4－3 所示为一个反应器温度控制系统示意图。A、B 两种物料进入反应器进行反应，通过改变夹套的冷却水流量来控制反应器内温度保持不变。试画出系统的方块图，指出系统的被控对象、被控变量、调节变量，和可能引起被控变量变化的干扰各是什么。

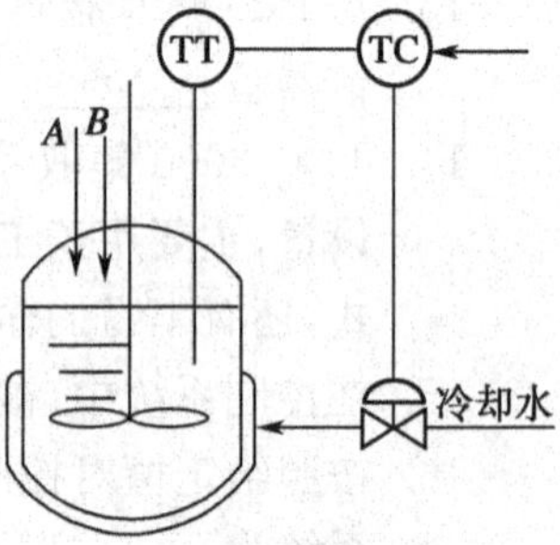

卷图 4－3

34. 什么是积分饱和现象？积分饱和现象对控制系统有什么影响？

五、计算分析题（每小题 10 分，共 50 分）

35. 卷图 4－4 所示的测温系统中，热电偶的分度号为 K，由于疏忽补偿导线的正负极被反接了，当被测实际温度是 600℃时，仪表指示为多少？

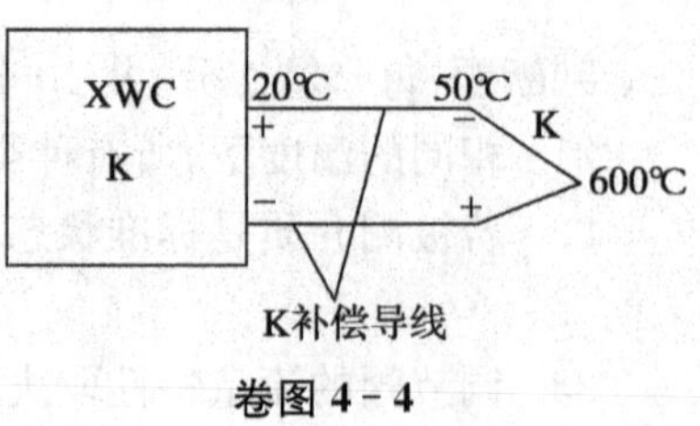

卷图 4－4

附 K 热电偶分度表

温度(℃)	20	50	530	540	550	560	570	580	600
E_K(mV)	0.798	2.022	21.919	22.346	22.772	23.198	23.624	24.050	24.902

36. 如卷图 4－5 所示为双法兰变送器测容器液位的示意图。已知介质密度为 ρ_1，膜盒内填充液密度为 ρ_0，容器内部压力为 p_0，变送器距下法兰的距离为 H_1，距上法兰的距离为 H_2，两法兰间的距离为 H_0，求该变送器的量程，并判断该变送器是否需要零点迁移，迁移量为多少？

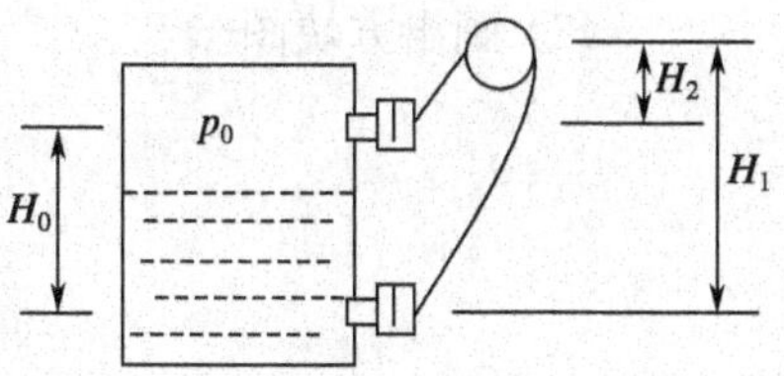

卷图 4－5

37. 具有比例积分调节规律的调节器，在 $t=t_0$ 时加入幅值为 2 mA 的阶跃信号，调节器的输出波形图如卷图 4－6 所示。试求：
(1) 调节器的起始工作点 I_0；
(2) 确定调节器的正反作用；
(3) 比例度 δ 是多少？
(4) 积分时间 T_I 是多少？

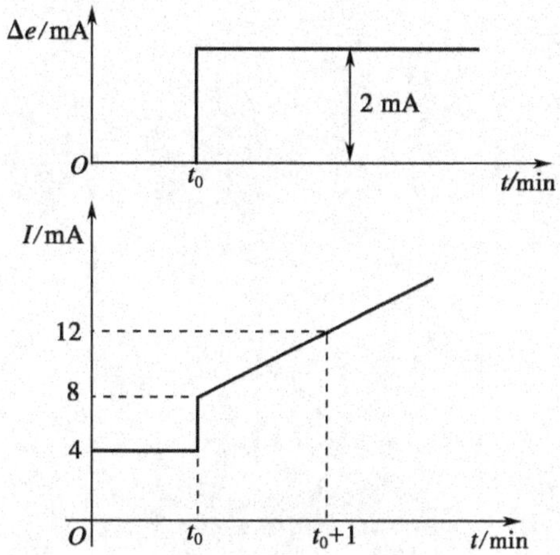

卷图 4－6

38. 卷图 4－7 所示为一个蒸汽加热器，主要过程是对工艺介质加热，其中介质为易结晶介质，要求介质出口温度恒定。
(1) 选择被控变量和调节变量，组成调节回路，画出流程图；
(2) 画出方块图；
(3) 确定调节阀的气开气关形式，调节器的正反作用；
(4) 分析当流体流量突然增加时，控制系统是如何克服干扰的。

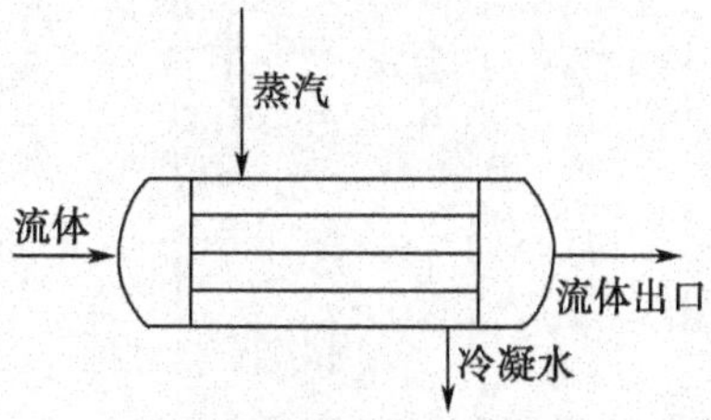

卷图 4－7

39. 某化学反应器要求参与反应的 A、B 两种物料保持一定的比值，其中 A 物料供应充足，而 B 物料受生产负荷的制约有可能供应不足。通过观察发现，两物料的流量因为管线压力波动而经常变化。该化学反应器的 A、B 两种物料的比值要求严格，否则易发生事故。根据上述情况，要求：

(1) 设计合理的双闭环比值控制系统，确定主物料和从物料；

(2) 画出原理图；

(3) 画出方块图。

参考答案

试 卷 一

一、单项选择题

1. D　2. B　3. B　4. B　5. B　6. B　7. D　8. A　9. B　10. D

二、填空题

11. 变差　12. 隔离罐　13. 24 V 直流电源　14. 微型计算机　15. 干扰变量　16. 反馈　17. 机理建模　18. 容量滞后　19. 衰减曲线法　20. 主对象

三、判断题

21. ×　22. ×　23. √　24. √　25. √　26. ×　27. ×　28. √　29. ×　30. √

四、简答题

31. **答:** 所谓调节器的调节规律，就是调节器的输出信号与输入信号之间的函数关系。

常见的调节器调节规律有位式调节、比例调节、比例积分调节、比例微分调节、比例积分微分调节等。

增量式 PID 调节规律的表达式为

$$\Delta p = K_{\mathrm{p}}\left(\Delta e + \frac{1}{T_{\mathrm{I}}}\int_0^t \Delta e \mathrm{d}t + T_{\mathrm{D}}\frac{\mathrm{d}\Delta e}{\mathrm{d}t}\right)$$

其中 K_{p} 为调节器的比例增益，T_{I} 为调节器积分时间，T_{D} 为调节器微分时间。

32. **答:** 直线 A 表示无迁移

当：$\Delta p=0$ 时，$I=4$ mA

　　$\Delta p=900$ kPa 时，$I=20$ mA

所以迁移量为零

直线 B 表示正迁移

当：$\Delta p=300$ kPa 时，$I=4$ mA

　　$\Delta p=1\,200$ kPa 时，$I=20$ mA

所以迁移量为 300 kPa

直线 C 表示负迁移

当：$\Delta p=-300$ kPa 时，$I=4$ mA

　　$\Delta p=600$ kPa 时，$I=20$ mA

所以迁移量为－300 kPa

33. **答:** 由图可知，工艺要求控制塔釜的温度，温度应该是主被控变量。所以，图中的主副控制器的位弄错了。温度控制器应该是主控制器，流量控制器为副控制器，温度控制器的输出为流量控制器的给定，而不是流量控制器的输出是温度控制器的给定，否则就不能起到提前克服蒸汽压力干扰的作用。应作如下的改正：

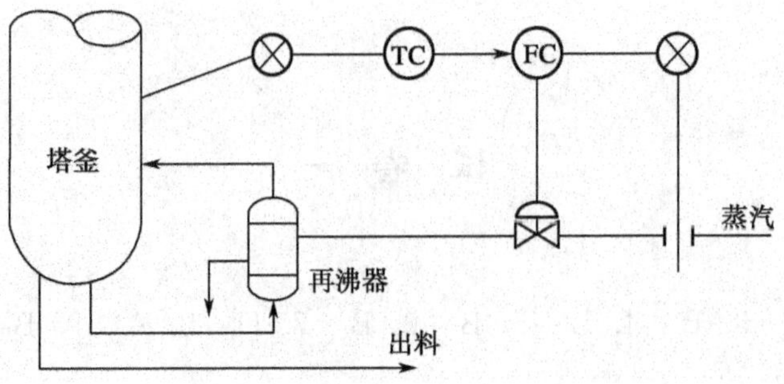

图1

34. **答：** NCF组态就是对一个系统操作环境和操作特性的定义，它包括单元名称组态、区域名称组态、操作站名称组态 LCN 节点组态、系统参数组态和卷目组态等。

五、计算分析题

35. **解：** 设电子电位差计指示 T℃

由题可知，热电偶冷端短接时，即输入电势为 0，而电子电位差计却指在 20℃上，因此可知电子电位差计所处的室温为 20℃，仪表所接收到的电势为 $E_K(T,20)$。

补偿导线产生的电势为 $E_E(30,20)$，热电偶产生的电势为 $E_K(885,30)$，回路产生的总热电势为 $E_{总}=E_K(885,30)+E_E(30,20)$，

热电偶及补偿导线所产生的电势应等于仪表所接收到的电势，即有

$$E_K(T,20)=E_K(885,30)+E_E(30,20)$$

$$\begin{aligned}E_K(T,0)&=E_K(885,30)+E_E(30,20)+E_K(20,0)\\&=36.724-1.203+1.801-1.192+0.798\\&=36.928\ \text{mV}\end{aligned}$$

由所附 K 分度表可知，在 890—895℃之间，每 1℃对应的 mV 值为 0.04，

所以有 $(36.928-36.925)\div 0.04=0.1$℃

即 实际温度 $T=890+0.1=890.1$℃。

36. **答：** 上支路电流

$$I_1=\frac{E}{R_G+R_P/\!/R_M+R_4}=\frac{1\,000}{3.5+90/\!/10+237.5}=4\ \text{mA}$$

下支路电流

$$I_2=\frac{E}{R_2+R_3}=\frac{1\,000}{5+495}=2\ \text{mA}$$

(1) 指针在 A 点时 $V_{AC}=R_G I_1-R_2 I_2=3.5\times 4-5\times 2=4\ \text{mV}$

A 点对应的温度为

$$t_A=\frac{100}{4}\times 4+25=125℃$$

(2) 指针在B点时

$$V_{BC}=(R_G+R_P/\!/R_M)I_1-R_2I_2=(3.5+90/\!/10)\times 4-5\times 2=40\ \text{mV}$$

B点对应的温度为

$$t_B=\frac{100}{4}\times 40+25=1\ 025℃$$

(3) 量程为 $\Delta T=1\ 025-125=900℃$

37. **解:**(1) 流量与差压的关系为

$$M=K\sqrt{\Delta p}(K\text{ 为一常数})$$

$$M_{100\%}=K\sqrt{39.24}=10\ t/\text{h}$$

$$M_{50\%}=K\sqrt{\Delta p}=5\ t/\text{h}$$

上两式相比,得到

$$\frac{M_{100\%}}{M_{50\%}}=\frac{\sqrt{39.24}}{\sqrt{\Delta p}}=\frac{10}{5}$$

由上式可解得 $\Delta p=9.81$ kPa

变送器的输出电流范围为4～20 mA,所以有

$$\frac{39.24}{9.81}=\frac{20-4}{I_0-4}$$

$$I_0=8\ \text{mA}$$

(2) 因节流装置及流量特性不变,K 仍为原来的常数。将二次表刻度改为0～7.5 t/h,只需将差压变送器的量程压缩即可。

$$M_{100\%}=K\sqrt{39.24}=10\ t/\text{h}$$

$$M_{100\%}=K\sqrt{\Delta p}=7.5\ t/\text{h}$$

上两式相比,得到

$$\frac{\sqrt{39.24}}{\sqrt{\Delta p'}}=\frac{10}{7.5}$$

$$\Delta p'=22.07\ \text{kPa}$$

将变送器测量范围改为0—22.07 kPa,二次表刻度即为0—7.5 t/h。

38. **答:**(1) 这是串级控制系统,主变量是釜内温度 T_1,副变量是夹套内温度 T_2,方块图如下所示:

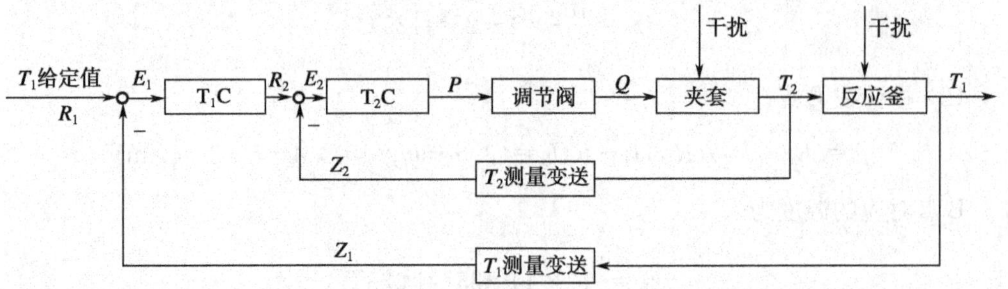

图 2

(2) 在气源中断时，为了防止釜温过高，冷却水应该继续供应，调节阀为气关型；

(3) 主控制器作用方向的确定：主副变量增加时都要求冷水调节阀开大，主控制器为反作用；副控制器作用方向的确定：阀门为气关阀，副对象为"－"作用方向，副控制器为反作用；

(4) 当主要干扰是冷却水温度波动，串级系统的工作过程如下：当冷却水温度升高，则夹套内温度升高，由于 T_2C 为反作用，故其输出降低，因而气关型的阀门开大，冷却水流量增加以及时克服冷却水温度变化对夹套温度的影响，因而减少以致消除冷却水温度波动对釜内温度的影响，提高了控制质量。这时如果釜内温度由于某些次要干扰的影响而波动，该系统也能加以克服。设釜内温度升高，则反作用的 T_1C 输出降低，则 T_2C 的给定降低，其输出也降低，于是调节阀开大，冷却水流量增加以使釜内温度降低，起到负反馈的作用。

39. **答**：(1) 在锅炉汽包液位控制系统中，在燃料量不变的情况下，若蒸汽负荷突然有较大幅度的增加，由于汽包内蒸汽压力瞬时下降，汽包内的沸腾突然加剧，水中的气泡迅速增多，将水位抬高，形成了虚假的水位上升现象，这种升高的液位并不代表汽包储液量的真实情况，故称之为虚假液位。

(2) 采用双冲量控制系统，引入蒸汽流量的前馈控制，使蒸汽负荷变化时首先由前馈控制系统克服，从而减少液位的波动。流程图如右：

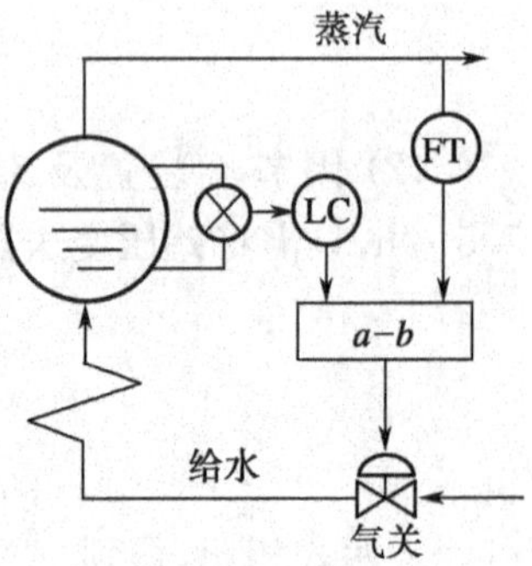

图 3

(3) 在气源中断时，从安全角度，应该开大阀门，使给水进入防止锅炉烧干，因此选择气关阀。

(4) 由于阀门为气关阀，对象特性为"＋"，所以控制器为正作用控制器。

试 卷 二

一、单项选择题

1. D　2. B　3. B　4. C　5. D　6. B　7. C　8. A　9. D　10. A

二、填空题

11. 热胀冷缩　12. 电动单元组合式控制仪表　13. 角位移　14. 过程输入输出

15. 正反馈　16. 偏差　17. 实验建模　18. 衰减比　19. 工程整定法　20. P 比例调节规律

三、判断题

21. ×　22. ×　23. ×　24. √　25. √　26. ×　27. √　28. ×　29. ×　30. ×

四、简答题

31. **答**：测温线路如图所示。

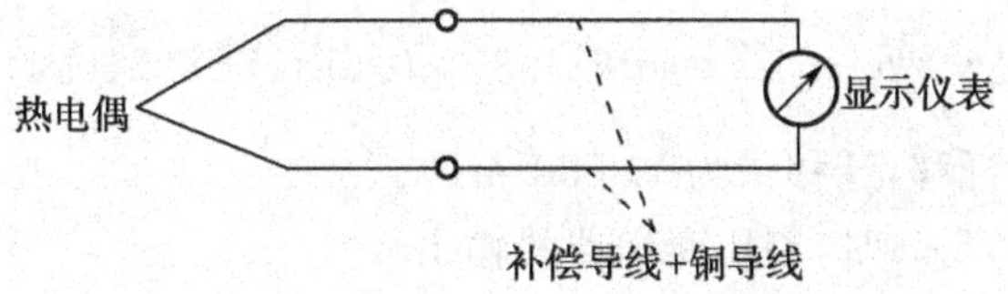

图 4

热电偶是感温元件，把被测温度转换为毫伏值；补偿导线是使热电偶冷端延长，从而保证冷端温度恒定；显示仪表把毫伏信号还原成为待测温度值显示出来。

32. **解**：仪表指向室温。

根据电子电位差计工作原理得知，平衡时有：$U_{ab}=U_{cb}+E_x$

那么输入电势为 0 时就有：$E_x=0$，　则有 $U_{ab}=U_{cb}$

而 U_{cb} 正好是室温所对应得电势，所以指针指向室温

要使指针指向 0℃，即指针在滑线电阻的最左端，也就是说滑线电阻产生的压降应为 0，而冷端温度补偿电阻 R_2 仍处于室温状态，它产生一个对应于室温的电势，因此，要使指针指向 0℃，只要将热电偶与仪表断开，给仪表加一个方向为负，数值对应于室温的毫伏信号，则仪表指针就能指向 0℃。

33. **答**：比例度是反映比例控制作用强弱的一个参数。比例度越大，表示比例控制作用越弱，过渡过程曲线越平坦，但余差也越大。反之，比例度越小，则正好相反。如果比例度过小可能出现发散振荡。

积分时间是表示积分控制作用强弱的参数。积分时间越大，积分速度越慢，积分作用不明显，余差消除得慢。反之相反。

微分时间是表示微分作用强弱的参数。微分时间增加，会克服对象的滞后，改善系统的控制质量，从而提高系统稳定性。但微分时间太长，会引起系统过渡过程的强烈振荡，反而使调节质量变差。

34. **答**：在故障情况下，气源压力为零，应该切断燃料，确保炉子熄火，所以调节阀为气开阀。

当炉温升高时，要求燃料量减少，调节阀的开度减小，由于选取的是气开调节阀，故要求调节器输出减小，调节器是反作用。

工作过程：进料量↓→温度↑→调节器输出↓→调节阀开度↓→燃料量↓→炉温↓。由于各种原因引起炉温↓→调节器输出↑→调节阀开度↑→燃料量↑→炉温↑。

五、计算分析题

35. **解**：(1) 差压变送器的量程为

$$\Delta p=h_2\rho_3 g=2\times1\,050\times9.807=20\,594.7(\text{Pa})$$

(2) 当液位最低时，不考虑容器内压力，差压变送器正、负压室的受力分别为

$$p_+=h_3\rho_2 g=1.5\times790\times9.807=11\,621.3(\text{Pa})$$

$$p_-=(h_1+h_2+h_3)\rho_1 g=3.7\times1.128\times9.807=40.9(\text{Pa})$$

故迁移量为

$$\Delta p=p_+-p_-=11\,621.3-40.9=11\,580.4(\text{Pa})$$

所以仪表需要正迁移，迁移量为 11 580.4 Pa。

(3) 当液位 $h=0.5$ m 时，差压变送器的输出

$$I_0=(20-4)\times h/h_2+4=8\text{ mA}$$

36. **答**：由反应曲线可知：

最大偏差：$A=45-40=5$℃

余差：$C=41-40=1$℃

衰减比：第一个波峰值　$B=45-41=4$℃

第二个波峰值　$B'=42-41=1$℃

$n=B/B'=4:1$

过渡时间：由题目可知，被控变量进入±2%新稳态值，认为过渡过程已经结束，则限制范围为 41×(±2)%=±0.82℃。

由图可知　过渡时间 $t_s=23$ min。

37. **解**：设电子电位差计读数为 T℃，则输入电子电位差计的电势为 $E_入=E(T,20)$

铜导线上不产生电势，因而输入显示仪表的电势 $E_入=E(600,50)$

于是有　$E(T,20)=E(600,50)$

即　$E(T,0)=E(600,50)+E(20,0)$

$=24.902-2.022+0.798$

$=23.678(\text{mV})$

由所附分度表可知，在 570—580℃之间，每 1℃对应的 mV 值为 0.042 6，

所以有　$(23.678-23.624)\div0.042\,6=1.3$℃

即仪表示值为 $T=570+1.3=571.3$℃。

38. **答**：(1) 串级控制系统的示意图如下所示：

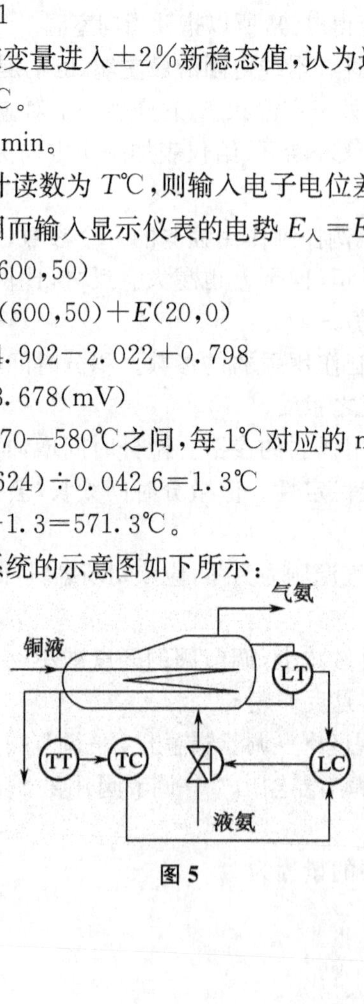

图 5

(2) 方块图如下所示：

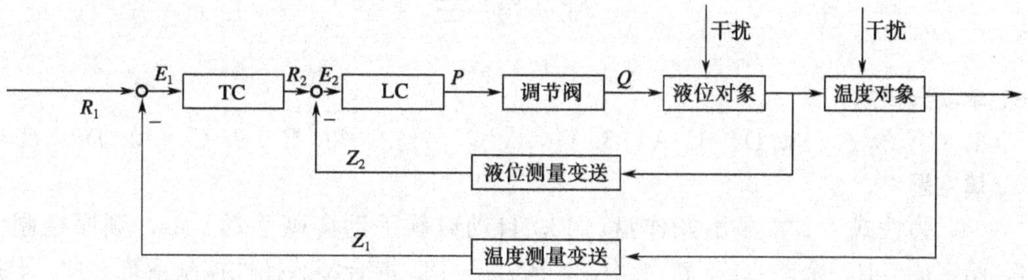

图 6

(3) 当气源中断时，为了确保氨冷器内有一定的汽化空间，应该选择气开调节阀；

(4) 液位控制器作用方向的确定：

当液位升高时，应该关小调节阀，调节阀为气开阀，故液位控制器为反作用；温度控制器作用方向的确定：温度对象为"—"作用方向，依据使系统称为负反馈的原则，温度控制器应该为正作用。

39. **答**：(1) 三冲量是指汽包液位，蒸汽流量和给水流量；

(2) 方块图如下所示：

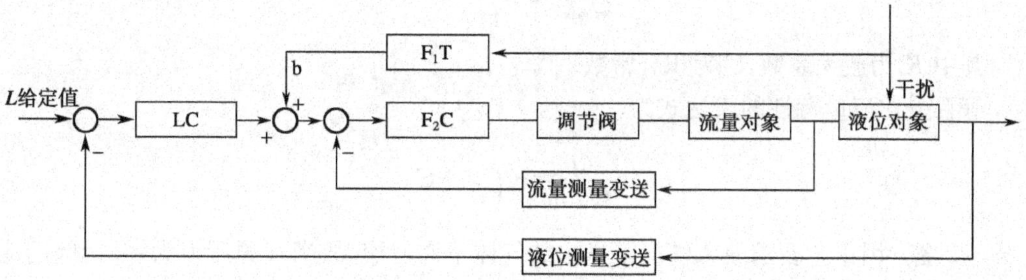

图 7

(3) 当蒸汽负荷突然增加时，在燃料量不变的情况下，由于汽包内蒸汽压力瞬时下降，汽包内液体大量汽化，汽包内的沸腾突然加剧，水中的气泡迅速增多，将水位抬高，形成了虚假的水位上升现象，这种升高的液位并不代表汽包贮液量的真实情况，因而虚假液位产生。三冲量控制系统根据蒸汽变化量的大小调节给水量从而达到克服假液位的目的。即蒸汽负荷突然增加，b 增加，流量控制器的给定值增加，使给水流量增加，克服干扰所带来的虚假液位。

(4) 当供水压力增大时，由流量对象所在的副环进行克服，阀门为气关阀，流量控制器为正作用控制器，供水压力增加，流量增大，调节器输出增加，气关阀开度减小，达到克服干扰的目的。

试 卷 三

一、单项选择题

1. C　2. A　3. D　4. A　5. D　6. C　7. A　8. C　9. C　10. D

二、填空题

11. 弹性式　12. 显示操作盘　13. 自动或软手动向硬手动　14. 顺序控制　15. 给定值　16. 余差　17. $\delta=1/K_P\times100\%$　18. 混合型选择性控制系统　19. 干扰　20. 一步整定法

三、判断题

21. √　22. √　23. √　24. ×　25. ×　26. √　27. ×　28. ×　29. ×　30. ×

四、简答题

31. **答：**调节阀的流量特性是指被控介质流过阀门的相对流量 Q/Q_{max} 与阀门的相对开度 l/L 之间的关系。

线性流量特性的数学表达式为

$$\frac{Q}{Q_{max}}=K\frac{l}{L}+C$$

其中 K 为放大系数，C 为积分常数。

等百分比流量特性的表达式为

$$\ln\frac{Q}{Q_{max}}=K\left(\frac{l}{L}+C\right)$$

32. **答：**因工艺要求故障情况下送出的气体不许带液，故当气源压力为零时，阀门应打开，所以调节阀为气关阀。当液位升高时，要求调节阀的开度增大，由于选取的是气关调节阀，故要求调节器输出减少，调节器是反作用。

工作过程：液位↑→液位变送器输出↑→调节器输出↓→调节阀开度↑→液体输出↑→液位↓

33. **答：**调节阀的阀杆是一个可移动的部件，它与填料间总有一定的摩擦。当阀门的填料压得过紧，或长时间未润滑时，干摩擦力很大，膜头上较小的气压变化推不动阀杆。这时便会产生正反行程的变差，即在阀杆上升和下降时对应于同样阀杆位置的气压不一样。

调节阀变差增大，对调节过程会产生不利影响，即使是时间常数和时滞都很小的流量过程，调节过程也会出现明显的时间间隔变化。对于时间常数和时滞大的温度过程，控制作用则更不及时，会引起持续振荡。

34. **答：**(1) 调节变量必须是工艺上允许调节的变量；

(2) 调节变量应该是系统中所有被控变量的输入变量中对被控变量影响最大的一个，调节通道的放大系数尽量大，时间常数尽量小，滞后时间尽量小；

(3) 不宜选择代表生产负荷的变量作为调节变量，以免产量受到波动。

五、计算分析题

35. **解**：设电子电位差计读数为 T℃，则输入电子电位差计的电势为 $E_{入}=E_K(T,20)$

补偿导线产生的电势为 $E_{补}=E_E(50,20)$

而输入显示仪表的电势 $E_{入}=E_K(600,50)+E_E(50,20)$

于是有　$E_K(T,20)=E_K(600,50)+E_E(50,20)$

即　$E_K(T,0)=E_K(600,50)+E_E(50,20)+E_K(20,0)$

$=24.902-2.022+3.047-1.192+0.798$

$=25.533(\text{mV})$

由所附 K 分度表可知，在 600—620℃之间，每 1℃对应的 mV 值为 0.042 45，

所以有　$(25.751-25.533)\div 0.04245=5.1$℃

即仪表读数 $T=620-5.1=614.9$℃。

36. **解**：(1) 量程计算

液面最高时，法兰变送器高压侧压力为

$$p_1=(H_1+H_2)\rho_1 g+p_0+H_1\rho_0 g$$

液面最低时，法兰变送器高压侧压力为

$$p_1'=p_0+H_1\rho_0 g$$

变送器量程为

$$\Delta p=p_1-p_1'=(H_1+H_2)\rho_1 g=H_0\rho_1 g$$

(2) 零点迁移计算

当液面最低时，法兰变送器高压侧压力为

$$p_1'=H_1\rho_0 g+p_0$$

低压侧压力为

$$p_2'=H_2\rho_0 g+p_0$$

则差压为

$$\Delta p=p_1'-p_2'=(H_1-H_2)\rho_0 g=-H_0\rho_0 g$$

因此该变送器需要负迁移，迁移量为 $-H_0\rho_0 g$。

37. **答**：(1) 应采用干燥温度与蒸汽流量的串级控制系统。采用蒸汽流量为副变量，当蒸汽压力有所波动，引起蒸汽流量变化，马上由副回路及时克服，减少或者消除蒸汽压力波动对主变量 θ 的影响，提高控制质量。

(2) 如果冷水流量波动是主要干扰，应采用干燥温度与冷水流量的串级控制系统。选择冷水流量为副变量，及时克服冷水流量波动对干燥温度的影响。

(3) 如果冷水流量和蒸汽压力都经常波动，由于它们都会影响加热器的热水出口温

度，这时可以选择干燥温度和热水温度的串级控制系统，干燥温度为主变量，热水温度为副变量。在此系统中，蒸汽流量和冷水流量都可以作为调节变量，考虑到蒸汽流量的变化对热水温度的影响较大，故选择蒸汽流量为调节变量。构成的流程图如图所示。为了防止干燥温度过高，应选择气开阀门，副对象特性为“＋”，所以副控制器为反作用控制器；主对象特性为“＋”，所以主控制器为反作用控制器。

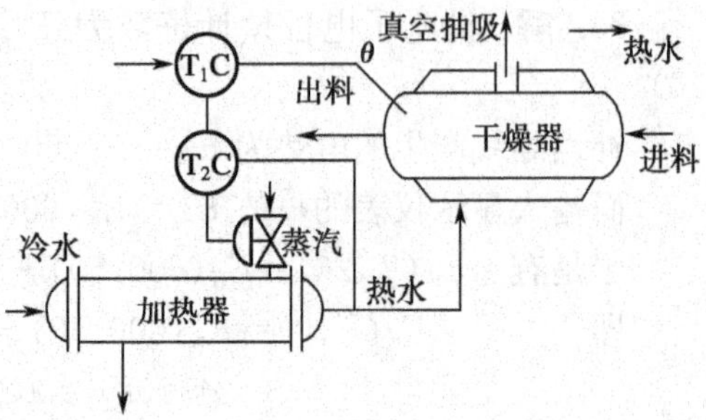

图 8

38. **答**：(1) 主变量为热物料出口温度，主控制器为温度控制器，副变量为蒸汽流量，副控制器为流量控制器。方块图如下所示：

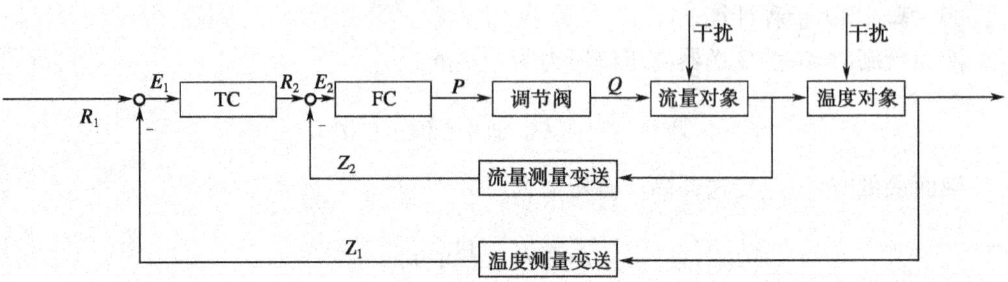

图 9

(2) 当气源中断时，由于加热器的温度不能过高所以应该关闭阀门，因此调节阀为气开阀；

(3) 副控制器作用方向的确定：调节阀为气开阀，流量增大时希望阀门关小，因此FC为反作用控制器；主控制器作用方向的确定：蒸汽流量增加时温度升高，主对象特性为“＋”，依据使系统成为负反馈的原则，主控制器 TC 为反作用控制器；

(4) 当冷物料突然增加，将引起出口温度的降低，由于 TC 为反作用控制器，因此 TC 的输出将会增加，引起流量控制器 FC 的输出 p 增加，调节阀为“＋”作用方向的气开阀，因此蒸汽流量将会增大，这样可以克服干扰使加热器的出口温度回升。

39. **答**：(1) 本系统为一个开关型选择性控制系统；

(2) 系统方块图如下所示：

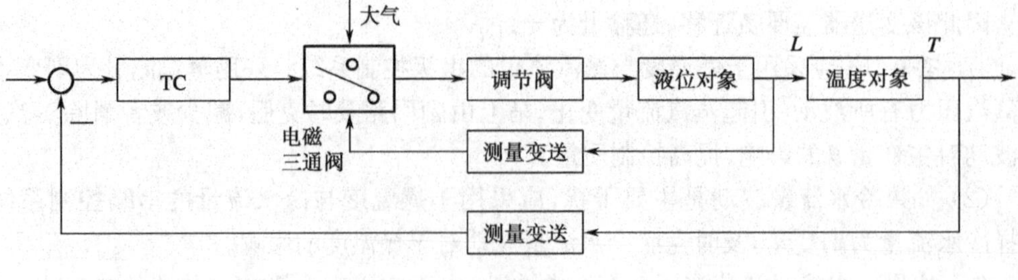

图 10

(3) 由于绝对不允许出口气丙稀出现带液现象，在气源中断时，阀门应该关闭，防止液丙烯进一步进入，因此为气开阀；调节阀特性为“+”，对象特性为“-”，因此温度控制器 TC 为正作用控制器；

(4) 此系统比简单控制系统增加了液位变送器和电磁三通阀，在正常工况下，三通阀将温度控制器的控制信号送至气动调节阀的气室，系统控制与简单控制系统相同。当液位上升到一定的高度，液位变送器的上限节点接通，电磁三通阀通电，将切断控制信号通路，大气通入气室阀门关闭；当液位回落到一定位置时，电磁三通阀失电，系统又恢复为简单控制系统。

试 卷 四

一、单项选择题

1. A　2. B　3. D　4. A　5. C　6. C　7. D　8. A　9. B　10. B

二、填空题

11. 3σ　12. 4—20　13. 比例积分(PI)　14. 过程管理站或 PM　15. 对象　16. 程序控制系统　17. 0　18. 生产的安全性　19. 积分切除法　20. 一

三、判断题

21. ×　22. √　23. ×　24. √　25. ×　26. ×　27. √　28. √　29. ×　30. ×

四、简答题

31. **答：**在工业生产中，常常需要把压力控制在一定范围内，以保证生产安全进行。这就需要采用带报警或控制触点的压力表。

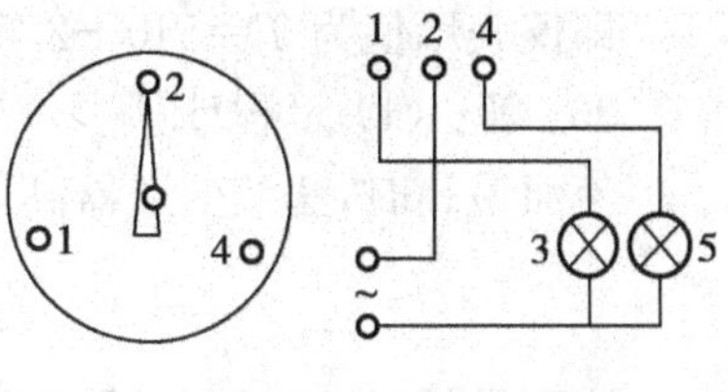

图 11

电接点信号压力表实际上是在弹簧管压力表的基础上加电接点装置。压力表指针上有动触点 2，表盘上另有两根可调节的指针，即静触点 1 和 4。当压力超过上限值时，此数值由静触点 4 给出，动触点 2 和静触点 4 接触，红色信号灯 5 的电路被接通，红灯亮。若压力低到下限时，动触点 2 和静触点 1 接触，绿灯亮。静触点 1、4 的位置可根据生产需要灵活调节。在两个信号灯电路中还可并联或串联音响信号报警。

可见，电接点信号压力表能在压力偏离给定范围时，及时发出信号报警。

32. **答：**调节器参数整定的任务是：根据已定的控制方案，来确定调节器的最佳参数值，包括比例度 δ，积分时间 T_I 和微分时间 T_D，目的是使系统获得好的调节质量，调节器参数整定的方法有理论计算和工程整定两大类；工程整定法主要有临界比例度法，衰减曲线法和经验法。

33. **答：**方块图如下所示：

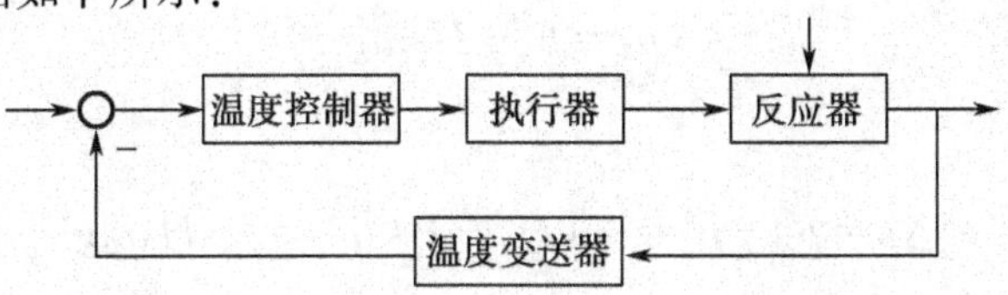

图 12

被控对象为反应器；被控变量为反应器内的温度；调节变量为冷却水流量；可能引起变化的干扰为A、B物料温度，环境温度，冷却水温度等。

34. **答**：在选择性控制系统中，由于使用了选择器，未被选用的调节器就处于开环状态，如果调节器有积分作用，偏差长期存在，则调节器的输出会持续的朝向一个方向变化，直至极限状态，超出了气动调节阀的正常输入信号范围，这种现象成为积分饱和。

设计选择性控制的目的，是为了通过快速的自动选择来消除生产中的不安定因素，而积分饱和的存在使调节器不能及时工作，系统的质量安全都收到影响，这与控制的目的相违背，因此必须考虑抗积分饱和的措施。

五、计算分析题

35. **解**：设电子电位差计读数为 T℃，则输入电子电位差计的电势为 $E_{入}=E(T,20)$

补偿导线产生的电势为 $E_{补}=E(50,20)$

而输入显示仪表的电势 $E_{入}=E(600,50)-E(50,20)$

于是有　$E(T,20)=E(600,50)-E(50,20)$

即　　$E(T,0)=E(600,50)-E(50,20)+E(20,0)$

$=24.902-2.022-2.022+0.798+0.798$

$=22.454(\mathrm{mV})$

由所附分度表可知，在540—550℃之间，每1℃对应的mV值为0.042 6，

所以有　$(22.454-22.346)\div 0.0426=2.5$℃

即仪表示值为 $T=540+2.5=542.5$℃。

36. **解**：(1) 量程计算

液面最高时，法兰变送器高压侧压力为

$$p_1=H_0\rho_1 g+p_0-H_1\rho_0 g$$

液面最低时，法兰变送器高压侧压力为

$$p_1'=p_0-H_1\rho_0 g$$

变送器量程为

$$\Delta p=p_1-p_1'=H_0\rho_1 g$$

(2) 零点迁移计算

当液面最低时，法兰变送器高压侧压力为

$$p_1'=p_0-H_1\rho_0 g$$

低压侧压力为

$$p_2'=p_0-H_2\rho_0 g$$

则差压为

$$\Delta p=p_1'-p_2'=-(H_1-H_2)\rho_0 g=-H_0\rho_0 g$$

因此该变送器需要负迁移，迁移量为 $-H_0\rho_0 g$。

37. **解**：(1) 从曲线上可以看出，调节器在未加阶跃信号之前的输出为 4 mA，所以调节器的起始工作点 $I_0=4$ mA。

(2) 在 $t=t_0$ 时，调节器被加入如图所示的正阶跃信号，

调节器的输出从 4 mA 增加到 8 mA，

故从这里可以判断调节器的工作状态是正作用的。

(3) 在 $t=t_0$ 时，调节器输出从 4 mA 增加到 8 mA，变化量为 4 mA，

这一阶跃变化主要是由比例作用引起的，所以有

$$\delta=\frac{\Delta e}{\Delta I}\times 100\%=\frac{2}{4}\times 100\%=50\%$$

(4) 从曲线上可以看出当时间 t 从 t_0 变化到 t_0+1 时，调节器具有比例积分作用，所以，根据调节器的输入输出关系式可得：

$$I=\frac{1}{\delta}(\Delta e+\frac{1}{T_{\mathrm{I}}}\int_{t_0}^{t+1}\Delta e\mathrm{d}t)+I_0$$

$$=2[2+\frac{2}{T_{\mathrm{I}}}(t_0+1-t_0)]+4=12$$

从上式可求出 $T_{\mathrm{I}}=1$ min。

38. **答**：(1) 被控变量为介质出口温度，调节变量为蒸汽流量。所组成的调节回路如图 13 所示：

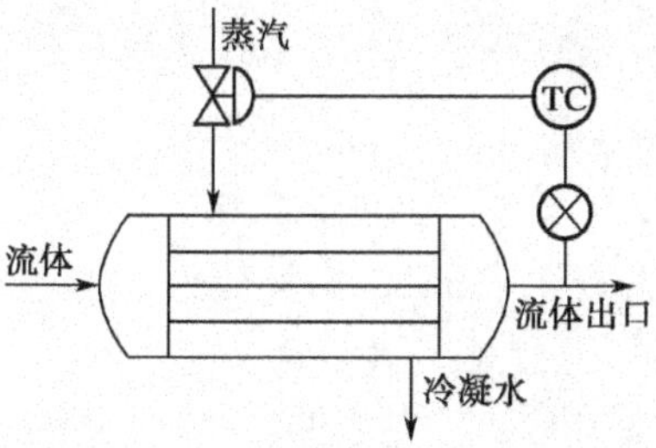

图 13

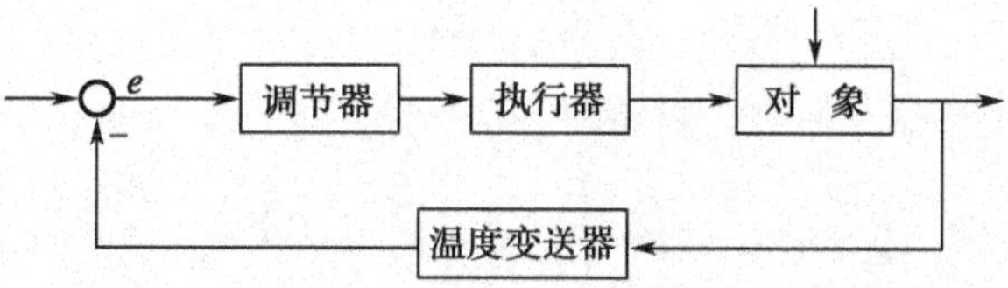

图 14

(2) 方块图如图 14 所示。

(3) 由于介质为易结晶介质，当气源压力为零应该使蒸汽进入，防止介质结晶，所以调节阀为气关阀；当出口温度升高时，应减小蒸汽量，由于调节阀为气关阀，所以调节器为正作用调节器。

(4) 当流体流量突然增加时，流体的出口温度降低，由于调节器为正作用调节器，因此调节器输出减小，阀门为气关阀，因此阀门会开大，蒸汽的进入量增大来克服干扰。

39. **答**：(1) 因为 A 物料供应充足，而 B 物料受生产负荷的制约有可能供应不足，因此选择 B 物料为主物料，A 为从物料。

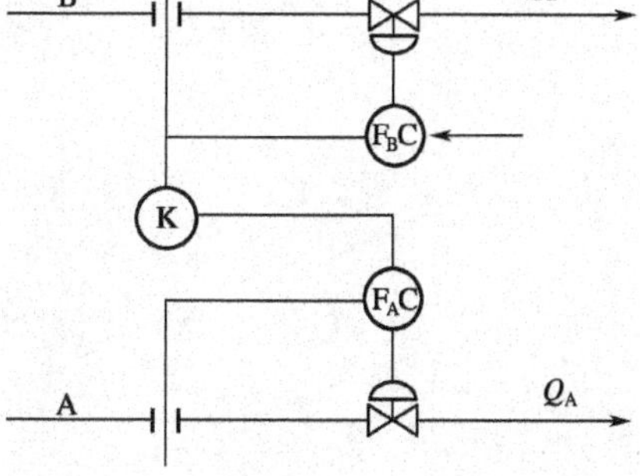

图 15

(2) 所得的双闭环比值控制系统原理图如图 15 所示。

(3) 方块图如图 16 所示。

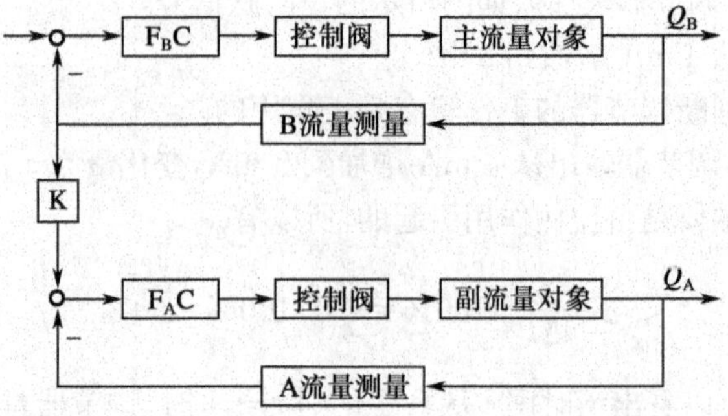

图 16

参 考 文 献

[1] 蒋慰孙，俞金寿编著.过程控制工程.北京：中国石化出版社，1999
[2] 金以慧等编.过程控制.北京：清华大学出版社，1993
[3] 历玉鸣主编.化工仪表及自动化.北京：化学工业出版社，1980
[4] 张蕴端主编.化工自动化及仪表.上海：上海交通大学出版社，1987
[5] 孙自强编.过程自动化及仪表.上海：华东理工大学出版社，1993
[6] 历玉鸣主编.化工自动化及仪表.北京：化学工业出版社，1991
[7] 翁维勤等编.过程控制系统及工程.北京：化学工业出版社，1996
[8] 蒋慰孙著.过程与控制.北京：化学工业出版社，1992
[9] 蒋慰孙，俞金寿编.化工过程动态数学模型.北京：化学工业出版社，1986
[10] 吕勇哉著.工业过程模型化及计算机控制.北京：化学工业出版社，1986
[11] 周庆海等编.串级及比值调节.北京：化学工业出版社，1982
[12] 周春晖主编. 过程控制工程手册.北京：化学工业出版社，1992
[13] 吕勇哉等编著.前馈调节.北京：化学工业出版社，1980
[14] 王骥程，陈国平编.选择性调节.北京：化学工业出版社，1983
[15] 孙优贤，孙红编.锅炉设备的自动调节.北京：化学工业出版社，1982
[16] 孙优贤编.自动调节系统故障的分析及处理 100 例.北京：化学工业出版社，1982
[17] 俞安然编.反应器的自动调节.北京：化学工业出版社，1985
[18] 俞金寿主编.传热设备的自动调节.北京：化学工业出版社，1981
[19] 徐炳华等编.流体输送设备的自动调节.北京：化学工业出版社，1992
[20] 席裕庚著.预测控制.北京：国防工业出版社，1993
[21] 孙增圻等编著.智能控制理论与技术.北京：清华大学出版社，1997
[22] 俞金寿，刘爱伦，张克进编著.软测量技术及其在石油化工中的应用.北京：化学工业出版社，2000
[23] 范玉久主编.化工测量及仪表.北京：化学工业出版社，2002
[24] 何衍庆，俞金寿.可编程序控制器原理及应用技巧.北京：化学工业出版社，1998
[25] 陆德民主编.石油化工自动控制手册.北京：化学工业出版社，2000
[26] 张晋格.计算机控制原理与应用.北京：电子工业出版社，1995
[27] 陈季琪.工业控制微型计算机.南京：南京大学出版社，1993
[28] 黄步余.分散控制系统在工业过程中的应用.北京：中国石化出版社，1994
[29] 李桂青，刘第楷，黎洪生.工业系统的计算机控制.北京：气象出版社，1995
[30] 何克忠.计算机控制系统.北京：清华大学出版社，1998
[31] 阳宪惠.现场总线技术及其应用.北京：清华大学出版社，1999
[32] 林锦国主编.过程控制(第 2 版).南京：东南大学出版社，2006

参考文献